U0321578

印迹

——献给上海这座城市

徐 洁　刘恩芳　主编

同济大学 出版社
TONGJI UNIVERSITY PRESS

献给上海这座城市，以及一代代筑梦的设计师们。

岁月与成就的印迹

Footprints of Time and Achievements

郑时龄

　　上海的发展历程见证了建筑师与城市共生也共同成长的过程，建筑师创造了城市建筑和城市空间，城市也培养了建筑师，城市就是建筑师创作的印迹。正如一位波兰裔美国哲学家说的："建筑是我们所有行为的写照与象征。"

　　由徐洁和刘恩芳建筑师主编的这本《印迹——献给上海这座城市》为我们展现了上海的城市历史变迁和建筑师书写的建筑史诗，也展现了上海建筑设计研究院66年的历史印迹，用设计作品见证了上海的城市发展，告诉我们为什么上海如此充满魅力，如此值得书写。

　　上海建筑设计研究院在业内一直被称为"民用院"，是前身上海市民用建筑设计院的简称，区别于华东工业建筑设计院，那时设计院还没有冠上"研究"的标签。民用院和同济大学有着历史的渊源，同济大学的教授到民用院工作，民用院的建筑师到学校当老师。20世纪60年代我在同济大学建筑系读书时，建筑设计课就会聘请民用院的建筑师担任指导老师，使学建筑的学生能接触实际项目，相当多的毕业生也分配到民用院工作，1964年建筑学毕业的学生有一大批到民用院工作。

　　在相当长的一段时期中，在我们的记忆中，在改革开放前，但凡上海新建的医院建筑、电影院建筑、学校建筑、商业建筑、办公建筑、住宅建筑、工业建筑等，大都是民用院的作品。当年蜚声中外的闵行一条街、张庙一条街、曹杨新村、鲁迅纪念馆、文化广场、上海体育馆等代表了上海建筑的水平。

　　改革开放后，民用院又创造了大量优秀的作品，涌现了一群优秀的建筑师和工程师，设计作品也遍及全国各地，甚至传播到国外。1993年6月上海民用建筑设计院改名为上海建筑设计研究院，业内简称为"上海院"。上海宾馆、康健新村、上海博物馆、第一八佰伴、上海图书馆、上海交大闵行校区、苏丹友谊厅、开罗国际会议中心、虹桥迎宾馆、虹口体育场、上海体育场、新福康里、上海光源工程等代表了中国建筑的原创水平。许多重要的建筑，如静安希尔顿酒店、新锦江大酒店、古北新区、金茂大厦、上海儿童医学中心等一系列上海的地标建筑也都有上海院的参与。此外，上海院也为历史建筑的修缮提供了优秀的案例，近年来外滩源、科学会堂、浦东发展银行、上海总会、和平饭店等的保护和修复工程都有上海院的杰出贡献。

　　《印迹——献给上海这座城市》的叙述和表现方式与通常设计院的志书相比有独到的创意，始终将设计院的作品与上海这座城市的蓬勃发展和城市空间紧密相连，上海院在壮丽辉煌的城市背景中，在上海的大地上竖起了自己的优秀作品。附录中列出的一长串设计作品名单和上千件获奖作品名单见证了上海院的成长和成就，同时也是上海迈向卓越的全球城市的见证。

我与上海院的渊源

ISA Architecture and Me

魏敦山

时光荏苒，光阴如梭。1950 年我中学毕业进入圣约翰大学求学，由于全国院系调整，我于 1955 年从同济大学建筑系毕业。我在响应国家的号召到铁道部设计院工作两年后，1957 年满怀热情进入上海院的前身——上海市民用建筑设计院。自彼时起，虽然于 2003 年办理退休手续，现已是耄耋之年，但一直没有放下我钟爱的建筑设计，一直与年轻同事们合作，坚持在工作科研一线，至今"院龄"总计 62 年。我的职业启航、业务提升和荣誉获得之所有经历都是在上海院度过。在很大程度上，自己全部职业生涯伴随了上海院发展的历程，见证了时代变迁，亲身参与了上海乃至全国经济发展和城市的建设。

当时的工作地点位于外滩黄浦江边的广东路 17 号，原友利银行大楼。上海民用院由几家著名的私营建筑事务所整合而成，成立时集聚了一些学养深厚的先生们，如陈植、汪定曾、林寿南、居培苏、张志模、郭博、唐文青、汤纪鸿等，作为"北梁南杨"同辈，他们都是近代中国建筑行业的开创者。他们学识渊博，为人正直，工作严谨，待人宽厚。从业之始，我有幸得到了很多前辈、先生们的亲自指导和言传身教，至今感觉仍是获益匪浅。我也常要求自己达到那样的境界，指导年轻的同事，相互启发，共同进步。

辉煌的肇始，一代又一代的传承、积累，是上海院能持续发展并壮大的渊源及强大力量所在。

我很幸运地经历了几个重大历史时代，见证了解放前的兵荒马乱，中华人民共和国成立的百废待兴，改革开放后的蓬勃发展。

在步入职业生涯之初，当时新中国刚刚成立，基础薄弱，万象更新，上海院义不容辞地承担了大量工程设计工作，涉及城市建设的所有范畴，如公房、学校、医院、宾馆、剧院等，为国计民生保驾护航。即便是在特殊历史时期的 20 世纪 50—70 年代，我们也在极端艰苦困难的情况下自主完成了闵行一条街、曹杨新村、上海宾馆、上海体育馆、上海游泳馆等民生及重大项目，展现出为国担当的使命感、责任感。其中上海体育馆、游泳馆首次载入英国皇家建筑学会出版的《世界建筑史》，体现国际社会对当时新中国建筑设计领域成就的认可。

真正的创作高峰发生于改革开放的时期，这期间上海的城市建设达到了一个新的高度，上海院作为行业中流砥柱，尽现其引领潮流的作用。上海市政府大厦、上海博物馆、外滩风貌改造、虹桥开发区、新锦江饭店、八佰伴商城、上海体育场、上海图书馆、金茂大厦、上海科技馆、证券大厦、F1 国际赛车场、旗忠网球中心、世博园、虹桥商务区等一系列标志性建筑陆续落成，集中体现了最新的建筑理念、科技成就，创造出多项国际国内奇迹，一举改变了多年来上海落后、破旧、拥挤的状况。上海这座城市再次步入发达大都市行列，展现世界级名城的效率及风采。其中我领衔设计的上海体育场获得建筑业最高荣誉"詹天佑"大奖，因其理念、功能、材料、技术独创性引领大型体育建筑潮流，深受各界好评，在"建国 50 周年上海经典建筑评选"活动中获得银奖，设计团队深感鼓舞和荣耀。

随着国家改革开放的大潮，上海院的业务范围也走出上海，在全国各地乃至海外留下足迹。工程业绩遍布国内省市除港澳台外的所有地区，均是当地标志性建筑物，见证了重大历史事件的发生，成为城市空间记忆、风貌形成和市民情感维系的物质载体，深深刻画城市发展的印记。我个人的作品分布地图就是上海院积极开拓发展，迈步走向全国、全球的缩影。国际层面，我曾在埃及、越南、尼日利亚、毛里塔尼亚、安提瓜、牙买加、安哥拉、所罗门群岛等地留下作品，成为上海设计、中国建造、国际友谊交往的永久纪念碑。

一系列的成就，不胜枚举。充分体现了上海院员工的智慧、拼搏、责任感以及"上海设计"所蕴含的丰富意义。

六十多载风雨砥砺，六十多载沧海桑田，六十多载旌旗招展，六十多载弹指一挥间……作为上海院的"同龄人"，"上海设计"的参与者和见证者，我祝福上海院拥有值得回味的璀璨成就，更有可以期待的辉煌未来。

从梦开始到梦圆

Dreams Come True

邢同和

　　上海市民用建筑设计院是我大学毕业后踏上社会的第一个工作单位，也是唯一的职业生涯，至今整整 57 年。从我梦的开始直到圆梦，这是我全部感情所在、责任所在、奉献所在，也是我最爱和最感恩的事业家园。我的黄金年华属于上海这座城市，我的工作生涯属于华建集团和民用院。

　　走进民用院向陈植院长报到，他指导我的第一句话是："要做人民建筑师，要做关怀人的建筑设计。"我们一代又一代践行了这个优良的传统。华建集团和民用院培养了众多的出色人才，创作了大量的优秀作品，为上海平地起高楼，走向国际大都市，实现中华民族伟大复兴做出了杰出、巨大的贡献。

　　民用院曾经引领、开拓上海的民用建筑、公共建筑，占领了上海住宅、学校、医疗卫生、体育文化、商业旅游和科技创新领域的设计高地，曾经有"三大名牌菜"（住宅、学校、医院）和"一弄二条街"（蕃瓜弄，闵行、张庙一条街）的金字招牌。改革开放大潮时期，民用院把握挑战与机遇，率先参与上海浦东开发，开启了"走出去、请进来"的对外国际合作设计新路。组建了华建集团后，我这个民用院人，担任了集团首任总建筑师，亲身经历了集团紧跟时代的团结壮大、蓬勃发展、再创辉煌，奋斗成为中国著名的设计品牌而盛名于世。

　　历史见证了华建集团和民用院的昨天和今天，并正继续满怀信心迎接更美好的明天。我为自己是这个大家庭中的一员而欣慰、自豪。回忆起来，选择和追求建筑、规划设计事业，并为此留下人生印迹是值得的、难忘的！而民用院留下的时代印迹更是值得珍藏的宝贵财富。

伴随城市共同成长

Growing Together with the City

唐玉恩

　　建筑是城市政治、经济、文化、科技的物质载体，不同时期的建筑演绎着城市的历史变迁。

　　上海城市众多历经风雨的历史建筑，构筑了中西交融的独特城市风貌。自 20 世纪 50 年代，上海城市建设艰难起步，到 80 年代改革开放、90 年代高潮迭起，城市面貌日新月异，现已是享誉全球的国际大都市。当代上海城市建设的成就举世瞩目，而当代建筑正书写着新时期的城市历史。

　　1953 年，新中国建国初期，上海市民用建筑设计院（现上海建筑设计研究院有限公司）应运而生。成立伊始，上海院就肩负着为提高上海人民"民生"的迫切需求而进行各类民用建筑设计的社会重任。

　　当时，留美归国的陈植老院长、汪定曾副院长兼总建筑师及一批老前辈视野开阔，以卓越的专业素养，立足国情、适应城市发展需求、倡导体现时代精神与文化传承的设计理念，带领上海院，精心设计，竭诚服务。前辈们创立的设计思想及精益求精、与时俱进的精神代代相传，是上海院的宝贵财富。

　　六十余年来伴随着上海城市发展而共同成长的上海院，奉献了一万余栋建筑的创作设计，这些作品见证了上海走向现代化的宏伟历史，也记录了一代代上海院人不懈努力、勇于创新的历程。其中，许多优秀建筑设计具有先进的创作理念与技术，领时代之先，走在全国前列。

　　本书《印迹——献给上海这座城市》是上海院六十余年作品选集，代代留痕，精彩纷呈。

　　50 年代，开创性的曹杨新村、鲁迅纪念馆等设计，上海豫园修缮修复……

　　60 年代，中小学、电影院、医院设计，蕃瓜弄改造、上海近代建筑调查……

　　70 年代，上海体育馆、苏丹友谊厅的创新设计……

　　80 年代，虹桥开发区，上海宾馆、新锦江大酒店等合资超高层旅馆设计、埃及开罗国际会议中心、高校建筑、高层住宅设计……

　　90 年代，上海重要的文化地标——博物馆、图书馆、八万人体育场、科技馆等，浦东新区陆家嘴金融区——金茂大厦、中银大厦等众多超高层建筑设计，外滩汇丰银行保护修缮设计……

　　21 世纪以来，国际航运中心、光源工程等高科技项目，质子重离子医院等高端医疗建筑，国际赛车场等大型体育项目，超大规模的后世博央企总部基地、各地高端度假酒店，应对突发事件、紧急救治的中国首家公共卫生中心，及城市更新中，外滩建筑群和平饭店等重要历史建筑的保护修缮设计……

这些作品体现了上海院的创作与理论、创新与创优结合，责任担当、作品优秀、人才辈出的特色与传统，这部与城市历史同步的院史，也值得书写和研究。

1981 年，我研究生毕业后有幸成为上海院的一员，犹记得当年参与上海宾馆现场设计的点点滴滴。之后参与新锦江大酒店等设计，曾得到汪定曾老总、郭博老总、张志模、章明、洪碧荣、魏敦山、姚金凌、张皆正、陈华宁等前辈、老同志的悉心指导和帮助，让我受益终身。1990 年后设计了上海图书馆、绍兴博物馆、复旦逸夫楼、省市高校图书馆、三亚金茂希尔顿大酒店等文化、旅馆建筑，其中上海图书馆获第八届中国优秀工程设计金奖等。2006 年起，为迎世博和城市更新、承袭上海院保护历史建筑的传统，我主持了外滩和平饭店、上海总会及四行仓库、跑马总会等重要历史建筑的保护利用设计……一路走来，深感城市快速发展是建筑师难得的机遇，只有不断学习，执着坚守，不懈追求传承与创新，和团队精诚合作，才能让创作的建筑经得起时间检验。

正值进入新时代，机遇和挑战并存，祝上海院继续开拓创新，再创辉煌。

前言
Introduction

　　2013 年，是上海建筑设计研究院（以下简称"民用院""上海院"）成立 60 周年。走过的一个甲子是它与上海这座城市共生共长的岁月。为了纪念这一历史时刻，我们开启了追溯、记录的旅程，探寻上海院与上海这座城市的发展关系和意义。我们希望以印迹记录城市空间的演变；以印迹镌刻上海院与上海城市的一脉传承；以印迹书写一代又一代设计师在城市发展中的贡献。2019 年时逢上海院成立 66 周年，谨以此书献给一代又一代不懈追求的设计师，献给上海这座城市。

　　一甲子，对于一座城市的历史来说并不漫长，但对上海这座近现代城市而言意义非凡。在过去的 60 多年间，上海乃至整个中国社会，发生了巨大变化，经历了新中国初期建设、改革开放后的快速发展建设，蓝图在 13 个五年发展规划中逐步实现。每一个阶段的发展都在上海城市空间留下了深刻的烙印，那些改变中国命运的大事件，那些影响全球的会议，那些转变社会进程的决策，都与上海这座城市紧密相连，都与上海院——这个以上海城市之名命名的设计机构的作品息息相关。

　　60 多年，对于上海院，意味着与上海城市一起成长的时光。这是一段珍贵的岁月记忆，一段跌宕起伏的经历，一段参与社会进步的过程，一段贡献城市发展的历程。经历了无数次的变革，每一次的蜕变和重构，都是走在时代发展的前沿，都是不畏艰苦的坚守和不懈努力的追求。在与社会共成长的历程中，上海院始终以城市文脉为基点，以创造城市美好生活为己任，以推动技术进步为抓手，创造了众多散发城市魅力的建筑和空间场所。为城市的发展转型贡献价值，与这座城市分担责任、共享荣光，在国家经济高歌猛进的洪流中，经受住大浪淘沙的考验，确立了专业领域的优势地位，取得了引人注目的辉煌成就。

　　城市是人类文明的竞技场，是文化、艺术、科技的综合展现，见证着人类文明进步的足迹。上海这座城市自开埠以来，就融入了海纳百川、追求卓越的文化基因，超越、创新、不断攀登，成为城市发展的永恒主题，也成为上海院的核心价值观。作为新中国重要的经济支撑，作为改革开放后以浦东开发为龙头的国际金融、贸易和航运中心，上海这座城市在不同历史时期创造了无数的"第一"，为城市提供了源源不断的发展动力，书写精彩纷呈的崭新篇章。

　　回溯历史，重温历程，我们对那些标志、那些辉煌，以及那些创造辉煌的人们充满敬意。

　　在追溯历史的过程中，我们可以看到，无论在哪个年代，上海院都创造了中国城市建设中的众多"第一"，在追求卓越的探索中，肩负着促进时代发展的责任。中国第一届工程勘察设计大师陈植院长，早在建国初期就参加北京十大公共建筑的方案设计工作；汪定曾副院长在新中国第一个工人新村——曹杨新村的规划设计中，开创了中国现代居住区规划建设的先河，为解决广大工人安居乐业的美好家园提供样板，这一思想又在 90 年代的整街区旧城更新的新福康里项目中得以延展和发扬；全国第一个卫星城中，"闵行一条街"创新的成街设计，使得郊区居民享受到与中心城区同样的生活便利；上海第一个旧城改造项目——原拆原建的蕃瓜弄棚户区，为中心城区成片街坊改造积累了经验，为居民改善生活提供了可能；中国第一个万人体育馆——上海体育馆的设计，成为中国第一个大跨度网架结构，第一次整体吊装提升安装，引领了我国网架结构技术的发展，载入了《世界建筑史》，成为建筑与结构完美结合的典范……

那些高度的超越，承载了上海这座国际大都会的雄心与抱负。20 世纪 80 年代初，上海院完全原创设计的上海宾馆，建筑高度首次超过国际饭店，打破了上海的天际线。建成于 1998 年的金茂大厦——这座 SOM 与上海院合作的杰作，作为 90 年代中国第一、亚洲第二、世界第三的超高层建筑，开启了国际合作的高度，也成为中国人实现摩天梦想的第一座里程碑。在陆家嘴地区，上海院原创或与外方合作成就了一系列超高层建筑，为浦东这一国家战略发展的实施贡献了巨大的力量。

那些跨度的挑战，展现了上海这座城市的胸怀与视野。于世纪之交建成的上海体育场是 20 世纪 90 年代中国最大的综合性、多功能体育场，马鞍形的大悬挑钢管空间无盖结构，覆以乳白色半透明膜结构，屋盖最长单臂悬挑梁为世界之最，展示了高科技与建筑艺术的完美结合。辰山植物园、航海博物馆、上海天文馆等项目都展现了中外设计师的追求，也显示了上海这座城市的非凡气度。

那些速度的考验，体现了上海这座城市的严谨与高效。2003 年爆发"非典"疫情时，上海院显示出高度的敬业和奉献精神，实现了 24 小时作出上海公共卫生中心设计方案的承诺，创造短时间内建设成国际一流医疗中心的奇迹，守护着这座城市的健康与安全。浦江世博家园，实现了超大社区一年内完成设计、施工的整体搬迁项目，探索了城市文脉的传承的住区建设，为 2010 年上海世博会的建设打下了坚实的基础。60 年代的上海跳水池，70 年代的万体馆，80 年代的博物馆、图书馆，90 年代的金茂大厦，新千年的旗忠网球中心、F1 国际赛车场等，中外设计团队将"更快、更高、更强"的精神融入到城市空间建设之中，用独特的视角展示了上海高速发展的精彩一面。

那些难度的攻克，反映了上海城市的创新与意志。在国家重大科学工程、中国迄今为止最大的科学装置和科学平台——上海光源工程中，其独一无二的体型与结构、超越规范标准的工艺要求、世界上无例可循的关键技术……处处攻坚克难的设计与建设，彰显了我国在高新技术领域占有一席之地的决心。近年来对于超大型国际城市转型发展挑战的课题研究和实践——在后世博会的综合区域的城市设计项目、黄浦江滨江沿岸的城市更新项目中，不断攻克技术难题、突破管理瓶颈，为上海迈向卓越的全球城市的精细化管理、创新管理，提供学理和专业实践的支撑。

那些厚度的积淀，诠释了上海这座城市的文化与底蕴。拥有近百年历史的和平饭店、东风饭店，极具江南民居风情的鲁迅纪念馆、受到毛泽东高度赞扬的锦江小礼堂、周恩来亲笔批示的文化广场、上海图书馆、上海博物馆、上海历史博物馆……展现了上海城市文化的积淀、传承、力量。

今天，当人们步入图书馆、博物馆、科技馆、航海博物馆，探寻知识的世界时；当人流涌向新国际展览中心，参加规模空前的华交会、工博会、汽车展等国际知名展会时；当全球的目光聚焦上海国际赛车场、上海旗忠网球中心，观看激动人心的 F1 中国大奖赛、世界男子职业网球 ATP1000 大师赛时；当炎炎暑热中，人们迫不及待奔向体育中心的碧波泳池时；当八方来客涌入上海迪士尼主题乐园，带着孩子乐在其中时；当一艘艘巨型邮轮缓缓驶入黄浦江，来自世界各地的游客走下舷梯，走入上海国际客运中心时……人们都能感受到上海这座城市的魅力。这些都见证了来自世界不同国家的设计师和上海院设计师的共同努力，代表了跨越世纪的"上海设计"，乃至"中国设计"的一流水平，体现了"海纳百川、追求卓越"的城市精神。一座座精彩纷呈的建筑，为上海这座国际大都会谱写了一曲曲辉煌的乐章，增添了一道道亮丽的风景线。

60 多年中，城市发生了巨变，时间之轮划过的这一"瞬间"，浓缩了上海院成长的印迹，浓缩了几代人不懈的奋斗。2019 年是上海院成立 66 周年，这是一个新的起点，汇聚 66 年所凝练的上海设计精神，由此开启不断延展、追求卓越、成就百年基业的新征程。

第一章 | Chapter 1

城市的起点：中西交融

Bedrock of the City: Where the East Meets the West

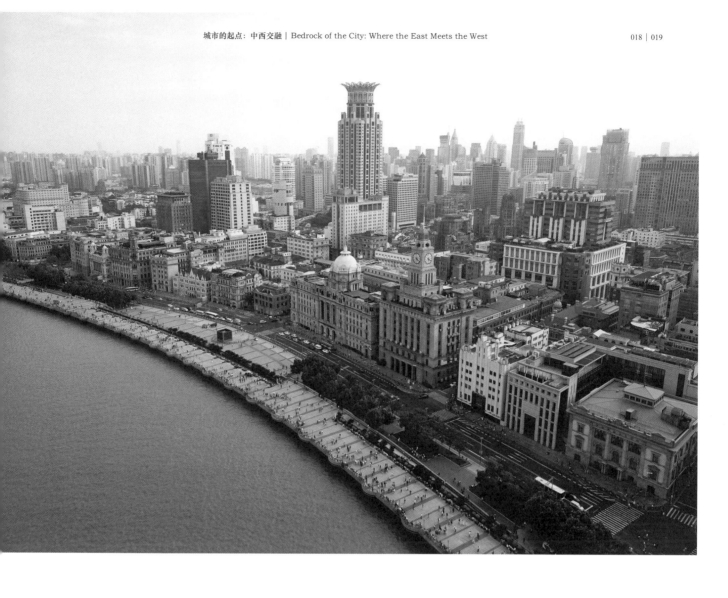

上海是多面的、复杂的、混生的。

她承载了中国人对于摩登的想象，是外滩、跑马地、大世界，

是王安忆的"史前上海"，是张爱玲的"海上传奇"；

她同样浸透着传统的丰富真实与市井喧嚣，是豫园、老城厢、窄弄堂，

是金宇澄《繁花》中的窸窸窣窣、吴侬软语……

所有的上海特质、印迹都蕴藏于城市中的每条街巷、每栋建筑，

透过与这座城共生共长的设计人的深刻感知与执着实践，

被重新开凿出历史的温热与隐秘，被赋予时间的层次和丰富，被勾画和憧憬着未来的想象。

上页图

外滩的建筑（资料来源：摄图网，http://699pic.com/）

设计，以城市之名

近代城市的起点：走近外滩的石头房子

书写近代上海建筑史诗

国际大港的梦想：穿越外滩的口岸变迁

城市滨水区的华丽转身：从工业到生活

设计，以城市之名

To Design, On Behalf of the City

舒缓蜿蜒的黄浦江畔左岸，荟萃了几十栋气势恢宏的建筑，

单独来看，风格迥异，连成一线，又是一条极其鲜明的时代脉络，

如画卷般展示着上海现代城市的起点——外滩，

展现着上海国际大都市的城市风貌、空间格局和城市的精神。

| 1 | 2 |

1. 陈植（院长）（资料来源：陈艾先）
2. 上海外滩古典主义建筑群：柱式、
拱券、穹顶、塔楼（摄影：陈伯熔）

　　1843 年，英、美、法诸国在上海县城北面设立租界新城，与原有华人聚集区并置而居。由此，全世界不同民族文化——英、美、德、法、俄、日、犹太、印度……连同全中国不同地域文化——南起香山、潮州，北到齐鲁、幽燕，东起江浙，西迄川湘，不同的族群、不同的宗教、不同的民俗，都开始在此交流、融合，造就了中国绝无仅有的"两级并存"的上海城市近代化形态：中西混杂、古今交融，世界性与地方性并存，摩登性与传统性同现。与此相应，上海的城市空间也呈现出强烈的"混生性"，形成"三界四方""浦东—浦西分割"的城市格局。曾经有学者这样总结："在世界城市中，上海个性也相当明显。她与伦敦、纽约等城市在贸易功能、娱乐功能、移民人口方面确有相似之处；与加尔各答、孟买等城市在西方影响方面也有相似之处，但又很不一样。她不同于伦敦、巴黎，不是由传统的中心城市演变为现代大都市的；她不同于纽约、洛杉矶，不是在主权完整情况下形成的移民城市；她不同于加尔各答、孟买、新加坡，不完全是在殖民主义控制下从荒滩上发展起来的。她的发展道路是独特的，上海就是上海。"而上海正是在这样异质文化的交织之下孕育而生，并不断呈现出惊奇与兴味，彰显出笔墨难摹的海派风韵。

　　今天如果我们顺着这样高度异质的上海特性，去重新梳理上海院——这一所以城市命名的设计机构的发展历程，会清晰地看到背后与上海这座城市的文化和特质紧密关联、互动而生的设计观照与发展轨迹。与此同时，我们也能追溯到这家设计院与新中国的城市建设的历史渊源。早在中华人民共和国建立初期，作为第一批全国勘察设计大师的上海院老院长陈植先生，就参加了建国初期十大公共建筑的方案设计，并与赵深一起参与了天安门广场改造规划方案。因此，回望上海院形成自身设计高地的历程，不难感受到这同时也是上海院以专业积淀支撑国家建设的辉煌历史。

近代城市的起点：走近外滩的石头房子

The Starting Point of Contemporary City: Walking into the Stone House on the Bund

外滩，曾经只是黄浦江边纤夫踩出的一条小道

改变发生在"鸦片战争"后。1843 年，上海开埠。作为海上进入上海的门户，洞开的外滩成为近代上海城市发展的原点。不到一个半月内，11 家洋行涌入外滩。自此，黄浦江上汽笛声不断，跑马路旁灯火长明。洋行、仓库、码头沿着江堤一字排开，荒蛮的泥滩建成了繁荣的贸易口岸。一个井井有条并生机蓬勃的外滩，坐西望东，呈扇面辐射铺张开去，一笔一笔逐渐改变上海的城市功能、空间格局和精神基础，开启了上海成为世界大都市的征程。

步入 20 世纪的上海滩，银行、保险、洋行等大型金融机构齐聚，使外滩成为上海金融贸易的大本营，全中国有一半的资金交易发生在这里。加上第一次世界大战后，西方资本大量涌入，为上海经济发展注入了新鲜血液，因而到 20 世纪二三十年代，外滩成为了上海乃至中国和远东地区的金融贸易中心，被誉为"东方华尔街"。那是上海在那个时代里最为意气风发的阶段，经济、文化空前迅速地发展扩张，对新建筑的热情也汹涌澎湃。外滩遂成为当时远东最大的建筑秀场，拔地而起的高楼广厦将这寸金之地的轮廓彻底改变。从砖木结构的房子，到钢铁结构的大楼，从东印度公司的殖民地式样，到美国最时髦的芝加哥风格的摩天楼，外滩建筑群按照当时欧美流行的式样开始了大规模的更新重建。豪华

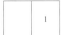

1. 20 世纪 20 年代的外滩南端（资料来源：档案馆历史资料）

的新建筑次第矗立，银行、洋行成为外滩建筑的主流。外滩滨江一线仅 1.5 公里的狭长地带上，集中了二十余栋不同时期建造的西式建筑，风格迥异、气势恢宏，糅合出一条色调沉着、线条挺拔、富有韵律和节奏的天际线。而临江而立的巍峨建筑的两侧和背后，依然是鳞次栉比、各种风格的大厦，它们共同组成了外滩街区致密敦厚的城市肌理、规整典雅的街道格局、连续平直的建筑界面、丰富精美的建筑细部，成就了外滩"万国建筑博览群"的世纪传奇。

建筑背后的设计与营造

美国学者斯皮罗·科斯托夫在《城市的形成》中写道："城市天际线是城市的象征。它们是城市个性的浓缩，是城市繁荣的机缘。"外滩经典城市轮廓线的形成，虽然没有经过明确的规划和设计，可以说是偶然的妙笔，却和谐统一，富有韵律和节奏。一开始是舒缓

2. 上海外滩建筑的叠印，从浦东回望外滩前排的历史建筑，后排新建筑不断升起（资料来源：摄图网，http://699pic.com）

3. 上海外滩延安路高架入口坡道看外滩滨江建筑、道路、绿带与黄浦江（摄影：陈伯熔）

的慢板，然后出现一个高潮，那是新古典主义的叠峰之作汇丰银行大楼和海关大楼。两者一高一低，一长一狭，如一对"姊妹楼"，组成了外滩天际轮廓线中最富于节奏感、错落有致的标志物，象征着上海金融中心、航运中心的地位。

外滩天际线继续平展延伸，直到第二个高潮，旋律再度起伏升腾，那是现代装饰主义的杰作沙逊大厦和中国银行大楼。1929 年落成的沙逊大厦，是中国第一座超过 10 层的高层建筑，也是外滩第一幢抛弃古典风格的大厦。与沙逊大厦比肩而立、不相上下的是中国银行大楼，它以装饰艺术主义的摩天楼之身配以蓝色琉璃瓦的中国传统四角攒尖顶，其主立面上的窗格花纹、屋檐斗拱、九阶台阶，无不带有浓厚的中国传统色彩，在外滩建筑群中独树一帜，也标志着本土设计开始崭露头角。

外滩天际线成为上海最经典的城市轮廓线，无论是极目远眺或是徜徉其间，都能感受到一种刚健、雄浑、雍容、华贵的气势，代表着 20 世纪二三十年代东方的高度和视野。站在外滩经典建筑背后，描绘外滩天际线的，是一群来自西方的职业设计师和设计机构。自 19 世纪 80 年代起，他们纷至沓来，在上海大展身手。公和洋行、马海洋行、德和洋行的建筑师几乎包揽了上海有影响的建筑项目设计。他们采用当时的新技术、新结构、新材料、新形式，按照当时欧美流行的式样和最高标准设计建造，汇丰银行、沙逊大厦、中国银行、

怡和洋行、百老汇大厦……都代表了当时最辉煌的建筑成就。从钢筋混凝土结构到钢框架结构，从延续折衷复古的新古典主义到浪漫摩登的现代装饰主义风格，外滩万国建筑见证了摩登年代世界建筑文化发展的脉动，勾画出当年上海与世界潮流的密切关联。

在参与外滩建筑设计的众多知名设计师和机构中，威尔逊与他的公和洋行无疑是其中的佼佼者。1912 年，一家英资设计机构派遣年轻建筑师威尔逊来到上海开设分部，并使用公和洋行这个中文名称，幸运的他不久就承揽到一笔大单——外滩 4 号联合大楼（原广东路 17 号，现外滩 3 号）的设计与监造。1916 年建成的联合大楼，成为上海乃至全中国第一栋钢框架大楼。这座 6 层高的办公楼，立面为简化的古典三段式，是当时外滩规模最大、楼层最高、样式最新的建筑物。刚建成之后，公和洋行即搬入了外滩 4 号办公。此后的 20 余年，它成为上海实力雄厚的建筑设计机构，设计了 20 世纪二三十年代上海，尤其是外滩最重要的一些建筑作品。在外滩二十余栋滨江建筑中，有 9 栋出自公和洋行，而其中的汇丰银行与海关大楼，沙逊大厦与中国银行大楼，更是经典中的华章，可以说公和洋行描绘了外滩风貌的半壁江山，而外滩 4 号也谱写了一段与建筑设计机构渊源颇深的故事。

守望护佑：上海院的外滩渊源

　　20 世纪 30 年代后期，随着战争的爆发，革命的兴起，公和洋行搬出了外滩 4 号，撤离了上海。1956 年，上海第一家市属设计机构又搬进了这栋外滩 4 号。1953 年 1 月 2 日，上海市第一家市属设计机构在外滩的福州大厦诞生。这就是上海院的前身。当时的上海刚开启轰轰烈烈的社会主义改造运动，从一个消费型城市向全国工业生产基地转型。为满足量大面广的设计需求，科室人员迅速增加，当年即投入上海第一个工人新村曹杨新村和 2 万户定型住宅的设计任务中。1955 年，机构搬至外滩的和平饭店南楼。1956 年，随着公私合营，众多私营事务所的建筑师被吸纳进来，机构由十余名成员的设计科室猛增至五六百人的大院，成立了"上海市民用建筑设计院"。陈植、汪定曾两位先生分别任正副院长，并迁入外滩的广东路 17 号，也就是原公和洋行所在的外滩 4 号"定居"下来。从此，这栋大楼的设计渊源又开始代代传承。

　　和公和洋行一样，入驻的上海院，也成为上海这座城市中建筑设计领域的领军者。上海院从一开始就体现了"海纳百川"的城市精神，成员中既有学成归来的"海归"建筑师，也有经验丰富的本地建筑师，更有国家培养的大学生。1964 年开始，绝大多数分配到上海的建筑相关专业大学生，尽数归入上海院"囊中"。这些新鲜血液的融入，为上海院汇聚了一批行业精英，确立了其在专业上的话语权。凭借卓越的设计实力，上海院拥有了广泛

的设计触角和覆盖面，其影响力在上海市无可替代、无法复制。建国初期的 30 年间，上海院的工作内容几乎覆盖了上海所有统建的职工住宅，以及配套的中小学校、综合医院、商业设施、影剧院、体育场馆等民用项目的规划设计，同时其设计范围延伸至万吨冷库、大型车间、军用设施、钢铁厂、飞机场等领域。在外滩的这座历史建筑中，设计师们精心描绘着上海城市的社会主义蓝图，用心勾勒着上海城市的生活风貌，彻底改变了上海城市的基底。他们的作品散布在我们这座城市的四面八方，成为城市日常生活的一部分。

而上海院与外滩的特殊渊源，又使其在那个特殊年代，成为上海近现代优秀历史建筑的守望者。20 世纪 50 年代起，在老院长陈植先生的指导下，上海院陆续承接了多项历史建筑保护、修缮、改建的设计任务。其中汇丰银行大楼的影响十分深远，极富代表性。随着汇丰银行迁出，1956 年起，这座大楼成为上海市人民政府办公地，而大楼光华烨烨的门厅壁画，透露着点石成金的梦幻气氛，与当时的主流价值观、审美趣味格格不入，因而有人主张敲毁。据当时的工作人员回忆，负责此项工程的陈植先生亲自登上脚手架，久久凝视这些壁画，对身边人员慨叹："敲掉太可惜了，那么好的艺术品，还是刷上涂料吧，这些马赛克是经过特殊处理的，应该不会受腐蚀的。"后经市政府同意，壁画被灰浆覆盖，从此"销声匿迹"，阴差阳错之间，这些精粹的艺术作品逃脱了"文革"浩劫。1995 年后，市政府迁往新址，上海浦东发展银行进驻此楼，并花费巨资全面修缮改造。与大楼有不解之缘的上海院又一次被选中，与美国 ADA 香港公司合作，对年逾古稀的老楼进行全面的建筑修复与设备更新。修复过程中，国外专家查阅了银行原始资料和历史文献，确认了这一隐身其后的壁画。经上海院设计师和工匠们共同合作，"采用先敷后铲的施工工艺，安

敲掉太可惜了，那么好的
艺术品，还是刷上涂料吧，
这些马赛克是经过特殊处
理的，应该不会受腐蚀的。
——陈植

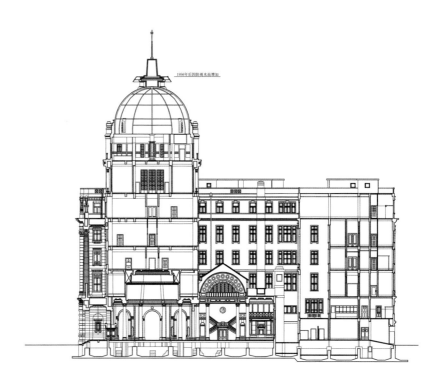

1956年后因防雨水而增加

8~12. 上海外滩汇丰银行（现上海浦东发展银行）的八角门厅顶部马赛克壁画。（资料来源：共同的遗产：上海现代建筑设计集团历史建筑保护工程实录.中国建筑工业出版社，2009.）

13. 上海外滩汇丰银行建筑剖面图（资料来源：共同的遗产：上海现代建筑设计集团历史建筑保护工程实录.中国建筑工业出版社，2009.）

全有效地剥离敷于壁画表面多达四层的腻子漆面，使约 200 平方米的珍贵壁画得以恢复，壁画中 50 多处脱落、龟裂、残破部位得以修补"。重见天日的壁画轰动一时，而当年主张保存壁画的老院长陈植先生，已经 95 岁高龄了。

改革开放后的 80 年代，陈植先生不顾年事已高，独自考察了上海的近代公共建筑，发现那些代表上海近现代辉煌的优秀历史建筑，正陷于失落和淹没的危机之中，或功能改变，或人为破坏，或缺乏维护而陷于老化破败之中。他向市政府提交了"保护上海近代建筑刻不容缓"的书面意见，还会同各方专家提出了上海近代优秀建筑保护名单，直接促成了 1989 年上海第一批 61 处优秀历史建筑作为市级文物被保护下来，开创了全国近代优秀建筑保护的先例，在全国产生了良好的示范效应。1994 年，上海历史建筑文物及优秀近代建筑增至 289 处。1996 年，整个外滩万国建筑群进入全国重点文物保护单位名录。

傍晚时分，华灯初上。站在昔日上海院外滩办公楼的七层露台上，灯火辉映的万国建筑尽收眼底。回首外滩万国建筑的生命与精彩，大时代的层层跌宕与悲喜交错，站在恒久建筑背后、造就外滩神话的那些人、那些事，令人心中满怀敬意：二三十年代西方设计师的创意设计，始自五六十年代陈植等有识之士几十年的守望护佑，改革开放后章明、唐玉恩、魏敦山、邢同和等新一代设计师兼顾历史与未来的重修，让外滩建筑生长更新、代代传承。它们印证了城市的变迁、时代的巨变。它们承载着上海近现代建筑历史的空间感受和文化体验，成为城市记忆和日常生活的一部分，融入了上海城市的文化基因，构成了上海城市的当代图景。

14	16
15	

14. 上海外滩汇丰银行建筑正立面图
（资料来源：共同的遗产：上海现代
建筑设计集团历史建筑保护工程实
录．中国建筑工业出版社，2009.）
15. 上海外滩汇丰银行建筑门厅
16. 上海外滩汇丰银行修复后的营业
厅（资料来源：共同的遗产：上海现
代建筑设计集团历史建筑保护工程实
录．中国建筑工业出版社，2009.）

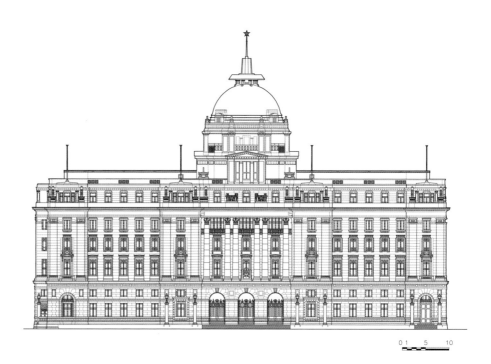

时空的链接：兼顾历史与未来的重修

　　城市的魅力源于历史并超越历史，建筑所承载的历史是一座城市脉络的重要体现。而外滩优秀历史建筑群更是上海这座城市传统与记忆的丰碑。时光流转、岁月变迁，历史变换着时代的主角，曾经辉煌的外滩万国建筑一度沉寂在历史的尘埃之中，直到 20 世纪末。1994 年，外滩大楼"筑巢引凤"置换工程开始，开启了外滩历史上规模最大、涉及面最广的修缮工程。上海院以跨学科的交叉互动为支撑，以存真续新的保护思想为境界，以国际同领域的高层次交流与合作为背景，以护佑城市精神、传承历史文化的意识和责任，全方位参与外滩老房子的保护修缮改造。完成项目中既有大型金融办公机构，如外滩 12 号的浦东发展银行大楼、外滩 23 号的中国银行大楼；也有历史酒店建筑，如外滩 20 号的和平饭店、外滩 2 号的东风饭店；还有高端消费场所，如外滩 27 号……随着保护修缮改造工程相继结束，一座又一座外滩滨江优秀历史建筑，如同从冗长的梦境中醒来的睡美人，华美典雅、灿然重现。百年外滩沧桑轮回，依旧不变的是外滩的繁华景象、生活格调和城市地位。这里收藏着一座城市最精华、最优越的人文资源，通过修旧如旧、修旧如初，保留历史建筑的文化价值；通过创新设计，重塑历史建筑的使用价值，使这些历史建筑成为这座城市永远的传奇。

原真修复，经典永恒：上海浦东发展银行

汇丰回廊型的结构很稳，地震也不怕，而且地下室很干燥，是所有外滩建筑中最防水的，我们就把空调设备机房放在了地下。

——章明

　　外滩汇丰银行大楼和海关大楼是上海的象征。1996 年，浦东发展银行通过房屋置换取得了汇丰银行大楼的使用权，为满足现代银行功能需要，拨出巨款，按照修缮如故的原则对已有 70 余年历史的老人楼进行全面的建筑修复和设备更新。为慎重起见，银行方面还特地请来了法国卢浮宫总建筑师、英国温莎堡修复专家等人，对这座建筑进行"会诊"。这些国际修复专家的到来，不仅带来了国际先进的修复技术，也带来了国际先进的保护理念，那就是基于《威尼斯宪章》，强调以"原真性"作为文物建筑的保护原则，同时辅以"完

17. 外滩和平饭店一层（摄影：陈伯熔）
18.1934 年的沙逊大厦（资料来源：和
平饭店保护与扩建 . 中国建筑工业出
版社，2013.）

整性"的要求，注重建筑包含的历史信息和历史记忆。

"建筑是有记忆的，它给你的是一个延续的、完整的记忆。修复的过程是老建筑恢复记忆的过程，也是今人向前人学习的过程。在与前人的对话中，发掘出很多前人的智慧。"总建筑师章明与她的团队发现，"汇丰回廊型的结构很稳，地震也不怕"，"而且地下室很干燥，是所有外滩建筑中最防水的，我们就把空调设备机房放在了地下"。

修缮工作如同考证，需要谨慎对待每一处细节；修复的方法讲究量体裁衣、科学定案。比如，经过英国专家的考证，外墙石材勾缝从凸缝复原处理为凹缝；外墙清洗时，"放弃喷砂打磨与酸液清洗，而是采用'药敷吸附'方式清洗花岗岩中的污垢，以避免传统做法对石材墙面的损耗和隐患"。古朴凝重的花岗岩外墙，至今依然保留着原初的味道。

修旧如旧，优雅复古：外滩和平饭店

"远东第一饭店"和平饭店的改造过程可谓心怀敬意，重构历史记忆。参与和平饭店改造的，无论是上海院，还是加拿大的 AAI、美国的 HBA，都是国内外优秀的设计机构。和平饭店的修缮改造，秉承"修旧如旧，以存其故"的基本原则，从还原空间结构，贯通长年被阻隔的"丰"字形长廊，恢复八角中庭作为酒店的公共中心，到恢复空间内容，重现底层精品购物廊；从尊重历史风格，公共部位采用装饰艺术主义风格装修，还原天花藻

Sassoon House S'hai

新楼设计采用与老楼协调呼应的手法，整体高度、线脚及其开窗形式都遵从老楼的模式，南京东路立面檐口、窗口等高度与老楼呼应……新楼对整个南京东路来说是得体的补缺而已，不追求过分的张扬。

——唐玉恩

井的淡雅色调，到延续海派传承，细节处精工细作、精致细腻，深度挖掘属于那个时代的质感和信息……大到整体格局，小到细节处理，均根据档案图片和历史资料，一一修缮、精心恢复，以求还原出历史风貌。

如今走入和平饭店大门，仿佛穿越时光隧道，置身20世纪30年代的华懋饭店：伫立八角中庭，光影从硕大的玻璃穹顶倾泻而下，四周立面是外滩景观银箔浮雕，华丽而复古；步入重重的丰字廊，古铜镂花壁灯黯淡柔和的光晕，溢漾在乳白色的花岗岩地板上，好似旧日的时光剪影；环顾四周，古董桌、沙发、壁炉、立灯、钟表、楼梯、扶栏……无不承袭了原汁原味的 Art Deco 经典装饰风格，渗透着浓浓的历史韵味。80年弹指一挥间，经过修缮改造的和平饭店，依然令人惊艳无比、叹为观止，仿佛梦想之地，典藏着上海黄金岁月中最绚烂、最精华的时空记忆。

外滩和平饭店的改造一方面需要修旧如旧，保护经典老建筑，另一方面也需要国际水准的创意设计，因地制宜增加新的设施和功能，让这些建成于20世纪二三十年代的老房子适应飞速发展的时代要求，在历史魅力与现代奢华之间寻找到恰如其分的平衡。

设计的难点之一是如何在保护的前提下，将设备巧妙设置在隐蔽部位，既满足保护的要求，又提高对现代规范的适应性，系统提升使用品质。"在和平饭店的八角中庭，自动排烟窗设于升起天窗的侧翼，通长窄条形送回风口设于墙面浮雕上方及两侧，形式隐蔽而气流合理；在丰字形长廊中，为保护天花藻井，将立式风机盘管隐蔽于装饰柜中……"通过设计师悉心打磨出来的生花妙笔，这些不起眼的细节之处，也闪耀着点睛般的精妙，每个细节都令人赞赏。各重点部位不仅得到完整保护，其环境质量、消防安全性等也大为改善，符合顶级酒店对审美性、高规格、舒适度的品质要求。

不仅如此，和平饭店还在老楼西侧原后勤场地上扩建新楼，充实完善了顶级酒店的功

	20	
19	21	22

19. 外滩和平饭店与中国银行形成天际线的高潮（资料来源：媒地传媒）
20. 外滩和平饭店的八角中庭（摄影：陈伯熔）
21.22. 外滩和平饭店门厅改建前后（摄影：陈伯熔）

| 23 | 24 25 |

23.外滩华尔道夫酒店（资料来源：外
滩2号华尔道夫酒店.同济大学出版
社，2013.）

24.外滩华尔道夫酒店建筑立面（资料
来源：外滩2号华尔道夫酒店.同济
大学出版社，2013.）

25.外滩华尔道夫酒店建筑轴测图（资
料来源：外滩2号华尔道夫酒店.同
济大学出版社，2013.）

能与流线。新楼的沿街立面作为老楼外立面的延伸，与老楼融为一体。"新楼设计采用
与老楼协调呼应的手法，实际上整体的高度、线脚及其开窗的形式，都是遵从老楼的模式，
南京东路立面檐口、窗口等高度与老楼呼应，铝合金中空玻璃窗与老楼窗的颜色、分割
相同，外墙花岗岩石材颜色与老楼接近而有可识别性，"唐玉恩说，"并不是任何地方
建一个新楼都要剑拔弩张地突出自己，它对整个南京东路来说是得体的补缺而已，而不
追求过分张扬。"

修旧如初，更上一层楼：外滩华尔道夫饭店

1998年，外滩2号"砰"的一声关上了那扇历经百年风雨的大门，也关上了停留在时
空记忆中的上海总会、国际海员俱乐部与东风饭店，还有记忆中的KFC（肯德基）。空置
十年后，老楼重启大门，以世界级酒店"上海外滩华尔道夫酒店"的面目全新登场。

上海院作为东风饭店保护修缮设计总负责方，与美国波特曼、大境建筑事务所、新加
坡HBA公司（室内设计）合作设计，在档案图片、图纸和历史记录的帮助下，将这座典

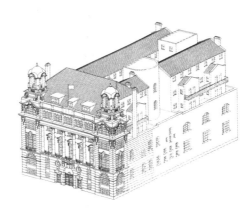

一百年前的大理石板，有的已经有了裂缝。修复时，取下一些大理石板，反面换成正面，打磨抛光，一一贴回……入口雨棚按照 1916 年的历史照片基本恢复原有样式，并根据现有人行道标高，适当抬高雨棚底标高。

——唐玉恩

型的英国古典式建筑精心复原。从空间结构到空间内容，从装修风格到施工技艺，每个元素、每处细节，均经认真研究并根据历史资料一一修缮恢复。比如，原样修复底层大厅，曾经销声匿迹的"远东第一吧台"重现于世，纵贯长长的廊吧；原样修复二层宴会厅，拆除后期搭建隔墙，恢复护墙板原初的暖红色调……而过程中最与众不同之处乃是惜物，把老房子如文物一般精心修补。

轻轻走过黑白相间的方格地砖、柚木地板，那些还是百年前的旧物，保留着 20 世纪 20 年代亲切的手工印迹，毫不掩饰岁月的斑斑旧痕；那两部百岁高龄的三角形电梯，被黝黑的铁栅栏包裹着，依然铿铿铿铿上下，乘坐过程堪称一次时光穿梭的体验，仿佛黑白老电影中的经典影像；明亮的天光从拱形玻璃天窗洒落，铸铁栏杆上依然是 20 年代的欧洲线条，柱头石膏镂花依然是古典的繁复图案，窗格木门上依然是线条流畅的黄铜把手，原汁原味，散发着时间的光泽，呈现着那个时代的质感。老房子是城市的记忆，这种费时费力的原物保护、修旧如初，保存了文物本身所载有的历史文化信息，最大限度保护了老建筑的原真性和完整性，把保护修缮推向极致。

今天的外滩 2 号轮回转生，生命周而复始。格局完整的历史保护与再生，承载了西方古典文明的整体气韵，营造出文化蕴藉深厚的休闲生活空间，成为外滩华尔道夫酒店的文化会所。徜徉其间，既是历史的体验，更是一种美的享受，有一种穿过一百年的时光直抵眼前的震撼。除了还原经典，也生长出新翼——一栋现代化的 24 层塔楼连接起具有传奇色彩的 6 层老大楼。文化的、传奇的、不可再生的外滩老房子，原真保存了上海黄金岁月的时代记忆，成为其他建筑无法模仿的特质、独一无二的名片；新大楼则弥补了老大楼空间局促的窘境，通过现代化的设施与功能，助推老大楼步入世界顶级奢华酒店的行列。

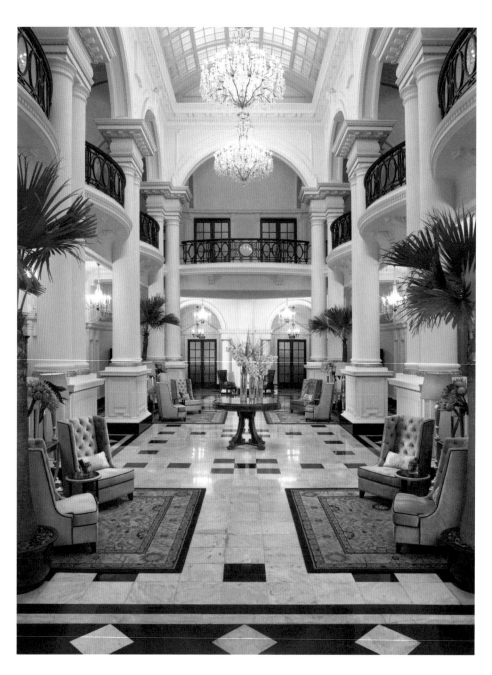

26

26. 外滩华尔道夫酒店沿中山东一路大厅（资料来源：外滩 2 号华尔道夫酒店 . 同济大学出版社，2013.）

上海院与外滩老房子

外滩 2 号：上海外滩华尔道夫饭店（中山东一路 2 号）

- **1910 年代** — 1909 年，破土兴建，由在沪英商联合投资。
  1910 年，英商上海总会建成，并拥有号称世界上最长的吧台。
- **1950 年代** — 1956 年，改建为"国际海员俱乐部"，一个海纳百川的社交场所。
- **1970 年代** — 1971 年，改建为"东风饭店"，沪上第一家肯德基坐落于此。
- **2010 年代** — 2010 年，改建为"上海外滩华尔道夫饭店"，由上海院与美国波特曼、大境建筑事务所合作设计，上海院作为东风饭店保护修缮设计总负责方，新加坡 HBA 公司为室内设计方。

外滩 3 号（中山东一路 3 号）

- **1910 年代** — 1913 年，破土兴建，天祥洋行投资，公和洋行设计，是其在上海的第一个作品。
  1916 年，联合大楼建成，公和洋行搬入联合大楼。
- **1930 年代** — 1936 年前后，联合大楼改名为"有利大楼"。
- **1950 年代** — 1953 年，上海院迁入有利大楼。
- **1990 年代** — 1995 年，为配合市政府重建外滩金融一条街的决定，上海院搬离外滩的有利大楼。
  1997 年，新加坡佳通私人投资有限公司通过外滩房屋置换买下此楼。
- **2000 年代** — 2004 年，大楼被改建为高档购物消费场所，并改名为"外滩 3 号"，由国际知名建筑师麦克尔·格雷夫斯负责改造设计。

外滩 12 号（中山东一路 12 号）：上海浦东发展银行大楼

- **1920 年代** — 1921 年，破土兴建，汇丰银行投资，公和洋行设计。
  1923 年，大楼竣工，耗资 800 万两白银，被誉为从苏伊士运河到白令海峡最讲究的建筑。
- **1940 年代** — 1940 年代，太平洋战争后，日本横滨正金银行占用此楼。抗战胜利后，汇丰银行迁回。
- **1950 年代** — 1950 年代，汇丰银行迁出。
  1956 年，上海市人民政府迁入。
- **1990 年代** — 1995 年，上海市人民政府迁出。
  1996 年，上海浦东发展银行进驻，上海院与香港 ADA 负责修复设计。

外滩 20 号：和平饭店（中山东一路 20 号）

- **1920 年代** — 1926 年，破土兴建，由沙逊投资，公和洋行设计。
  1929 年，沙逊大厦建成，含华懋饭店。
- **1950 年代** — 1953 年，由上海市人民政府接管。
  1956 年，改名为"和平饭店"。
- **1980—1996** — 1984 年、1996 年两次大改造。
- **2000 年代** — 2007—2010 年，保护修缮并扩建为世界顶级的费尔蒙和平饭店，由上海院作为保护修缮设计总负责方，HBA 公司为室内设计方，加拿大 AAI 公司参与前期方案设计。

外滩 27 号：外贸大楼（中山东一路 27 号）

- **1840 年代** — 1845 年，怡和洋行承租外滩 27 号土地，建起一幢英国乡村式的 3 层楼房。
- **1860 年代** — 1861 年，怡和洋行建筑进行了第三次翻建，增加了门楼和雨棚。
- **1920 年代** — 1920 年，怡和洋行将原来的建筑翻建成高 6 层，占地 2 100 平方米的钢筋混凝土建筑。
- **1940 年代** — 1946 年，太平洋战争爆发后，大楼被日本三井洋行占用。
  1946 年，虽恢复营业，由于业务日衰，大楼租给昌兴轮船公司、海外航空公司、香港航空公司等。
- **1980 年代** — 1983 年，在顶部进行改建加层。
- **1990 年代** — 1996 年，11 月 20 日，外滩建筑群被列为全国重点文物保护单位。
- **2000 年代** — 2007 年，上海院承接保护更新工作。

书写近代上海建筑史诗
Writing the Architectural Epic of Modern Shanghai

1. 上海城隍庙湖景（资料来源：媒地传媒）

"千年中国看北京，百年中国看上海"，上海浓缩了百年中国的历史，是近代中国的典型象征。同时，上海因为其自身"五方共处"的特征，无论在城市空间分布还是建筑风格上都呈现出极大的多样性与丰富性。在新型的世界观念、民族与市民意识、文化生活和社会习俗、城市与建筑风格等方面，近代上海记录了中西方文明和体制的碰撞与交融。厘清上海近代建筑历史，也就成为新中国成立后刻不容缓的重要课题。以上海为名的民用建筑设计院，顺理成章地成为承担此项任务的核心力量，担负起为上海这座城市与其建筑溯本清源的历史使命。

作为建国十周年的献礼，建筑工程部与建筑科学研究院于1958年在全国范围内组织积极展开"三史"的调查和编辑工作，这是首次规模较大的中国近代史研究。与之对应的，上海近代建筑史的研究大幕也由此拉开，并成立了上海建筑三史编委会，由民用院陈植院长分管。20世纪五六十年代国家经济条件非常困难，陈从周和章明等一大批学者和建筑师投入了巨大的精力，在勘察条件非常艰苦，技术手段极其有限的条件下，他们一尺一线一笔地进行着测绘工作，并在1961年完成了包括古代、近代和现代三个历史时期的上海建筑史稿的初稿。此后，由于历史原因，没能将研究继续深入下去。这次对上海建筑史特别是近代建筑史的初步归纳，为20多年后的正式成史留下了宝贵的资料，也奠定了基础。

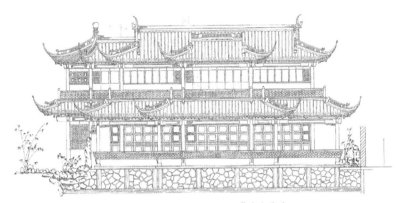

朝北立面图

朝东立面图

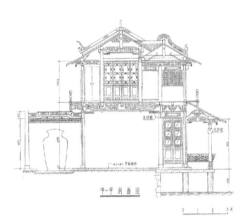

剖面图

　　1985 年，建筑工程部与建筑科学研究院重新组织编写中国建筑三史（古代史、近代史和现代），陈从周先生负责上海部分的筹备工作。同时，成立上海建筑三史编委会，由上海市建委领导罗白桦副主任、民用院陈植老院长分管。并经上海市建设委员会领导同意，由上海市民用建筑设计院总建筑师章明负责上海近代建筑史的整理修改工作。鉴于上海的近代建筑在三史上海部分中具有最重要的地位，编写工作要权威而详尽，需要大量的调查、摄影、绘图、文字与图片搜集等，因此在编写的整整三年中，上海民用院投入大量的人力物力，细致梳理了近代上海的脉络，特别是近代部分以及上海市各区各类具有代表性的建筑物及其嬗变情况。并最终形成在中国近代建筑史上非常重要的著作——《上海近代建筑史稿》。对厘清近代上海的建筑全貌，夯实上海在中国近代建筑史上的地位，具有里程碑的意义，也展现了民用院的集体智慧与一流水准。

　　为上海做贡献的同时，老一代的建筑师们更是将"上海设计"延展到了全国，在 1964 年到 1966 年开展的"社教"运动，有 100 多位上海院的建筑师分赴江西等地，进行现场设计。

修复老城厢

"江南好，胜赏在云间。"松江，被誉为上海之根，是上海文化中江南文化明晰而天然的印记，可以说近代上海，是在华亭县和松江府怀抱里成长起来的。同时，上海的源头与成长，与大江南地区的历史、地缘变迁又紧密相关。历史上江南的合理范围系明清时期的江南"八府一州"，即苏州、松江、常州、镇江、江宁（南京）、杭州、嘉兴、湖州等八府和由苏州府分置的太仓州。苏浙沪皖地缘相接、人缘相亲，经济发达、文化一脉，曾是全国经济文化最为发达的地区，合力打造出光彩夺目的江南文化；近代以降，原江南中心由苏州转向崛起的上海，江南地区的经济中心实现了转移，在上海诞生了一个中国现代经济中心。可以说上海的城市文化中，拥有不可磨灭的江南文化印记。

这种传统江南文化的滋养，清晰地勾画出上海近代以华人聚集区为核心的老城厢，这一传统城市空间与建筑，与十里洋场的外国租界对立而居。今天，我们探究上海最原初的城市肌理、地理识别性最强的符号，无疑还是老城厢。这对今天快速发展的上海来说，其

2. 上海豫园仰山堂立面图及剖面图（资料来源：共同的遗产：上海现代建筑设计集团历史建筑保护工程实录．中国建筑工业出版社，2009.）
3. 豫园湖心亭图（资料来源：媒地传媒）

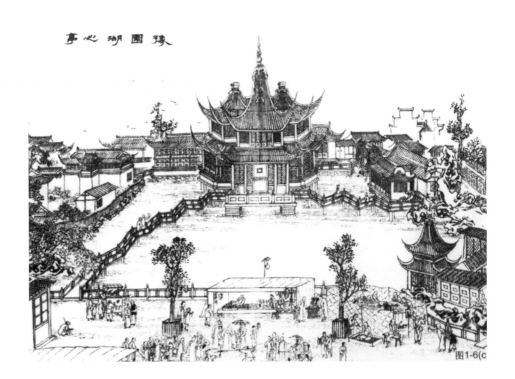

豫园湖心亭

图1-6(c

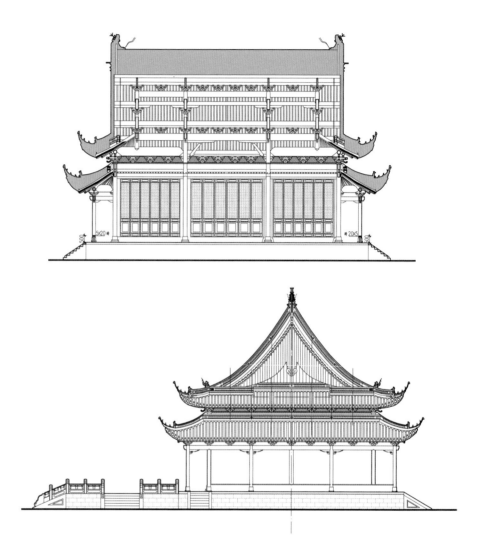

历史和文化意义不言而喻。保护老城厢的空间与建筑，就是留住上海的传统与源头。然而在上海迈向国际化大都市的进程中，如同冻结在历史之中的传统建筑面临生存或是死亡的巨大考验。如何更好地盘活和利用传统上海城市空间，对于这座城市的历史与未来都很重要。民用院在其发展历程中，一直在为留住上海根脉、坚守城市传统做着长期不倦的努力。

豫园，作为上海老城厢的代表，自 1559 年兴建，至今已有 460 年的历史。近代以来由于战火不断、"文化大革命"破坏等原因，豫园破损严重。1957 年，建筑学家陈植先生从上海市规划建设管理局副局长的岗位上调任上海市民用建筑设计院院长，领导豫园修复工作，并抽调蔡祚章、乔舒骐、郭俊纶等人组成设计班子，用 3 年多的时间，按照清代形式、

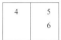

4. 嘉定孔庙大成殿立面图及剖面图(资料来源：共同的遗产：上海现代建筑设计集团历史建筑保护工程实录.中国建筑工业出版社，2009.)

5. 真如寺大殿修复前照片（资料来源：共同的遗产：上海现代建筑设计集团历史建筑保护工程实录.中国建筑工业出版社，2009.)

6. 真如寺大殿修缮前剖面图（资料来源：共同的遗产：上海现代建筑设计集团历史建筑保护工程实录.中国建筑工业出版社，2009.)

前金柱柱头斗栱及平基斗栱东乙　　　　　正脊下槏间

梁底双钩阴刻墨字

三种不同形式的昂嘴及后尾

前槏之四椽明栿、双跳丁字栱、蜀柱、栌斗、十字栱、搭牵及平基斗栱、外檐斗栱后尾

元代外檐斗栱前面及后尾全部

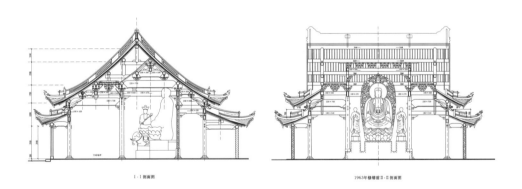

I - I 剖面图　　　　　　　　　　　　　　　　1963年修缮前 II - II 剖面图

结构以及建筑特征绘制修复图纸，先后修复了三穗堂、仰山堂、游廊等23个项目。这一时期城隍庙香火颇盛，但很少有人知道庙宇背后的假山大池、亭台楼阁等诸多美景。在这样的环境中能够做出保护修缮豫园的决定，并以民用院为主体修复整理了豫园内大量的建筑，恢复了大部分园林的风貌，其间各级领导与设计院人员付出了极大努力。今天，豫园已经成为上海的地标之一，也先后在八九十年代进一步修复完善，而50年代以上海民用设计院为主的这次修复，无疑是传统文化得以在此留存的最重要的奠基之作。设计者以自身的尊重与责任，温情与敬意，维护着这座城市的温度。

国际大港的梦想：穿越外滩的口岸变迁

The Dream of a Grand International Port:Transformation of the Ports Along the Bund

一部上海城市近代史，与港口、航运业的飞速发展紧密相连，

在不绝于耳的轮船汽笛声中，上海驶入了工业文明和世界经济的体系中。

上海港的再次腾飞，始于走出黄浦江、走出长江战略。

北外滩聚焦国际航运高端服务产业，与洋山深水港、外高桥保税区、临港新城、陆家嘴金融中心一起，

构筑起大上海国际航运中心的整体框架。

1. 20 世纪 30 年代的上海外滩（资料来源：档案馆历史资料）

从滩涂到深港

　　一部上海近代史，与港口、航运业的迅速发展紧密相连。

　　上海位居南北海岸线的中点，东西大动脉长江入海之咽喉，四季通航、腹地广阔，因而"鸦片战争"前夕，上海港已是全国贸易大港和漕粮运输中心。上海开埠后，各国竞相前来开拓市场，开办轮船公司，建造船厂、码头，为上海打开外贸通道。不久之后，上海港就超越广州，成为全国最大的对外贸易口岸。上海开埠前，码头多集中在老城小东门外；开埠不久，外商在老城以北建立租界，浮动码头就设立在外滩沿江一线，这里桅杆林立、帆樯蔽天、江潮推涌、人头攒动，从早到晚熙攘鼎沸。由此，外滩租界的外贸和老城十六铺的内贸形成相辅相成的格局。

　　19 世纪 70 年代起，苏伊士运河开通，欧亚可航运直达，轮船吨位日趋大型化，于是各国洋行和轮船公司，在黄浦江中下游掀起一轮兴建轮船码头的高潮。由于外滩一带洋行林立，江边是南北主要通道，没有空间建造码头仓库，因而轮船码头向外滩的南北两翼和浦东发展。总体趋势是向出海口方向，外滩以北、虹口滨江滩地为主的范围发展。区别于十六铺一线的近海沙船码头，这部分岸线吃水较深，经常停靠远洋轮船，故被称作"大码头"。从百老汇路到提篮桥，沿江一溜排开的，都是英、美、日的轮船码头、仓库和堆场，

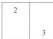

码头附近工厂、店肆、货栈次第兴建，人烟稠密。在不绝于耳的轮船汽笛声中，上海开始融入工业文明和世界经济的体系中。1919—1937 年是近代上海港最繁荣的时期，码头仓库大规模兴建与改造，港口吞吐量逐年增加，江、海、远洋运输迅速发展。上海港不仅成为国内航运中心，还跨入了国际贸易大港的行列。只可惜，随后的战争让上海的东方大港之梦戛然而止。

　　时光倏忽过，万象自更新。上海港的再次腾飞，始于走出黄浦江、走出长江战略。进入新世纪，洋山港，这个在外海孤岛上建成的深水港，标志着上海港由江河时代迈入海洋时代，上海成为国际航运中心的梦想开始成为现实。而港口外迁和城市产业结构调整，为城市滨水码头区的更新改造带来了良好的契机。从外滩经外白渡桥，沿东大名路一路向东，就进入坐北朝南、面水朝阳的北外滩。作为外滩的延伸，北外滩滨江绿地是观赏浦江两岸风景的绝佳之处。在绿树葱茏间隔江欣赏陆家嘴的现代，感受老外滩的典雅，回看北外滩的旧貌新颜，可谓尽揽浦江"黄金三角"。昔日鳞次栉比的仓库货栈、密不容隙的厂区船坞已不见了踪影，代之而起的是绵延不绝的滨江绿带，拔地而起的高楼大厦。不同于陆家嘴的金融中心定位，北外滩依托深厚的航运基础和得天独厚的地理优势，全力打造以航运服务为特色的现代服务业集聚区。上海院参与合作设计的上海港国际客运中心、上海港国际航运服务中心等，已成为北外滩聚焦国际航运高端服务产业 CBD 的旗舰项目，是上海国际航运中心建设的重要组成部分，与洋山深水港保税区、外高桥保税区、临港新城、陆家嘴金融中心一起，共同构筑起上海东方大港的梦想。

新世纪的水上门户：上海港国际客运中心

说到上海的水上门户，就不得不提"十六铺"。它位于上海老城小东门外，依水傍城，拥有近一百五十年历史，曾是晚清民国时期远东最大的码头、全国航运和贸易中心，国内的客、货运航线均集中于此。作为上海的水上门户，这里码头林立、商贾如云、舟楫如蚁，相当长一段时间内，这里是唯一集人流、信息流、物流和资金流交换于一体的节点，在上海近现代腾飞的进程中扮演了至关重要之角色。李磊、郭莹在《中国地名》2016 年第 9 期发表的《十六铺码头前世今生》一文中，这样记录道："老上海们至今还能回忆起十六铺客运码头的鼎盛时代：'每天 4 万多人次，每年 670 多万人次……买票要排队……白天航班平均半小时就有一趟……上海—重庆 1 条航线有 13 条船在开。'"进入 21 世纪，公路、铁路和航空逐渐替代了普通船舶的客运功能，十六铺失去了国内客运中心的地位，成为一处浦江旅游观光码头。

21 世纪初，北外滩轰鸣的打桩声，叩开了上海的标志性水上门户。始建于 1845 年的

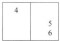

4. 北外滩的上海港国际客运中心夜景
5. 北外滩的上海港国际客运中心剖面局部
6. 黄浦江上看上海港国际客运中心（摄影：陈伯熔）

虹口高阳港区码头，被一座崭新的水上客运中心取而代之。它并非十六铺码头的升级版，而是停靠浪漫的国际邮轮的码头。上海港国际客运中心（以下简称"国客中心"），坐落于黄浦江"金三角"的北外滩地区，基地沿江长度 850 米，占地面积 13.63 万平方米，总建筑面积逾 40 万平方米。建成后的客运中心，除满足 3 艘豪华邮轮同时停靠外，还可提供 24 小时的引航、拖轮和联检服务，成为亚洲一流的邮轮母港基地。

为了不破坏外滩完美的天际线轮廓，国客中心的主要建筑和功能区域均布置在地下，地面则留作景观与绿化，有效地实现了综合空间开发的理念。悬于空中的观光候船楼，其外形就像一滴晶莹剔透的水珠，长 80.3 米、宽 34.6 米、高 29.9 米，呈不规则的流线型，轻盈地漂浮在 10 米高的地方，脚下是绵延百余米的滨江绿带，地面架空的自然景观与江面的水景融为一体。

国客中心的地下空间分为室外和室内两部分。室外部分是城市空间的延伸，主要解决交通问题，并通过设计提升空间品质，实现上下一体的设计理念。地下室顶板上开设了 12

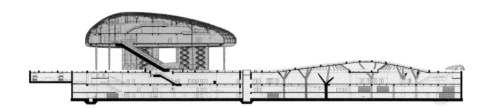

个大型洞口，阳光、空气和垂直绿化倾泻而下，呈现明亮、通透、安全、节能的清新格局，使人身处地下，却浑然不觉。室内部分主要解决旅客进出港的流程问题。作为超大型的公共交通设施，室内设计运用了现代艺术手法，如采用鲜明的色彩元素，烘托不同功能区域的空间气氛，柱子、墙壁、座椅甚至垃圾箱都有着自己独特的色彩。顶棚取消了传统的吊顶，以大型灯具（每个直径达 900 毫米）连成一片，形成整片的发光天棚，体现了高品位的艺术风格和国际大都市的韵味。

整个基地分为东西两大区块。西区是国客中心的功能区域，由港务办公大厦和国际客运中心组成，办公塔楼高耸挺拔，客运中心候船楼则如凌空飞艇，一高一横的造型创造了强烈的雕塑感和动感。中间地带是 170 米宽的中央绿化景观区域，结合江岸，以绿地为主展开景观画卷，为城市提供亲水的江岸休闲娱乐场所。它不仅为北侧地块的发展预留了充分的空间，也加强了江边景观的纵深感与层次感。东区由南北两排的办公、商业、宾馆等配套综合体组成。整个基地内，建筑自西向东有序排开，犹如跳跃的音符，高低错落、疏密得当。北外滩与豪华邮轮的"碰撞"，诞生了空中的"一滴水"，造就了 21 世纪浦江边上标志性的风景。

7.8. 上海国际航运服务中心

岁月沧桑大码头：上海国际航运服务中心

　　上海历来被称为大码头，而上海港口中真正的大码头，不是人们熟知的"十六铺"，而是渐被遗忘的汇山码头。汇山码头就在提篮桥南侧，东起秦皇岛路，西至公平路，岸线长约 825 米，为客货运码头。码头最老的那一部分建于 1860 年，东头的码头是 20 世纪初建成的。20 世纪 20 年代，汇山码头与杨树浦码头连成一体，可同时靠泊多艘远洋客货巨轮，被老百姓称为"外国人大码头"。

　　1949 年后，汇山码头成为上海港的装卸作业区。进入 21 世纪，随着码头功能外移到外高桥与洋山深水港，这里成为北外滩上海国际航运服务中心所在地，与上海港国际客运中心连成一片，形成与外滩金融街区相接，与浦东小陆家嘴金融贸易区隔江呼应的"金三角"格局。

　　上海国际航运服务中心总建筑面积约 65 万平方米，围绕航运交易的核心功能，形成以航运办公为主，兼有综合商业配合的多功能商务社区，吸引跨国航运企业总部进驻北外滩航运服务集聚区，促进航运交易、航运金融、航运保险等各种航运经济要素的汇聚融合，与洋山深水港区等区域口岸形成互动发展，全方位打造亚洲乃至全球重要的航运经济中心。

　　同时，上海国际航运服务中心的建设，大大丰富了北外滩滨江的综合服务功能，将地上和地下商业、游艇港池、文化广场和滨江绿地完美地结合起来，把从上海港国际客运中心起始的滨江公共空间延绵到 2 公里，并构成"西绿东水"的形态变化，成为集商务功能和公共景观为一体的滨江开发典范。汇山码头的建设和改造与时代发展紧密相连，它记录着上海港口与航运的发展，见证着岁月的沧桑与荣耀。

港岸再延伸：东方渔人码头

"上海是中国近代工业的发源地，而杨浦则是上海近代工业的摇篮。在 120 多年的工业化进程里，这里曾经几度辉煌。19 世纪末，杨树浦地区相继建成了中国第一家发电厂、第一家煤气厂、第一家水厂、第一家纺织厂，规模在当时均为远东第一。1949 年后，这里更是上海重要的工业集聚区，沿江的杨树浦路上遍布万人大厂，车水马龙，热闹非凡，杨浦区的工业总产值曾占到全市的 25%。20 世纪 90 年代后，杨浦区大量工厂关闭、搬迁，老工业基地面临艰难的转型。"（摘自《上海地方志》）

进入 21 世纪，由上海院与帕金斯威尔建筑设计咨询（上海）有限公司（Perkins + Will）合作设计的"东方渔人码头"，是杨浦滨江工业带更新改造的第一个项目。基地紧邻北外滩，西起杨树浦水厂，东至杨树浦港。项目以 "海洋文化"和"渔文化"为主题，一期总建筑面积 18 万平方米，占地面积约 79 亩，主要包括一幢 7 层高、怡然横卧的大型商业综合体，一幢 33 层高、腾空跃起的商务酒店办公塔楼，此外还有一座特色购物广场，沿江则局部保留原水产交易市场和办公楼，形成滨江餐饮、临时商业活动的休憩场所。

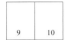

9.杨浦滨江的东方渔人码头(摄影 林松)
10.北外滩星港国际中心（摄影：邵峰）

　　整个基地中最匠心独运的建筑，就是跃起的办公塔楼和横卧的商业综合体，一横一竖、一卧一跃，相映成趣，颇具象征意义的建筑形象大胆表达了创立一个世界级渔人码头的设计初衷。同时，设计着力于表现一种亲水关系。坐落于基地北面的塔楼，提供了一个顶级的商业办公场所，并具有宽广的视野，浦江风光尽收眼底。与之相对，位于基地南面的商业综合体同样提供了观看江景的良好视点，并通过桥和步道向南向、水岸延伸。长约700米、宽达50米的滨江绿带上，嵌入历史、文化、休闲、体育等功能，设置亲水平台、码头、廊道等，并与渡轮站相连。经过精心的设计雕琢，一座融文化、博览、娱乐、休闲、商业服务于一体的上海东方"渔人码头"，鱼跃浦江。

北外滩的耀眼双星：星港国际中心

　　北外滩以其悠久的航运历史、重要的地理位置，在上海建设国际航运中心的背景下，无疑将成为上海新的城市名片。

　　在北外滩核心区近0.62平方公里、2 200米岸线的核心区域，上港集团与中国金茂先后联合塑造了上海港国际客运中心、上海国际航运服务中心、星港国际中心（北外滩的明星——"星外滩"）。星港国际中心作为虹口区单体体量最大的TOD交通枢纽中心、虹口区最大的城市公共屋顶花园、上海最高的超高层双塔项目、上海市开挖深度最深的地下空间、虹口区"十二五"重点工程，成为北外滩最耀眼的明星。上海院作为设计总包单位，总控项目全过程，与佩利克拉克佩利建筑设计咨询（上海）有限公司（PCPA）、贝诺建筑

设计咨询（上海）有限公司（Benoy）一同完成了造型外立面及商业设计，并与各家顾问公司共同完成了交通枢纽设计、平面设计、塔楼屋顶花园设计等多项重要工作。

星港国际中心二层设有公平路地下步行街，直通公平路码头，并无缝对接地铁 12 号线及 19 号线两座地铁站，二层设有空中连廊方便直达周边项目，屋顶设有"高线公园"（highline）将整个北外滩地区的屋顶串联成了一个巨型的生态公园。通过多层次的连接打造出区域内的连续性，为行人提供了清晰便捷的多维度流线系统。

星港国际中心的设计充分考虑北外滩的城市天际线效果，并与浦东陆家嘴建筑群遥相呼应，创造出令人难忘的双子塔形象。同时，它以持续发展为目标，实现全国第一个集中国绿色建筑三星、美国 LEED 金奖和英国 BREEAM Outstanding 标准于一身的超高层双塔项目。它的裙房采用大面积印花石材立面，与提篮桥犹太人保护区优秀历史建筑相呼应，尊重城市的历史文脉。2018 年揭幕后的星港国际中心，将联动北外滩区域，推动上海发展，成为努力实现中国梦的"极坐标"之一。

11.世博 B 片区央企总部基地

徐汇滨江文化聚落：西岸传媒港和梦中心 B 片区

曾经，老外滩流转着十里洋场的繁华，成为上海海派文化的源头；改革开放后，新天地等历史文化风貌区带着老上海的光影和新上海的时尚，营造出中国经济腾飞后鲜活的商业气息。而今，徐汇滨江作为黄浦江两岸开发"十二五"期间的重点发展区域，以文化产业为主导发展方向，利用自身优越的地理环境和独特的文化底蕴积极"筑巢引凤"，以西岸传媒港先行，率先拉开文化带动高端商业与商务的序幕。

西岸传媒港项目总建设用地面积约 19 万平方米，规划总建筑面积 100 万平方米，其中地下总建筑面积约 46.6 万平方米，地上总建筑面积约 53.4 万平方米。项目包含文化传媒区、复合功能商业区、滨水活动区等多个区块，包括梦中心、腾讯、湘芒果、游族、万达、诺布国盛等企业在内的成片"九宫格"建筑群内，有国内最大的 IMAX 电影院、乐高体验中心，还有中国首个百老汇风格的文化场馆群和兰桂坊休闲餐饮区。项目以其区域整体开发、地下空间统一建设的理念，实现二层平台、城市核心（Urban Core）、敞开式地下商业区、地下公共环道等设计亮点，成为广受关注的标杆工程。作为设计总控，上海院与合作方见证了整个西岸传媒港项目由概念到实践的逐步推进和落地。

"梦中心"作为西岸传媒港的旗舰品牌，将吸纳现代传媒、文化休闲、演艺娱乐、商务办公，带动整个西岸传媒港，打造高端影视制作和现代传媒产业集聚区。整个梦中心分为两个区域，分别是位于西岸传媒港九宫格的 FLM 地块与隔道相望的滨江 B 地块，其中 FLM 地块以高端商务办公及商业为主，同时拥有可容纳 1 000 人的 IMAX 影院。项目以"峡谷"为整体设计概念。在东西方向步行轴线上，办公塔楼平面随楼层升高逐渐后退，形成类似"峡谷"的空间。整个内街也是一个从地铁车站到滨江 B 地块区域的东西向的视觉通廊与空间序列。B 地块保留城市功能嬗变的历史记忆，利用上海水泥厂的遗址，规划将 5 个工业时代的遗留建筑进行保留和改造，在不改变其建筑原有形式及工业遗产特征的前提下，置入全新功能，使之重获新生。通过对保留建筑合理改造与新建相结合的方式，充分发挥区位交通与滨江资源优势，引入一批具有国际水准的剧场、音乐厅、设计中心、艺术家工作室、时尚展示中心等文化设施，以文化演艺功能为龙头，综合发展会议博览、艺术教育培训、时尚主题娱乐、亲子文化体验和休闲娱乐等多业态服务。提供一个文化与艺术交融的公众活动场所，打造具有时代背景的新文化地标，成为城市发展历史的见证。

城市滨水区的华丽转身：从工业到生活

The Tremendous Conversion of the City Waterfront: Switching from Industry to Life

在工业化时代，滨水空间更多与交通、货运、港口功能相连。

到了后工业时代，城市滨水更多变成公共活动空间，成为城市的公共客厅和风景线。

浦江经典岸线的变迁，回归了以人为本，形成了开放自然的城市滨水空间。

1. 上海黄浦江滨江大道（资料来源：摄图网，http://699pic.com）

从苏州河上的外白渡桥到金陵东路的起点，外滩像一弯月牙坐落于浦江西岸。其水色、天光、岸线、建筑群高高矮矮的顶部分割、黏合而成的天际线从任何一个角度来看都那么完美。从江边的"纤道"变成英租界，再到现在仍在延伸的滨水景观带和重要的公共活动空间，外滩滨水界面的内涵和外延也随着时代的变迁而不断拓展。

因缘而生，外滩滨江大道与外滩公园

上海开埠之后，英国人将外滩作为码头，铺设了马路，加固了江岸。外滩狭长的滨江地带上，洋行林立，码头货栈鳞次栉比。1862 年至 1866 年，租界工部局在外滩修筑了一条滨江大道，从苏州河口的外白渡桥，到洋泾浜（延安东路）的 1.5 公里岸线上，种植了成片的草坪和树木，大大改善了外滩的环境。工部局总董金能亨"极力限制和清除外滩堤岸上各洋行的码头和货栈……使它最终成为一处可以让外滩侨民呼吸新鲜空气，散步和社交的场所"。他为外滩的一草一木与洋行大班的一砖一石进行"战斗"，让外滩有了一小片公共空间。而外滩往南的法租界外滩，往北的美租界沿江地段，依然被永久性的码头、仓库所占据，尘土飞扬，喧嚣沸腾，因而以前的上海找不出第二条可以与之媲美的滨江景观大道。

2

2.20世纪30年代的上海外滩公园与码头
（资料来源：档案馆历史资料）

　　1868年，在这条滨江大道的北端，苏州河与黄浦江交汇处，工部局建造了外滩最大一块绿地，上海乃至全中国第一座"公共花园"。在此之前，中国只有皇室专享的皇家花园，以及私人所有的私家花园，这座"外滩花园"，首次把"公园"这个城市公共空间的概念引入中国。到民国之前，这里一直是观赏浦江景色的最佳处、夏夜纳凉的好地方、露天音乐会的举办地，成为外国侨民休闲娱乐的户外沙龙。

　　在金能亨的推动下，外滩在1870年以后迅速改变面貌，其簇新的身姿开始出现在摄影作品和油画画面上，成为上海首选的景观标志。1906年再版的英文畅销书《上海导览》，就建议来上海的游客去堤岸上看风景，感受一个伟大港口都会的特殊气氛。进入20世纪后，外滩地价的升值速度远远超过了法租界外滩和美租界沿江地段，银行、保险等金融机构纷纷进驻，使外滩成为"东方华尔街"，而雄厚的资金实力使得外滩沿江一线的建筑一再翻新，终于成就"万国建筑博览"的传奇。

因由而变，防汛与交通主导下的外滩改造

直到 20 世纪七八十年代，外滩沿线马路只有四车道，车很少，防汛墙也没这么高，外滩滨水空间与城市联系紧密，是大上海的公共客厅。清晨的外滩堤岸上，一群群中老年人打着太极拳，做着广播操。他们散去之后，从四面八方赶来的恋人们就占据了整条堤岸，成百上千面对江水伫立。在很多人的记忆里，无论风和日丽或是阴雨绵绵，那些恋人们双双对对、密密相连的背影，像一堵加高的防汛墙，成为外滩最著名的风景线。到 20 世纪 80 年代，上海外滩的外貌基本没有多少变化。

90 年代初，上海改革开放，城市发展驶入一日千里的快车道。以防汛安全为前提的市政改造工程拉开帷幕，并深深地改变了外滩的相貌。1993 年完成的外滩改造工程，全长 1 500 米，包括对滨江道路、绿化、防汛工程的整体化改造：既要加高防汛墙，满足千年一遇的防洪能力，还需要加宽滨江大道至十车道，高架路、立交桥纵横于外滩，更重要的还需要建设新的外滩滨江风景带。改造后的外滩面积是原来的 5 倍。由上海院主导的外滩景观带城市设计，以环境意识与文化意识作为主线，以外滩历史建筑与黄浦江水作为创造之本。设计者情牵东方，魂系文化，采用刚柔相济、高低错落、古朴大气的手笔，营造八处风景点，铺就千米绿带，还精心于平台、眺栏、花坛、灯具等小品设计，使外滩映射出一种自由的伸展，让蓝天与水，绿地和建筑合奏出一曲和谐的交响。

外滩景观带设计根据防汛墙空箱的实际条件，把空箱构筑物的上下分为三个层次：第一层与路面标高相同，利用空箱作停车库和旅游商业服务，并布置与车道隔离的绿带；第二层次高出路面约 1.2 米，做集散广场与通道之用，陈毅广场、时代广场、艺术浮雕墙组成了滨江内景带上的文化景区；第三层次以空箱顶部作沿江长堤，形成宽阔的步行观光平台。三个层次错落，创造不同的视角和视野，并打破了沿江"城墙"的单调。在长达数百米、宽近 20 米的滨江长堤上，50 余个弧形透空栏杆悬挑江面，四季花坛点缀其间，可以或凭栏眺望滚滚江水，或坐下小憩片刻，又或一览外滩建筑，视野不受滨江主干道上飞驰车流的阻挡。

整体移动外滩气象信号台是改造工程的重点。这栋始建于 1907 年的红灰相间的建筑，有着横向条纹、曲线型壁柱、半圆拱窗，具有新艺术派建筑特征（Art Nouveau），是当时外滩最高的建筑物。人们在很远的地方就可以用望远镜看清塔上扯起的气象信号旗，对上海航运起到了相当大的促进作用。外滩道路拓宽时，高 50 米的外滩气象塔处在道路中央，为保护这一历史建筑，已高高耸立 105 年的外滩气象信号台，被整体向东移动 11 米，成为新外滩景观带上高扬的句号，与景观带起点上傲然屹立的人民英雄纪念塔首尾呼应。

外滩的每一次改造都体现了时代需求和特征，这次外滩改造工程，注重防汛与交通等城市功能安全性。加高的防汛墙，嵌在外滩的心脏里，它与街道的高差达 3 米，在垂直向度上，将城市与黄浦江水隔绝；而加宽的大马路，则成为贯通南北的交通走廊，川流不息的车流，在水平向度上，分割了外滩的建筑与堤岸。"亚洲第一弯"声名鹊起，驱车从延安路高架穿过中心城区后直抵外滩，从高架下匝道驶离的那一刻，林立的摩天大楼被甩在身后，视野豁然开朗。外滩的"万国建筑博览会"和浦东陆家嘴现代建筑群扑面而来，黄浦江水蜿

3. 上海外滩公园与码头（摄影：郭博）
4. 黄浦江滨江大道上的金牛雕塑（摄影：陈伯熔）

蜒而去。而今，随着新一轮的改造，第一弯被拆除，将车辆并入地下，是城市发展中的又一次提质，减缓了外滩的车流量。

因水而活：城市转型中的港口创新

自古以来，上海就是中国对外交通和贸易往来的重要港口。20 世纪 30 年代，上海港已成为远东航运中心。1949 年后，特别是改革开放以来，上海港在上海市政府和交通部支持下，在长江口南岸建了宝山、罗泾和外高桥港区。

1995 年 12 月，党中央、国务院作出建设上海国际航运中心的战略决策。经过半个世纪的建设和发展，上海港已成为一个综合性、多功能、现代化的大型主枢纽港，并跻身于世界大港之列。

21 世纪初，上海又迎来推进产业转型、功能转变的新阶段，这对上海港来说，也迎来了发展的新机遇。一些老港口面临再建设、再发展的需求，如何充分发挥并拓展上海港的水上资源？面对城市的水路客运职能受到公路、铁路和航空强有力的竞争，上海港原先的水上交通角色已淡出，但旅游角色日益凸显。除了区域旅游之外，都市市域内的水上参观也是城市的一大特色。

在上海港的转型过程中，上海院的设计团队以出色的专业水准，发挥滨江资源效应，打造了多个不同特色的城市滨江标志点，为上海港集团新增了众多城市服务业务板块。同时也带动了上海人对江水、海洋的眷恋，促进人与自然的和谐，就像芝加哥运河带给芝加哥的城市畅游财富，塞纳河带给巴黎的城市名片，泰晤士河成为伦敦的城市项链一样。

5

5. 黄浦江滨江大道上的气象塔（摄影：陈伯熔）

因人而归，联动浦江的滨水贯通

"在工业化时代，滨水空间更多与交通、货运、港口相联系，而到了后工业时代，对汽车的认识转变了，水边也大多变成公共活动空间，还给步行者。"这是美国波士顿城市改造历程的写照，而这种转变也发生在上海。在短短的二十年时间里，上海从初期盲目追逐便捷高效的城市现代化中转向，开始追求以人为本、和谐发展的城市后现代之路。这种发展理念上的转变，也体现在外滩新一轮的滨水空间改造上。

新世纪的外滩滨水改造，强化了人性化的设计内容，最大限度地释放公共活动空间，为市民和游客创造出充裕流畅的滨水休闲空间。首先，阻断城市与滨水空间的大马路被缩小，重回四车道，大量的过境交通从地面转入地下，将外滩地面以车为主的空间转变为以人为主的空间，也将百年历史建筑从交通的纷杂干扰中解脱出来。其次，1.5 公里长的老外滩滨江带被延伸，原先被码头、仓库和工厂占据的滨水岸线被释放出来，稀缺的滨水公共空间被放大。

全新登场的外滩滨江风景带上，以不同标高的平台和广场作为滨水地区整体环境的重点，形成丰富充裕的公共活动空间序列；以舒缓的坡道作为空间联系的主要手段，提供安全的活动路径和丰富的观景体验，满足大量人流活动的需要。整体、简洁、大气的空间形态，将外滩地区的风貌与功能一并呈现：堤岸的源头，是为了纪念为新中国成立而牺牲的英烈而设计的人民英雄纪念塔；它的边上，外滩公园拆除了大门和围墙，作为开放的广场与整个滨江风景带融为一体；堤岸的核心地带，陈毅的铜像以雄壮的苏维埃姿态，站立在 1890 年英侨为巴夏礼立像的地方（前者是新中国大上海的第一任市长，后者是建立英租界的知名领事）；新增加的金融广场，正对外滩最恢宏的建筑上海浦东发展银行（原汇丰银行大楼），一头雄赳赳的金融牛，以一种势不可挡的姿态，对峙银行大楼前葡匐的英伦雄狮；在延安路口，以气象信号台为中心形成广场，展示着百年外滩的历史变迁，已经高高耸立近百年的气象信号台，与堤岸源头的人民英雄纪念塔遥遥相对，见证外滩滨水空间百年的沧桑轮回。

20 世纪的外滩经典岸线长约 1.5 公里，"世博"之后，以外滩为中心的滨水岸线不断生长，北起吴淞口、南至徐浦大桥，绵延数十里的滨江岸线都在华丽转身。沿江地区的老城厢、老码头、老仓库和老工厂被拆迁，连续、舒适的沿江公共走廊一段段呈现。老外滩往北，始建于 1845 年的高阳港区码头，被"一滴水"为代表的上海港国际客运中心取而代之，成为国际豪华邮轮的母港；再往北，杨浦滨江工业带，被渔人码头、游艇码头这样的休闲娱乐商务空间替代；老外滩往南，十六铺客运总站变身水上旅游总站，东昌码头变身现代商业中心；再往南，百年船厂变身世博园区，化作联系历史和未来的点睛之笔；往东，则是伴随浦东大开发而建设的陆家嘴滨江绿带；往西，徐汇西岸滨江全面崛起。整个黄浦江畔，不断延伸的公共岸线、多样化的滨水活动、良好的滨水景观，构建起大上海独具特色的多元滨江生态走廊。通过立体交通体系、多元生态系统、互动功能空间和连续贯通界面，一个以外滩经典岸线为模板，开放舒适、生态自然的城市滨水空间正在形成中，45 公里的滨江城市公共空间将"百年大计、世界精品"的世界一流水岸完整嵌入上海人的城市生活，同时也向我们展现了一个更为开放与包容的上海，成为上海独特的人文名片。

结语

从中西交融的上海外滩原点修复，到新时代的世界顶级水岸建设，一条黄浦江串起上海这座城的前世今生，也承载了上海院以深厚设计积淀为这座城市奉献的璀璨地标，不断丰富着上海城市的多元与开放。事实上，以城市为名，上海在向国际都市不断迈进的过程中，也为上海院提供了最前沿的实践机会、最高水准的专业眼界与最深厚的支脉拓展沃土。而这种深刻复杂的交织，也会一直继续伴随着上海院的发展，继续共同描绘城市的斑斓画卷。

		8 9
6	7	10 11

6. 原外滩上海英商总会大厦立面图（现上海外滩华尔道夫酒店）（资料来源：外滩 2 号华尔道夫酒店 . 同济大学出版社，2013.）

7. 天祥洋行，后改为有利大楼，建于 1916 年（资料来源：百年回望——上海外滩建筑与景观的历史变迁 . 上海科学技术出版社，2005.）

8. 外滩中国银行大楼东立面图（资料来源：上海近代建筑史稿 . 上海三联出版社，1988.）

9. 和平饭店（北楼）沿南京东路立面图

10. 外滩汇丰银行剖面图（资料来源：共同的遗产：上海现代建筑设计集团历史建筑保护工程实录 . 中国建筑工业出版社，2009.）

11. 外滩 7 号（原大北电报大楼 / 泰国盘谷银行）立面（资料来源：上海现代建筑设计集团成立 60 周年设计作品集，中国城市出版社，2012.）

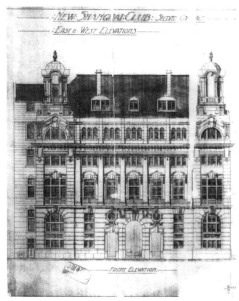

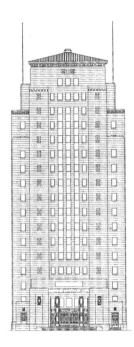

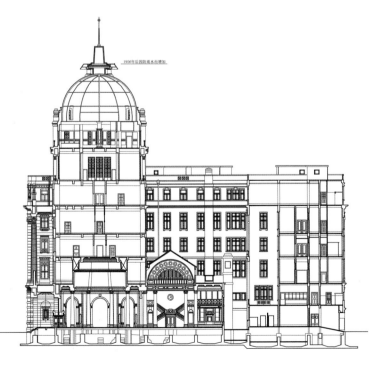

① 上海浦东发展银行
② 外贸大楼
③ 华尔道夫饭店
④ 东方渔人码头
⑤ 上海港国际客运中心
⑥ 星港国际中心
⑦ 豫园修复
⑧ 上海国际航运服务中心
⑨ 和平饭店
⑩ 公和洋行
⑪ 西岸传媒港&梦中心B片区
⑫ 外滩景观带城市设计

相关项目分布

第二章 | Chapter 2

城市的中心：城市原心

The City Center: The Urban Origin

城市的中心，往往是城市发展脉络的着力原点，

记录着城市的变迁及其特有的生活方式和文化聚集过程。

建筑在这一过程中扮演着重要的角色，并与城市特有的历史文化格局、生活形态发生互动，

以建设性的态度，思考与诠释着以设计渗透而出的，

关于城市传统与现代、本土与全球、保护与发展、传承与创新等的深刻话题……

上页图

人民广场鸟瞰（摄影：陈伯熔）

人民广场：新海派文化的转换器

People's Square: The Catalyst of the New Shanghai Culture

从遍布小村落、坟冢的水网地带，到"冒险家乐园"的租界跑马场和娱乐中心；

从 1949 年后的市政集会广场，到今天的新海派文化集结地与"城市客厅"。

在近 170 年的历史中，人民广场以城市原心强大的链接力，

成为百年上海社会、文化、经济以及各种历史力量流转、交汇的现场，

见证和容纳了上海人口流动、迁移、融合中激发的新海派文化，

更是呈现中国当下面临的许多重大挑战的最典型空间。

在如今这四大主体建筑中，上海院肩负两大建筑的设计重任，

成为城市原心的重要缔造者。

1. 上海历史博物馆（摄影：陈伯熔）

上海近代都市空间发展过程中，城市中心几度迁移。先是从老城厢的华界中心——豫园、城隍庙，转移到外国人主导的租界中心——外滩，再到见证上海当代社会的新城市中心——人民广场。原有的传统城市格局和社会秩序被颠覆，上海由一个传统市镇向近代化大都市迅速转型。

人民广场（原第三跑马场）位于上海城市的几何中心，被北侧的南京西路、南侧的延安东路、东侧的西藏中路和西侧的黄陂北路围合成一个近椭圆形的区域，面积约 1 平方公里，人民大道从中间沿东西向穿过。这一区域在近 170 年间，经历了沧海桑田的巨变。"人民广场"作为上海重要的标志性公共空间，历来是上海人口流转的中心与城市形成中心链接的原点：象征着老上海文化的跑马厅、国际饭店、大光明电影院、沐恩堂、大世界等建筑，见证了上海近代以来的历史和变迁；令人眼花缭乱的跨国品牌广告、日新月异的超级建筑拔地而起，洋溢着高昂乐观的情绪。上海是一座不断追求高度的城市，也是一个不断创造奇迹的城市。生活在这里的人们拥有对未来美好生活的憧憬和文化的包容性，这不仅体现在上海大剧院、上海美术馆和上海博物馆所提供的文化盛宴上，也体现在上海城市规划展示馆所展现的城市建设远景中。

上海旧时的跑马场，是租界内继外滩之后第二个重要的城市公共空间。作为上海滩"冒险家乐园"的一个地标性场所，大型的娱乐活动，如跑马、抛球、公园等都在跑马场展开。跑马场周围，大饭店（国际饭店、金门饭店）、咖啡馆、西菜社、跳舞厅、电影院（大光明电影院、南京大戏院）、俱乐部（跑马总会）、小教堂（沐恩堂）、大商店（大新百货）等新型功能场所一应俱全，十里洋场的灯红酒绿、车水马龙浓缩于此，体现了这些行业近一个世纪的发展轨迹和繁荣辉煌。1949 年后，人民政府决定把旧时的"冒险家乐园"变成

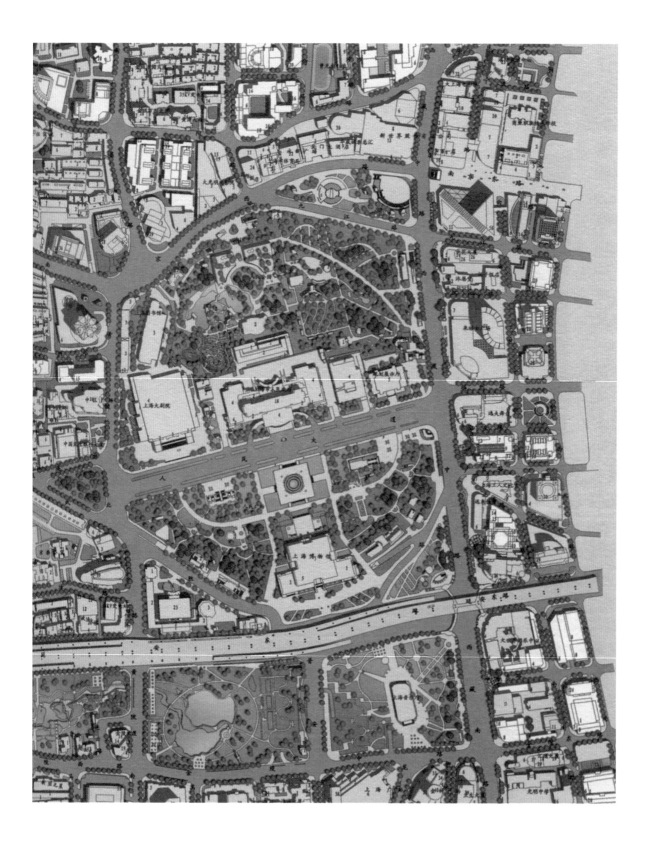

| 2 | 3 | 4 |

2. 人民广场地区规划（局部）平面图（资料来源：循迹启新：上海城市规划演进. 同济大学出版社，2007.）
3. 沐恩堂（摄影：陈伯熔）
4. 原上海跑马厅（资料来源：档案馆历史资料）

一座人民的广场、大众的乐园，因而跑马场南半部成为人民广场，北半部则成为人民公园。

自此，背靠南京路、南望淮海路、连接东西的人民广场成为大上海的中心：它背靠上海城市平面的"大地圆心"国际饭店，其顶楼中心旗杆被设定为上海平面坐标系的原点，整个上海城市的建设布局及地图测绘，都以它为中心铺陈延展；它是大上海的"零公里处"，所有国道和以"沪"字打头的公路都以此为起点；它是城市的交通中心，上海贯穿南北东西的地铁1号线、2号线在此十字交叉；它又是城市的商业中心，上海最大的地下商城蜿蜒纵横；它毗邻中心城区最大的绿肺，为密不透风的混凝土森林带来一片自然的天空；它是城市的行政中心，上海市人民政府大楼伫立在广场北侧；它更是城市的文化中心，博物馆、美术馆、音乐厅、大剧院、展示馆⋯⋯活跃的文化氛围、开放的活动空间，雅俗共赏、中西互动。

人民广场是行政中心。作为上海市政府办公所在地，上海市人民大厦高高矗立在广场的核心位置上，是整个广场的制高点，是人民广场的心脏。矗立于广场南北中轴线北端的大厦由于背负政治的重任，设计讲究含蓄内敛、形态庄重：规模庞大的建筑群，以方正的体型，呈现现代的"明白刚正"，赋予广场围合性体量与稳定立面。

而位于广场南北主轴线南端，与人民大厦遥遥相对的是上海博物馆。由于背负城市文化坐标的重任，形体上携带有大量象征和隐喻的文化信息，呈现庄重内敛的形象特征：古朴的"天圆地方"，呈现出包容的姿态，在方寸之地蕴含天地乾坤、包蕴中华文明；圆顶方体基座上，大鼎的厚重造型，由大理石密密包裹，构成了堂皇伟岸、不同凡响的视觉中心，仿佛一件从古代和传统中蜕变而出的艺术品，成为上海这座城市的文化地标。

人民广场周围，20世纪二三十年代的优秀历史保护建筑精彩纷呈，既有现代简约的摩

5. 上海市人民大厦（摄影：陈伯熔）

天楼，也有西洋古典风格的作品，如跑马总会大楼、沐恩堂、南京大戏院，还有贯融中西文化的海派建筑，如上海基督教青年会大厦。这些优秀历史建筑已迈入古稀之年，历经沧桑岁月中的功能改变、使用不善、人为破坏等而呈现出老化破败之态，周围日新月异的城市建设更凸显其老旧不堪。从 20 世纪 80 年代起，上海院陆续承担了城市中心这些历史建筑的维护修缮、复原改造工作。

如今，人民公园西面，昔日的跑马总会变身上海历史博物馆；广场南向延伸的绵延绿茵丛中，昔日的南京大戏院变身上海音乐厅，远离车水马龙；广场西面，沐恩堂巍峨的钟楼被原样修复，默默伫立于上海最喧闹的马路边；基督教青年会大楼改造扩建、修旧续新……这些历史建筑虽然外表上已不再抢眼，但在整体风貌和内部细节上，仍完好保留了古典建筑的艺术风格，建筑本身就拥有丰富的价值。经过精心修缮或是扩建改造，又被赋予新的使用功能，融入了当代生活。

80 年前，沙尘滚滚的跑马厅已经成为今天绿树浓荫的人民公园、花团锦簇的人民广场，见证了上海日新月异的变化与发展。申城巨变，原点未变。人民广场，以一种开放的胸襟、国际化的视野，打通了近代建筑、现代建筑与当代的关联。新与旧、历史与现代，比邻而立相互映衬，亦庄亦谐、亦中亦西、亦古亦今。包容多元的建筑形象，丰富了城市中心的视觉标识，组合成一种鲜明的现代城市文化氛围。

城市空间和大型公共建筑是每个时代和潮流的产物，好的公共建筑都力图反映出一个社会的理想。作为上海城市行政、文化中心的人民广场，映射出一个公共开放、活力四射的城市形象。上海院依托人民广场建筑规划设计经验，又陆续参与了城市历史建筑再利用的上海四行仓库修缮工程设计工作，2016 年上海市重大工程建设项目上海市档案馆新馆项目设计，重载大空间大悬挑钢结构的上海天文馆设计，重大文化设施集群之一、上海图书馆东馆设计，以及荣获 2017 年国际设计竞赛第一名的上海少年儿童图书馆设计。此外，还有众多上海中心城区以外的城市中心的规划设计，如厦门行政中心大会堂、海南省政府办公大楼、上海市南汇行政中心、苏州会议中心、苏州人民大会堂等。

在上海当代的发展历程中，上海院一直积极参与这座城市最重要的文化建筑与区域设计过程，为推动城市对于自身行政理念与文化梦想的外化空间建设，内涵性演绎海派文化的开放、交融，构筑上海城市中心的文化标杆作出重要贡献。

为人民服务：上海人民大厦

上海人民大厦，是 1993—1994 年上海市政府"一年一个样、三年大变样"的标志性工程；同时，作为人民广场的主体建筑，位于人民广场北面中轴线位置上，是举行市政府、市人大等重要活动的场所。人民大厦两侧的上海大剧院与上海城市规划展示馆也在整体上烘托着人民广场的中轴效果。由此形成了以人民大厦为半圆形人民广场的圆心所在之对称格局。

确切而言，上海人民大厦是一项改扩建项目，其所在位置原来是上海市人大常委会办公楼，1964 年此处建起了 3~5 层的市人大办公楼。为恢复上海外滩金融街的功能，上海市决定将原在外滩的行政中心搬迁至人民广场区域，1987 年开始酝酿新大楼的设计方案，1992 年 3 月开始正式设计。上海人民大厦占地 35 700 平方米，建筑面积 87 700 平方米。主楼位于人民广场南北轴线的北端，处于东西向人民大道中心部位北侧，大楼前面即为宽广的人民大道。建筑由上海院设计，现代建筑风格，钢筋混凝土结构，包括主楼，东、西配楼，南、北楼和综合楼六部分，南北长 89 米，东西宽 248 米，保持了中国传统建筑的轴线对称风格，中间高，两侧低，给人沉稳、凝重的感觉。主楼高 75 米，地上 18 层，地下 1 层。大厦总体采取庄重简朴的外形设计，体现为人民服务的平实风格，中部略为突出，建筑材料的表面质感和凹凸阴影变化，连同层层点缀着市花白玉兰图案和简朴的内部装饰，大大丰富了艺术效果。

当时负责这项工程的副总建筑师张晓炎回忆：整个设计周期只有一年半的时间，1993 年 9 月完成设计。全部都是现场设计，图纸签好字后就拿到了工地，1995 年 9 月底竣工。"这个建筑和延安饭店其实是同期建筑。但由于历史原因，只造到了 4~5 层。整个项目其实是配合浦东开发的改扩建项目，拆掉地上建筑、保留地下建筑的方式，需要对建筑进行整体加固，这就极大地增加了项目的技术难度。整个项目前期的拆除过程，采用的是定向爆破的方式，这也体现了市领导的坚定决心。"

6. 上海博物馆（摄影：陈伯熔）
7. 上海博物馆立面图
8. 上海博物馆平面图

外墙材料选择是张晓炎印象特别深刻的一件事："政府建筑要体现庄重感，首选当然是石材，但因为资金限制，只能选择国产石材，并且也只有用在门口和主楼部分墙面上，整个项目其实是斩假石和国产石材混合在一起的。因为斩假石对做工要求很高，为此，当时的总建筑师李应圻带着设计团队在全国各地走了很多地方，最后请到了浙江温岭的老石匠，来施工现场操作。这个可以说是人工的超级工程。时至今日，项目已经完成了近25年时间，上海人民大厦看起来还是非常新，具有跨时代性，且外墙并未大修过。这皆受益于上海院设计人员的坚持。如果当初采用最简单的石材或涂料，效果肯定不会有现在那么好。"

室内装修也是上海院团队的手笔，从室外做到室内，从大厅到灯具设计，整个工程的完成度非常高。

上海人民大厦启用后，一段时间里没有正式定名，或称市政府大厦、市政大厦，又或者就称"200号"。1997年初，市十届人大五次会议期间，12名代表联名向大会提出书面意见，要求正式命名该建筑为"人民大厦"。"人民大厦"，既有象征意义，又符合其所处的人民大道的地理位置，与人民广场和谐地融合在一起。

上海博物馆在建筑造型上，首次实现了方与圆的组合，这在当时世界的博物馆中还从未有过；在陈列方式上，博物馆无论是外部还是内部，均采用了开放式的设计，这在之前国内的博物馆中也是从未有过的。

——邢同和
博物馆总设计师

方圆之美：上海博物馆

作为城市中心的人民广场，反映了上海城市的风格，体现了上海城市的历史，而其中画龙点睛的一笔，就是坐落于广场南北中轴线上的上海博物馆。作为一座穿越时空的历史桥梁，一座承载了历史和文化的中国古代艺术殿堂，上海博物馆通过对中华文化的深刻思考和细致表达，塑造了一座城市的文化梦想和文化担当，成为上海引以为傲的城市形象。

上海博物馆占地 2.2 公顷，建筑总面积 39 200 平方米，地上 5 层，地下 2 层，建筑高度 29.5 米。由于肩负主旋律的使命，它从大环境到建筑形象，都立足于一根看不见的主轴线——中华魂，一根看得见的主轴线——从人民大厦到博物馆的人民广场南北中轴线。建筑立意"天圆地方"，整体造型雄浑厚重，是方形基座与圆形结合，"方"象征着四面八方，"圆"着意文化渊源之循环往复，四座"拱门"弧线，体现了开放的世界，整座建筑犹如一尊放大有耳的中国古代青铜器。邢同和说："上海博物馆'天圆地方'的寓意，体现了中国传统的宇宙观，展示了一种天地均衡之美，上下五千年时空循环升华之力。'天圆地方'的组合，创造了圆形放射与方形基座和谐交融的新颖造型，带来了特有的空间轮廓，给人以回眸历史、

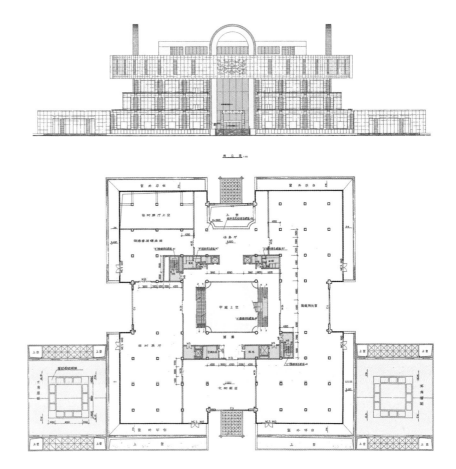

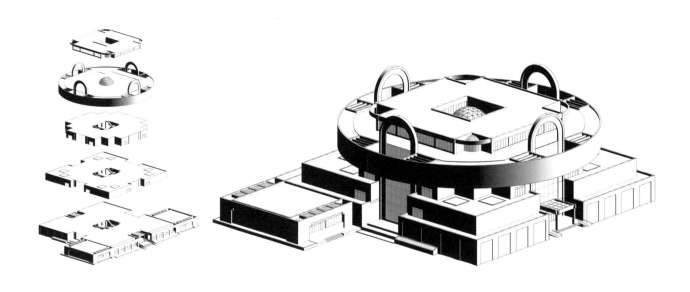

追寻文化的联想，引发人们对形象与技术碰撞后产生的建筑文化魅力的关注与憧憬。"

上海博物馆这种文化表达并没有一味复古，禁锢于"大屋顶""斗拱"等传统形式。方圆交融、上浮下坚的造型特点，体现出设计者对中国文化的精髓如何传承与发展、如何走向世界的思考。其立意构思追求的不是具象，不是形式，而是依托中华文化，用建筑语言抽象提炼后的出新。为创作一种属于中国本土的建筑风格，建筑师对每一个细节都倾注了大量心血，不起眼的细节之处也闪耀着点睛般的精妙。比如，建筑外立面石头上的雕刻纹饰，从中国青铜器的早期纹饰中抽象而来，以现代构图加以再创作，并运用阴阳凹凸对比手法，把古汉字、兽纹、祥云等传统元素进行现代表达，与整体造型浑然一体。再比如，入口处八尊汉白玉巨型石兽，是从数百件馆藏汉唐石刻中精选出八件作品，加以放大做成模型，然后由石匠依样打制而成。多姿多彩的生动造型，既有典型化的石兽特征，又有气派，很好地联系了中国的传统。设计师尊重历史，同时又不断创新，最终设计出一座与众不同的博物馆。它是一种延续，实现了民族性与世界性、文化传统性与现代性的集中表达，体现了上海这座城市的文化自觉和文化自信，在世界博物馆之林独树一帜。

博物馆整体布局采用开放式的流动空间，打破了以往"一馆一馆，一间一间"的封闭格局，参观路线也打破了单一的从头到底的循环路线，观众可以从大厅自由选择进入不同的空间。阳光中庭是博物馆空间的核心，建筑师巧妙借用光线之美让展厅内外气氛转换。大厅既是共享空间，又是垂直交通枢纽。透明的屋顶让阳光倾洒而下，产生光亮、通透的效果，在各个展厅之间建立起一个开放、舒适的公共空间，形成一个赏心悦目的视觉主体。

相比光庭的通透、敞亮，各个展厅则是不同层次的暗室。比如，收藏雕塑、青铜器的一层展厅，展堂全暗，顶上投下的光束照亮了一尊尊展品，万心齐向，静谧中透射出张力，

9. 上海博物馆生成图
10. 上海博物馆轴测图
11. 上博中标后，邢同和听取陈植院长的意见和指导（资料来源：邢同和）
12. 上海博物馆与周边环境（摄影：陈伯熔）
13. 上海博物馆总平面图

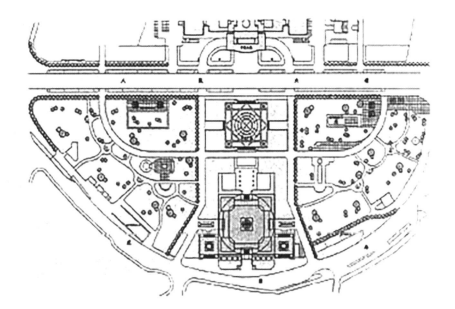

产生莫大的感染力；三层的书画展厅，灯光是感应、渐变的，当有观众走近时，灯光才会逐渐亮起，有效保护了脆弱的展品；四层的家具展厅则是半明室，布置成厅堂、卧房、书房等，幽幽的灯光投射之下，亲切温馨，有家的氛围。各个展厅的空间设计、灯光设计完全配合展品陈列，建筑并未喧宾夺主，甚至退隐到黑暗之中，古代艺术品则在特殊冷光源的映射下熠熠生辉，有摄人之势。展厅设计的明暗变化、虚实互动，产生了微妙的对话关系。

城市的阅读与言说：上海市历史博物馆

　　讲到上海历史，就会说到昔日十里洋场的南京路跑马厅，而听到外滩海关的钟声，也会联想到跑马厅的钟楼。这座建于 1932 年的跑马总会大楼，无疑是时代的见证，旧上海的灯红酒绿、车水马龙、跑马跑狗都曾发生在这座建筑的周围，30 年代的人文背景、沧桑坎坷、荣辱兴衰仿佛都停留在这座凝聚历史时空的钟楼之中。这座漂亮的新古典主义建筑，历经跑马总会、上海图书馆、上海美术馆的身份更迭，在阔别 6 年后的 2018 年，又以"上海市历史博物馆"的身份回归，而它每一次的蜕变、改造、升级都出自上海院手笔。

　　上海市历史博物馆位于人民广场区域的西北端，整个建筑群由东楼（原跑马总会大厦）、西楼（原跑马总会行政办公楼）及两者间的庭院组成。西楼建成时间稍早，约为 1925 年左右，由思九生洋行设计。一层为马厩，二、三层为行政办公室及会员配套午餐间。如今的东楼从 1933 年开始建造，由新马海洋行设计。1934 年建成后作为跑马赛的看台、赌马场所及会员俱乐部。

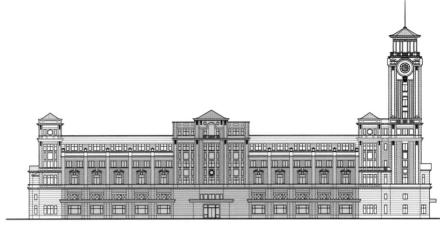

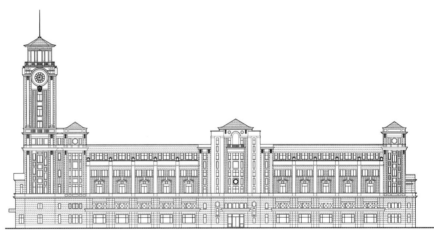

　　1949年至今，东楼先后作为上海博物馆（1951—1959年）、上海图书馆（1951—1997年）和上海美术馆（2000—2012年）使用。这里见证了上海城市建设和文化生活的发展变迁。如今，它作为上海市历史博物馆再次进入上海市民的文化生活。其建筑本身即包含着丰厚的历史信息，通过对建筑本体的阅读，能够唤起几代人对于上海的历史记忆。

　　从东楼北侧主入口进入上海市历史博物馆，首先来到的是序厅。它和底层南侧的特展厅在大多数上海人的记忆中或许应该是白色的，因为在美术馆时期为了绘画展示的需要，展厅的墙面被白色石材和白色涂料所遮盖。在东楼建成之初，底层的这两个大厅是跑马总会的售票间、领彩处。而到了上海图书馆时期，这里被作为书库使用。在上海院的历史博物馆改造勘察过程中，设计师发现了局部未被覆盖的水刷石墙面，并通过清洗和研究，确定大厅各部分的原始材料。经过精心清洗和修缮，恢复了水刷石墙面及水磨石踢脚。序厅和特展厅作为大型博物馆的展厅空间，对消防、安防、设备设施等都有着极高的技术要求。设计师通过合理精巧的空间设计和设备布置，尽可能地减少对历史风貌的破坏和遮挡。同时，拆除了美术馆时期对西侧钢门和高窗的遮蔽，使自然光可以透过历史门窗照射进来，为参观者提供一个整洁、通透、明亮的展览空间。

　　在参观二层"古代上海"展厅前，会先经过一条展示长廊，这里在跑马总会时期是联系其西侧休息厅和东侧看台的室外敞廊，西侧原为水刷石外墙，顶部则是有着精美装饰的藻井天花。图书馆时期，敞廊封闭后作为阅览室。美术馆时期，因为设备设施的安装及布展需要，天花和休息厅外墙都被遮蔽。在此次改造中，为了将这些重要的历史信息重新展现在人们眼前，设计人员不断调整优化建筑空间布局和设备管线布置方式，并利用 BIM 技术进行复核纠错，尽最大可能将富有特色的历史顶面和墙面露明，为参观者重现一个空间开阔、装饰精美的公共走廊。

　　改造中，设计师不仅对局部留存的历史天花和墙面进行了保护修缮，并结合博物馆的参观流线将其改造为东楼西门廊，还恢复了其半室外空间的属性。参观者可以经此从东楼到达室外庭院。原敞廊其余部分则恢复了东西向延伸的空间感受，利用中庭空间摆放重要展品作为博物馆的综合大厅。

　　大楼梯及其所在的东侧整跨空间为 1999 年美术馆改造时所加建。本次修缮保留了

17. 上海历史博物馆沿南京路立面图
18. 1999 年上海美术馆扩建后鸟瞰照片
（资料来源：档案馆历史资料）

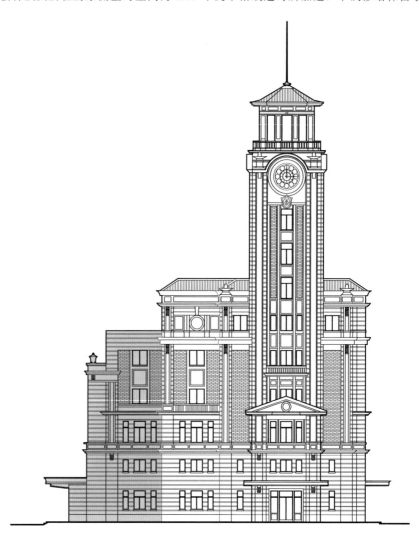

1999 年加建的楼梯，并在其侧新增自动扶梯以提升参观的舒适性。大楼梯左侧为跑马总会时期原始东立面，一至二层联系看台，后续被逐渐拆除，三、四层则是泰山砖和水刷石墙面。

1999 年美术馆改造时，原三、四层东立面外墙变成了室内空间，因为布展需要，这些历史墙体被遮蔽了起来。改造过程中，大楼梯一侧留存的原东立面泰山砖及水刷石墙面被精心清洗和修缮。大楼梯另一侧为此次改造中保留保护的美术馆时期东立面外墙。同时为提升建筑的节能性能，在对原立面历史钢窗进行保护修缮的前提下，在内侧新增一道铝合金中空玻璃仿钢窗，兼顾美观性与实用性。墙体内侧为此次新增的石材装饰面，上面刻着上海近代重要历史事件的发生年份。新旧墙面的对比之下，历史和现实在此交汇。

此次上海市历史博物馆改造工程由上海院资深总建筑师、国家勘察设计大师唐玉恩领衔。她非常欣赏俄国作家果戈理的一句话，"当歌曲和传说已经缄默的时候，建筑还在说话"。建筑是可以阅读的，建筑的语言就代表了它产生的那个时代。正是基于这样的认识，设计团队以尊重各时期历史信息为原则，慎重确定历史元素的保护、保留和恢复，同时兼顾建筑的可持续利用，提升建筑使用的安全性和舒适性。在保护为先的前提下，为历史建筑加入新的时代特征。

19.绿荫环绕的上海音乐厅（摄影：邵峰）

移动的乐章：上海音乐厅

上海音乐厅建于 1930 年，是中国第一代建筑大师范文照、赵深先生设计的建筑作品，也是上海市现存最早的由华人建筑师设计的欧洲古典主义风格音乐建筑。它的总体风格乃至许多细部处理，都具有经典意义。如北入口大厅中气度非凡的 16 根罗马式立柱，具有欧洲古典建筑风格的三折楼梯和二楼长廊，观众厅四周精巧美观、富有层次的装饰构图……都与其演绎的古典音乐十分和谐。

21 世纪之初，历经 70 载的上海音乐厅完美演绎了移位、修旧、扩新、复旧的四部曲，既完整保留了上海城市的文化印记，又变得更大、更新、更现代，为老建筑注入了历久弥新的生命活力。主持修缮保护设计的总建筑师章明认为："保护老建筑，要恢复它的原真性，也要以发展的眼光去做，要遵守它的原则，又要往前看。"

移位是上海音乐厅保护性修缮工程中宏伟壮观的"第一乐章"。原建筑紧邻旧居住区和延安路高架，周围噪声影响演出效果。结合城市旧区改造、延中绿地规划和地铁建设，2002 年 8 月 31 日，上海音乐厅在原有基地抬高后，向东南整体平移 66.46 米，步入延中绿地。尽管中心城区的喧嚣与时尚近在咫尺，但被盎然绿色环抱的音乐厅孑然独立，带着与生俱来的宁静。

修旧是保护性修缮工程中举足轻重的"第二乐章"。本着整旧如旧的原则，对原有建筑外貌和室内装饰进行保护性修缮，恢复其原真性。修缮设计花了大量时间，对上海音乐厅所有的老结构、旧花饰作了整理、记录，不少被历年装修掩盖起来的原初印记，也被小心翼翼地发掘出来。比如，此次修缮前的楼梯、走廊呈大红色，与整体典雅风格不符，经过仔细分析，发现原初的本色是一种淡米黄色，非常优雅、庄重。经过精心配色和仔细修复，基本恢复了设计原样。

室内保护部分包括北入口大厅、观众厅和休息厅等部分，主要是修残补缺，恢复原装饰，保持原貌。作为重中之重的观众厅，除了保持原有的装饰风格外，更注重保护音质。在观众厅装修修复时选用原来的硬质装饰面，如墙面、天花、地坪，同时扩大舞台空间，采用低透声率的座椅面料等，尤其是采用了 24 只弹簧支撑的浮置地坪，确保了观众厅音质效果的提升。经空场测试，修缮后的混响时间提高到 1.83 秒，超过了修缮前的 1.46 秒。曾率上海交响乐团在音乐厅数百次登场的指挥家陈燮阳在《解放日报》上这样评价："除了顶级的维也纳金色大厅、阿姆斯特丹音乐厅、波士顿音乐厅这三家外，在音质上，上海音乐厅可以和任何一家音乐厅一较高下。"

结构上则采取全面安全加固和保护措施，在音乐厅底部设置了科学的防震手段，大大削减了附近地铁对音响效果可能造成的影响。在原来年久失修的木结构斜屋顶上覆盖了一个钢结构屋顶，既保留了原结构，又解决了现有屋面凌乱不堪的状况；还利用新屋顶的部分空间，构筑一个玲珑的屋顶花园。

扩新是与修缮保护并驾齐驱的"第三乐章"。保护老建筑，既要恢复其原真性，同时也要往前看，满足时代功能。设计负责人章明总师说："既然我做了这个项目，那就一定要尽可能地去完善它的功能。设计中将原本只有 2 700 平方米的面积扩大到了 12 000 平方米，增

20

20. 上海音乐厅南立面（摄影：陈伯熔）

加了150多个座位，并按照国际惯例将最后一排设计成为站排。"增设的南面、西面和地下室空间，弥补了观众、演员、贵宾休息空间的不足，增加了排练、办公和设备用房，扩大了舞台空间。新建的南厅和西厅与原有的北厅、东厅贯通，四周环通的空间有效地起到隔音效果，同时为人们提供了社交活动的场所。

在扩大空间的同时，装修风格也大胆突破，比如将观众厅传统的红色座椅改为国际化的蓝灰色调，墙面采用了金色和女王蓝等，这些新颖意象，是对古典音乐审美的真实回归。另外增加各种现代设施，在基本不改变层高的前提下，安装了空调系统和新风管，使音乐厅的通风条件全面达标；增设4座客用电梯和2座货梯，改善垂直交通；增加4个封闭的疏散楼梯，满足消防要求。

复旧是连接新老建筑的"关键乐章"。为保持音乐厅西方古典主义风格的整体效果，新建部分选用的材料和手法尽可能与老建筑协调。外立面以北、东立面为原型，贴外墙面砖，作装饰线条。"原毛面砖外墙，在历史长河中形成了极不规则的拼色。修缮将几万块深、浅、淡的面砖，按现状比例，通过电脑形成完整的外墙拼色图，贴于西、南外墙，保证了音乐厅外立面的整体效果。"室内扩建部分装饰同样采取了南入口与北入口相呼应，西廊与东廊相和谐的做法，使新与老既有对比，又是统一的整体。

上海院与人民广场

上海音乐厅

1930 年代————1930 年．南京大戏院建成，第一座由中国设计师设计的豪华影院。

1950 年代————1950 年．改名北京电影院。

1959 年．改造为上海音乐厅，成为中国第一座专业音乐厅。

2000 年代————2002-2004 年．平移修缮扩建，由上海章明建筑设计事务所有限公司和上海院合作完成。

上海历史博物馆

1930 年代————1932 年．破土兴建，由跑马总会投资，英商马海洋行设计。

1933 年．跑马总会大楼建成。

1950 年代————1951 年．上海市人民政府收回跑马厅，将其改建为人民公园、人民广场。

1952 年．跑马总会大楼改为"上海博物馆""上海图书馆"。

1959 年．上海博物馆迁出，上海图书馆使用。

1990 年代————1997 年．上海图书馆迁出。

1998—2000 年．上海美术馆接手，改建修缮设计由上海院与日本 RIA 合作。

2000 年代————2012 年美术馆迁出。

2015—2018 年历史博物馆改建。

上海博物馆

1950 年代————创建于 1952 年，原址在南京西路 325 号，1959 年迁入河南南路 16 号中汇大楼。

1990 年代————1993 年．上海博物馆新馆（人民广场的南侧）开工建设，1996 年全面建成并开放。

上海人民大厦

1960 年代————1960 年．上海市人大办公楼（人民大道北侧的检阅台位置）。

1990 年代————1994 年．上海人民大厦（原人大办公楼基础上加建扩建）。

上海基督教青年会大厦

1980 年代————1984 年．上海基督教青年会大厦，修缮扩建。

沐恩堂

1980 年代————1986 年．沐恩堂遵从原样修复原则，恢复钟楼的本来面目。

1989 年．沐恩堂由上海市人民政府公布为上海市文物保护单位。

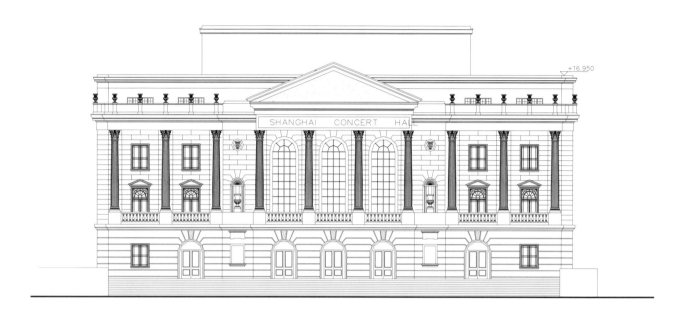

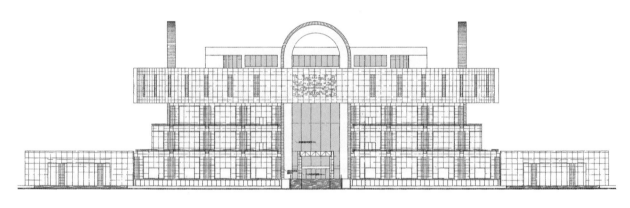

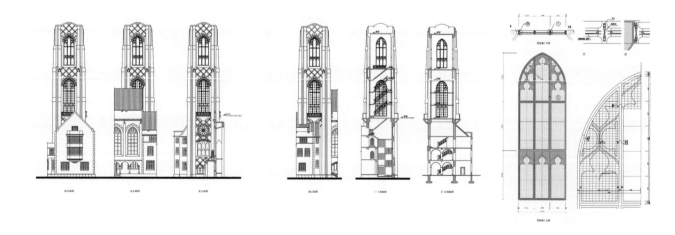

21 24
22 25
23

21. 上海音乐厅正立面图
22. 上海博物馆正立面图
23. 沐恩堂塔楼立面剖面图及窗细部
24. 上海青年会大厦立面
25. 上海历史博物馆立面

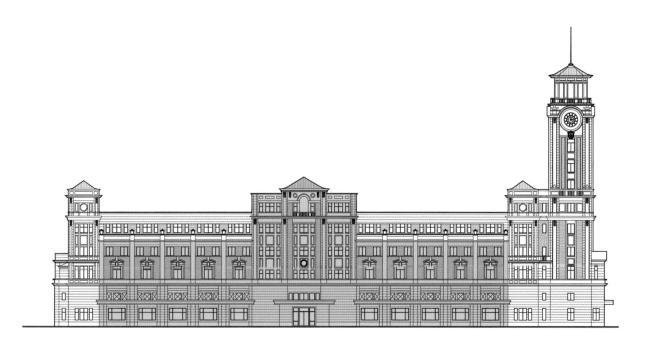

建筑的包容，海派文化的多种姿态

The Inclusiveness of Architecture, Showcasing the Diversification of Shanghai Culture

文化建筑承载着城市重要的文化记忆与事件，是城市魅力的叩问之门。

设计以细腻的碰触，提供了对于城市气质与性格的解读，

并通过建筑形成具体载体，回应着对海派文化不同的理解和尊重，呈现出多种姿态：

海派建筑或从实际出发，精打细算；或不求气派、讲究实惠；

或形式自由、敢于创新；或潇洒开朗、朴实无华……

兼容中西的海派建筑风格

1. 上海图书馆入口广场(摄影 陈伯熔)

　　上海自开埠之日起，就是个通商码头，码头文化的特质，就是它的包容性。20 世纪二三十年代的上海，是当时最国际化的中国城市，来自天南地北的中国移民，来自大洋彼岸的各国侨民纷至沓来，中与西、租界与华界、殖民与被殖民、现代与传统、城市与乡村……各种思想、文化激烈冲撞，又于此交流融汇，成就海纳百川的"文化码头"特色。海派文化具有极强的开放性和包容性，兼收并蓄又自成一格，传统创新并重共存，在建筑、文学、绘画、戏剧等诸多领域，都形成了多元繁盛的格局和现代探索的锐力，见证了那个时代大上海的包容性和活力。

　　在建筑领域，近代中外建筑文化在上海冲撞与融合，逐步形成了兼容中西的"海派"风格。海派建筑是上海不同时期、不同风格的各种建筑的总称，海派的含义是中西建筑文化的兼容性及建筑风格的多元化和多层次。20 世纪二三十年代是上海建筑的黄金岁月，集中出现了一批中国最高水平、最现代化的建筑。它们大多由外国建筑师和留学海外的一批中国建筑师负责设计，因此从建筑风格上呈现出西方建筑文化的巨大影响。大批近现代欧美学院派的复古主义、新艺术运动、装饰艺术派建筑，以及运用当时国际先进技术和材料、风格多样的现代主义建筑形成了闻名于世的外滩、南京路、淮海路等区域。而南市老城厢、豫园一带则保留了江南传统建筑文化的魅力，根深蒂固的地域传统影响，使得不少新建筑中，仍可看到中国传统建筑的影子：有的吸取了中国传统建筑的图案符号，有的在平面布局上采用中国传统方式……上海不仅有地道的中国传统建筑、标准的各式洋房，还有中西合璧的中国人设计的洋建筑和洋人设计的中国建筑。

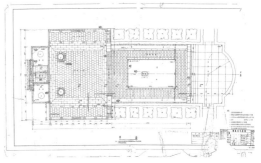

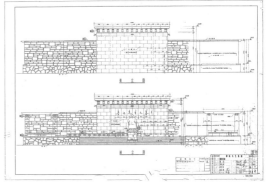

2	3	4

2. 鲁迅纪念馆（摄影：毛家伟）
3. 鲁迅墓方案图（资料来源：档案馆历史资料）
4. 鲁迅墓(资料来源：档案馆历史资料)

素华的纪念：从鲁迅墓到鲁迅纪念馆

20 世纪 50 年代，我国建筑界流行复古主义的建筑风格，当时提出的创作口号是"民族的形式"，全国上下出现了一大批以大屋顶、古典构图、繁琐装饰为特征，千篇一律的仿宫殿建筑。但上海建筑界，认为民族传统并不仅仅是天坛、故宫那样的宫殿式建筑，还应包括民居和地方风格，例如上海院在设计鲁迅纪念馆时，就将现代纪念功能与绍兴地方传统的民居特色、庭园空间相结合，建筑物从总体空间布局到细部，都有着浓郁的中国传统建筑气息和江南民居的情趣。

1956 年，为纪念鲁迅先生逝世 20 周年，中央决定将鲁迅先生墓地从万国公墓迁出，选址虹口公园建造鲁迅墓地和纪念馆。作为新中国第一个以人名命名的纪念馆，该工程被列为重大工程，由陈植先生负责鲁迅墓地设计，汪定曾先生负责鲁迅纪念馆设计。

墓地占地 1 600 平方米，陈植先生后来谈到他的设计构思："鲁迅墓位于园地北段居中面南，由馆北行，透过常青树叶的空隙，墓园似隐似现。左转西行豁然至北首，鲁迅像

屹立在宽阔的草坪广场上。先抑后扬的手法显得含蓄。在墓的设计中，摈弃了传统的阴沉郁闷的格式，代之以园中有墓、墓中有园的格局，相映成趣、爽朗明静。由广场拾级而上，引入一横向平台，可容纳二百人谒墓，亦为儿童嬉戏创造了条件。墓的设计一反隐于碑后的惯例，而是让鲁迅虽死犹生，长眠于面向群众活动、儿童玩耍的场地。镌刻毛泽东同志亲笔题词的照壁立于墓后作为壮阔的背景。墓后是屏风式的土山，栽种苍松翠柏和樱花、夹竹桃。整个墓园的设计意在庄重高雅、平易近人。"

在鲁迅纪念馆设计时，汪定曾先生选择了民居形式。"因为是南方，不适宜搞北方宫殿式的大屋顶。江南民居更能反映出鲁迅朴素、平易近人的精神。"大屋顶形式在当时风靡一时，被认为是中国民族形式的标志，而汪定曾先生不为流行所惑，坚持认为鲁迅纪念馆建筑应具备江南民居的风味。建筑平面布局采用江南庭院式，从功能出发，使参观路线井然有序、毫无交叉，馆内气氛随之宁静顺畅；建筑立面采用鲁迅故乡绍兴的地方风格，白墙灰瓦马头山墙，毛石勒脚以及环式柱廊。朴实无华的建筑造型开创了用民居形式表现纪念馆建筑的先河。

而建于 20 世纪 80 年代的陶行知纪念馆，同样不追求形式上的宏伟壮观、庄严肃穆，而是结合地形，在一块仅二亩六分的水浜地上，建成一个亲切质朴的纪念馆。其总建筑面积只有 800 平方米，设计吸收了江南园林小中见大、园中有院的手法，通过精心组织的院落与廊道系统，将建筑占地化解成疏密有致、与自然咬合交织的复杂形态。这两个纪念建筑都获得了上海市 50 年经典建筑中的金奖，是上海市标志性的文化建筑。此外还有建于 20 世纪 90 年代的上海龙华烈士陵园、世纪之交的陈云故居暨青浦革命历史纪念馆、21 世纪之初的邓小平故居陈列馆等，它们多采用当地民居与现代建筑相结合的形式，既体现了伟人朴实无华、平易近人的品格，又满足了公共展示和教育的纪念功能。

小礼堂、大事件：见证改变世界格局的"中美联合公报"

1959 年春天，中共中央决定在上海召开中共八届七中全会，上海市委决定在锦江饭店院子里，以最快的速度建造一个会场。小礼堂建筑面积 1 200 平方米，工程规模虽小，但

工期紧、规格高，上海市委点名由上海院陈植先生负责礼堂设计。为赶工期，陈植先生夜以继日地筹划设计方案，并与工人们并肩奋战，几乎吃住在工地，最终在规定的日期交上了一份满意的答卷，建成了这座当时国内一流的会堂建筑。它从实际出发，功能合理、规模得当，不求气派却端庄稳重，受到了毛泽东的高度赞扬。

1959年4月2日至5日，中共八届七中全会如期在锦江小礼堂举行。毛主席、朱德、周恩来、陈云、邓小平、林伯渠、董必武等中央领导同志，全体中央委员和各省省委第一书记共200多人出席了会议。

1972年2月28日下午四时，美利坚合众国总统尼克松和中华人民共和国总理周恩来，在锦江小礼堂签署了举世瞩目的《中美联合公报》，成为中美两国关系史上重要的里程碑。中国从此打开了走向世界的大门。

如今的锦江小礼堂几经扩建，由原来的1 200平方米扩大到1万多平方米，变身为锦江饭店的高级宴会厅，张灯结彩、觥筹交错的热闹场面，让人感觉到历史之书正被快速地翻动。但新建筑一角的北侧门，仍然完全保留原来的正门样式，不做任何的改动；会客厅的一角，依然静静地摆放着原建筑模型，朴实严肃的建筑风格历历在目；新建门厅的墙壁上，一行金光闪闪的文字记录下小礼堂非同凡响的历史："1972年2月，周恩来总理与美国总统尼克松在此磋商并发表了《中美联合公报》……"

不用柱子托起的大屋顶：（原）文化广场

1969 年，冬天里的一把火烧毁了文化广场上的大会场、大舞台和部分展览馆。

1970 年，周恩来总理亲笔批示：重建文化广场。

当年 9 月，经过 83 个日日夜夜的奋战，上海院的设计师与建设者一起，以最快的速度、全优的工程质量，建成了在当时具有世界先进水平的新文化广场。复建后观众厅为封闭式，观众席 12 137 座。舞台总高升至 19 米，灯光音响采用先进设备。5 700 平方米的扇状三向管式网架结构，全场无落地支柱，在结构和视觉关系上表现了一种前所未有的体系。

"文革"岁月中，借助文化广场的重建，被下放的上海院设计骨干调回上海。重新获得工作机会的设计人员很希望创造一个国内特别的、功能比较先进的建筑，能够追赶建筑科技的世界先进水平。设计最终采用了一种新的结构形式——三向管式网架结构大屋顶，即六根管子接在一个接头上，用钢球和管子焊接起来。超过 5 000 平方米的网架整体吊装，通过计算机控制，二十个吊点速度同步，平移放在早已竖起的柱子上面。吊装一次成功，创上海建筑工程史上的纪录。这种结构设计与施工技术，从某种意义来说，正是后来上海万人体育馆大空间大跨度结构的雏形，为后者积累了宝贵的实践经验。

当时，陈植先生也参加了文化广场现场设计组。已近 70 高龄的他仍然兢兢业业，与普通设计人员一样绘制设计图，对工程也敢于表述自己的见解，如再三提出广场绿化应种植四季常青的香樟树。在当时的逆境中，陈植先生对建筑事业的这份执着坚守和敬业精神，让人钦佩不已。

1970 年 10 月，具有国内先进水平的文化广场建成了，从此一幕幕时代剧在这里上演。

1973 年，朝鲜大型歌剧《卖花姑娘》在这里上演，成为一代人挥之不去的时代记忆。

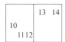

10. 张皆正、唐玉恩工作照（摄影：陈伯熔）
11. 上海图书馆立面柱廊（摄影：陈伯熔）
12. 上海图书馆中庭内景（摄影：陈伯熔）
13. 上海图书馆立面图
14. 上海图书馆全景图（摄影：陈伯熔）

20 世纪 90 年代初，这里成为上海最早的临时证券交易市场，曾经人头攒动，申领股东卡。

1997 年以后，这里被改建为华东地区最大的花市，年销售鲜切花约 35 亿枝，占全市花卉年消费量的 70% ~80%。

2005 年，文化广场被拆除。

2011 年，亚洲最大的音乐剧场落成。剧场北端的露天广场上，依然保留了部分管式网架结构，成为联结场所记忆的纽带……

知识的殿堂：上海图书馆

上海开埠后，法国人在租界内，按照巴黎的样式，修了一条霞飞路（今淮海路），并在道旁栽种了梧桐树。夏天，一棵棵巨大的梧桐，仿佛撑开的巨伞，为街道带来清凉与清静。与熙熙攘攘的南京路不同，淮海路商业气息弱化不少，尤其是中西段，梧桐树下的淮海路，安静祥和，充满知性的优雅。

在这个中心城区的安静角落，坐落着一座知识的殿堂——上海图书馆。从 1985 年选定新址、征集方案，至 1996 年 12 月建成开放，设计跨越了十年，由张皆正、唐玉恩、居其宏负责设计。新馆基地面积 31 000 平方米，总建筑面积 83 000 平方米，藏书 1 300 万册，阅览座 3 000 个，是世界十大图书馆之一。

该设计的亮点之一是总体布局，创造出开放的城市空间，同时又拥有宁静的花园环境。一条直线强调了城市道路—广场—台阶—主入口大厅—花园的空间序列。新馆主入口在淮海中路上，建筑物后退道路红线 20 米，主入口并作台阶式后退，退离道路红线 50 米，形成开放的广场空间。主入口承袭了大都市标志性文化建筑应有的庄重和威仪：宽大的台阶、3 层高的立柱、简化的斗拱突出了主入口形象，欢迎读者拾级而上，进入知识的殿堂。高大的门厅直面南花园的大片草坪，阳光和绿意扑面而来，内外空间完美沟通。

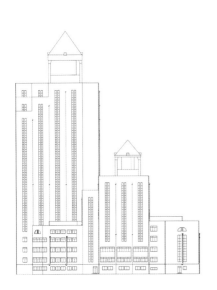

海派文化的特征之一就是兼容中西，而上海图书馆本身的功能就是涵盖中西文化……我们在做上海图书馆的总体设计时，就选择了力求整体简洁和谐，风格庄重典雅的造型方案，并特别强调了中西文化的融合。

——唐玉恩

当代国际大型图书馆设计趋于整体块状平面，具有流线紧凑、能源消耗少等优点，但需全空调方式。而上海地区春秋两季通过自然通风与自然采光，可不用空调，有利于节能。设计在块状平面中增加了两个内庭园，如同围棋中的"眼"，给周围房间带来了阳光与通风，也为读者增加了绿色与庭园对景，画龙点睛。

在建筑造型上，新颖现代的上海图书馆，高高地耸立在上海西区的历史文化风貌保护区之中，却又与其相生相惜，互不排斥，呈现一种宽容而有厚度的海派文化特色。建筑设计同时从两种传统中汲取灵感，以一种出入古今中西的姿态，在当代与地域传统之间建立某种持续的相关性，创造出富含文化衔接的现代建筑。唐玉恩总设计师说："我们在做上海图书馆的总体设计时，就选择了力求整体简洁和谐，风格庄重典雅的造型方案，并特别强调了中西文化的融合。"比如主楼裙房设计吸收了外滩近代建筑传统，呼应了地段优雅的西式品位。5层裙房采用简洁的三段式立面，底层外墙的斧劈花岗岩质感厚重，通高3层的西式立柱线条简洁，屋顶上一高一低两个塔头，成为图书馆的形象标志。

而庭院设计则在中国传统意象中创新。如南花园中的"静心亭"，采用古今合一的手法，外形轮廓取自古塔，墙面却覆以全透明的玻璃幕墙；东区内庭园中，借鉴江南民宅庭院中以亭作实景相对的手法，在园墙设一重檐亭立面的景窗，以虚代实；底层铸铁窗栅中，也融合了江南民居木窗格栅的图案，点缀西式卷草纹……注重细部设计，在细部上深化创作，历来是上海近代建筑的优秀传统。作为新时代镜像的上海图书馆，对地域传统建筑语言表现力的发掘与拓展，跨越了传统与现代的界限，融合了现代意识与东方情怀。

当今社会，人们越来越依赖搜索引擎寻找知识的答案，图书馆已不再是传统意义上的

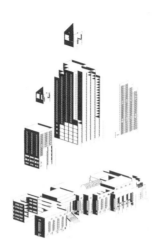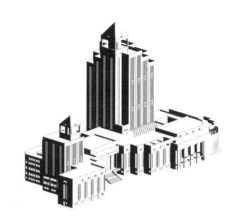

图书馆，而更像是一个文化娱乐中心，读者借阅书籍、查阅资料之外，还可以看电影、听音乐、参加很多为读者设立的节目和课程。"在这个机械复制和数字复制的年代，我们更需要面对面的交流，更需要挖掘公共空间作为场所的价值。"图书馆以开放和无边界的姿态成为市民终身学习、体验文化生活的场所。新世纪前后，上海院又设计了浦东新区文献中心、浦东新区少年宫图书馆、新江湾城文化中心，以及山西省图书馆、菏泽市图书馆、沈阳文化中心、新余市文化中心等项目，并赢得广泛赞誉。

动感的巨翼：上海科技馆

2001 年 10 月 21 日下午 4 时，背景是巨幅长城的上海科技馆大厅内，时任国家主席江泽民用流利的英语宣读"2001 年 APEC 领导人宣言"，身着唐装的第九届亚太经合组织（APEC）领导人一字排开并合影留念。金色的阳光洒满大厅，构成一幅温馨画面。

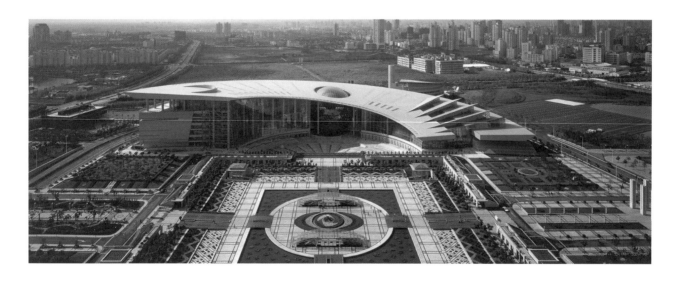

15	16	18
17		

15.16. 上海图书馆生成图、轴测图
17. 上海科技馆全景（摄影：陈伯熔）
18. 上海科技馆球形网架内景

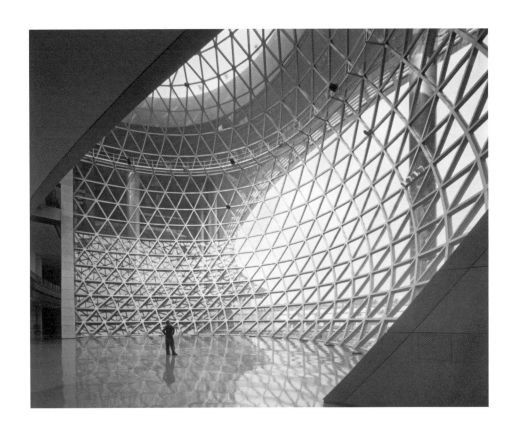

 举行 APEC 峰会的上海科技馆位于浦东新区市政中心广场南侧，以"人""科技""自然"三者关系为主题，包括天地馆、生命馆、智慧馆、创造馆、未来馆等五大展馆，内容跨越从鸿蒙之初走向高度发达的未来之时，形式兼具博物馆、科技中心和主题公园，功能涵盖展示与教育、科研与交流、收藏与制作、休闲与旅游等。

 这座新型的科技中心，形象极具未来感，合作设计方美国 RTKL 国际设计公司利用转合的弧形平面、螺旋上升的基本体量，将主体建筑覆盖在一片由西向东缓缓升起的巨型翼状屋顶之下，借此象征性地表现出历史演进的一个片段，并引发与科技馆设计主题相关的推进、发展、腾飞等一系列开放性的联想。盘旋上升的巨型屋面采用由南至北由厚至薄的变截面设计，使屋面显得既轻盈又不失力度，在北侧广场望去似乎屋面已经消失，而南侧屋面却十分厚重。表面浅灰色金属板覆盖，强化了巨翼起飞的动感和力度。这样的形式对结构设计是一种巨大的挑战，再加上不对称格局、卵形球体和下沉室等特殊结构，结构设计施工几乎是"不可能完成的任务"。上海院协同施工单位共同攻坚克难，带动了施工技术的一项项突破。在世界同类型框架结构应用预应力技术方面，上海科技馆施工取得了"预应力控制超长钢筋混凝土地下室圆弧外墙裂缝"施工技术的最新突破，并取得了"预应力控制大跨度超长楼板温差"以及"混凝土收缩裂缝"施工技术的突破，施工中创下了预应力连续长度最长、施工面积最大和钢材用量最多等三项世界之最。这一切，为今后同类型

施工积累了宝贵的经验。该项目还荣获了詹天佑土木工程大奖，国家级科技进步奖等一系列殊荣。

创新的结构：中国航海博物馆

1405 年，来自东方的郑和率领大型船队从南京出发，开启了七下西洋之旅，最远到达红海和非洲东海岸；1492 年，来自西方的热那亚水手哥伦布从西班牙出发，开启了发现新大陆之旅。

六百年后的今天，西班牙巴塞罗那的航海博物馆由军舰厂改造而成，正中陈列着无敌舰队的旗舰（仿），讲述着昔日海洋帝国的赫赫武功；热那亚的海事博物馆脱胎于一个修船车间，哥伦布是这座博物馆的灵魂。中国第一个国家级航海博物馆从填海造地的临港新城拔地而起，开始讲述中国人自己的航海故事：七千年前河姆渡人的船桨，六百年前郑和的宝船，还有当代的船舶、港口、海员、军事航海……

中国航海博物馆占地 4.8 万平方米，总建筑面积 4.6 万平方米，标志性的主体结构——两片相互交错拥抱的"风帆"悬立于基座之上，强劲的大弧线衬着蓝天，映着碧水，仿佛正在迎风远航。

19. 中国航海博物馆全景
20. 中国航海博物馆内景（摄影：陈伯熔）
21. 水面上看中国航海博物馆

双曲面的帆形壳体完美诠释了航海主题。从透视图上看，这是一个异常复杂的空间结构。帆体由两片铝板双曲面屋面组成，为钢网架结构与钢索张拉结构，帆体之间与双曲面单层索网玻璃幕墙和边侧弧线形玻璃幕墙连为一体。该形式的钢结构与幕墙目前在国内乃至全世界可以说是独一无二，设计难度不言而喻。通过三维建模找形与定位、反复模拟实验和多次专家论证，以及设计各专业与施工单位的多方配合与研究，才最终实现这一非同凡响的结构形式。该项目由德国 gmp 与上海院合作设计，并荣获了"现代杯"优秀项目设计工程优秀奖、空间结构优秀工程设计金奖、中国建筑学会优秀建筑结构设计一等奖等诸多奖项。

20 世纪 90 年代，上海院在人民广场设计了上海博物馆。由于地处城市的中心位置，背负城市文化坐标的重任，博物馆仿佛一件从古代和传统中蜕变而出的艺术品，从规划到设计，从空间到外立面，皆以全副的庄严和力量，饱含平静、理性与秩序，向我们讲述伟大的中华文明。进入新世纪，上海院在临港新城设计了中国航海博物馆。这是上海最年轻的城区，几十年前还是一片汪洋。在填海造陆拔地而起的新城中，博物馆仿佛海上升起的风帆，以炫酷完美、未来感十足的动感造型，以充满前瞻性、超前意识的高科技，成为新城区光彩熠熠的形象标志，象征着大上海国际航运中心建设扬帆起航。

另外，上海院还原创或合作设计了许多其他类型的文化建筑：比如荣获建设部优秀勘察设计二等奖的绍兴大剧院、无锡大剧院、乌镇大剧院等；获得建国 50 周年上海经典建筑银奖的上海东方电视大厦、镇江广播电视中心、常州现代传媒中心等；获得上海市优秀工程设计一等奖的辰山植物园科学研究所、黑龙江黑瞎子岛北大荒现代生态园，新余文化

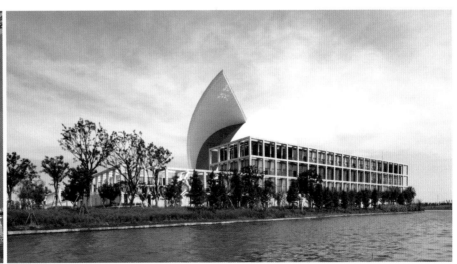

这个工程我受到了陈植院长思想的影响，"建筑设计风格要中而新，既要继承传统又要有创新精神，要有时代性"，把埃及古文明文化的风格与时代精神相结合，无论是造型还是功能都令人满意。老一辈的传承和这一辈的历史机遇必须珍惜。

——滕典
六十年座谈会

中心、上海天文馆、上海图书馆东馆等一系列文化建筑项目。

文化的传播：从苏丹友谊厅到埃及开罗国际会议中心

汪定曾先生被问起他一生最满意的设计作品，答案出人意料，不是赫赫有名的曹杨新村，不是超越国际饭店的上海宾馆，不是全国首创的上海万人体育馆，而是鲁迅纪念馆和苏丹友谊厅。

建于20世纪70年代的苏丹友谊厅，是上海院第一个海外项目。它占地面积6.29公顷，总建筑面积24 700平方米，不但有会议中心，还有一流的室内电影院、展览厅、宴会厅等，是当时苏丹最具规模的会堂建筑，联合国认定的国际会议场所。"设计根据内容来发展，虽是不对称的，没有正规的轴线，却依然宏伟、庄重，具有纪念价值。"非洲国家首脑会议曾在此举行，受到与会者交口称赞，而设有空调、能容纳1 200人的现代电影院则是当地最受欢迎的娱乐场所。如今30年过去了，通体洁白的友谊厅依然庄严地矗立在尼罗河畔，像一颗美丽的珍珠，镶嵌在风光宜人的青、白尼罗河交汇处的南岸，成为"中苏友谊的里程碑"，也是苏丹人民"了解中国的窗口"。从"友谊厅"开始，苏丹发展的轨迹就和中国紧密交织在一起。

2004年，由上海院设计的苏丹新国际会议厅也圆满竣工。设计延续了友谊厅的构思，既吸取苏丹传统文化，又体现新世纪的时代精神，使得友谊厅新旧三幢建筑珠联璧合，相映生辉。建成之后，已经接待过几十位国家元首，许多跨国公司也慕名而来在此开会，每一位来访的贵宾都欣赏和惊叹它的精美与现代。

此外，还有建于20世纪80年代的开罗国际会议中心，其占地25.4公顷，建筑面积68 000平方米，包括2 500席的国际会议大厅，800席、400席的中小会议厅，1 250席的宴会厅，展览厅、新闻发布中心和其他用房等，是当时我国最大的援外民用建筑，以阿拉伯建筑特色广受赞誉。1989年12月，埃及总统穆巴拉克与时任中国国家主席杨尚昆为该工程开幕剪彩，埃及总统穆巴拉克还颁给设计负责人魏敦山"一级军事勋章"。

这座大型的多功能现代公共建筑，总体设计充分考虑建筑所处环境特点，注意吸收埃

22. 苏丹友谊厅（资料来源：上海院历史资料）
23. 埃及开罗国际会议中心全景（资料来源：上海院历史资料）
24. 苏丹友谊厅合影（资料来源：上海院历史资料）
25. 埃及总统给魏敦山一级军事勋章证书（资料来源：上海院历史资料）
26. 埃及开罗国际会议中心局部（资料来源：上海院历史资料）
27. 埃及总统给魏总一级军事勋章（资料来源：上海院历史资料）

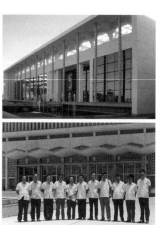

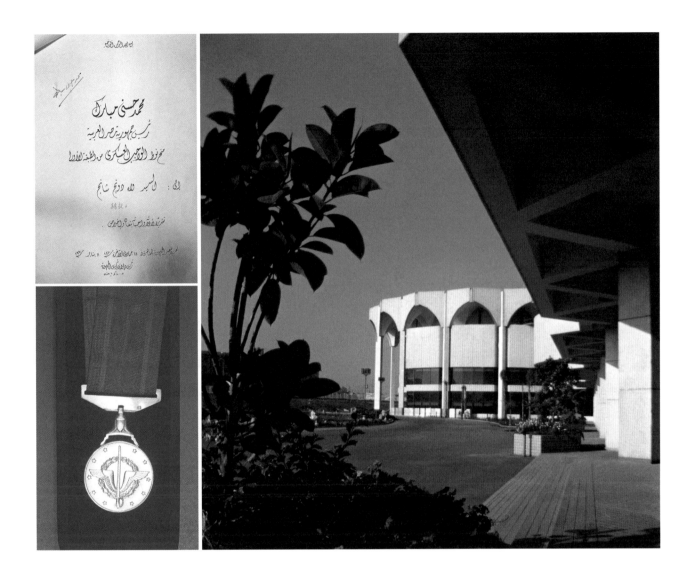

及的人文传统、建筑形式等特点，将圆形的国际会议厅、宴会厅，正方形和三角形的中小
会议厅等多种几何形体，依功能组成三角形平面的建筑群，并与检阅台和无名英雄纪念碑
取得轴线对应关系，既突出了主体建筑，又强调了城市规划的完整性，共同形成埃及首都
重要的政治文化中心。而圆形建筑的伊斯兰式尖拱环廊，白色大理石柱廊与深茶色玻璃窗
的虚实相间，阿拉伯风格室内装潢的丰满瑰丽，则将地域传统演绎得多姿多彩。主持设计
的滕典后来回忆说："从 1976 年到 1989 年，整个全过程我都参与其中。这个工程我受到
了陈植院长思想的影响，'建筑设计风格既要继承传统又要有创新精神，要有时代性'，
把埃及古老文明文化的风格与时代精神相结合，无论是造型还是功能都令人满意。老一辈
的传承与这一辈的历史机遇必须珍惜。"

传承，历史建筑的保护与再生

The Inheritance: Preservation and Regeneration of Historical Buildings

历史建筑，经受时间洗礼，

镌刻着上海千年文明传承中积淀的城市文化和传统，

记录了上海百年沧桑轨迹奠定的城市功能、空间格局与城市的精神与物质基础。

我们由此窥见现代上海发展的起点，

也获得迈向卓越城市的多样与丰厚……

当时，在陈植老院长的主导下，对上海优秀历史建筑的保护工作十分重视，凡是院承担的各项历史保护建筑修缮工程，老院长都亲自指导，对每项历史建筑和名人故居的修缮总是组织有经验的老工程师或自己负责，并安排年轻的设计人员跟随前辈边学边做。

——《共同的遗产：上海现代建筑设计集团历史建筑保护工程实录》

千年的文明传承，百年的沧桑轨迹

　　建筑是历史文化的载体，承载着社会发展的印记。历史建筑是不可再生的文化遗产，保护修缮历史建筑已成为城市传承历史的神圣职责。"上海本身是一个历史非常丰厚、多种文化交融的城市"，在多年从事历史建筑保护与修缮工作的唐玉恩总师看来，"上海历史建筑的类型丰富多样，既有现代建筑、里弄建筑，也有具有江南传统特色的建筑，如龙华塔、豫园等，它们构成了上海城市极其丰富而不可再生的历史文化建筑资源，这是城市宝贵的财富"。

　　1945 年后，新成立的上海院十分重视古建筑和革命历史遗址的修复工作，在陈植院长带领下几乎承担了当时上海市文物保管委员会和上海革命历史文化纪念馆的全部设计任

1. 上海龙华寺塔插画（资料来源：上海寺庙旧志八种（龙华志共读楼钞本）.上海社会科学院出版社，2006.）
2. 上海龙华塔（摄影：陈伯熔）

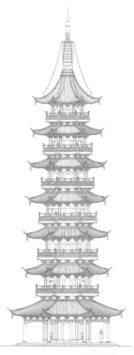

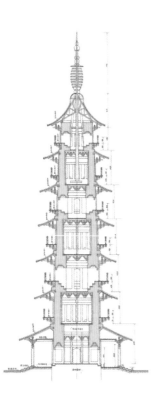

务。一路坚持下来，上海院培养了一大批热爱和尊重上海历史的历史建筑保护工作者，保护再生了一大批优秀历史建筑。

20世纪50年代，按照宋代原貌修复的千年龙华塔，开创了全国古建修复的先河；海上名园豫园的修复，为上海市中心保留下唯一的一座古典园林；60年代，嘉定孔庙按现状修复，使得整个古建筑群得以恢复并保存；真如寺大殿按照元代样貌，采用落架方式进行古架测绘与构件复原，为江南地区元代传统木构建筑的保护与修缮提供了有价值的参考……而六七十年代修复的中共"一大"会址、渔阳里原团中央机关旧址、安义路毛泽东旧居、中国共产党代表团驻沪办事处（周公馆）旧址等，则为上海这座城市保留下众多的革命纪念场所，记录下上海作为中国革命事业发源地的重要历史篇章。

同样，上海在中国现代化进程中起着举足轻重的作用，是拥有近现代历史文化遗产最多、价值最高的城市。尽管在当时不被全社会认可，上海院依然在20世纪五六十年代末，与来自华建集团华东建筑设计研究总院（以下简称为"华东院"）、同济大学等单位的一批有识之士成立了上海近代建筑史编委会，做了大量细致的调查研究，保留下一批珍贵的资料与照片。1988年由陈从周、章明主编，上海院编著的《上海近代建筑史稿》出版，为上海近代历史建筑保护奠定了学术基础，为弘扬上海地区丰厚的物质文化遗产作出了贡献。

改革开放后，随着旧上海黄金岁月的经典作品不断被列入市级文物或保护建筑，上海院完成了一大批近代优秀历史建筑的保护和修缮工作。比如20世纪80年代的徐家汇天主堂、沐恩堂，新世纪前后外滩的汇丰银行大楼、中国银行大楼、和平饭店、东风饭店、外滩27号，人民广场地区的跑马总会大楼、上海音乐厅、基督教青年会大楼，衡山路复兴路的中福会少年宫、华东医院南楼……在唐玉恩总师看来，"保护修缮不仅仅是简单地将原有建筑原封不动地保护起来，为符合今天的使用要求，还需要通过系统的保护修缮设计，增加合适的功能和新的设施，使历史建筑融入当代生活，传承城市文明"。

在跨越半个多世纪的岁月里，上海院遵循"完整性""真实性""可识别性"的原则，明晰"保护历史建筑、传承文化，并在保护前提下更新改造，使其为当代社会服务和可持续利用"的设计思想。后来他们保护修缮的大部分项目成了全国重点文物保护单位、上海市文化保护单位或优秀历史建筑。在2007年度上海优秀历史保护项目评选中，上海院获得了5项一等奖中的4项。

千年龙华塔：原真修复的第一范例

说起上海最早的"高层建筑"，非龙华古塔莫属。建于北宋太平兴国二年（977年）的龙华塔在长达千余年的悠悠岁月中，一直以其挺然高举的雄姿（高40.64米），稳居"申城第一高"的宝座。当年人们登塔远眺，可见黄浦江白帆点点，烟波浩渺。这一纪录直到1916年才被总高度达到45.75米的外滩4号有利大楼所打破。

新中国成立后，发现屹立千年的龙华塔已有倾斜与虫蛀，而且历年损毁修葺，历史风貌混杂。1953年，人民政府决定按照宋式原样，对龙华塔进行抢救加固。此次古塔修缮在全国范围内尚属首次，社会各界极为重视，修复工作各环节各工种积极配合，严谨细致工作，

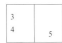
为日后古塔修复建立了成功的范本。勘察阶段，相关专家亲临现场查勘、指导，为修复工作提供了专业、准确的指导意见；修复设计以实地测绘为前提，注重历史研究，辨析真伪，维护了历史建筑的原真性；修复施工同样注重历史建筑的原真性，在尽量采用原始构件的基础上进行修复和维护，反映建筑原初的面貌。

为扶正倾斜塔身，设计人员专程向当时南京工学院的古建筑专家刘敦桢教授请教，掘沟探查塔基，钻探勘察塔基周围土体，并在市政桥梁工程专家的指导下，以 1：4：8 混凝土填实塔基沟坑，扶正塔身。为祛除塔柱蛀痕，邀请昆虫学家钱念曾驻现场查看，采用科学方法防治。为恢复古塔风貌，设计人员偕同同济大学陈从周教授至苏州双塔、虎丘塔、北寺塔考察后，在陈教授指导下，按宋代古塔勾画了各项细部图像，完成了详细的古塔修复设计图纸绘制工作。此次修复对龙华塔这座千年古塔的保存和延续起到了至关重要的作用，对其他古塔修缮乃至其他类型古建筑的保护工作同样具有深刻的指导意义。

海上名园豫园：去芜存菁的整饬重建

豫园乃明代四川布政使潘允端为侍奉父亲创建，总面积称 70 余亩。全园布满亭台楼阁，曲径游廊相绕，奇峰异石兀立，池沼溪流与花树古木相掩映，规模恢宏、景色旖旎，被公认为"东南名园冠""奇秀甲东南"，堪与苏州拙政园、留园、网师园，无锡寄畅园，扬州个园、何园等江南名园相媲美，是上海地区最有代表性的古典园林。可惜后来潘家衰落，豫园几度易主，历经文人园、庙园、商家园、祠庙和市井空间的多重嬗变与叠合，古建筑面目全非，园林逐渐荒废。

1956 年，上海市政府拨上百万元专款，聘请上海院和同济大学建筑专家以及能工巧匠，按清式建筑原样对豫园进行了全面的考证和修缮。

整饬园林整体环境遵循现存历史资料，参考中国古典园林造园技法，以保存园内珍贵文物古迹为前提，恢复园林原初面貌。园林建筑的修缮以恢复清式原样为原则，设计重建

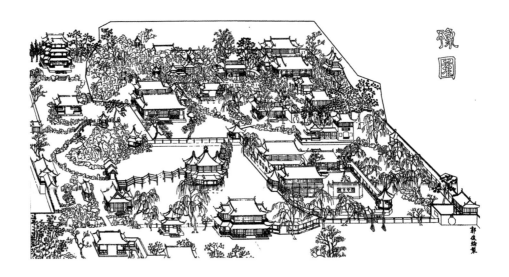

6. 豫园（摄影：陈伯熔）
7. 豫园：得月楼·跋织亭，绿杨村榭西立面图（资料来源：共同的遗产：上海现代建筑设计集团历史建筑保护工程实录.中国建筑工业出版社，2009.）
8. 真如寺大殿剖面图（资料来源：共同的遗产：上海现代建筑设计集团历史建筑保护工程实录.中国建筑工业出版社，2009.）
9. 真如寺大殿（摄影：陈伯熔）

倾塌的建筑，修复残破的构件。选材考究，构件大多依古式定制，以适应古建筑的风度。细部的设计和施工更是结合古建筑专家丰富的经验和木匠的高超技艺，恢复其精致、巧妙的原貌。

修复过程中，上海院的郭俊纶先生依照清乾隆年县志上的《邑庙西园图》，结合清同治年间重建的点春堂一组建筑及30年前在三穗堂东面新建的园林建筑，并参考了顾景炎先生收藏的嘉庆年间工笔画家孙坤的《甲戊邑庙雩坛祷雨图卷》，综合绘制了豫园复原全景图，为研究豫园历史和建筑修复留下了宝贵的资料。

1959年以后，时任上海院院长的陈植亲自领导豫园修缮设计工作。整个修复工程历时5年，修复和重建了被毁坏的三穗堂、玉华堂、会景楼、九狮轩等20余项古建筑和假山，疏浚了淤塞的池塘，栽植了大量树木花草，并把西园和东园（内园）连接起来，融为一体，重现了昔日秀丽典雅的名园风貌，保存了上海市内迄今仅存的一座大型古典园林。它与周

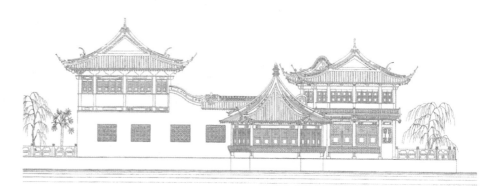

边的城隍庙、老城厢一起，展现出中国传统生活与城市空间演化互动的宝贵印迹。1961 年豫园正式对外开放时，市民们奔走相告、踊跃参观，甚至半夜排队购买入场券，以争先睹为快。

真如寺大殿：真实原初的落架修复

1950 年，华东文化部有了一个重大发现，上海普陀真如寺大殿梁底有"大元岁次庚申延佑七年癸未季夏月己巳二十乙日巽时鼎建"双钩阴刻墨字，为该寺建于元代的佐证。后经刘敦桢教授勘查鉴定，确认殿内柱础、金柱和部分斗拱为元代原物，平棊草架构筑法也基本保持元代原貌。江南一带已极少有留存至今的元代木结构建筑，而真如寺大殿仍基本留存元代构件、制法、使用等典型原貌，是十分珍贵的元代传统木构建筑，具有很高的历史文化价值和艺术价值。

1961 年文物复查中，发现大殿漏水严重，部分柱础不均衡下沉，砖木走动，整个建筑屋面向东北倾斜，主要梁材已失承重作用。大殿遂被列为危险房屋，随即展开抢救性修复。

修复设计中，"将清末重修时改建成的五开间重檐样式恢复为元代三开间单檐原貌"，基本以复原为原则，元代原件凡可以使用的，原则上将原件置于原位，不加改动。断定为明清后加的，以及腐朽残坏的构件，依元代原件复原。对失去依据的部分，处理原则是："凡属原建筑梁体结构中不可缺少的，与该建筑的牢固与维护有直接影响的部分，按照元代式样修复。属于纯艺术装饰部分，因原始依据已失，又与整个建筑结构的牢固关系不大，根据节约精神，不作修复。"

此次修复，注重实地测绘与历史研究，严谨细致，为修复设计与施工提供了充分依据和有力保证。修复设计中，采用落架方式进行古架测绘与构件复原，具有尊重技术、尊重

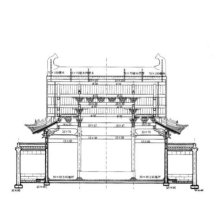

10.中共一大会址南立面图
11.中共一大会址建筑局部（摄影：许一凡）

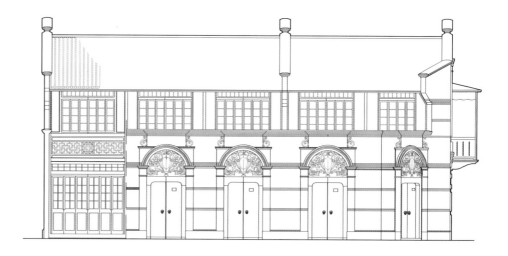

历史的积极意义与示范效应。修复施工中，建立专业人员驻工地制度，对保障修复施工的顺利进行，起到了积极作用。完成于1964年的真如寺大殿修复工程，对真如寺八百年的兴衰史乃至此后的真如寺庙建筑群体的扩展而言，都是至关重要的一页，更为我国江南地区同类建筑的保护与修缮提供了有价值的参考。

中共一大会址：建党史迹的寻真纪念

据《上海地方志》记载："1921年7月23日至30日，各地共产主义小组代表13人，代表全国53名党员，于上海法租界望志路106、108号的石库门住宅内，举行全国第一次代表大会……主持会议张国焘，记录毛泽东、周佛海。会议确定党的名称为中国共产党，宣告中国共产党诞生，制定并通过了第一个党纲和关于党的任务的第一个工作决议……"

新中国成立后，查实中共"一大"会址位置，由于住宅几经租用，建筑改动较大，室内布局面目全非，因而立即开始修缮工程，铲除外墙粉刷，恢复清水青砖为主、红砖水束带装饰的外墙原貌，并布置室内。后经查找当时资料和当事人反复辨认，以及深入细致的调查核实，会址曾于1958—1961年重新按当年建筑原状进行修复，拆除改建时增建的厢房，会议室亦按照一大代表董必武和房主人的回忆布置在楼下。会场用具与布置，均按当事人回忆仿制与复原。这样，会址从房屋建筑到内部布置都恢复了当年原状。维护历史真实是革命历史建筑的原则问题，在修复建筑前，充分开展历史调查和研究，详尽掌握了相关史实材料，辨析史料的真伪，使中共"一大"会址修复工程成为革命历史遗址复原的典型实例。

12. 徐家汇天主堂（资料来源：共同的遗产：上海现代建筑设计集团历史建筑保护工程实录．中国建筑工业出版社，2009.）
13. 徐家汇天主堂室内（摄影：陈伯熔）

徐家汇天主堂：远东第一堂的尖塔复原

上海最大的教堂，非徐家汇天主堂莫属。上海开埠，西方传教士卷土重来。法国传教士南格禄看中信奉天主教的徐光启后裔聚集地——徐家汇，在此购地兴建教堂，这是"鸦片战争"后上海第一座天主教堂。陆陆续续，从董家渡移来主教驻地、耶稣会会所，创建徐家汇藏书楼、徐汇公学，迁来圣母院、修道院，创办土山湾孤儿院，建立博物院和天文台……徐家汇遂成为西学东渐的窗口、上海教区的中心。1910 年一座规模宏大的远东第一天主堂在这里拔地而起，拉丁十字巴西利卡式平面，法国哥特式风格，内部白色的尖券拱顶高高在上，五彩的玻璃镶嵌拱式门窗，华丽而神圣。外部巍峨的钟楼直插云霄，气势恢宏。当清澈的童音回荡在穹顶，嘹亮的钟声响起的刹那，徐家汇俨然成为上海的"梵蒂冈"。

"文革"中，教堂遭到破坏。"文革"后落实宗教政策，教堂归还教区。1980 年起，教堂进行修复工程。设计遵循原样修复、修旧如故的原则，仅依据四张小照片及一本徐汇地方志，进行塔楼复原设计。而当时的上海院对于教堂类型的工程尚未遇到过，对哥特式建筑也是知之甚少，设计人员只能参阅各类参考书，边学习边设计。为了确定被毁坏的塔楼尖塔高度，设计人员采取实地登高丈量、访谈相关人员等手段，了解塔楼尖塔内部结构、构造、材料等情况，对照教区提供的极少几张照片，运用建筑透视及照相透视原理，作多面透视图，经过反复比较确定塔尖高度，做出立面设计。再根据现存的教堂塔楼下部建筑，自己动手制作模型，然后从各个角度拍摄照片进行比较和修改，使尖塔的修复模型符合原建筑比例尺寸，以此作为修复工程的依据。

天主堂双尖塔修复至今已 36 年，外形挺拔，比例完美，重现了徐家汇天主堂法国哥特式大教堂的原貌，恢复了文物保护建筑的艺术价值，并为后来同类建筑的保护和修复积累了宝贵的经验。

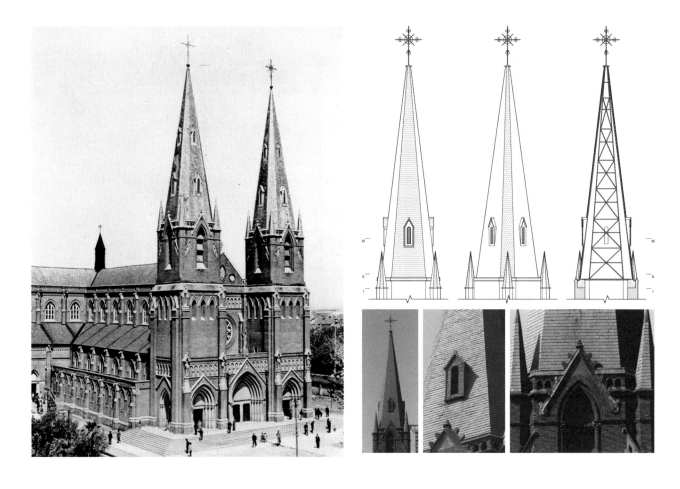

| 14 | 15 |

14. 徐家汇天主堂正立面（摄影：陈伯熔）
15. 徐家汇天主堂双塔修复图（资料来源：共同的遗产：上海现代建筑设计集团历史建筑保护工程实录，中国建筑工业出版社，2009.）

结语

　　从见证百年上海社会、文化、经济，以及各种历史力量流转、交汇的人民广场，到上海图书馆的知识殿堂；从承载着城市重要的文化记忆的一大会址、豫园，到展现今日上海国际交流贡献的苏丹友谊厅、埃及开罗国际会议中心……在上海形成城市与世界中心视点的过程中，都有上海院作为后盾的有力支撑。

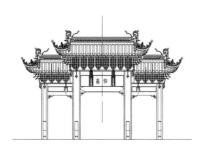

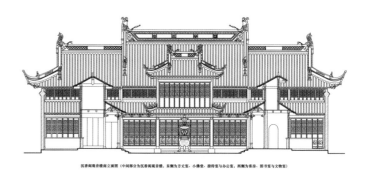

沉香阁观音楼南立面图（中间部分为沉香阁观音楼，东侧为方丈室、小佛堂、接待室与办公室，西侧为客房、图书室与文物室）

16. 嘉定孔庙"仰高"牌坊南立面图（资料来源：共同的遗产：上海现代建筑设计集团历史建筑保护工程实录．中国建筑工业出版社，2009.）
17. 豫园点春堂立面图和剖面图（《资料来源：共同的遗产：上海现代建筑设计集团历史建筑保护工程实录．中国建筑工业出版社，2009）
18. 上海沉香阁观音楼南立面图（资料来源：共同的遗产：上海现代建筑设计集团历史建筑保护工程实录．中国建筑工业出版社，2009.）
19. 嘉定孔庙大成殿立面图和剖面图（资料来源：共同的遗产：上海现代建筑设计集团历史建筑保护工程实录．中国建筑工业出版社，2009.）
20. 上海龙华塔修复设计平面图（资料来源：共同的遗产：上海现代建筑设计集团历史建筑保护工程实录．中国建筑工业出版社，2009.）
21. 上海沉香阁修复设计总平面图（资料来源：共同的遗产：上海现代建筑设计集团历史建筑保护工程实录．中国建筑工业出版社，2009.）

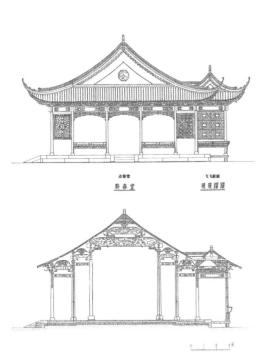

2-14　点春堂立面图和剖面图（铅笔手工绘制施工图）　Elevation and section of Dianchun Hall

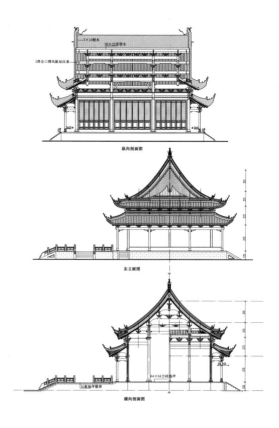

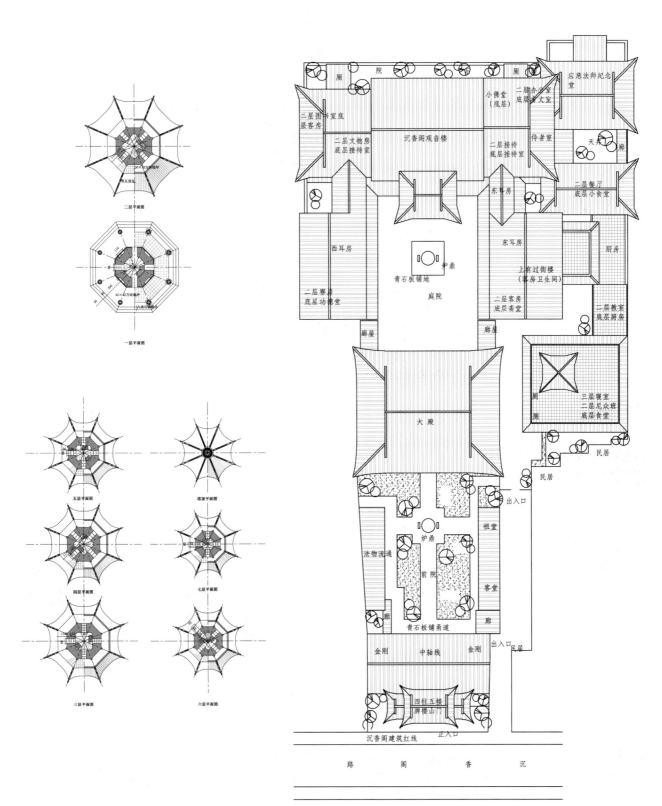

① 上海人民大厦

② 上海音乐厅

③ 上海市历史博物馆

④ 上海博物馆

⑤ 上海图书馆

⑥ 锦江小礼堂

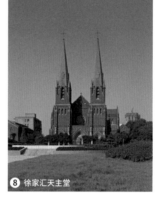
⑧ 徐家汇天主堂

⑩ 龙华塔

⑦ 鲁迅纪念馆

⑨ （原）文化广场

⑪ 鲁迅墓

⑫ 中国航海博物馆

⑬ 上海科技馆

⑭ 真如寺大殿

⑮ 中共一大会址

相关项目分布

第三章 | Chapter 3

城市的高度：天际之间

Height of the City: The Skylines

作为中国当代城市化进程的前沿高地，

上海以骄人的 GDP 孕育出最华丽的江湾美景和崭新的城市天际，

或是外滩与小陆家嘴从黄浦江两岸的泥沼中拔地而起，

或是此起彼伏、急速跃升的高层建筑群改写着城市天际线……

上海院与这座城市共同谱写着水平与垂直，

参与和见证了不同时代上海国际大都市的摩天梦想。

上页图

从上海浦西苏州河边眺望陆家嘴（资料来源：摄图网，http://699pic.com/）

摩登的再现，见证远东大都市与摩天楼

律动的天际线：国际化的设计之路

中心的辐射：全球城市的空间书写

摩登的再现，见证远东大都市与摩天楼

Modernity Once More, Witnessing the Metropolis and Its Skyscrapers of the Far East

高层建筑是新结构、新技术与新设备的现代城市的标志。

钢结构、新材料、新设备的出现推动了 20 世纪摩天楼爆发式的生长，也进一步开拓了人们对于高度

的执着与想象。

上海以摩天楼构筑出当代中国最华丽的江湾盛景，

与外滩万国建筑群所映射的，彼时比肩纽约、巴黎的近代摩登风靡景象一起，

构成了丰富而明艳的摩登高度……

中国的超高层起点在上海，上海同其他外地城市相比最大的不同点就是它的高层和超高层，上海院在其中发挥了巨大的作用。我们做的超高层没有造成城市再改造的问题，控制得相当好……上海高层的突破应该是从虹桥开发区开始，向南京西路延伸，最后才是浦东的全面"爆发"。

——邢同和

六十年座谈会

纵观舒缓蜿蜒的黄浦江畔：外滩西岸荟萃了几十栋风格迥异、气势恢宏的单体建筑，但它们在色调、结构、轮廓上却惊人的统一，糅合出一条色调和谐、富有韵律、堪称经典的天际线，如画卷般展示着古典的、仪式的、庄严的美感，代表着 20 世纪二三十年代上海的辉煌高度；东岸，小陆家嘴，上百栋摩天大楼如雨后春笋般拔地而起，奇迹般地组成了动力无穷而又参差纷繁的天际线，竖起了上海改革开放以来的崭新标志，成为吴晓波口中承载当代资本流动的最华丽的江湾，体现着城市新时期对于自身身份表达与大都市摩天梦想的执着。

摩天大楼是现代人都市情结的象征，也寄托着人类对于高度无止境的膜拜。19 世纪后期的美国，伴随着蓬勃的工业化、城市化，大都市人口急剧膨胀，地价房价一涨再涨，这正是摩天大楼拔地而起的大背景。同时，钢铁工业、电气革命带来了电梯、钢筋混凝土、钢结构等建筑领域的新技术、新材料，解决了摩天楼建造与交通的一系列难题。从芝加哥到纽约，新兴的资本帝国掀起了一场争相盖高楼的热潮，一个个"钢铁巨兽"平地而起，成为 20 世纪建筑科技突飞猛进的标志。其中，1931 年落成的纽约帝国大厦（102 层，高 381 米），更是其中的集大成者，以前所未有的高度和支撑其高度的先进建造技术，成为美国摩登时代的象征。

摩登时代的上海，紧随世界潮流。20 世纪 20 年代初到 30 年代，是上海近现代都市发展的第一个高峰期，也是上海高层建筑发展的启蒙阶段。这一时期租界人口急剧膨胀，地价成倍增长，而钢结构等高层建筑的核心技术从西方传到了上海，直接推动了上海高层建筑的发展。高层建筑的好处不言而喻，它节约了大量土地资源，利用了立体空间，而腾出

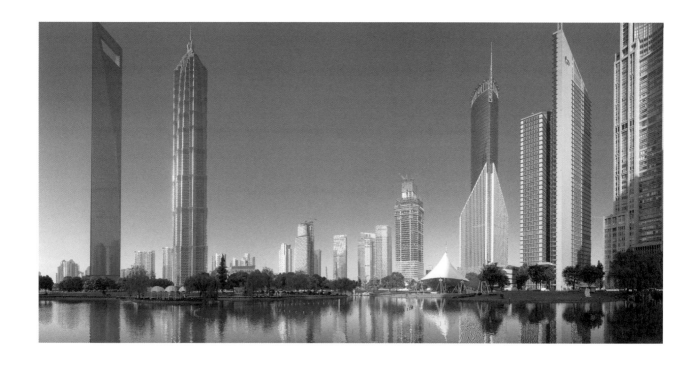

了平面资源。因而高层建筑一度被国人视为现代化的象征，标志着一个大都市时代的真正来临。这一时期共建有 10 层以上的高层建筑 31 栋，虽然这些数字在今人眼中微不足道，但已经让当时的上海成为继美国纽约、芝加哥之后的世界第三大高层建筑市场。

上海第一轮高层建筑的热潮源于地价最贵、资金实力最为雄厚的外滩。随着来自美国的摩天大楼热潮涌入，外滩天际线第三次大规模跃升，"申城第一高"的纪录被屡屡刷新，却始终没有离开外滩的范围。字林西报大楼、汇丰银行大楼、海关大楼……一栋栋大楼的名字像走马灯似的出现在"申城第一高"的记录上。直到 1929 年，沙逊大厦横空出世，它以前所未有的高度（高 77 米，13 层），成为中国第一座真正意义上的高层建筑，名副其实的"远东第一楼"。它墨绿色的四方锥大屋顶，无异于中世纪小城中直入云霄的教堂钟塔，成为资本帝国的纪念碑，昭示着一段巍峨街道空间的起步。

但这仅仅是开始，沙逊大厦建成没几年，它的高度就受到了挑战。仅在 1933 年到 1935 年的三年间，上海就有 15 座 10 层以上的大楼拔地而起，纷纷争夺申城第一楼的桂冠，而最终夺冠的是外滩之外的南京东路四行储蓄会大厦（现上海国际饭店）。大厦位于跑马场边，完全由中国民营资本投资，设计师是著名的匈牙利建筑师邬达克，建造商则是本土的陶馥记营造厂。大厦落成于 1934 年，高 84 米，地上 22 层，比沙逊大厦还高了六米多。它的傲然问世，不仅刷新了整个远东地区的建筑高度纪录，其造型、结构乃至内部设备，也都代表了当时远东地区的最高水平。比如自动电梯、国际长途电话、地下金库，甚至在每一层楼面都安装了当时极为罕见的自动灭火喷淋装置。在 20 世纪三四十年代的亚洲，连日本的东京都还没有这样高的现代楼宇。因此四行储蓄会大厦成为远东第一摩天高楼，

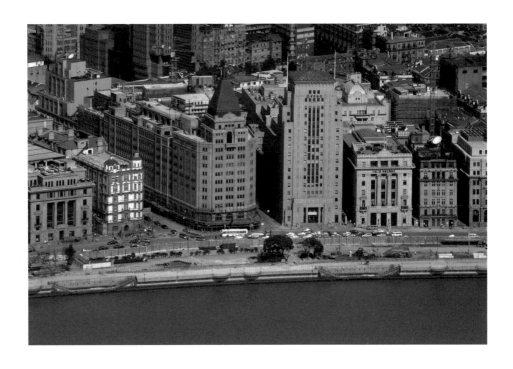

2. 浦东陆家嘴金融区高楼（资料来源：
上海 24. 同济大学出版社，2010.）
3. 俯瞰外滩和平饭店与中国银行（资料
来源：媒地传媒）

并保持这一纪录达 30 年之久。而它的上海建筑高度之最的记录，则保持了近半个世纪，直到 1982 年才被上海宾馆打破。那时站在饭店顶层，整个上海尽收眼底，可以看见浦江蜿蜒如带，佘山虚无缥缈；那时人们上街提的袋子上，不少都印着国际饭店；从外地来上海，都要到此一游，有夸张的说法：仰头看国际饭店头上的帽子就会掉落；而国际政要、名流雅士更是把这里作为下榻和聚会社交的首选，使之成为当时的风云际会之地。

国际饭店的影响甚至超越时代。1950 年 11 月，为统一上海城市的平面坐标，地处市中心、高度为上海之最的国际饭店被选中，顶楼中心旗杆被设定为平面坐标系的原点，即上海城市平面的"大地圆心"，此后整个上海城的建设布局及地图测绘，都是以它为中心铺陈延展。国际饭店"上海之心"的确立，与其说是地理上的巧合，不如说是历史的必然。它那令人叹为观止的高度，先进的建造技术，处处流露出引领时代之先的气势，无不代表着上海这座国际大都会的形与神。

律动的天际线：国际化的设计之路
Dynamic Skylines: The Path to International Designs

从新中国第一座刷新上海高度记录的原创设计——上海宾馆，

到与境外设计事务所首度中外合作设计的新锦江大酒店，

再到小陆家嘴核心腹地与虹桥经济开发区的建设，

上海院深度再造着节节攀升的上海高度，构筑起上海国际金融中心的形象标杆和全球视野，

也在上海不断与国际深度融入的过程，以旁人不可比拟的速度，逐渐获得国际化视野，实现自我飞跃。

80 年代初做施工图，所有的工种都是我们做，包括家具、灯具、陈设、装修等，都得自力更生，上海宾馆 100 多种家具、23 种灯具的图纸都是我们自己画，室内设计都是自己做。

——张皆正
六十年座谈会

开放原创、超越自我：圆梦上海宾馆

　　新中国成立后，上海的高层建筑发展几乎陷于停滞，直到改革开放，上海城市背景才又开始发生重大变化，重归向上生长。上海宾馆项目始于 1979 年，当时恰逢改革开放之初，国门渐开，外宾与日俱增，上海市决定新建一座四星级标准的涉外宾馆，由上海院的总建筑师汪定曾与张皆正负责项目设计。

　　今天，在摩天高楼密布的上海静安中心商务区，上海宾馆毫不起眼。然而 1982 年，当这栋 30 层的宾馆落成时，曾引起巨大的轰动，上海新建筑第一次向高度的冲击从这里开始。高 91.5 米的上海宾馆，第一次超越了国际饭店统治了近半个世纪的上海高度——78 米。虽然高度不是建筑的全部意义，却是最容易受人关注的指标，更何况这次超越，完全由上海院原创设计，全部采用国产材料和施工技术，独立自主完成。有意思的是，当时设计本意并不想挑战新高，建筑高度的设定只是为了满足业主的要求——装下 600 间客房。

　　宾馆总体采取主体建筑居南，附属用房、机房居北的布局。建筑造型呼应旧上海风靡一时的 Art Deco 经典款式，立面以竖向线条处理，采用浅米色与深咖啡马赛克的强烈对比，加强建筑物的竖直感和识别性。室内设计借鉴了国际上流行的共享空间设计手法，中庭净空高达四层，辟有假山、流水、花草点缀的室内花园，四周采用中国三合院回马廊的平面

4. 上海宾馆与周边环境的融合（摄影：陈伯熔）

布局，阳光穿越南面大玻璃窗倾泻而下。宾馆的门厅、中庭、宴会厅等公共空间的装修和陈设同样具有浓浓的中国味，漆雕壁画、木雕仿青铜纹饰、彩绘天顶藻井等，展示中华民族悠久、灿烂的文化风貌。

主持设计的张皆正后来回忆说："1979 年做上海宾馆，跟随汪定曾院长学习到了很多东西：如何把国外的先进经验引到我们的设计里，怎么在方案中有所突破……80 年代初做施工图，所有的工种都是我们做，包括家具、灯具、陈设、装修等，都得自力更生。上海宾馆的 100 多种家具、23 种灯具的图纸都是我们自己画的，室内设计都是自己做的。汪院长带领我们做了很大的努力，最后的影响也是相当大的。宾馆开业后很多国家代表团住了以后都反映很好。"

而在当时宾馆设计负责人汪定曾看来，上海宾馆设计最值得称道的是"既考虑了建筑单体的实用性和艺术性，又考虑了与已有静安宾馆的相互关系，同时考虑了这一街坊未来的发展，酝酿了附近其他几个旅游宾馆的规划布局，为吸引外商投资建设旅馆创造了条件"。果然在上海宾馆建成后不久，上海首家五星级的静安希尔顿酒店、国际贵都大酒店相继落户这一街坊，使之成为上海市中心区第一块高层、高星级旅馆聚集地，也成为了 20 世纪80 年代上海开放的象征。

见证浦东开发新纪元：新锦江大酒店

据《上海地方志》记载，1991 年 2 月 18 日，农历大年初四上午 10 点，视察完南浦大桥后，87 岁高龄的邓小平和杨尚昆一起来到新锦江大酒店 41 层的旋转餐厅，与上海市市长朱镕基和副市长倪天增等谈话，大圆桌上摆放着上海市地图、浦东新区地图和浦东开发模型。小平同志意味深长地说："抓紧浦东开发，不要动摇，一直到建成。"小平同志高瞻远瞩的一席话，开辟了上海历史发展的新纪元。自此，上海全面开发开放，驶入了飞速发展的快车道。这一重要时刻与这一重要地点被一同载入史册。

载入史册的新锦江大酒店坐落于上海市中心的繁华地段，与锦江饭店同处一个街区。1989 年竣工时为上海高楼之冠，主楼高 153 米，也是当时全国第一幢全钢结构的超高层建筑。新锦江大酒店的设计，对于上海院来说同样意义非凡。1983 年底，上海院与香港王董

5. 上海里弄与高层的并置（资料来源：
媒地传媒）
6. 上海新锦江大酒店与老锦江饭店、上
海花园饭店组成的律动节奏（摄影：陈
伯榕）

国际设计有限公司、潘衍寿设计集团、科联顾问工程师等，就新锦江的合作设计、项目管理事项达成协议，合作方式为从方案开始到配合施工的全程合作。与境外设计事务所的首度合作设计，为上海院打开了国际化的视野，带来了酒店建筑设计先进的理念和技术，从项目管理、运营，到设计、施工、现场服务等方面，都是一个相互学习和共同成长的过程。

　　酒店占地面积6 800平方米，建筑面积57 330平方米，共有727间客房。建筑风格以"圆"为特点，两侧裙楼取对称的传统风格。地上43层的主楼采用全钢架结构和银灰色反射玻璃幕墙，把现代新技术的精确性与古典之优雅华丽糅于一体。塔楼以八角圆柱形造型，平地突兀，挺拔隽秀。在塔楼上方虚空一段作为空中花园，凌空托起远东最大的双层旋转餐厅。坐在大大的落地窗前，从空中俯瞰这美丽的城市，360°的都市风光全景映入，延安路高架、延中绿地、人民广场、东方明珠、环球金融中心……一座座城市地标被锁定，尽收眼底。主楼采用与基地成 45°角的布局轴线，结合楼前广场，形成开畅的入口。公共服务设施设在主楼的底层和裙房内。底层大厅、中庭净空高达五层，顶部采用钢结构空间桁架配隔热玻璃，布置有水池、人工瀑布和各类小品，融现代建筑与古典风格于一体。裙房布置饮宴、康乐、购物、商务及会议设施等，顶面屋顶花园辟有游泳池、慢跑道等，并与主楼第六层的康乐设施相通。建筑水暖、空调、消防报警系统设计均采用现代化最新设备和自动监控系统。1999 年，该项目获新中国 50 年上海经典建筑金奖。

新一轮城市建设的高潮：虹桥经济开发区

上海院是虹桥开发区建设的顾问单位。原先上海院在结构、暖通、施工方面都属先进，建筑相对弱些……通过在虹桥开发区建设和与境外设计单位的合作，上海院在这方面逐步加强，最后从"顾问单位"到了"以我为主"。

——钱学中
六十年座谈会

80 年代中期以后，上海加快了建设国际大都市的进程，迎来了新一轮城市建设的高潮，高层建筑数量增加之快，可谓"雨后春笋"。整个 80 年代，上海建成高层建筑有 700 栋左右，而中国第一个大量引进外资的虹桥经济开发区，则是这一时期上海摩天楼最为集中的区域。上海院积极参与了虹桥开发区的规划，并主持设计、合作设计了其中的大量项目：1989 年，顶部呈阶梯形的扬子江大酒店开张迎客，36 层、124 米的高度越了超高层的基准线；1990 年，弧形板式的太平洋大酒店，以 27 层、100.5 米的身高与扬子江大酒店遥遥呼应；1990 年，稳重大方的上海国际贸易中心，以 140 米的高度在这个地块上保持了整整 10 年的"最高"纪录；1993 年，圆形的金桥大厦高层公寓，集商业、办公、娱乐、餐饮等多种功能为一体……这些多姿多态的高层或超高层办公建筑、高级公寓和高端酒店，以不同的空间序列丰富了

7 8	9 10

7. 从水面看虹桥开发区（摄影：陈伯熔）
8. 从上海虹桥绿地公园眺望虹桥开发区的天际线（摄影：陈伯熔）
9. 上海虹桥开发区规划总平面图
10. 钱学中（院长）（摄影：陈伯熔）

开发区的天际轮廓线，构成了上海城市的新景观。上海院也在与境外设计单位的合作过程中，消化掌握了国际最新技术和设计理念，从最初的项目顾问咨询走向多层次的合作设计，全程参与了从建筑方案到室内精装修的设计过程，从下部基础到上部结构，从消防、暖通、给排水、电气到智能化领域。钱学中院长认为：“原先，上海院在结构、暖通、施工方面都属先进，建筑相对弱些。建筑的发展和工业技术的发展有关，是综合技术的运用。通过在虹桥开发区建设和与境外设计单位的合作，上海院在这方面逐步加强，最后从‘顾问单位’到了‘以我为主’。”

陆家嘴地区是上海经济腾飞的象征，也是世界上超高层建筑最集中的地区之一。上海院爆发式地完成的一系列超高层建筑中，金茂大厦和证券大厦是其中的标志。证券大厦现在看来非常普通，但在当时却是中国进入证券市场化的一个标志。

——姚念亮
六十年座谈会

站在世界的中心：陆家嘴国际金融中心

2018 年中国首届进博会在上海隆重召开，向世界展现中国一流的开放水平。上海也在此期间推出崭新的城市形象片——《上海，不夜的精彩》。片中以绝对时长向世界展示了黄浦江核心景观带升级改造之后的陆家嘴的震撼夜景，陆家嘴建筑群亦成为国际金融中心最具传播性的外化符号。也正是在这个最受瞩目的区域，上海院书写着其所在城市的最华丽的篇章。

20 世纪二三十年代，上海成为远东第一大都市，被誉为"东方华尔街"的外滩站在最前沿，万国建筑沿着滨江一线竞相比高、拼命张扬；20 世纪 90 年代，上海重新崛起，外滩对岸的小陆家嘴建设上海国际金融中心，拉开了向上生长的帷幕，同样刻意比高、群雄逐鹿。世界顶尖的建筑师重又纷至沓来，国际最先进的建筑形式和技术在此汇集，摩天楼如雨后春笋般拔地而起，引领上海都市发展进入第二个高峰期。

上海院参与了陆家嘴的总体规划，并与境外设计公司合作设计了其中的许多金融机构项目，如金茂大厦、中银大厦、信息大厦、上海证券大厦、上海期货大厦、上海花旗集团大厦、陆家嘴开发大厦（渣打银行）、时代金融中心、太平金融中心、招商银行上海大厦……其中标志性的有金茂大厦、上海证券大厦、中银大厦。

1997 年建成开业的上海证券大厦是中国进入证券市场化的一个标志。其外形设计中凯旋门式的造型、凌空横跨的天桥、暴露的全钢结构彰显了证券交易秉持的透明开放、安全高效的形象定位，是全国证券金融的交易中心——上海证券交易所所在地。二至九层，

11	
	12

11. 浦东陆家嘴金融中心的展开图（资料来源：上海 24. 同济大学出版社，2010.）

12. 从浦东陆家嘴环球金融中心俯瞰北外滩（资料来源：上海 24. 同济大学出版社，2010.）

3 600 平方米的无柱交易大厅，1 800 余个交易席位，3 000 余名交易员同时交易，堪称亚洲乃至全球规模最大、设施最先进的证券交易所之一。十层以上为智能型高档写字楼、高级国际俱乐部等。大厦集证券交易所、高档写字楼、会员俱乐部于一体，吸引了众多外国政府首脑、金融界知名人士、跨国企业总裁等来此参观、交流。

2000 年落成的中银大厦为一幢超高层办公楼。裙房商业设施部分采用与黄浦江河道相似的曲线；中层大空间办公室部分采用正方形平面，石材列柱外墙，以呼应外滩中国银行的建筑风格；高层小单元办公室部分采用纺锤形平面，蓝灰调玻璃幕墙，而与天际线相接的顶部采用由球体切割而成的宇宙飞船造型，以体现未来感。大厦整体造型新颖，全新诠释了中国古代"天圆地方"的宇宙观，反映了中国银行的传统与未来。该项目由上海院与日建合作设计，荣获詹天佑土木工程大奖和上海市优秀工程设计一等奖。

当然，最有代表性的当属 1998 年建成的金茂大厦，它以地上 88 层、420.5 米的高度，成为上海奔向新世纪的通天宝塔。这座 20 世纪 90 年代中国第一、亚洲第二、世界第三的超高层建筑，以抽象的方式表达传统文化，是中国塔式建筑的延伸与发展，是民族性、先进性、世界性的兼容，是中国人实现摩天梦的第一座里程碑。作为上海新世纪发展的象征，跨世纪的标志性建筑，它与浦西外滩建筑、东方明珠交相辉映，对浦东开发的推动作用远

远超出了建筑自身的价值。

金茂大厦创造的纪录不久就被打破。2008年，上海环球金融中心建成，以492米、地上101层的高度，成为新世纪中国的第一高楼，而632米、地上121层的上海中心大厦也已经起步。小陆家嘴核心腹地上，"申城第一高"几经易手、不断冲高，飞快地刷新了上海高度的世界纪录。节节攀升的高度之最，构筑起陆家嘴国际金融中心的形象标杆，标志着上海大都市的国际高度、全球视野。

除了三足鼎立高高在上，小陆家嘴核心地带上，还有上百栋超高层大楼拔地而起，如雨后春笋耸立于各个角落。不同的风格比肩而立、毗连为邻，无所顾忌地张扬攀比，滋生着眩晕和兴奋，昭示着理想和雄心。小陆家嘴的各式建筑，其联系与叠加的方式，因争先恐后而失去空间的秩序感，加上紧迫的空间，形成一种咄咄逼人的气氛，奇迹般地组成了动力无穷而又参差纷繁的天际线。而小陆家嘴带来的城市发展青春期，让上海重归中国经济增长引擎。上海国际金融中心，在那些不断生长的超级建筑上，在强悍突破的城市天际线上，在21世纪的曙光中傲然崛起。

傲然崛起的并不止于外滩对岸，小陆家嘴样本在被不断地复制、延展：浦西浦东、中心近郊，一幢幢摩天楼拔地而起，竖起了上海城市发展开拓的崭新标志，陆家嘴、人民广场、虹桥开发区、延安路沿线、苏州河沿岸，相继成为上海高层建筑集聚区；一个更大、更高的国际大都会在极短的时间里，从无处不在的打桩轰鸣声、从弥漫升腾的滚滚烟尘中走来。据统计，仅20世纪的最后十年，上海滩的高层建筑就盖了2 300多幢，其中仅超高层建筑就有150多幢。如此规模的高层建筑可以与世界上任何一个国际大都市相比肩，上海终于在极短的时间里，重新跻身国际大都市的行列。从国际饭店（20世纪30年代，86米）到上海宾馆（20世纪80年代，92米），从新锦江大酒店（20世纪80年代，153米）到金茂大厦（20世纪90年代，421米），从上海环球金融中心（21世纪00年代，492米）到上海中心（21世纪10年代，632米）。上海发展的蓬勃生机和不竭扩张力，通过不断刷新的上海高度和遍地开花的摩天建筑彰显在世人面前。

与世界比肩的上海高度吸引了全国的目光。上海院凭借其领先的技术优势、强大的设计能力和实践经验，将上海在超高层建筑领域的影响力扩展到全国各地，先后设计了温州世贸中心、宁波环球航运广场、厦门中心等，甚至走出国门，设计了乌克兰基辅1号地块商业娱乐办公中心等项目。

节节攀高的中国塔：金茂大厦

上海金茂大厦是上海经典陆家嘴美景中的经典之作，这座竣工于1999年、曾经的中国大陆最高楼，以其设计理念中对于中国塔形象的成功现代转译，成为20世纪最重要的当代建筑代表。据《上海地方志》记载，"1992年，当中国经贸部决定在浦东新区陆家嘴金融贸易区建设中国'第一高度'时，世界闻名的日建、波特曼和SOM等建筑设计单位竞标……黑川纪章等十多位中外建筑大师组成评审团，日建和SOM的方案难分伯仲，黑川纪章虽是日本人，却力挺美国SOM公司方案。"这座深深打动建筑大师黑川纪章的方

13 | 14

13. 上海金茂大厦（摄影：陈伯熔）
14. 上海金茂大厦内部（摄影：陈伯熔）

案出自美国 SOM 设计事务所之手，总建筑师 Adrian D. Smith 说："我在研究中国建筑风格的时候，注意到了造型美观的中国塔。高层建筑源于塔，中国的塔又是源自印度，但融入了中国文化和艺术。设计时，我取宝塔神韵，试图创造一个举世无双的形象。金茂大厦不宜简单地被划为现代派或后现代派，它吸收了中国建筑风格的文脉。"

　　虽以中国塔的形象为起点，但如何将塔的形象恰如其分地运用在这样一座 400 多米高、十倍于一般中国塔的庞然大物上，是这一方案成功的关键。一方面，金茂大厦的外观造型取意于中国传统的密檐塔，借用宝塔层层叠叠的形式，和向空中逐渐收缩的结构特征构筑整体，形成有节奏的律动美感。双轴对称的主楼形式和阶梯状造型，以逐渐加快的节奏向上伸展直到高耸的塔尖，对密檐塔轮廓的巧妙抽象和与超高层建筑巨型结构体系的巧妙结合，成为完美实现其总体意象的重要一环。另一方面，大厦又显示出现代的新奇。大厦外墙由铝、玻璃和不锈钢组成。层叠的不锈钢管，如同一张用蕾丝制成的网，给大厦罩上了一层银光闪闪的表皮，同时精致的不锈钢管也平和了塔楼的庞大尺度。在这里"高技"的表达不是通过结构语汇，而是通过层层叠叠的夸张金属装饰来传递。白天，塔楼以明快的

15. 建设中的上海浦东金融中心（资料来源：上海 24. 同济大学出版社，2010.）

金属表面呈现光影的千变万化；夜晚，塔楼和塔尖被映射得如同一座闪闪发光的宝塔，传统意象的几何要素和轮廓，融合在全球化、高科技的摩天楼上，在上海城市的天际线中熠熠生辉。

金茂大厦还是一座现代化、智能化的超级摩天楼：3 至 50 层为可容纳 10 000 多人同时办公的、宽敞明亮的无柱空间；51 至 52 层为机电设备层；53 至 87 层为当时世界上最高的超五星级金茂凯悦大酒店；88 层的观光层，可容纳 1 000 多名游客，两台高速电梯用 45 秒将观光宾客从地下室一层直接送达观光层。

上海院以这座城市重要地标建筑为载体，开创了豪华酒店的新模式，创造了上海酒店类建筑的新纪元，也创造了可以属于游客私有的俯瞰上海绚丽城市景观的新体验。在金茂凯悦大酒店之前，上海的旅馆通常是一栋独立的建筑大厦、单一的酒店经营。上海院主持设计的金茂凯悦大酒店打破了这种常规。作为当时世界上最高的超五星级豪华酒店，建筑面积约 2 万平方米，共设 1000 间客房。为了让所有客房均朝外，都可以看到上海的美景，设计取消了中央核心筒，改为直通 31 层的中庭。一踏进 56 层中庭咖啡吧，就会被中庭的巍峨壮观所震撼。高 152 米、直径 27 米的中庭，四周有 28 层环廊和小挑台围绕，环廊与挑台虚实相间，经过点点闪烁的灯光勾勒和栏杆铜饰的反光，层层叠叠、错落有致。在 56 层中庭咖啡吧向上仰望，28 道环廊光影迷离，印射出的一圈圈彩色螺旋纹，令人目眩神迷，不知身在何处。整个中庭金碧辉煌，给人以"时光隧道"的丰富想象，同时传递了中国传统文化"节节高升"的良好祝愿，是金茂标志性景观之一。

坐在酒店 87 层的酒廊，人们可以隔着玻璃幕墙，临空远眺上海的繁华夜景，感受酒店的高度。在相当长一段时间里，位于纽约洛克菲勒中心 65 层的"彩虹厅"，一度以世界之最的顶楼餐厅饮誉世界，而当 21 世纪即将来临之际，87 层的金茂凯悦"九重天"酒廊成为当时全世界最高的顶楼餐厅。登临金茂之巅，极目远眺，可鸟瞰上海日新月异的国际化大都市景观，俯揽长江口浑然天成的海天浩瀚，欣赏申城动人心弦的璀璨夜景，抑或只是坐着聆乐品酒，让心灵远离尘嚣，飘入九重天外。

"护航"国家金融战略：上海国际金融中心

上海国际金融中心的建设是出于加强中国资本市场基础性制度建设、完善多层次资本市场结构、提升中国资本市场竞争力的需要，也是完善浦东陆家嘴金融贸易区布局、推进上海国际金融中心建设、实现国家金融战略目标的重要举措。它将为上海证券交易所、中国金融期货交易所以及中国证券登记结算有限公司提供更便利、更先进、更有力的硬件保障，推动三家机构的发展。

上海国际金融中心毗邻金贸大厦、环球金融中心和上海中心这三座中心性地标，其独特性和尺度是它成为标志性建筑的重要因素。三座新建塔楼在空中构成"金融之门"，向世纪广场敞开，并成为远处的陆家嘴中心区和上海市中心的景框。本项目的三栋建筑分别为上证所、中金所和中登公司。金融之门的设计主旨是创造一个过目不忘的总体形象，同时又赋予每家金融机构独特的标志性。设计的美学诉求在于它的简洁性和逻辑性。上海院以理性的态度进行创作，以科学和技术上的合理原则作为依据，最终呈现出一个清晰、完整、独一无二的整体。三栋建筑相辅相成，在整体上形成了一个强有力的金融标志。作为一个地标性综合建筑，其形象富含进取精神和乐观态度，是对当今时代强有力的呼应，上海国际金融中心也将以新姿态融入并完善整个浦东金融区。

上海之繁荣，高层标志性建筑是鲜明的载体。无论是数量还是密度，上海都能堪称摩天楼之最。在上海超常规的建设历程中，高层建筑解决了上海城市发展空间紧张的桎梏，有效增加了建设总量。并以"每天站起一座高楼"的速度，成就了今天可与世界任何一个国际大都市相比肩的城市盛景。特别是由上海中心、环球金融中心、上海金茂大厦以及东方明珠塔四个高层建筑组成的陆家嘴区域天际线，是与 20 世纪 20 年代老上海意象相称的上海当代巅峰的标志。而随着城市扩张，上海的高层建筑聚集区也从陆家嘴、人民广场扩展到虹桥开发区、延安路沿线、苏州河沿岸等更为广阔的区域。其中上海院参与设计的高层建筑占据半壁江山，陆家嘴更是成为上海院在高层建筑设计领域一流水准的见证。

高层建筑的设计建造难度系数大、综合技术要求高，设计理念创新要求与日益个性化需求明显，结构形式以及施工技术等方面也开始不断向着多样化、多元化、复杂化、生态化、智能化等方向发展。这对设计企业不断革新自身高层建筑的设计理念、创新能力、技术水平、项目综合性操作能力等都提出了更高的要求。而在未来很长一段时间内，高层建筑的数量和建设规模也会处于不断上升的趋势中。随着上海对标全球卓越城市的进程不断推进，上海院将继续发挥自身在高层建筑设计领域的先发优势，不断布局新的高层专项设计关键点，担当城市具有远见与高度的建设者。

中心的辐射：全球城市的空间书写

Central Radiation: Space Making in the Global City

上海迈向全球城市的雄心，

深刻体现于对自身辐射范围与链接能力的不断提升，

也集中反映在城市多中心的空间打造与功能结构升级中。

上海院从其一开始就同时开拓建筑与规划两大领域，

以上海全球城市的发展视野为参照，

以宏观与微观并进的复合型实践助力城市新中心的崛起，

不断刷新全球城市的空间书写……

1. 黄浦江两岸的高层建筑（资料来源：摄图网，http://699pic.com/）

2. 南京东路轴线上的浦东陆家嘴（2015年）（资料来源：摄图网，http://699pic.com/）

3. 浦东陆家嘴的延展（资料来源：上海24. 同济大学出版社，2010.）

城市中心的雏形最早出现在西方以宗教仪式与商业集市为核心的活动中。

上海的城市中心以商业贸易、文化活动为主，集中在传统的、以线型展开的商业街，如南京路、淮海路、金陵路、四川路形成的区域。此外，以人民广场、静安寺、徐家汇区块为聚集点的城市复合功能体也是城市中心的典型体现。

随着上海城市的扩张、人口的增长，原有的城市中心已经不能够适应发展的需求，新的商业形态模式和新经济的特征催生出新的城市中心概念，成为人的聚集与活动的延展。

与此同时，在成功举办了 2010 年上海世博会之后，世博所创造的强大品牌效益，也让它成为上海城市创新、文化汇集的一个聚合点。上海世博会园区后续利用也被视作上海新一轮经济增长的引擎，是带动上海经济结构转型、促进城市空间结构转型的关键点。而上海 2018 年发布的《上海市城市总体规划（2017—2035 年）》，更引领上海进入一个全新的高度，即成为卓越的全球城市，令人向往的创新之城、人文之城、生态之城，具有世界影响力的社会主义现代化国际大都市。

"建设更具活力的繁荣创新之城"将城市的聚焦点锁定在上海之东——张江。未来的上海，将进一步提升全球城市核心功能。以上海张江综合性国家科学中心为核心，发展多样化的创新空间，营造激发创新活力的制度环境，向具有全球影响力的科技创新中心进军。

"建设更开放的国际枢纽门户"将城市的聚焦点锁定在城市之西——虹桥。未来的上海，将进一步提高上海国际国内两个扇面的服务辐射能力，提升海港、空港、铁路等国际门户枢纽地位，增强区域交通廊道上的节点功能。规划形成国际（含国家级）枢纽—区域枢纽—城市枢纽的枢纽体系，以虹桥枢纽为主的一系列城市枢纽站，将进一步巩固提升上海亚太

地区门户枢纽的地位。

区域综合开发的先行者：世博央企总部

世博园区后续开发的定位为上海市集文化博览创意、总部商务、高端会展、旅游休闲和生态人居为一体的上海21世纪标志性市级公共活动中心。规划形成"五区一带"的功能结构，包括：文化博览区、城市最佳实践区、国际社区、会展及其商务区、后滩拓展区及滨江生态休闲景观带。

世博B片区央企总部基地将形成上海新生代的央企总部集聚区，与陆家嘴CBD、人民广场市中心距离约6公里，是世博后续开发建设的战略要地。上海院作为央企总部的总控设计，为充分发掘该片区顶级商务区的潜质起了关键作用。

中央花园是总部办公楼区域内最重要的标志性公共空间。8栋央企总部办公高楼在它周边依次展开。世博大道沿线，面向黄浦江形成对称的山丘状天际线。长清北路沿线，面向卢浦大桥形成近江低、远江高的天际线。四幢标志塔楼两两一组，彼此呼应；六个街坊建筑整齐合一、充满生机；体现外刚内柔、大平方正的国际化央企总部集聚区形象。

遵循可持续发展的设计之路，央企总部基地统一建设能源中心，为今后统一的运营管理奠定基础。传统建筑屋顶的设备空间将不再出现，办公楼宇的屋顶集约建设高品质的屋顶花园，为城市贡献绿色的第五立面，大幅度提升办公建筑的生态质量，实现区域低碳排放。

世博央企总部的整个设计过程更强调城市设计阶段的经验工作，逐渐形成"总规—控

4

4.世博片区鸟瞰（摄影：林松）

规—区域城市设计—控规修订—修规—总体和建筑单体设计"的设计过程，由此形成的适应区域多地块、多业主的建筑集群开发特征，也为上海的城市转型设计开创了先例。在这一建设过程中，实现了城市管理、建筑设计、开发管理的信息广泛交叉和深度融合，探索了新要求下的总控设计模式。

建成后的世博央企总部将成为知名企业总部聚集区和国际一流商务街区。正如上海院院长刘恩芳所畅想的那样：颇具历史意义的后世博建设能成功地完成向城市新发展极的转变，并使其在这一转变过程中，为城市提供更丰富、尺度更宜人的城市生活空间，对城市建设的可持续发展做出贡献。

张江：创新科研之城

时代车轮滚滚向前，从不停歇。2018 年，张江再一次因背负上海建设具有全球影响力的科技创新中心的重大历史使命，而站在了时代最显眼的位置，成为新时期上海进行跨越式发展，实行综合性国家科学中心和科学城的融合发展，实现大张江"1 区 22 园"联动协

城市的高度：天际之间 | Height of the City: In Between the Skylines　　　　　　　　　　　　150 | 151

同的核心。事实上，在上海这座城市的发展过程中，处于浦东的张江一直是中国科创中心与改革最前沿的试验田。张江区域以科研、创新引领，正形成上海新的城市副中心。科研与创新已成为当今城市可持续发展的核心，科技拓展了人类的视野，也汇聚了全球的智慧。大量的青年人才，新的科研综合区、办公楼、研究中心、学院和活动中心在此落地生根。由此培育出的敢闯敢试、先行先试的精神，滋养着整个浦东、上海乃至中国。

近年来，上海院承接了一系列作为上海市科创中心建设的稳固基石的大科学装置类设计任务，以落户在张江的上海市光源工程为代表。这其中的拓展项目还包括：上海软 X 射线自由电子激光试验装置、上海光源线站工程、上海超强超短激光实验装置项目、活细胞结构与功能成像等线站工程项目等。在获得各界高度肯定的同时，也在我国大装置科研建筑设计领域占有重要的一席。此外，上海院承担的上海交大张江科学园、张江地区研究生教育设施项目、上海科技大学附属学校、浦东国际人才港、张江科学城未来公园等一系列教育项目的建设，也为张江科研人才计划的实施，提供了支撑和保障。

在数十年的高科技园区化发展后，2018 年，上海市政府正式批复，原则同意张江科学城建设规划。根据定位，张江科学城要成为以国内外高层次人才和青年创新人才为主，以科创为特色，集创业工作、生活学习和休闲娱乐为一体的现代新型宜居城区和市级公共中心，成为"科研要素更集聚、创新创业更活跃、生活服务更完善、交通出行更便捷、生态环境更优美、文化氛围更浓厚"的世界一流科学城。为此，在张江的核心区，将规划八座百米以上超高层建筑（其中 320 米地标两座、200 米建筑一座、160 米建筑一座、140 米建筑一座），总建筑超过百万平方米。未来的张江，将成为陆家嘴以外，摩天楼最密集的街区。

从一片农田，到硅谷式的低密度高科技园区，再到上海新的标志性摩天大楼区、市级城市副中心、"上海具有全球影响力科技创新中心的核心承载区"和"上海张江综合性国家科学中心"，在新的历史起点上，张江，作为创新科研之城，对世界顶峰的攀登才刚刚开始。

技术难度之最：上海光源工程

改革开放后，尤其是进入新世纪，上海传统制造业加速向先进制造业、高端服务业转型。上海院的工业建筑设计也转向了更高精尖的装备制造和研发服务基地，设计作品包括上海飞机制造厂总装车间、上海磁浮构件厂恒温车间、中钞油墨有限公司生产基地、上海印钞厂老回字形印钞工房迁建、中兴通讯上海研发中心、华为技术有限公司上海基地、西门子上海中心等。外地项目包括杭州高新区网络与通信设备基地、深圳华为新科研中心、华为成都软件工厂等。这些项目均获得各种荣誉，而最值得骄傲、技术难度最高的当属上海光源工程。

上海光源是世界上性能最好的中能第二代同步辐射光源之一，是我国迄今为止最大的大科学装置和大科学平台。每天能容纳数百名科学家和工程师进行基础研究和技术开发，在科学界和工业界有着广泛的应用价值。

上海光源项目是极其复杂的大科学工程。为保持束流稳定，轨道的垂直稳定度须控制

5. 上海光源工程
6. 上海虹桥商务区（摄影：林松）

在 1 微米以内，如何实现这一指标是项目的一大难点。严格控制地基的不均匀沉降、控制储存环隧道和实验大厅地板的扭曲和变形，严格限定储存环隧道内温度的变化和光源设备冷却水温度的变化，监测和控制各种振动源，优化装置的机械结构，采用振动的隔离和阻尼措施，提高电源稳定度和降低波纹，并应用轨道反馈手段等，使光源稳定性达到世界一流水平。

上海光源项目的工艺特殊性、使用特殊性，给建筑设计工作带来了前所未有的难度挑战。保证同步辐射装置有效运行的关键是光束线的稳定，对建筑设计提出了严格的基础、温度、电流的稳定性要求，同步辐射所产生的辐射防护对混凝土隧道墙裂缝的控制要求，以及由此引出的特殊消防要求、特殊屋面幕墙体系等。这些技术关键大大超越了现有建筑设计规范和标准，国内尚无先例，有些技术关键在国际上也无可循之处，部分内容被列入市级科研项目。

上海光源工程位于上海浦东张江高科技园。项目设计全面满足了工艺要求，并对今后变化作出应对，用严谨的科学精神、理性的艺术情怀来反映高科技的时代风貌。项目的设计构思源于光源装置特有的旋转和衍射的轨迹，并结合自然界的鹦鹉螺渐开线，在总体和建筑主要单体上产生空间的旋转动线，使建筑和总体布局均产生强烈的动感，反映了光源项目的特有属性。其新颖独特的外形，以现代的建筑元素，诠释了现代科研的精神和理念。

上海光源的建成是民族自强的体现，它显示了我国在高新技术领域占有一席之地的决心和意志。从项目建议提出到一期工程竣工，走过了十多年漫漫立项之路和四年多紧张建设之路，凝聚着几代科学家的梦想、数百科技人员的心血、上千建设者的汗水。这是可以写入中国科学发展史上的大事。该项目更入选了新中国成立六十周年百项经典暨精品工程，荣获改革开放 30 年上海城市建设发展成果金奖。

　　无论是技术革新制高点或是产业转型，上海每次冲锋中国改革新高地的过程中，都有上海院设计智慧的鼎力支撑。

虹桥：国际枢纽门户

　　在城市生长进程中，上海的城市空间扩张显现出蔓延增长和多轴发展的趋势。伴随着虹桥综合交通枢纽的建设，集合了航空、高铁、城市轨交、高速公路等新的交通联乘体系，将城市两小时的活动圈拓展至长三角地区。高效的交通联动带来了大批人流活动，激活了周围区域的商业价值，80 万平方米的会展中心连通了全球的贸易与商业交流。在此背景下，"大虹桥"逐渐走向历史舞台，成为城市大战略。

　　在大虹桥发展战略的宏观指引下，上海虹桥商务区被确定为"十二五"期间重点发展区域。作为虹桥枢纽西侧门户，虹桥商务区是向世界展示上海、展示中国的窗口，不仅具有高端商务区形象，更具有鲜明的特色，符合时代、社会发展的趋势。依托虹桥综合交通枢纽以及一路之隔的国家会展中心，充分发挥其为周边带来的集聚效应，虹桥商务区成为上海市第一个功能合理、交通便利、空间宜人、生态和谐的低碳商务社区，同时作为上海"四

个中心"中贸易中心的重要载体，成为长三角地区面向世界的窗口。

作为上海第一个低碳商务区，立体步行系统项目是虹桥低碳商务区的重要载体和具体表现，并以此传递低碳出行、绿色生活的理念。立体步行系统设计呈环形布局，成功地将虹桥高铁枢纽与核心区五个街坊地块、十多栋楼宇连通起来，覆盖 23 公顷范围，实现了核心区地上、地面、地下的步行空间环境的集约一体、高效便捷、舒适宜人。

立体步行系统的设计不仅实现了人车分流、行人便捷可达，更为重要的是创造了核心区里极具特色、上下贯通、自然渗透、开放共享的城市公共空间"urban core"，承载商务交流、工作洽谈、生活休闲等场景，同时与景观设计高度融合，成为核心区整体公共空间系统的重要组成部分。地下、地面及空中的三条界面连续完整的立体步行路径建设，为城市创造了"三个首层基面"，拓展了核心区的社会和经济效益，实现了"通楼宇、兴组团"、"举三层、拓商面""连上下、利通行""扮公园、美环境"的总体城市设计目标。建成后的立体步行系统，将以开放、通透、活跃、便捷、绿色的场所形象，成为虹桥商务核心区最重要的"城市客厅"。

立体步行系统之外，虹桥商务区的另一个点睛之作就是作为上海新地标建筑的凌空

SOHO。项目位于上海虹桥凌空经济园区 7 号地块内，已建成为集商业、办公为一体的综合性建筑项目。基地北临北翟路，东临协和路，南临金钟路，西临广顺北路。该项目已于 2014 年 10 月建成，并投入使用。其以全新的流线型建筑形体展现在世人面前，传递着前卫与开拓进取的精神。

凌空 SOHO 项目建有四栋 40 米以下办公商业建筑，两栋二层商亭建筑，地上部分共 11 层，一层为商业和餐饮功能，二层至十一层为办公功能。整个凌空 SOHO 东西距离约 480 米，南北距离约 250 米，呈现出一个开放连通的超大"庭院"。凌空 SOHO 作为上海新地标建筑项目有着极具特色的外观形体，灵感源于项目所处的上海大虹桥交通枢纽这一特殊地理位置，其外形仿若一条盘旋蛟龙，极富创新寓意和未来特征；又似一根柔美丝带，连接着临空经济园和周边社区。四栋舒展的板式办公楼拥有动感十足的流线型外观，建筑表皮由两个主要元素构成：银色金属"飘带"和玻璃幕墙。实体"飘带"沿板式形体的轮廓外缘将它们包裹起来，并通过六条空中连桥将四栋建筑连接成一个整体。外立面采用折板流线型幕墙。整个建筑物外形犹如整装待发的高铁列车，与毗邻的虹桥火车站遥相呼应。

除了凌空 SOHO 的设计，上海院还参与了位于上海虹桥商务区核心区一期 05 地块龙湖·虹桥天街项目和上海万通新地中心的设计。龙湖·虹桥天街项目突破了传统的商务办公区形式，以"商务社区"作为核心规划设计理念，通过合理的城市空间功能组织和结构布

局有效促进并激活了业态活力，同时也大大增强了人的归属感。整个沿街商业展示面呈现出恢宏的气势并充满活力。上海万通新地中心位于虹桥商务开发区内的区域线性公园终点，是集甲级写字楼、会展、商业为一体的城市综合体项目。建筑毗邻休闲公园，布局呈三角手指状，引入公园绿意，形成一个令人兴奋的、具有园林绿化氛围的公共空间。项目克服了地铁穿越地块带来的技术挑战，并实现了出色的绿色建筑设计。此项目作为上海市可持续发展建筑领域的里程碑，将成为众人瞩目的新地标建筑。

结语

　　从老外滩到陆家嘴、南京西路，再到虹桥枢纽，上海院在上海不断的城市扩张与转型过程中，都出色完成了城市规划智库支持的重任，也积累了国际的视野与丰富的综合性经验。当下，上海在其《上海市城市总体规划（2017—2035年）》中，以卓越的全球城市为指引，提出以建设创新之城、人文之城、生态之城为目标，打造具有世界影响力的国际化大都市。明确"一主、两轴、四翼"以及"多廊、多核、多圈"的城市中心发展规划，全面增强城市核心功能，不断增强城市吸引力、创造力和竞争力。这意味着上海中心的能级被提高到更为重要的位置，以城市中心区规划与标志性大项目为推动，实现高端资源的高度集聚与功能提升。对于城市中心区域的更新而言，亦是提出国家站位，不断适应城市战略前沿发展领域的专业化需求。对于承担了重要上海区域中心规划与标志性项目的上海院来说，这是一个实现综合性提升与跨越的黄金时期，势必要进行更为挑战的创新。是挑战，更是机遇。

上海城市的摩天图谱

历史上的上海，最早的高层建筑是建造于北宋初期的龙华塔，高 40 多米，7 层，稳居"申城第一高"的宝座。这一纪录一直到 1916 年才被总高达到 45.75 米的外滩有利大楼所打破。

20 世纪二三十年代是上海的黄金岁月。中外资本利用西方的技术、材料和建筑师，建造了一批接近当时世界水准的高层建筑。1937 年之前，已建有 10 层以上的高层建筑 31 座，而大型金融机构、大饭店集聚的外滩，更是形成了密集的高层建筑群落，气势恢宏，实力彰显，引领当时的上海成为继美国纽约、芝加哥之后的世界第三大高层建筑市场。

1920 年代————1929 年，沙逊大厦，高 77 米，13 层，是中国第一座超过 10 层的高层建筑，名副其实的"远东第一楼"。

1930 年代————1934 年，四行储蓄会大厦（现上海国际饭店），高 86 米，23 层，是当时的"远东第一高楼"，并保持这个纪录达 30 年之久，保持"上海建筑高度之最"近半个世纪，直到 1982 年。

1937 年，中国银行大楼，高 76 米，17 层，主设计师陆谦受，这是最早由中国建筑师自主负责设计的高层建筑之一。

1970 年代————1970—1980 年：1949 年后，上海的高层建筑发展几乎陷于停滞，直到 20 世纪 70 年代，才出于改善市民居住空间的迫切需要，重新开启城市向上发展的征途。

1975 年，漕溪路高层住宅，上海最早的高层住宅群落，20 幢 12~16 层剪力墙住宅楼。

1980 年代————1982 年，上海宾馆，高 92 米，30 层，超越国际饭店，成为当时上海的"第一高楼"，也是第一座完全由中国人自主设计、自主建造的现代高层建筑。很快，在上海宾馆周围，又建成了贵都国际大酒店、静安希尔顿酒店等，加上静安宾馆，形成了第一块位于市中心的中高档宾馆群落。

1989 年，新锦江大酒店，高 153 米，44 层，成为 80 年代上海的"第一高楼"。

1990 年代———— 20 世纪 90 年代，上海高层建筑数量的迅速膨胀。摩天大楼渗透在中心城区的各个角落。而小陆家嘴则成为城市之巅，沿着世纪大道，依次建起了小陆家嘴的三大地标，三足鼎立，气势恢宏。

1994 年，东方明珠电视塔建成，高 468 米，成为当时的亚洲第一、世界第三高塔。

1998 年，上海金茂大厦建成，以 420.5 米，88 层的高度成为当时中国第一、亚洲第二、世界第三高楼。这座具有中国传统风格的超高层建筑，是上海迈向 21 世纪的标志性建筑之一。

2000 年代————2008 年，上海的环球金融中心建成。高 492 米，地上 101 层，是当时中国第一高楼，同时号称"世界最高的平顶式大楼"。

2010 年代————2016 年，上海中心建成。高 632 米，地上 121 层，成为上海第一高楼。

① 上海宾馆

② 新锦江大酒店

③ 扬子江大酒店

④ 上海国际贸易中心

⑧ 信息大厦

⑤ 金桥大厦

⑥ 金茂大厦

⑦ 中银大厦

⑨ 上海期货大厦

⑩ 上海证券大厦

⑪ 上海万通新地中心

⑫ 世博央企总部

⑬ 上海软X射线自由电子激光试验装置

⑭ 上海国际金融中心

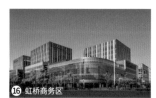

⑮ 凌空 SOHO

⑯ 虹桥商务区

⑰ 上海超强超短激光实验装置项目

⑱ 龙湖·虹桥天街

相关项目分布

第四章 ｜ Chapter 4

城市的跃动：百年跨越

Energy of the City: A Century-Long Span

更快、更高、更强的体育精神，

往往滋养着一座城市不断进取、追求卓越的现代城市文化。

一场场精彩赛事是这座全球城市最重要的公共活动和狂欢，

上海院在为上海贡献一座座重要体育场馆的同时，

也见证了这座城市昂扬向上、奋发进取的当代脉搏。

上页图

上海体育馆（摄影：陈伯熔）

现代体育的启蒙

上海体育的成长

国际赛事重塑城市影响力

现代体育的启蒙
The Beginning of Modern Sports

上海现代体育运动的启蒙，始于开埠。

1843 年，租界侨民在南京路河南路附近建第一个跑马场，占地 81.7 亩，内设抛球场，又称老公园。

1862 年，跑马总会将跑马场搬到静安寺路（人民公园），称跑马厅，占地 500 亩。新跑马场内圈开辟了抛球场、滚球场、高尔夫球场、棒球场、足球场等，称公共体育场，外圈专用于跑马。

1892 年，西侨在跑马厅东北部建游泳池，为上海第一个游泳池。

1905 年，租界工部局建造虹口公园，内设有高尔夫球场、网球场、曲棍球场、篮球场、足球场、滚球场、棒球场等。

1896 年，租界报纸转载了一篇专论，称"夫中国——东亚之病夫也"。备受刺激的中国人开始在新式学堂开设体操课，成立各种体育协会，西方现代体育运动和强体健身的理念逐步走进中国社会。

但当时几乎所有的运动设施和比赛活动都集中在租界内。直到 20 世纪 20 年代末，局面才有所改观。国民政府决定将上海建设为全国的经济中心，推出了著名的"大上海计划"。计划中的市中心，就设在城市东北角，远离租界的江湾地带。而重头戏之一，便是在新的市中心建设上海市体育场。1935 年秋，一座凝聚着光荣与梦想的"上海市体育场"（今江湾体育场）出现在新版的上海地图东北角。

这座承载了体育强国梦想的体育场，由中国建筑界一代宗师、当时的中国建筑家学会会长董大酉亲自设计。体育场耗资 100 万元，占地 300 余亩，由运动场、体育馆、室内游泳池三大部分组成。建筑风格颇具民国特色，融合了西式建筑的实用结构和中国传统形式的美感：外墙全部采用清水红砖；三座大拱门高达 8 米，上面分别刻有"国家干城""我武维扬""自强不息"三块匾额，浩然之气彰著于世；正面门楼高达 20 米，左右顶端各设香炉造型的立柱一根，用来插放象征运动精神的熊熊火炬；长达千米的环形大看台分为上下两层，可容纳 6 万名观众，有 34 个出入口，可在 5 分钟内使全部观众退场完毕——这在当时，甚至现在都是完全的"国际化标准"。"远东第一体育场"的美誉让整个上海都风光一时。

1. 民用院游泳比赛（摄影：毛家伟）
2. 上海跳水池（摄影：马家忠）
3. 上海江湾体育场
4. 上海江湾体育场大门（资料来源：
上海 24. 同济大学出版社，2010.）

　　1935 年 10 月 10 日，刚刚落成的上海市体育场上演了她的处女秀，国内首次具有规模和规范化的综合体育盛会——第六届全国运动会在此举行，2 700 多名运动员和近百万观众从全国各地涌向新的上海市中心，让体育场上空的两柱火炬熊熊燃烧了 11 天。江湾沸腾了，整个沪上沸腾了。追求卓越、锐意进取的体育精神，点亮了上海。

　　两年后，大上海计划由于淞沪会战而止步，上海市体育场也历经炮火离乱的洗礼。新中国成立后，这里又成为新中国的体育中心：全国游泳比赛、全国摔跤比赛、中日乒乓友谊赛……常常是观众爆满，掌声如雷。这座 30 年代大上海计划的遗产，曾经的东亚之最，占据"上海最大体育场馆"名号 50 年之久，创造了上海自开埠以来体育建筑史上的奇迹。在上海体育场建成之前，它一直是全上海规模最大、设备最完善的综合性体育设施。1997 年后，随着重大赛事纷纷移师新的上海体育场，江湾体育场七十余载的光辉从此只可见于史册。

上海体育的成长
The Sports Development in Shanghai

从 20 世纪 60 年代的跳水池到新世纪的足球场，

打开上海地图，盘点那些曾经举办过盛大体育赛事和活动的场馆，

它们无一不代表了当时建筑工程的最高水平。

在将近半个世纪中，这座城市最重要的体育场馆，

几乎都与上海院休戚相关。

它们在城市发展进程中留下了一个个时代坐标，

也是城市的历史脉搏和昂扬向上的珍贵记忆。

上海体育中心，建设起步于 20 世纪 70 年代中期，完善于 90 年代，占地面积 37.6 公顷，是上海市规模最大的体育中心，位于上海西南的徐汇区，由上海院规划设计。中心主要由三部分组成：70 年代建造的上海万人体育馆位于中心西侧，80 年代建造的上海游泳馆位于中心南侧，90 年代建造的上海体育场位于中心东侧——其中心对称轴与上海体育馆中心对齐，在总体空间上形成一条贯穿东西的主轴线，将新旧场馆和集散广场有机结合起来，勾勒出中心总体均衡而富有结构的空间轮廓。

70 年代：自力更生的上海体育馆

1959 年，北京举办了首届全国运动会。这一年，上海建设万人体育馆的计划也被提上议事日程，设计重任落在了上海院身上。不久因自然灾害、文化革命，项目停滞下来，而这一停就是十多年。1973 年初，项目重新启动，上海院采取边设计、边施工的办法，由时任副院长汪定曾带领 40 多名工程技术人员常驻现场。建成后的上海体育馆是我国第一个可容纳万人以上的体育馆，也是我国第一个大跨度网架结构，并首创采用整体吊装提升的安装方式，载入了《世界建筑史》。

项目负责人魏敦山后来回忆道："上海体育馆建筑呈圆形，从结构来说，中间没有柱，外面有 36 根柱子，预制装备的结构非常经济有效；屋盖采用平板型立体空间网架结构，

上海体育馆呈圆形，中间没有柱，外面 36 根柱，预制装备的结构非常经济有效；屋盖采用平板型立体空间网架结构，直径 110 米的大跨度空间，整个屋顶才 660 吨重，采用的整体移位吊装方法属国内首创，显示了当时结构设计技术的先进性。

——魏敦山
六十年座谈会

1. 上海体育馆（摄影：陈伯熔）
2. 上海体育馆立面与剖面图
3. 上海体育馆平面与总平面图

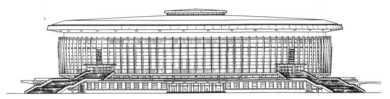

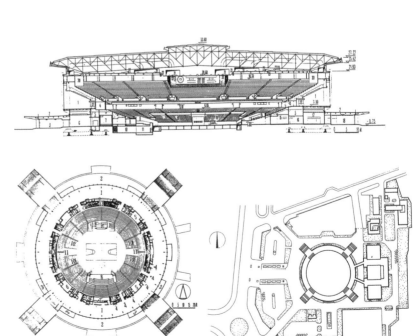

4. 鸟瞰上海游泳馆、上海体育馆、上海奥林匹克宾馆，以及远处的华亭宾馆与漕溪路高层住宅（档案馆历史资料）

5.6. 上海游泳馆外观与室内（摄影：陈伯熔）

7. 民用院上海体育馆全体设计人员（摄影：毛家伟）

8. 70 年代上海体育馆屋顶网架吊装（摄影：毛家伟）

直径 110 米的大跨度空间，整个屋顶才 660 吨重，采用的整体移位吊装方法在国内属首创，极大地鼓舞了人心，也显示了当时结构设计技术的先进性。"

1975 年 8 月，气势磅礴的现代化体育馆展现在人们眼前。第一次体育演出的晚上，全馆灯火通明，灿烂的鲜花四处开放，如潮的观众四面涌来，可容纳 1.8 万名观众的场馆座无虚席。人们既参加了盛会，又目睹了壮景。那时的体育馆在市民心中犹如一颗耀眼的明珠，几乎任何比赛都场场爆满。这种既温馨又热烈、既紧张又愉悦的情景留存于每一个经历者的记忆之中。从 1975 年至 1989 年底，上海体育馆共举办体育比赛 1 093 场，文化演出 941 场，电影 724 场，政治集会 206 场，观众达 3 666 万人次，是那一时期上海城市政治、文化、体育活动的中心场所。

走向世界的 80 年代：国际标准的上海游泳馆

20 世纪 80 年代初，为迎接第五届全运会，上海先后新建、改建了一批体育场馆，上海游泳馆是其中的标志性建筑。它由上海院设计，魏敦山担任总建筑师。游泳馆毗邻上海体育馆，可供游泳、跳水、水球等水上竞技比赛和训练。各项设施的技术要求都按国际标准建造，是当时国内最大的温水游泳池。该游泳馆的最大特点是解决了当时国内游泳馆普遍存在的结露问题和音质问题。1983 年落成后，受到国内外人士的一致好评，国际奥委会主席萨马兰奇认为它是世界一流的。1985 年，这里成功举办了第四届世界杯跳水赛。

而在上海游泳馆之前，上海第一个符合国际比赛要求的游泳池，是 1964 年由常熟路运动场改建而成的上海跳水池，是上海第一座成功举办了世界比赛的游泳馆。另外，90 年代为第八届全运会设计的浦东游泳馆，泳池内的升降底板为全国首例，获得建国 50 周年上海经典建筑评选提名；同期，上海院设计的静安游泳馆，位于整幢建筑的最高层——离地 27 米的第五层，被大世界"吉尼斯"评为世界上"最高的国际比赛游泳馆"；为第九届全运会设计的汕头游泳跳水馆荣获上海市优秀工程设计一等奖。还有昆明红塔体育中心

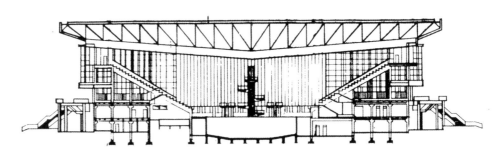

9 10	11
	12

9.10. 上海游泳馆平面与剖面图
11. 上海体育场（摄影：陈伯熔）
12. 上海徐家汇体育中心总平面图

游泳馆、昆山市民文化广场游泳馆等，随着设计理念、建筑功能的变化，新材料、新技术、新结构的应用与推进，游泳馆建筑在不断发展。

超大城市的 90 年代：上海体育场

进入 90 年代，上海以第八届全运会为契机，新建、改建了 38 个体育场馆，其中 1997 年建成的上海体育场，是全运会主会场，可容纳观众近八万人。在 2008 年北京国家体育场（鸟巢）建成之前，上海体育场一直是中国规模最大、功能最齐全、设施最先进的大型室外体育场，建筑面积达 17 万平方米。其中，仅现场设计和施工配合就历时四年，并在国内首次引入体育场包厢设计。总设计师是魏敦山。

上海体育场平面外环圆形、内环椭圆形，波浪式的马鞍形整体结构，展示出体育运动的高度和气势，是建筑技术和建筑艺术的完美结合。体育场中央是一个南北向的标准足球场，四周是国际一流的 400 米环形塑胶跑道。看台设计根据最佳观赏质量图形分析，采用东西多、南北少的不对称平面，整个看台形成西高东低、南北更低、落差悬殊的马鞍形建筑外观。看台上方采用大悬挑钢管空间屋盖结构，乳白色半透明的 PTFE 膜结构覆盖整个看台。屋盖最长单臂悬挑梁达 73.5 米，为当时的世界之最。年逾花甲的结构专家林颖儒当年是上海体育场的结构设计总负责人，他带领上海院的设计师精确地算出了钢索数及钢索预应力的最佳值，并大胆创新，创造了世界体育场之最。整个体育场设计汲取了世界上诸多先进的建筑技术，造型新颖，反映出强烈的时代气息，被评为"新中国 50 周年上海十大经典建筑金奖之一"，还荣获了 2002 年第二届詹天佑土木工程大奖等。

尤其值得称道的是，体育场在多功能使用、多元化经营方面进行了有益探索。设计将宾馆、包厢、展厅、商场、娱乐城等设施纳入总体规划，充分利用看台下的有效空间，提高场馆多功能使用。如利用西看台端部，设计了一栋 9 层高的五星级宾馆，看台顶层还设有空中咖啡厅，可以俯瞰球场全景，这是国内在大型体育场设计中的首次尝试；利用东看

台下部空间，设计了一座水上娱乐城，有宽敞的沙滩游泳场、冲浪漂流池以及水上剧场，
8 000 平方米的宽大水面，还可举行海豚表演、水上音乐会等娱乐活动，并配备了各种健身、
娱乐和休闲设施；利用南北看台的底层空间，布置了展览、商场、会议中心、新闻中心等
多功能用房。另外，体育场中央配置了多功能草坪保护板，用以举办不同规模的大型文艺
演出和商业推广活动。年复一年，那些红极一时的港台明星，如张国荣、刘德华、周杰伦、
张惠妹等，都选择这里开演唱会，规模空前的大型史诗歌剧《阿依达》也曾在这里上演。
2007 年，世界夏季特殊奥林匹克运动会开幕式在此举行；2010 年起，国际田联钻石联赛
也在这里举行。

全民体育的 21 世纪 10 年代：上海徐家汇体育公园图景

随着上海多次成功举办举世瞩目的国际顶级赛事，"国际赛事之都"逐渐成为以全球
卓越城市为目标的上海的一张新名片。这不仅意味着城市具有良好的运动基础设施，旺盛
的运动消费力，还蕴含着市民对高度开放共享的体育公共空间的需求。体育设施、体育公
共空间、体育消费等，成为城市生活的重要组成之一，体现着城市整体运动文化的成熟度。
位于徐家汇核心地段的上海东亚体育中心，从其诞生之初的城市边缘，到其发展成为

13. 建设中的徐家汇体育中心（摄影：林松）
14. 上海徐家汇体育公园鸟瞰模型

人气集聚的城市副中心，一直见证着上海城市发展的时空演化过程。2016 年，通过面向国内外专业公司的国际方案征集和全民参与的"上海城市设计挑战赛"，上海东亚体育中心开启了其既有四大建筑保留改造、整体环境更新升级为"上海徐家汇体育公园"的新历程。它的这次跨越，是上海在存量发展的新时期，对体育功能全面升级提升的产物。

徐家汇体育公园是上海体育改革发展计划的重大项目，也是社会关注面广、民生诉求强、创新要求高的公共性项目。上海市领导要求"把徐家汇体育公园建成面向未来满足市民健身休闲的新地标和承办世界顶级赛事的体育综合体"。徐家汇体育公园围绕上海建设"国际赛事之都"的总体目标，通过保留和改造上海体育场、上海体育馆、上海游泳馆和东亚大厦四栋主要建筑并进行场馆功能升级，其余建筑基本拆除、外部环境整体改造、提高绿地率、空间开放共享，整体建设成为卓越的体育赛事中心、活跃的大众体育乐园、经典的体育文化地标。未来，主要承担承办国内外顶级体育赛事、满足市民健身休闲要求、开展青少年业余训练和引领体育产业发展的四项功能，促进上海体育事业的进阶发展。

徐家汇体育公园作为一个城市更新项目，需要进行因地制宜的系统性、全方位的设计提升，并且需要更加注重地缘文脉的传承和保留。在"重视创造高度开放共享的公共空间、增强空间品质"的设计基调之下，设计团队提出打开界面、联动城市，与徐汇街区的慢生活网络对接，成为徐家汇地区慢行活力的关键节点和绿意盎然的 24 小时开放公园的设计理念。交通流线设计改"车本位"为"人本位"，所有车辆进入街坊后即入地下车库，实现人车分离，街坊人行出入口正对场馆疏散台阶，实现赛时人流的高效疏散。地下空间的利用与轨交站点紧密结合：新建建筑面积约 6 万平方米的地下体育综合体；加强地下空间连通，地下可达轨道交通 1 号线和 11 号线车站站厅层，借助地下通道抵达上海旅游集散中心和连接万体馆。

在和德国 HPP 事务所一起经过多轮深化、优点整合后，目前实施方案已经完成。改造

后的徐家汇体育公园，地上建筑面积不超过25.2万平方米，地下建筑面积约11.6万平方米，绿化率提升到30%以上。建成后的徐家汇体育公园将成为上海中心城区最大的体育公园，以全新的面貌迎接上海及全世界的人民。它将成为卓越的国际赛事枢纽，有温度的大型城市更新典范，以及充满魅力的上海体育文化标杆。

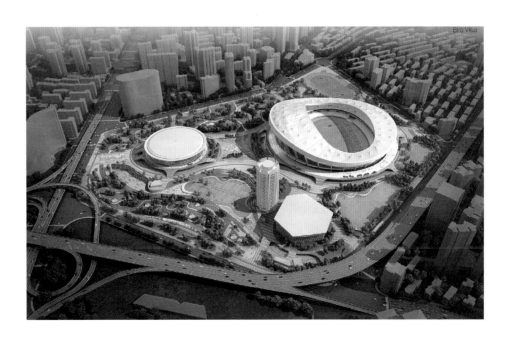

国际赛事重塑城市影响力

International Events Enhancing Shanghai's Influence

国际赛事既是现代城市综合实力的重要标志，也是国际化的交流平台。

大型体育赛事离不开设施一流的体育场馆，也对设计提出了更高的要求。

上海院贡献的这些重要的体育设施，

代表了不同时期"中国设计"的最高水平，

也构筑了上海国际都市的地标影响力……

　　体育赛事是建设全球著名体育城市的关键支撑，是体育产业和现代服务业的重要内容，是城市软实力和综合竞争力的重要体现，是提升上海城市能级和核心竞争力的重要载体。步入新世纪，上海日益成为全球瞩目的经济、文化中心，各项世界顶级体育赛事纷纷移师沪上。十年时间里，上海承办了F1中国大奖赛、网球大师杯赛、世界游泳锦标赛、国际田联大奖赛等。为举办这些世界顶级赛事，在国内体育场馆设计领域最具实力和经验的上海院，与世界顶级的体育场馆设计公司合作，把天马行空的创意、既酷又炫的高科技、精密细致的设计融合在一起，一座又一座精彩纷呈的大型体育建筑横空出世，实现了上海体育建筑的跨越。

　　这些体育建筑，既是功能性很强的构筑物，又是艺术要求很高的标志性建筑，具有大跨度结构、大空间容量、大人流集散、多技术整合的特点，同时在建筑形象上又具有气势雄伟的表现力、进取向上的力量感、引领潮流的时代感，在很多地方无先例可循，设计本身就是一个探索发现的过程。从早期的单一功能场馆，发展到能满足各种比赛需要，以及大型演出、日常健身、休闲购物等多种需求的多功能场馆；座席的布置方式从早期的四边看台、等排布置，发展到可以满足不同视觉要求的楼座式看台、不等排布置；从早期的平面体系和传统形式的桁架、钢架、拱架，发展到空间体系，如双曲扁壳、空间网架、索桁结构、膜结构等……上海院跨越半个多世纪的体育建筑设计，规模之大、数量之多、标准之高、造型之美，创造了上海开埠以来体育建筑史上的奇迹。它们代表了不同时期"中国设计"的最高水平，体现了上海持续不断"追求卓越"的城市精神，为上海这座美丽的城市谱写了一曲曲绚丽辉煌的乐章，增添了一道道亮丽的风景线。

1. 上海国际赛车场

F1 进入上海国际赛车场

F1 世界一级方程式大奖赛是当今国际上的三大体育赛事（奥运会、足球世界杯、F1）之一，于 2004 年首次进入中国，落户上海。作为 F1 大奖赛必不可缺的载体，上海国际赛车场于同年建成，并陆续圆满举办了多届 F1 中国大奖赛。

上海国际赛车场位于上海嘉定区安亭镇，赛道及主建筑设计系由国际汽联指定的、具有权威性的专业 F1 赛车场设计公司德国 Tilke 公司承担。上海院作为合作设计与设计总承包，在整个项目中承担建筑的深化设计并负责环境、景观、机电、结构等设计。

上海国际赛车场，规划面积 5.3 平方公里，由赛车场区、商业博览区、文化娱乐区和发展预留区等板块组成。目前已建成的赛车场区，占地面积 2.5 平方公里，由各种赛道及练习场、主副看台、车队生活区、维修站、缓冲区及配套设施等组成，总建筑面积 16.5 万平方米。上海赛车场的规划设计特别重视环境保护、交通组织和运动员与观众的安全问题。建筑风格力求用高科技设计来表达时代精神，以流畅的曲线和曲面造型，象征赛车飞驰的意象。

上海赛车场的赛道，由一条国际一流的 5.4 公里的"上"字形主赛道、一条 1.2 公里的特种直线加速赛道、若干条连接赛道、卡丁赛道和服务道路组成。从形式上看，这些弯道、直道和上下的坡道，组成了当今世界上弯最急、坡最陡、赛道起伏落差最大的赛车场，既能够适应当今最高时速的 F1 赛车要求，又可以通过不同赛道的连接，组合出 10 多种赛车的行驶路线，以适应各种类型的赛车和摩托车比赛。主赛道设计成中文的"上"字，

2	3
	4
	5

2. 上海国际赛车场赛道(摄影: 陈伯熔)
3.4. 上海国际赛车场立面局部与总平面图
5. 上海国际赛车场鸟瞰图

既取自上海的地名，又赋予其"蒸蒸日上"的象征意义。

赛道之上，赛车场区的中心建筑群巍然矗立。隔着赛道，可容纳3万观众的主看台与车手出入的比赛工作楼遥遥相对; 工作楼两端高耸的玻璃塔楼(比赛控制塔和比赛管理楼)，与主看台入口处的红色塔柱，共同支撑起两座横跨赛道的"空中楼阁"——空中餐厅和新闻中心。两者的外墙是透明的，透过落地的巨型玻璃窗，可以看到外面的起点/终点线、工作车道以及整个赛道和周围景色。大跨度的棱形桁架凌驾空中，流畅有力的弧形仿佛赛车道上空飞翔的翅膀，加上闪光的不锈钢、铝合金、玻璃等建筑材料，彰显了F1赛车场高科技的形象与质感; 它们又是赛道之上的中国式门洞，象征着上海是通向世界的大门，上海赛车场是通向赛车世界的大门。

赛道之下，上海赛车场的基地地质状况，相对于已建成的世界上所有F1赛车场而言，是最不理想和最富有挑战性的。基地地下水位高，深层土质松软，必须对原有的河流、沟渠填方进行必要的堆土和长时间的加载、沉降，并采取特殊而又复杂的措施来阻止沉降或隆起的发生，以满足F1赛车比赛非常高的平整度要求。在上海这样的软土地基上能够建成如此高难度、高标准的赛车道，可以说是地基基础设计技术上的一项重大突破。2004年，该项目荣获上海市科技进步一等奖; 2005年，荣获第五届詹天佑土木工程大奖、上海市优秀工程设计一等奖。

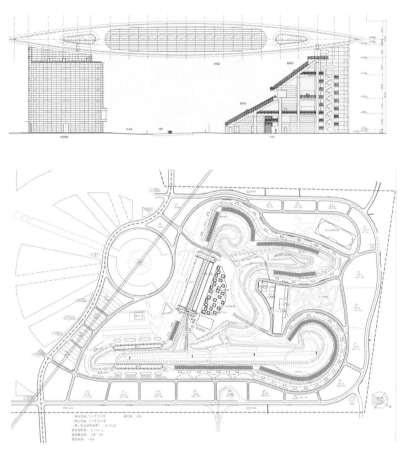

打造上海大师杯网球中心

　　作为男子职业网球巡回赛的总决赛，网球大师杯赛是国际网坛最高级别的赛事。大师杯总决赛在世界各大城市轮流举行，上海承办了 2002 年、2005—2008 年网球大师杯总决赛、2009 年起的上海 ATP1000 大师赛。自 2005 年旗忠森林体育场网球中心落成，所有上海举办的网球顶级赛事，都在此举行。

6. 上海国际网球中心内景（摄影：陈伯熔）
7. 上海国际网球中心屋顶开合示意图
8. 上海国际网球中心内景（摄影：陈伯熔）
9. 上海国际网球中心立面与剖面图

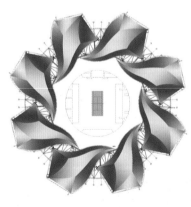

具有国际水准的旗忠森林体育场网球中心，由上海院与日本 EDI 合作设计。基地面积 34 万平方米，拥有一个可容纳 1.5 万人的主赛馆，以及 6 000 人的副馆和 25 片室外网球场，规模为亚洲之最。总体布局吸取了国际大满贯赛事的特点，充分考虑观众的休闲功能，提供了各种绿色开放空间和户外娱乐交际场所，如主赛场周围就安排了几处富有趣味的公共广场。另外，将景观设计与城市设计相互渗透，球馆、广场、户外球场之间用连绵起伏的绿带环绕联结，总体绿化率高达 46%，再加上配套的能源中心、网球俱乐部等，俨然是一座森林体育城，一个网球主题乐园。

作为全天候的高标准网球赛馆，可开启式顶棚必不可少。旗忠网球中心的顶棚创意新颖，大悬挑屋盖平面旋转开启的方式，好似照相机快门开合，为世界首创，由上海院与解放军原总装备部共同攻关完成。主赛馆的屋顶面积有 15 000 平方米，屋面结构由三部分组成：直径 123 米、宽 24 米的空间环梁，环梁上的转轴和轨道，8 片径长 72 米、悬挑 61.5 米、每片重约 200 吨的钢结构屋盖。

巨大屋面运行开启的过程，极具视觉冲击力。8 片屋盖叶片以其巨大的尺度匀速运动，同时以各自的圆心作 45°的离心运动，屋盖如花儿缓缓绽放。叶片间的间隙逐渐变大，扫过看台、扫过场地。天光照射下来，明亮区逐渐饱满，阴暗区迅速萎缩，明暗交界线以奇异的形态变化着，整个过程仅耗时 15 分钟。屋顶合拢时是全封闭的室内比赛馆，屋顶开启时，开启面积大于 7 000 平方米，几乎成为露天比赛场。庞大体量的移动轨迹，多重圆心的同步运动，明暗光影的变幻更迭……高科技和几何形体的变化带来前所未有的震撼。建立巨型开合结构体系，直接目的在于运用时代科技的力量，提供不同时间、不同天气状况下均可良好运作的空间场所，而旗忠网球中心强烈而鲜明的高科技创意设计，同时具有启发思维、激励好奇心、呼应与体育竞技相对应的进取精神的作用。

超大容量的网球中心，世界首创的旋转开启顶棚，无欣赏死角的圆形球场，设备齐全的球员休息室，设施齐全的新闻中心，以人为本的"无障碍"设施，绿意盎然的自然环境……从硬件到软件，与国际接轨的上海旗忠森林体育城网球中心，成为可与澳大利亚墨尔本公

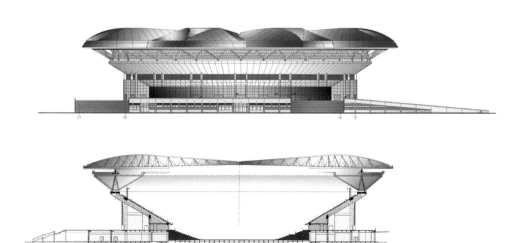

上海虹口足球场是全国首个专项足球场，把虹口体育场改成足球场的工作，严格按照国际足联标准实施建设，让女足世界杯举办权顺利落户上海。

——魏敦山
六十年座谈会

园球场、英国温布尔登网球场、法国罗兰加洛斯体育场、美国阿瑟阿什球场相匹敌的世界级网球赛事举办地。2007年，该项目荣获第七届詹天佑土木工程大奖；2009年，荣获全国优秀工程勘察设计金奖。其承办的 ATP 大师杯总决赛及 ATP1000 赛事，也连续几年被评为最佳赛事。2009年，该项目还荣获了国际奥林匹克委员会（IOC）、国际体育与休闲建筑协会（IAKS）授予的"IOC/IAKS AWARD"银奖。

国际足球联合会女足世界杯—上海虹口足球场

上海虹口足球场是全国首个专项足球场，也是中国足球超级联赛（原甲A联赛）上海申花足球俱乐部主场，是在虹口体育场原址上建造的，由上海院负责重建设计。整个足球场占地面积为5.6公顷，总建筑面积72 573平方米，观众席位33 060个，大小包厢47间。除了可举行高水准国际国内足球比赛和举办大型演艺活动外，还设有室内游泳池、乒乓房、桌球房、足球射门训练场等全方位的体育娱乐设施，以及相配套的餐厅、美容桑拿、商场等现代化设施。

足球场的天然草坪采用地加温、重力强排水和循环灌溉等国外先进草皮养护技术与设备；观众席看台东西两层，南北单层，并且球场中心偏东，西高东低，成不对称布置，保证大多数看台不受西晒影响；足球场顶部巨大的椭圆形开口，最大限度地保障场内草地的日照时间，同时保持空气的流动；屋面结构首次采用了拉索悬挑及反三角钢桁架，用钢量

10	11
	12

10. 上海虹口足球场鸟瞰
11.12. 上海虹口足球场平面与剖面图

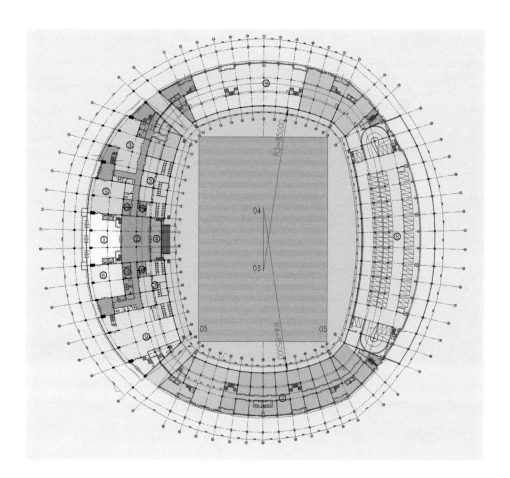

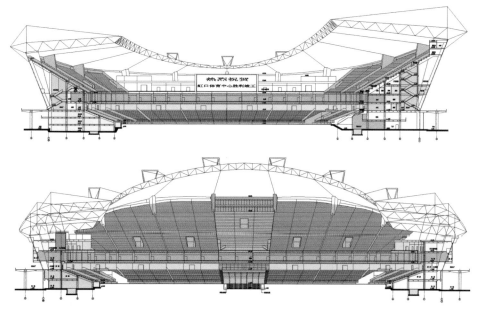

较单纯悬挑钢架节省三分之一，透光薄膜覆在钢架下，隐藏了复杂的构架，既突出了结构的自然美，又充分展现了大跨度钢桁架膜结构的轻盈飘逸。合理的建筑结构和灵活的空间处理，确保了观众席能持续拥有一览无遗的良好视线。

严格按照国际足联标准建设的虹口足球场，让女足世界杯的举办权顺利落户上海。2007年，为举办女足世界杯，足球场进行了全面的场馆改建，主体外立面玻璃幕墙和钻石面幕墙配置了迷人的灯光系统，使球场焕然一新，犹如一颗五彩钻石，夺目耀眼。2008年，上海院又设计完成了金山体育场，这是我国继上海虹口足球场、天津足球场、成都龙泉驿足球场之后建造的第四座专用足球场。

世界游泳锦标赛—东方体育中心

2007年，上海获得2011年第14届世界游泳锦标赛的举办权，这是中国首次获得该赛事主办权，也是上海迄今为止承办的规模最大、人数最多、规格最高的世界单项体育大赛。为承办这次赛事，上海东方体育中心开始规划建设，由德国gmp与上海院、同济院合作设计。体育中心由综合体育馆、游泳馆、室外跳水池、新闻中心等组成，总用地面积34.75万平方米，总建筑面积16.38万平方米。设计秉持当代科学发展观的时代精神，处处体现了低碳、环保、节能、生态等先进理念，在城市发展进程中留下了一个时代新坐标。

水是总体规划构成的主题。屹立于黄浦江畔、川杨河以南的体育中心，在基地内部导入大面积水系，弯曲的水面连接起各个场馆建筑。波光粼粼的水面上，综合体育馆、游泳

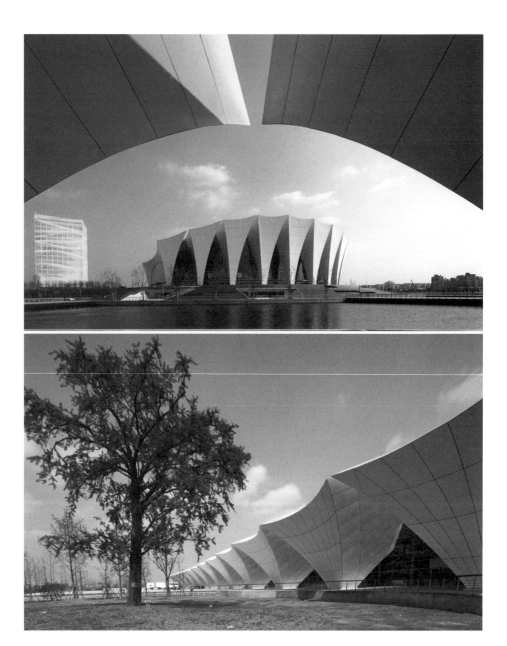

15. 上海东方体育中心综合体育馆（摄影：崔新华、寇善勤）
16. 上海东方体育中心游泳馆（摄影：崔新华、寇善勤）

馆、室外跳水池等建筑遥相呼应，飞檐立柱与湖光水色辉映，线条灵动流畅。远远望去，几乎与黄浦江水浑然一体。"水"不仅是景观环境构成的灵魂，也是整体建筑群外观造型的创意之源。同样材质、同样形态的拱形柱列，被反复运用在各个场馆立面上，形成体育中心标志性的统一造型，各个单体建筑犹如层叠起伏的洁白浪花，翩然腾跃于黄浦江畔。

综合体育馆可容纳 1.8 万人，是目前上海座席最多的室内运动场馆。大跨度的大空间以拱的形式予以表现，仿佛层层向上抛起的巨浪，又像充满王者之气的桂冠。场馆中央的比赛场地采用活动地板，可根据不同赛事要求搭建不同场地，满足游泳、篮球、排球、网球等 20 多项国际比赛的要求，并通过调整活动看台的伸出排数，确保内场看台与比赛场地变换的呼应关系。

游泳馆有 5 000 个座席，可举办游泳、跳水、水球、花样游泳等大型比赛。场馆外立面也采用拱形作次第排列。平视之，犹如层层波浪轻轻拂过平缓的沙滩；俯瞰之，又如铺展在一池春水之上的洁白玉桥。整个场馆在设计上大量采用自然光照明，屋顶拱形构件排列，采用半透明的膜结构，将室外光线自然过滤为均匀的馆内自然光。还采用了水源热泵技术，在过渡季节为泳馆池水加温。该场馆的水处理系统全部采用国际先进的硅藻土技术，水质可达饮用水标准。

室外跳水池坐落于一个人工湖心岛上，5 000 个开放式座席，采用面向黄浦江的单边看台布置形式，看台上方，拱形柱列支撑起一个"半月"形平面的屋盖结构。初夏的阳光下，坐在观众席上，可以从不同角度欣赏整个东方体育中心，纵览浦江两岸的水岸景观。

新世纪前后，上海院加快了走出去的步伐，完成了众多国内、国际项目。比如，2003 年，由上海院与澳大利亚 BVN 公司合作设计的越南河内国家中央体育场落成，它是越南迄今规模最大、最先进的体育场，可容纳 4 万名观众，是越南政府为举办第 22 届东南亚运动会而建的国家重点工程项目，也是运动会的主体建筑和主会场。2007 年，由上海院与日本佐藤综合合作设计的沈阳奥林匹克体育中心体育场落成，它是沈阳市为承办 2008 年北京奥运会的足球比赛而建立的一个大型的综合型体育场，也是 2003 年第十二届全运会主场，可承纳观众 6 万人。还有同时建成的辽宁省体育馆、辽宁游泳跳水馆及网球中心、辽宁体训中心、昆明红塔体育中心、昆山体育中心体育场、汕头游泳跳水馆（九届全运会）、武汉体育中心体育场、绍兴乔波冰雪世界、淄博体育中心、克拉玛依体育馆、上海交通大学体育馆、上海海事大学体育馆、潍坊体育中心、牙买加板球场、阿尔及利亚体育中心等众多项目。其中武汉体育中心体育场和沈阳奥林匹克体育中心体育场荣获詹天佑土木工程大奖，潍坊市奥体中心体育场荣获国家级勘察设计三等奖。

中超上港队的新家：上海浦东足球场

为加快上海全球著名体育城市建设，促进上海市足球事业发展，提升体育产业能级，增强城市综合竞争力，上海久事（集团）有限公司计划在浦东张家浜楔形绿地建设一个能够满足 FIFA 国际 A 级比赛要求的专业足球场——浦东足球场。这是上海"十三五"期间体育基础设施建设的重要任务之一，被列为上海市 2018 年重大建设项目，也是上海在建设全球著名体育城市的进程中迈出的新步伐。

按照市委、市政府的要求，足球场要对标国际最高标准、最好水平，进一步优化规划建设方案，完善周边设施配套，一以贯之完成好后续建设任务，确保品质一流、功能一流。足球场预计于 2021 年竣工，届时将作为上海上港足球俱乐部的新主场。浦东足球场的建设由上海市体育局牵头，上海久事集团作为建设主体负责推进实施，上港集团作为使用方

17

17.上海浦东足球场

对项目设计、建设等提出需求并全程参与，选定由德国 HPP 建筑设计咨询（上海）有限公司与上海院合作设计。施工单位是上海建工二建集团。

浦东足球场位于锦绣东路以南，规划金滇路以东，金葵路以北，规划金湘路以西，区位条件优越，距离市中心约 13 公里，未来交通配套将包括 2 条地铁和多条公交线路。项目总建筑面积为 139 304 平方米，其中地上建筑面积为 64 186 平方米，地下建筑面积为 75 118 平方米。总投资约 18.07 亿元。

设计团队希望通过设计激发球员在比赛中发挥更高水准，同时带给观众更强烈的现场震撼力，使两者都能从中得到极致的感官体验。球场造型概念来自中国传统的瓷器，观众看台背面被光滑的白色金属材料包裹，呈现出中国白瓷一般的光滑圆润。整个足球场南北向布置，西侧布置两片室外训练场，北侧靠近锦绣东路设置绿化入口广场，作为赛时大量公共人流到达的缓冲空间。沿足球场外圈设车行环路，合理地进行交通流线设计和出入口布置，做到人车分流、各种流线导向明确、组织有序。足球场采用矩形导圆角双层看台布局，球场固定座席数为 33 765 个，其中一层看台总座席数 19 263 个，二层看台总座席数

13 354 个，贵宾座席 1 148 个。设计的双层看台将人流动线分开，平台层与看台联系紧密，利于赛时大规模的人流疏散。同时相比单层看台，最后一排观众席距离球场边线的水平距离缩短了 3.2 米，为后排球迷带来极致的观赛体验。

所有球迷可以从球场四个角部及东侧平台到达看台层及座席区域，平台层面向城市完全开敞，球迷到达平台后即可看见球场内部景象，感受现场比赛的强烈震撼。西侧看台为官员及赞助商区域。同时配备球队球员功能用房、球迷餐厅活动吧、商业及赞助商配套服务功能，在地面层东侧还将设立一个小型足球博物馆，向来宾传播足球文化。

有别于一般的体育场，浦东足球场契合上海海派文化"开放、包容"的理念，采用了开放的建筑形态，摒弃沉闷笨重的外壳，将观众席与建筑立面统一，形成与看台紧密联系的开放平台。屋面结构告别了传统沉重的桁架体系，用轻盈的悬索来展现结构的轻巧和工艺质感，使整个立面更加整洁，内场空间感觉更加丰富。

球场建成后，将利用空间场地和培训资源，拓宽项目内容，建立市民体育运动体验和培训基地，着重引导青少年体育兴趣爱好培养。此外，相关部门还将以足球为平台，通过推进地区整体建设，最终将浦东足球场打造成为"体育氛围浓厚、赛事举办一流、群众体育活跃、空间活动丰富"的公共体育活动中心，不断满足市民日益增长的多样化体育健身需求。

浦东足球场必将成为上海展现城市形象和城市活力的体育新地标。

结语

体育场馆作为建筑设计中专业化难度与综合性要求较高的类型建筑，往往在设计过程中需要克服建筑在造型、设备、功能、高新科技等多种专业上的技术难点，最能代表设计机构的综合能力与水准。从上海第一座大型综合多功能体育馆——"万体馆"到 F1 赛车场、东方体育中心，在上海日益开放、密集地引进国际赛事的过程中，上海院通过不断的学习与积累，在为国际大都市留下重要体育地标的同时，也在提升原创设计水准，奠定了自身在体育建筑专业领域的坚实地位，这是一座城与一个设计院相互滋养，共同成长的见证。如今，上海正在全力推进全球著名体育城市建设。体育产业，作为"健康上海"与"四大品牌"的重要载体，既是国民经济的新增长点，又是上海软实力和城市吸引力的重要支撑，随着 2018 年《关于加快本市体育产业创新发展的若干意见》的出台，上海体育建筑的春天也随之而至。上海院也必定会在体育产业的黄金时代中，凭借自身在体育建筑专项设计中的深厚积淀和领先水准，继续承担上海这座城市的体育设施建设与体育文化传播。

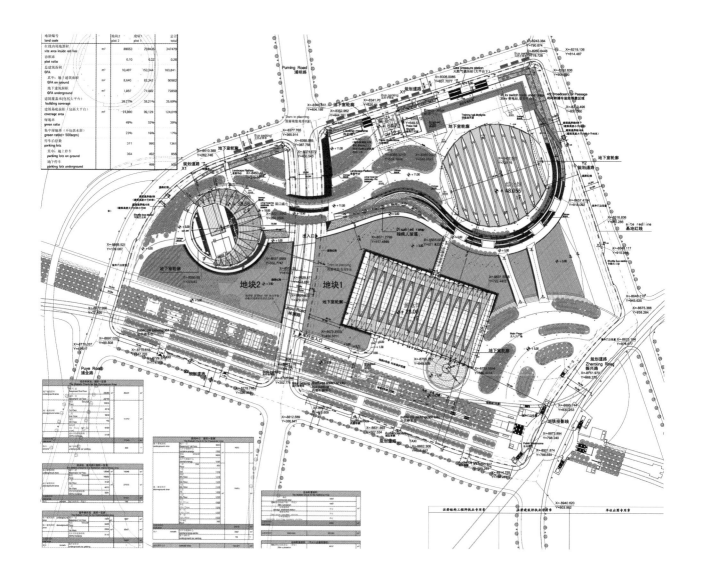

18. 上海东方体育中心总平面图
19. 上海虹口足球场平面图
20. 上海体育馆平面图
21. 上海国际赛车场平面图

18	19 20
	21

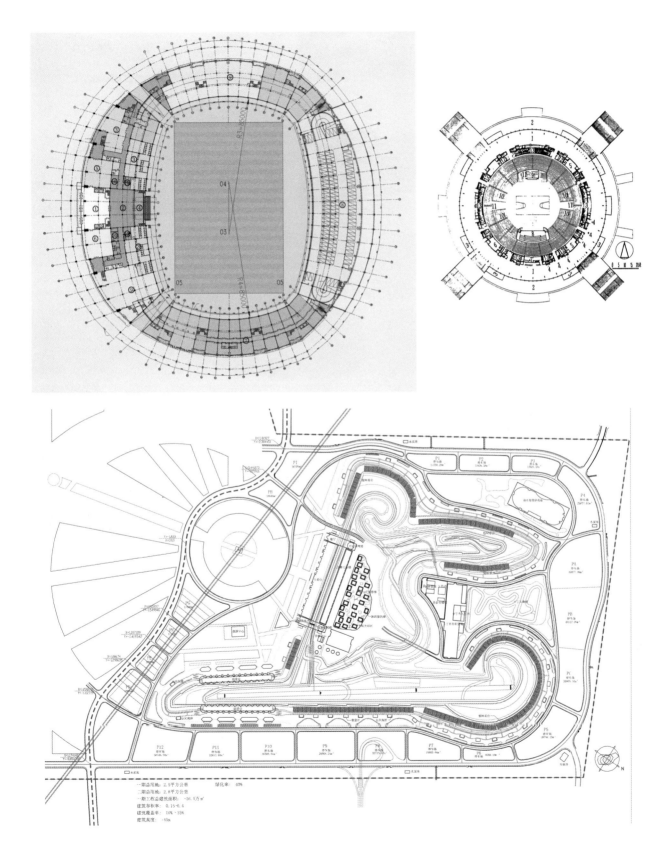

① 上海体育馆

② 上海八万人体育场

③ 浦东足球场（建设中）

④ 旗忠国际网球中心

⑤ 上海虹口足球场

⑥ 上海徐家汇体育公园

⑦ 上海赛车场

⑧ 上海游泳馆

⑨ 东方体育中心

相关项目分布

第五章 | Chapter 5

城市的底蕴：上海生活

Connotations of the City: Life in Shanghai

从中西合璧的石库门里弄，到工人新村的集中建设，再到当代宜居商品住宅的百花齐放……

对于精致生活的不断追求，一直蕴藏在上海这座城市的风味和韵致中。

上海居住建筑 40 年的变迁，折射了不同时代对于安居的诠释，

也浸透着上海院几代人对于城市安居梦想的执着追求与不懈努力。

这其中，包含着设计人对于上海居住标准从无到有再到精的艰辛构筑过程，

更书写着设计人对于金融大都市居之不易的深刻理解，

体现着以设计之理性所守护的城市关怀和温度……

上海的里弄与公寓（资料来源：媒地传媒）

里弄辰光，讲究的生活

工人新村，一个时代的安居标准

宜居社区：居者乐其屋

里弄辰光，讲究的生活

The Era of Lilong, The Exquisite Way of Living

在张爱玲、王安忆、程乃珊、金宇澄等上海作家的笔下，

中西合璧的石库门里弄，是小而精的空间，是细腻的尺度和情怀，

是螺蛳壳里做道场的生活讲究。

这种精致与细腻，深刻浸透上海人的血液，

影响着不同时期对于住宅的水准要求，

也折射着对生活的美好期许和生于上海的倔强……

 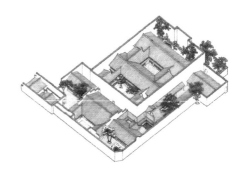

1	2
	3 4

1. 上海传统里弄示意（资料来源：上海里弄房 .上海社会出版社，2015.）
2. 苏州河边的河滨公寓（资料来源：上海 24.同济大学出版社，2010.）
3. 华山路上的枕流公寓（资料来源：档案馆历史资料）
4. 上海里弄的单元形式（资料来源：上海近代建筑史稿.上海三联出版社，1988.）

　　上海自开埠以后，在东西方文化的碰撞中，在兼容并蓄的发展进程中培育了自己的海派文化。旧上海城市的建筑乐章曾经有两张名片，一张是 20 世纪二三十年代建成的上海外滩"万国建筑"，另一张就是同期建造的量大面广的里弄建筑。里弄作为城市的背景，构成了上海特有的城市环境空间。站在当时最高的四行储蓄会大厦（今国际饭店）的顶楼俯瞰整座城市，目之所及都是鳞次栉比、此起彼伏的各式弄堂的屋面，铺陈出旧上海脚踏实地的城市底色。王绍周先生在《上海近代城市建筑》中这样描述："上海约 19 世纪末期开始产生里弄住宅……它在江南传统建筑的基础上，吸收了欧洲联排式房屋的布置格局，形成了一种前所未有的里弄住宅新风格。"所谓建筑风格，其真正的精髓不单是简单的大门造型和单纯的建筑符号，而是由空间序列所形成的井然有序的空间结构体系和由此引发的一种生活方式和精神内涵。不论是早期建造的石库门旧式里弄，还是二三十年代的联立式新式里弄，不同层次的空间都有机组织在一个有序的系列中，由城市街道—总弄—支弄—天井，形成公共—半公共—半私密—私密的空间分隔。对外相对封闭，使其虽处闹市，却仍有高墙深院、闹中取静的好处，亲切、安全、方便，使人产生强烈的认同感和归属感。据 20 世纪 50 年代初的统计，到 1949 年，上海有弄堂建筑 9000 余处、20 万幢、2200 余万平方米，约占全市住房的六至七成。除了少数外侨与富人（约占 5%）住在花园住宅、高层公寓，一百多万底层平民住在棚户区之外，绝大多数居民，包括中国与外侨白领都居

住在各式弄堂中。

　　从高处俯瞰，层层叠叠铺陈大地的错落屋面中，还有一些高高在上的高层公寓点缀其间。那一幢幢现在看起来并不高大的楼房，却是当时最惹眼的高楼，跳动的是那个时代最前沿的城市脉搏。据《上海地方志》记载："20世纪30年代，随着远东第一大都市上海的发展，地价日益提高，为了节省土地，在市内出现了近代高层公寓，这是和花园洋房几乎同时出现的一种高档住宅。这些高层公寓一般在10层以上，每层由若干套间组成……这些高档公寓当时多数是外国人租用，像百老汇大厦、河滨公寓、毕卡迪大厦、枕流公寓等都是这样。"

　　从外观来看，这些建筑整体简洁的线条，加上利用阳台和平面凹凸形成立面丰富的层次，有着当代建筑都难以企及的美感。从设施配置来看，这些公寓水电、采暖、煤卫、电梯一应俱全；周围柏油马路、公共交通四通八达；商店、医院、学校、影院、剧场等公共设施，配备完善；甚至还配有独享的花园，或有临近的公共花园。总之，现代城市社区的配置，应有尽有。比如30年代初沙逊建造的河滨公寓大楼，整幢大楼有9部电梯，还有暖气设备以及2.1米深的游泳池，可算是最早的水景公寓大楼。再比如名流聚集的枕流公寓，当时已经引入了至今依然时髦的跃层、备餐设施和阳光室等概念，并且十分突出自然采光通风。从窗口俯瞰，大楼南向还配有一块约2 500平方米的精致花园。这些从欧美舶来的多层集合公寓，为城市未来住宅的发展指明了一个方向。

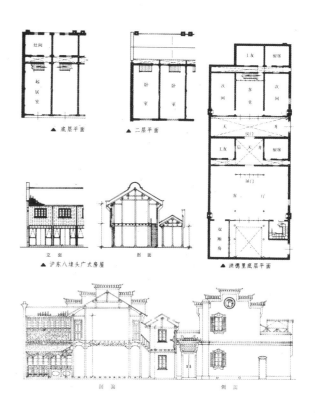

工人新村，一个时代的安居标准

Workers' Village, The Standard for Contented Living at that Time

住房是城市的第一民生问题。

红色岁月中大量兴建的工人新村，

镌刻着鲜明的时代印迹，也是上海无法割裂的住宅支撑体系的重要组成部分。

从曹杨新村开始，上海院以设计为上海构筑民主化居住理想进行着不懈努力，

其背后是从无到有的标准化设计与建造的艰辛历程，

更是以标准化图集的编著，树立起属于一个时代的居住杆尺。

记得曹杨新村的建设在当时非常轰动，放在当时的大背景中是新中国最早一批分给劳动模范的新村，也是上海第一次大规模建设住宅，解决了老百姓的民生问题。这种居住环境的改善对老百姓而言，意义可能超过金茂大厦等形象工程。

——姚念亮
六十年座谈会

1949 年后，现代上海的发展需要更为广泛的工人阶层的参与，也迫切需要区别于从开埠到 20 世纪二三十年代的旧石库门里弄建筑的新居住形态建筑，于是有了从 1949 年到 90 年代初的计划经济传统红色岁月中在上海城市建构中留下的面大量广的工人新村。从今天回望，这是一个艰难的从无到有的创新过程。在经济条件有限、需求数量巨大、没有参照体系的情况下，如何形成适合城市发展新阶段的居住形式，并建立适合普遍推广的标准化设计与建造体系，是上海院面对城市交予的使命必须回答的命题。事实上，从新中国第一个工人新村，到二万户住宅规划；从闵行一条街，到上海的六个卫星城；从第一个住宅设计标准，到第一个《住宅设计规范》；从上海第一个高层住宅群，到第一个《高层住宅设计标准》；还有第一个住宅设计竞赛实施项目……在一个个"第一"的背后，有许许多多说不完的故事。

民生守护：上海住宅标准的制定者——上海院

改革开放之前，在上海影响最大的设计机构是上海院。和其他设计院相比，上海院更贴近上海民生的发展，几乎囊括了上海所有统建的职工住宅及其配套的文教、医疗、商业等民用项目的规划设计，因而参与制定了大量民用项目的设计标准、设计规范。与住宅相

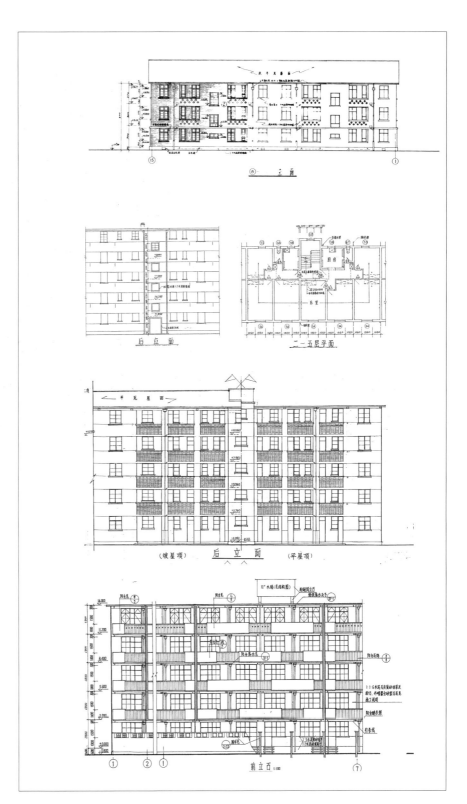

1	
2	3
4	

1~3. 上海院设计师的住宅图纸（资料来源：上海院历史资料）
4. 设计师工作照（摄影：陈伯熔）

5. 上海曹杨新村总平面（资料来源：循迹·启新：上海城市规划演进．同济大学出版社，2007.）

6. 上海曹杨新村鸟瞰图（资料来源：档案馆历史资料）

关的安全、使用、设计等全国规范的解释权大多归属于上海院，上海院也成为全国住宅标准的引领者和制定者。

建国初期，政府一手恢复生产、发展经济，一手积极改善劳动人民的居住条件。但上海市政府起初在制定住宅计划时，没有标准，经过上海院的前期调研后，才有了人均居住面积4平方米的设计标准，为二万户住宅规划的制定，起到了非常重要的作用。

1957年，陈植就任上海院的院长兼总工程师。为做好居住建筑设计，他调集精兵强将成立住宅建筑研究所，开展住宅及配套建筑的调查研究，对住宅建筑的日照、开间、进深、建筑模数及厨房、卫生间设计逐一进行深入研究。当时的上海院承担全市统建工人住宅的设计任务，由于住宅研究先行，设计人员能够正确地确定单元的户室比、房间面积大小和层高，选用适当的房屋类型，并尽量使结构构件定型化、标准化，为工业化施工创造条件。1957年到1959年间在设计上海市标准住宅时，设计成果丰富、类型多样，比如1959年设计了9种类型住宅，户型有二室户和三室户，平面有蝴蝶式、凹凸式、外廊式、跳廊式、锯齿式、内廊式等，立面朴素简洁，突出地方风格。

改革开放的前30年，从五五标准到八五标准，每一个五年计划中，由上海院制定的《住宅设计规范》，都着力解决当时民生所关注的居住问题。上海院编制的《高层住宅标准》是上海第一个正式的住宅标准。

更为重要的是，从曹杨新村开始，上海院以一代代设计师的智慧，为上海构筑民主化居住理想进行着实践与理论的双重探索与不懈努力。上海院在极其有限的居住条件限制下，不断进行设计推敲与优化，逐渐建立起了与这座城市相适应的住宅标准体系，并编著完成住宅的标准图集，使得城市的住宅建造推广成为可能。遍地开花的工人新村成功实现了大部分产业工人的安居梦，成为上海居住面积和居住人口最多的建筑样式，也为上海当代居住的发展标定了高水准的起点，树立起一个时代的居住标杆。

曹杨新村：无房户梦中的天堂（20世纪50年代）

建国初期，国家经济困顿，又因工业化事业大力开展，大量产业工人聚集于城市，且普遍居住环境较差。如何经济、实用、美观地解决城市紧迫的居住问题，成为非常重要的命题，考验着设计工作者的智慧。1951年，上海市政府在"为生产、为工人阶级服务"的方针指导下，从苏联引入"工人新村"理念，以解决上海三百万产业工人的住房困难，构筑新国家主义的建筑蓝图。上海院设计的第一个工人新村——曹杨一村仅花了七个月时间便应运而生，成为当时全国最羡慕的居住天堂。作为社会制度变革后的第一批新型居住建筑，相比旧市区密集而毫无绿化空间的街坊，曹杨新村的规划和设计具有相当的进步意义。规划借鉴西方"邻里单位"的理念，充分利用自然地形，按照原有小河走势自由布局。蜿蜒曲折的道路，将新村分成许多小街坊。房屋采用行列式布置，间距10~12米，两三层砖木结构，大部分朝南或东南，每人居住面积4平方米，合用厨房和卫生间。新村绿化很好，

7	8	
		9	10

7.8. 上海曹杨新村建成时场景（资料来源：档案馆历史资料）

9. 上海闵行商业一条街（资料来源：上海院历史资料）

10. 上海闵行商业一条街（摄影：马家忠）

建筑密度只有30%，商业文化中心集中布置于主要道路交叉处。1952年4月竣工，占地200亩，可以容纳1002户，建有合作社、医疗站、公共浴室等设施，风景优美，处处花草林木，小桥、流水、人家，浑然一体。新村落成后，昔日窝在棚户区"滚地龙"里的翻身工人们，敲锣打鼓搬进新居。

曹杨一村所留存的关于那个时代的记忆，甚至还鲜明体现在她的外形上。从高空俯瞰以一村为中心的整个曹杨新村规划布局，极像一个巨大的红五角星。后来担任上海院副院长的汪定曾先生当时是这个项目的总负责，他说当初的设计其实没考虑这么多，只是根据地形而成。"那时，我们这些从欧美归国的建筑师，头脑中一直想的是欧美盛行的'邻里单位'思想，就是在社区的中心造公共建筑，比如学校、银行、邮局等，然后在周边造居民房。当然，这在当时，可不敢明说是欧美的风格。后来的续建中，我们又加入了苏联街坊式的建筑格局，造出了一条条长块型的农庄式住宅。"汪定曾设计的曹杨新村，既有上海旧时弄堂的情趣，又不乏欧美社区的影子。

1929年美国人由科拉伦斯·佩里创建的"邻里单元"理论，要求在较大范围内统一规划居住区，使每一个"邻里单位"成为组成居住的"细胞"，并把居住区的安静、朝向、卫生和安全置于重要位置。在邻里单位内设置小学和一些为居民日常生活服务的公共建筑及设施，并以此控制和推算邻里单位的人口及用地规模。

回溯曹杨新村建成之后的种种，与"邻里单元"理论显然暗合。在新村落成的同时，新村的第一家商店（曹杨商场的前身曹杨新村商店）也正式挂牌营业。此外还开设了菜场、老虎灶、浴室、公共卫生间等与人们生活密不可分的设施。居民入住两个月后，新村的幼儿园（现在的上海市实验幼儿园）、新村小学（现曹杨中心小学）都很快建成。就这样，曹杨新村在中国的土地上，融欧美、苏联于一体，成了一个特殊历史时期投射在建筑上的典型符号。在当时极其有限的条件下，曹杨新村不论在户型设计还是住区规划上，都可称得上前沿和典型。

曹杨新村作为工人新村的样板，很快便在上海各个工业区附近推开建设。在建国初期闵行是上海第一个规划建设的卫星城。闵行一条街从规划上突破了卫星城镇新村中心的布局，商业一条街的模式和曹杨新村一样，是当时观念上的一种变化和转折。

——姚念亮

六十年座谈会

财政拮据的情况下，上海市政府规划了九个工人新村，投资建设了"二万户"职工住房。尽管用现在的眼光来看，这样的新村过于简陋，但是在那个百废待兴、艰难起步的年代，已经是了不起的成就。尤其对于那些原本居住在棚户区恶劣环境中的工人来说，确实是翻身做主人的巨大变化，彰显了时代的进步。上海市建筑工程局生产技术处设计科（上海院前身），是新中国上海第一家市属国营设计单位，成立当年即投入上海第一个工人新村曹杨新村的施工设计，与"二万户"工人新村住宅及配套的学校、商店、菜场等项目设计中。曹杨新村开创了新中国现代居住区规划建设的先河，成为政府解决职工住房问题的开端。1952 年 6 月 25 日，上海市沪西各厂先进工人搬入"曹杨新村"新工房。29 日举行的庆祝会上，时任上海市副市长潘汉年到会祝贺。作为新中国新建的第一个人民新村，曹杨新村承载了太多的政治和历史意义，先后接待了来自世界各地多个国家的首脑、政要和旅游团队。一时间，"曹杨新村"在中国成为令人羡慕的新式住宅的代表，是无房户梦想中的天堂。

闵行一条街：开创卫星城镇建设的先河（20 世纪 50 年代）

新中国成立后，上海由消费型城市转变为工业城市，城市布局大为改观。50 年代，配合城市工业布局调整，上海市政府提出了"有计划地建设卫星城镇"的规划指导思想，在市郊的闵行、张庙、嘉定、吴淞等地兴建了成街成坊的卫星城镇，在市中心外围发展新的工人住宅区。由上海院主持设计的闵行一条街、张庙一条街，是这一时期住宅建设的样板，着意创新的成街设计，可以说已经孕育了城市设计的胚芽，影响遍及全国。

1959 年，由上海院陈植、汪定曾正副院长主持设计的上海建国十周年献礼项目"上海闵行一条街"横空出世。住宅区采用新颖的"一条街"模式，先成街、后成坊，从线到面，

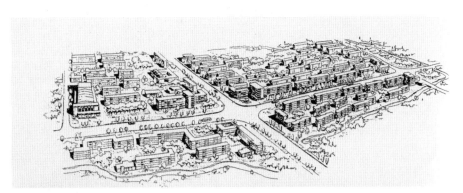

11.改造后的上海蕃瓜弄(摄影:毛家伟)
12.改造后的上海蕃瓜弄(摄影:陈伯熔)
13.上海蕃瓜弄设计图(资料来源:上海院历史资料)
14.漕溪北路高层住宅(资料来源:档案馆历史资料)
15.漕溪北路高层住宅(摄影:陈伯熔)

纵深发展,形成一个成街成坊、完整配套的住宅群落。第一期4~5层住宅31幢,底层为商店的住宅6幢,同时建造了饭店、妇女用品商店、邮局等公共建筑10幢。由此,呈现出居住舒适、环境优美、服务便捷的商业一条街,一派欣欣向荣的景象,开创了全国建设卫星城镇的先河。随后在上海北郊建设的张庙一条街同样好评如潮。卫星城的住宅新村设计,特别是"一条街"布局,将新村服务和生活配套设施与住宅同时建设,快速形成崭新的城市面貌,对当时全国的住宅建设规划产生了深刻的影响。

陈植院长在1959年发表的《解放十年来上海的住宅建设》一文中回顾总结道,"解放十年来,70万劳动人民已经从狭小拥挤、阴暗潮湿的贫民窟,迁居到敞亮舒适、有卫生设备和电灯的楼房,既有绿化,又有公共福利设施⋯⋯上海的居住建设已经取得了空前的成就,充分体现了社会主义的无比优越性。"

蕃瓜弄,旧城片区改造的中国样板(20世纪60年代)

1949年前,在市区边缘,沿苏州河、肇嘉浜两岸,铁路沿线,码头、工厂附近,分布着大量的劳动人民居住的棚户简屋区。那里缺水无电,道路狭窄,没有下水道。雨天积水,道路泥泞,居住环境十分恶劣。20世纪50年代初,上海就着手改善棚户简屋区的居住环境:辟建通道,敷设下水道,安装路灯,设置公共给水站、消防龙头,增建学校,初步改善了居民的居住生活条件。进入60年代,政府开始对棚户简屋进行成片改建,由上海院负责规划设计,先后改建了上海著名的棚户区——蕃瓜弄和明园村。

蕃瓜弄小区是新中国成立后上海进行的第一批棚户改造项目,经过数十次方案琢磨,我们做到了1964户住家全数回迁,且人均居住面积4平方米,冬至日户户有日照。最后达到的容积率1.76和5层楼的高度,可以说开创了全国节约土地的先河。

——洪碧荣
六十年座谈会

项目	总建造量 (万平方米)	一期建造 (万平方米)	二期建造 (万平方米)	三期建造 (万平方米)	主要特点
方案一	4.2	1.8	1.4	1.0	5层为主,沿干道为6层住宅,房屋间距比1.1H
方案二	4.2	2.2	1.6	0.4	5层为主,多层住宅,房屋间距比1.2H
方案三	3.8	1.4	1.4	1.0	全部5层房屋,排列均匀,房屋间距比1.3H

闸北区蕃瓜弄住宅改建规划方案(1963年)

蕃瓜弄位于原闸北区中部，是在抗日战争炮火下的废墟上逐步形成的较大棚户区，因建在旧社会住宅环境最恶劣的"滚地龙"上而有名。1962 年开始的蕃瓜弄棚户区改造，市政府要求成街成坊、原拆原建，1964 户居民必须回迁。陈植院长以百姓安居乐业为己任，深入棚户区调研，了解百姓疾苦和居住要求，并亲自审查图纸，不放过平面布置中任何一个不合理处。担当设计的洪碧荣副院长后来回忆说："经过数十次方案琢磨，最后我们做到了 1 965 户，达到了人均居住面积 4 平方米的标准，并且在冬至日户户有日照，平均住宅层数由改建前的 1.2 层变为 5 层（当时如果建设 6 层的住宅，就必须设电梯），小区容积率达到 1.76，可以说开创了全国节约土地的先河。小区在 1965 年建成后的 9 年间，常作为国内外友人参观的'样板房'。"改造后悉数回迁的居民，人均建筑面积也由原来的 3.06 平方米提高到 7.7 平方米，街坊环境由原来的棚户密集、地势低洼积水，变成街坊外绿带环绕、街坊内建筑整齐，环境优美的新型街坊，在当时成为一个创举。

漕北高层，住宅设计转型伊始（20 世纪 70 年代）

十年"文革"，上海的住宅建设基本停顿，直到 1972 年。这一年，中美签署联合声明，邓小平复出，国内政治格局发生了变化，并开始影响城市建设。1973 年，上海院结合旧城改造，开始高层住宅的规划设计，包括华盛路高层和后来引起轰动效应的"漕北高层"。漕北高层是上海第一批高层住宅群，由 6 幢 13 层和 3 幢 16 层的高楼组成。新中国成立后兴建的新村住宅，多为 3~6 层的多层住宅，进门只有一个窄窄的过道，煤卫合用。而漕北高层是超过 10 层的高层住宅，过道被加宽成一个小方厅，煤卫独用，这在当时实属凤毛麟角，因而成为 20 世纪 70 年代上海的地标，出现在那个时代无数的电影、电视和照片中。漕北高层的出现，标志着住宅设计开始从节约经济型向居住改善型过渡，也标志着市中心高密度住宅建设的开端。

从 50 年代起到 70 年代末，虽然工人新村在城市居住环境中占据主导地位，解决了大部分产业工人的居住问题，但总体来说，计划经济下的统建公房、定型住宅，以实用、经济为主旨，从建筑设计角度而言，仅是为了满足基本的居住使用功能，标准较低，形式单一。到 1979 年，上海人均居住面积也只有 4.3 平方米。正如张闳教授所言："工人新村，是一个时代的缩影，一种文化理念的一个影像，是一种政治意识形态的空间化。"

宜居社区：居者乐其屋

Livable Community: Where the Residents Are Pleased and Happy

1978 年，上海城镇居民人均居住面积是 4.3 平米，

到处是三代同堂、共用厨房卫生间的陋室蜗居。

2017 年，上海城镇居民人均居住面积是 19 平米。

40 年的高度发展，催生出百花齐放的商品住宅，

这是冯仑笔下"疯狂的生长"的最好时代，更空前考验着设计人的理性与良知。

作为上海居住标准的奠基者与引路人，

上海院以自己的理性和智慧，

在国际化、文化传承、生态智能居住等多线执着挺进，

成为当代上海宜居的真正守护者……

康健新村建造所处的历史年代是有承前启后的意义，它继承了上海里弄总弄、支弄的历史元素，87 年建造完成后，获得了建设部的规划设计金奖……虽然户型不大，但我们做到了高舒适性。记得当时我们提出的口号是："造价不高，标准高；面积不大、设备齐。"

——盛昭俊
六十年座谈会

20 世纪 80 年代开始，随着改革开放、城市发展，住宅设计进入前所未有的繁荣期。进入 90 年代，以往计划经济体制下政府集体建房、福利分房的模式开始转型，市场经济下的商品化住宅起步发展。住宅设计也由低标准的千篇一律，转向舒适、美观、多元化、多样化。参与住宅设计的设计机构也从上海院一家独大，进入百花齐放的多元时代。新世纪开始，中国全面进入商品住宅时代，个人购房渐成主流。住宅发展速度惊人，住宅设计也从舒适小康型，向生态型、智能化、高品质迈进。一系列新材料、新技术的运用，如太阳能集热技术、保温隔热、垃圾生化处理、中水利用、智能化管理……让居住环境和居住质量发生了重大转变。

康健新村，以人为本的居住区新探索（20 世纪 80 年代）

自 80 年代初到 1995 年，上海中心城区周围新辟居住区 100 多个，为市民提供了大量住房。上海院也迎来了难得的历史机遇，在住宅设计理念和技术上改革创新、大胆探索，为上海的新村建设带来崭新的面貌。由上海院主持设计的桃园新村、康健新村即是这一时期的代表。

康健新村是漕河泾地区三大片居住区的重要组成部分，整个新村分为东、中、西三部分。

1. 康健新村（摄影：陈伯熔）

1982 年，市建委为进一步提高上海居住区规划设计水平，举办了上海首届居住区规划设计方案竞赛，以康健新村中块为方案对象。在 9 个入围竞赛方案中，上海院的 7 号方案一举中标。

康健新村中块的规划设计，立足于以人为本，在住宅单元、组群结构、道路交通、环境绿化上形成突破。比如丰富多彩的住宅单元设计，打破了以往定型住宅标准单一、类型少、造型呆板的惯例。20 多种住宅类型中，包括大进深、台阶式、蝴蝶形、锯齿形、弧形、点状、高层塔式和蛇形等，另外还有低层高密度、联立式和独立式住宅。再比如富有特色的组群结构设计，吸取了上海里弄的结构特点，将不同类型的住宅集中成片布置，形成造型不同、风格各异的住宅组群。每个组群入口还设计有一个造型独特、目标明显的组群入口标志，体现个性和可识别性。

"康健新村建造所处的历史年代是有承前启后的意义，它继承了上海里弄总弄—支弄的历史元素，1987 年建造完成后，获得了建设部的规划设计金奖。"上海院副总裁盛昭俊说，"虽然户型不大，但我们做到了高舒适性。我们投入了两个所的力量，在造价严格控制的情况下，依然考虑了外形、美观、设计等众多因素，记得当时我们提出的口号是'造价不高，标准高；面积不大、设备齐'。"

古北新区，国际化开放社区的起点（20 世纪 80 年代）

　　上世纪 80 年代，上海第一个涉外商务区——虹桥经济开发区在市区西部启动。作为其配套生活设施，1986 年，上海第一个高标准的大型国际居住区——古北新区开始兴建。由法籍建筑师负责总体规划，总规划用地面积 136.6 公顷，分为 3 个小区 24 个街坊，总建筑面积 300 万平方米。整个社区以其独特的围合空间形态和居住氛围吸引了三十几个国家和地区的外籍人士，形成了独特的人文居住环境及鲜明的品牌特征，成为上海西大门又一个对外开放的窗口。

　　古北新区 21、23 街坊建成于 1993 年，总建筑面积 21.2 万平方米。街坊总体采用组团式布局，其中的西郊花园别墅区和明珠楼由法国建筑师黄福生与上海院合作设计，21 街坊由上海院负责单体设计。在总体布局上，古北新区完全颠覆了住宅行列布置的惯常手法，"门"形、"点"状、"口"形、"菱"形的布置，使街坊内部空间丰富多变，但同时完全朝北、朝西的户型比比皆是。上海院的设计团队在不改变总体形状的原则下，力争融入朝向和采光这样的地域元素。单体设计中，每户至少有一间朝南（或东南、西南），如对钻石公寓的"门"形平面作了分割，使每户均等地争取到好朝向；在"菱"形的东西两端抽去底层和二层作过街楼，增加了天井内穿堂风的口子，改善了天井内的日照条件，增添了空间的起伏和外观的活泼度，而几条过街楼又让街坊产生层层叠叠的进深感。立面上同样调动了每一个能体现特色的建筑符号，重点部位装饰的古典柱式、拱形窗、卷叶花纹窗框等，使简洁的现代住宅增添了西洋古典的精致典雅。

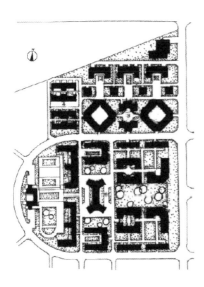

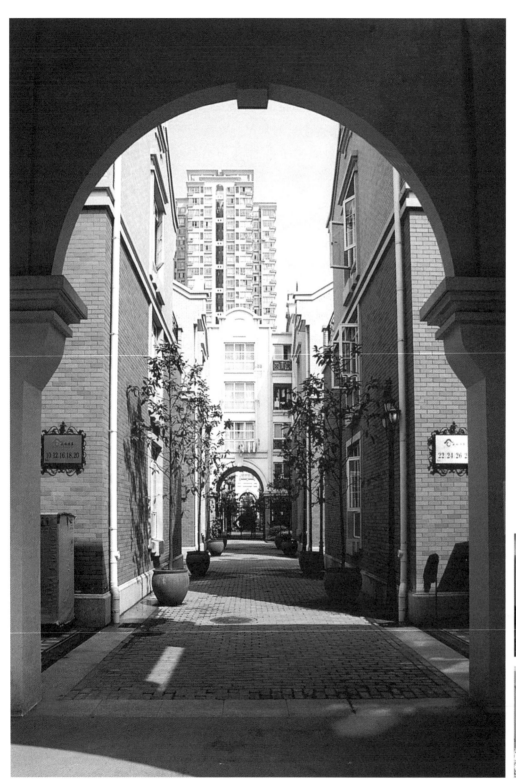

5. 穿过拱门进入的新福康里（摄影：陈伯熔）
6.7. 新福康里内部（资料来源：摄影：陈伯熔》
8. 新福康里鸟瞰（资料来源：华建筑总第八期 2016 年 12 月刊）

令我们最满意和欣慰的是这个 8 000 平方米的交往空间，满足多层高密度住区居民的日常生活交往和活动的同时，保留和发扬、拓展了传统里弄建筑的人文交往内涵的空间意义，在时隔近 20 年的今天，还充满可持续的活力。

——刘恩芳
《难舍渐已逝去的上海里弄情怀》

新福康里的改建，完全符合新时代的要求，在继承的同时又具有开拓性。我们说海派文化，这不仅是海纳百川，还有对固有上海文化的尊重。

——盛昭俊
六十年座谈会

新福康里，文化传承下的人居金典（20 世纪 90 年代）

20 世纪 90 年代上海飞速发展，城市建设开始了前所未有的大规模拆旧建新。里弄，这一上海地域性的居住建筑标志，开始成片地被高楼大厦覆盖。尽管很多专家学者发出了保护上海城市文化的呼吁，但这声音抵挡不住经济发展初期上海人急于改变住房紧张的欲望。

在此背景下，上海院的设计团队在新福康里的项目设计过程中，积极研究城市经济快速发展过程中的现实与未来、继承与创新、经济与社会等诸多方面的课题，探寻上海城市文脉延续、城市活力激发的设计途径。时至今日，该住区还具有积极可持续发展的社会意义，新福康里也被誉为 90 年代上海市旧区更新的示范小区。

1927 年建造的老福康里，位于上海市的中心城区静安区的西北部，是一个上海新式里弄建筑相对较密集的区域。岁月给福康里带来了诸多的沧桑，而高度拥挤的居住状态，更使这一片区日显破败。1998 年，上海市政府开始对这片位于中心城区的居住区进行品质提升，一个集石库门文化内涵和现代居住功能于一身的新型居住区诞生了。

总体规划保留了原里弄的布局形式，南低北高，形成步行总弄、车行总弄—支弄—架空活动空间—居住入口的空间布局，对外相对封闭，对内开放，达到空间层次清晰、空间内涵丰富的艺术效果。立面细部丰富而精致，很有怀旧感的石库门过街楼呈现历史韵味，尤其是小区中央的 6 排多层住宅底层全部架空，连成一片 8 000 平方米的公共活动区域，集社交、休闲、健身于一体，洋溢着石库门弄堂亲切浓郁的邻里氛围，成为社区认同感的

标志。刘恩芳院长说："我们设计团队特别想从 20 世纪 90 年代大拆大建的枷锁中挣脱出来，探求发展与保护的有机持续关系，从城市文化的传承、城市肌理的延续、保证原住民回搬的经济承受力和发展商经济承受力等方面，探讨位于中心城区新住区的建设途径。我们特别强调里弄空间人文内涵的意义，传承和拓展那些带有日常生活性的活动交往空间。"在这里，人与环境、建筑文化与空间得到了高度融合。

里弄建筑是上海特有的城市印象要素之一。新福康里的规划设计，吸取了传统里弄的空间艺术性和人文景观因素，注入了现代生活的居住功能，完成了城市文脉在发展变化之中的延续和拓展。作为上海第一个成片、整街坊旧区更新的试点，新福康里的规划设计不只是完成居住空间品质的提升、多数居民回搬，更重要的是尝试了如何在不断发展的空间景观中保存和延展历史文脉，探索了大片老城区旧里更新的可操作性。新福康里项目获得了第二届"上海市优秀住宅"评选——住宅小区优秀规划设计奖、建设部"新世纪人居经典住宅小区方案竞赛"建筑形态金奖、2002 年全国第十届优秀工程设计铜奖、上海市优秀住宅设计一等奖。

世茂滨江花园，超高层住宅的地标挑战（21 世纪 00 年代）

在寸土寸金的上海中心城区，高层住宅历来是一个发展方向。1949 年前，上海共建有高层住宅 31 栋，建筑面积 25 万平方米；1949 年后，基于经济技术水平的限制，一直以多层住宅建设为主，直到 20 世纪 70 年代，上海在城市旧房改造中开始试水高层住宅，到了 80 年代，高层住宅建设蔚然成风。

进入 90 年代后，上海城市建设采用土地批租政策，高层住宅逐渐成为适合城市发展的主要住宅形式。尤其在市中心地段，出现了一批超高层住宅建筑，由上海院与马梁建筑师事务所合作设计的世茂滨江花园即为典型案例。该项目位于浦东陆家嘴地区，占地 27 万平方米，基地呈长方形，由 7 栋 49~55 层的住宅公寓组成。单体建筑以弧形排列，前后错落有致，视线互不遮挡，板式结构设计更使户户"前观江景，后拥园景"，绿化率近

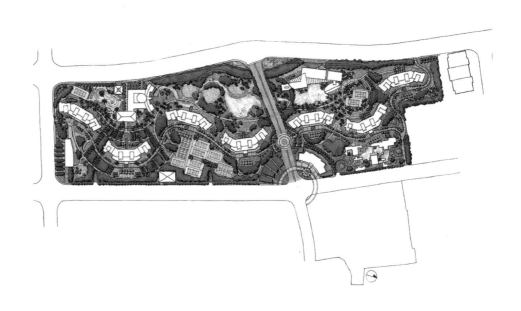

9.上海世茂滨江花园
10.总平面图
11.鼎邦俪池花园（摄影：陈伯熔）

70%，为上海高档住宅区。

　　超高层的世茂滨江花园，将传统的住宅空间在竖直方向上高度聚集，由此带来其他住宅形式所没有的特点：一是高效利用有限的土地资源，提供了大量的居住面积，同时营造出高绿化率的居住环境；二是形成城市景观特征，该项目建成之初是国内最高的住宅，且沿浦江绵延约一公里，结合浦江两岸的景观总体规划，对丰富城市天际线起了很好的效果；三是俯瞰层次丰富的景观，为充分利用基地位于黄浦江畔这一得天独厚的优势，建筑单体采用板式结构，沿江错落排开，客厅、主卧及主卧浴室向西面江布置，为住户提供了看得见风景的房间。本项目荣获 2002 年上海市优秀住宅设计一等奖、住宅设计小区创优项目优秀奖。

鼎邦俪池花园，以环境为宜居内涵（21 世纪 00 年代）

　　鼎邦俪池位于虹桥西区，西郊宾馆西侧，由 10 幢 3~5 层连体式住宅、会所与车库组成，由西班牙资深建筑师兼景观师缪文（Melvin Villarroel Roel Roldan）提供设计构思，上海院参与合作设计。良好的朝向、日照和自然通风历来是住宅设计的基本理念。而西班牙设计师提出了新的设计理念：建筑是环境中的建筑，建筑必须融入环境，创造环境是建筑设计不可分割的一部分，一个成功的住宅区更需环境与建筑一气呵成。

　　基地本是一片平坦的农田，建筑师在做总体设计时首先致力于创造环境。中间大花园以水面为中心形成弯弯曲曲的湖面与河面，小桥流水、鸟语花香，人们漫步其中，步移景异。由上层俱乐部的溢水池形成的室外游泳池的瀑布，以及住宅阳台上的花台与花卉，都成了大

花园"水"与"绿"的竖向延伸。其次是户户观景，家家处于绿色环境环抱之中，住宅与优美的环境和谐共生。而且在大花园营建中，业主从海外引进树冠高大的加纳利海枣树等多种棕榈科植物，成片的花卉与乔灌木的结合使小区园林植物配置呈现中西合璧的新面貌。

尤其值得一提的是总体上的三维设计。为了借景于环境优美的西郊宾馆，不仅将东面的住宅定为3层，西面的住宅逐步升为4层，而且运用三维设计的原理人造西高东低的地形，使西面的住宅、俱乐部标高比东面的住宅提高近3米。地面与住宅递升，巧妙借景使俱乐部与住宅的使用者都能赏心悦目地看到西郊宾馆浓密的森林。

上海长滩社区，滨江水岸的生态综合社区（21世纪10年代）

位于宝山的上港十四区，曾是沪上知名的老港区。未来，"沉重"的货运功能将被转移到张华浜、军工路港区。取而代之的，是集生态绿化、商业商务、休闲居住、配套服务于一体的滨江胜地。传统的生产性岸线，将向生活性岸线华丽转身。宝山区定位上港十四区的整体转型开发要努力成为宝山乃至上海北部滨江开发的精品项目，以生态绿化、商业商务、休闲居住和配套服务为主体功能，打造服务宝山滨江新区的邮轮综合配套服务区、高品质生活居住区和生态休闲文化区，成为展示上海加快转型发展、建设国际航运中心的重要窗口，推动滨江地区由生产性岸线加速向休闲性、生活性岸线转变，使传统工业区形态加速向现代化、国际化的城市新区转变。由此带动上港十四区的整体转型开发，是宝山滨江发展带老港区焕发新生机的一次产业布局大调整、城市空间的大释放。

上海长滩，坐落在原上港十四区货集装箱码头，面积1平方公里，位于长江入海口，是长江第一滩。这里既是宝山老港区转型的亮点，也是上海城市更新的亮点。建成后将成

12	14
13	

12. 领导视察（摄影：陈伯熔）
13.14. 上海长滩社区（摄影：林松）

为集生态绿化、现代商务、休闲居住和邮轮游艇综合配套服务为一体的生态滨江综合服务区。这一"水岸联动、港城融合"的发展理念，将全面推进滨江发展带"老港区、老码头、老堆场、老厂房"的升级转型。

上海长滩整体转型开发规划范围东至长江、南至漠河路、西至牡丹江路、北至宝钢护厂河，规划总用地面积约为77.62万平方米。其中建设用地为28.79公顷（住宅用地约为20.15公顷，商业办公用地约为8.64公顷）。基地走向东西长南北短，由西向东共6个街坊呈楔形与滨江绿化带串联交织。上海长滩总建筑面积为150万平方米，其中地上建筑面积约为90万平方米，地下建筑面积约为60万平方米。建设用地范围内地上计容建筑面积中住宅约50万平方米，公建35万平方米。上海院作为上海长滩主体设计单位，从2011年起前后历时多年，充分发挥设计资源优势，配合业主进行设计多样性探讨，把控规划—设计—施工各阶段关键要素，为"年轻的"业主方上港集团瑞泰发展有限责任公司做好技术顾问，承担设计总体协调工作。基于城市空间结构与城区产业结构的逻辑统一，重塑上海长滩整体城市空间品质并拉动宝山区整体转型，上海院秉持控规"功能集聚、立体开发，滨江魅力、码头记忆、门户形象、绿色出行"的核心设计理念，以提升大市政建设、区域城市功能布局优化和区域开发商业运营等方面的可实施性、可持续性、可达性、经济性等为出发点，对社区进行持续优化和深化。密切结合自然环境，充分利用道路绿地、滨江绿地和集中公共绿地，提高绿化综合效益，在沿江形成以生态环境景观为特色的公共开放空间，以保证公共利益为前提进行合理开发利用，将滨江带规划为公共开放空间，为市民提供更多的绿化休闲场所。充分发挥土地资源的利用效率，通过混合功能用地布局，提高社区混合度和公共活力。截至 2017 年 10 月，上海院参与设计的 13 个建设项目已基本完成 6 个，后续街坊也在逐步推进，初显"水荇牵风翠带长"滨江风貌。作为上海当下备受瞩目的社区，充分体现了上海院"以人为本"的生态开发理念，充分展示了其在绿色生态、智能住宅设计方面的前沿优势。

结语

"改善民生，安居为先"。住宅，是一座城市的第一民生项目，更是上海对标建设卓越全球城市和高水平小康社会的过程中需要持续精准补齐的发展目标。从改革开放前人均居住面积仅为 4.3 平方米，到"居者有其屋"目标基本实现，并逐步探索"居者优其屋"的今天，上海以政府为主导、举全市之力，从解困到住房体制改革再到保障性住房建设，在每次历史的关口都抓住"龙头"，稳步推进住宅发展之路。在城市更新语境下，我们在上海更为宏大壮阔的发展战略中，仍能够看到"旧区改造""保障房建设"等新词汇。上海院作为上海最重要的城市建设力量，从工人新村树立国家与城市居住建筑标准规范开始，几十年来作为肱骨力量滋养和造就了上海住宅以几何级数发展的轨迹，推动上海走出了无可复制的中国最繁华城市的民生保障之路。

上海 1949 年后住宅规划建设

1950—1953 年 二万户

政府投资建设二万户职工住房，规划了曹杨、长航、甘泉、长白、控江、凤城、鞍山、日晖、天山等 9 个工人新村（俗称"二万户"），规划用地 127.8 公顷，建筑面积 60 万平方米，住宅单元 21 830 个，开创了上海城市规划建设住宅新村的道路。

二万户主要是 2 层，立贴式砖木结构，以一室户为主，部分二室户，平均每户建筑面积 30 平方米，厨卫三四户合用，标准低，但与当时经济水平相适应，并且在总体布置、单体组合、绿化设计上，既注重满足使用功能，又重视创造一个安全、舒适优美的环境，使居住条件大为改善，深受住户欢迎。

1954 年起，住宅标准有所提高，出现了单元内廊式住宅，南面卧室，北面厨卫，二三户合用，层数也升至三四层，混合结构。

1958—1960 年 卫星城

1958 年起，上海在国内首创建设卫星城，先后辟建了闵行、吴泾、松江、嘉定和安亭五个卫星城。为鼓励市民迁往卫星城，适当提高了居住建设标准，注重服务设施和绿地的配套，创造就近工作与生活的有利条件。闵行住宅新村的中心采用"一条街"形式，全长 550 米，沿街开设各种商店、旅馆、酒家等，形成热闹繁华的商业中心。

这一时期，住宅设计上也有诸多创新，设计了 9 种住宅类型，除内廊式系列外，还有动廊式、跃廊式；体型上突破"一字形"，有蝴蝶式、凹凸式、踏步式等，住宅户型以 2 室户、3 室户为主。

1962—1975 年 旧区改造

上海中心城区 1949 年前遗留下来的旧住房、棚户简屋较多。从 20 世纪 60 年代开始，上海城市中心展开旧房改造：1962 年改造蕃瓜弄，1972 年改造明园村，1975 年改造万体馆对面的漕溪路西侧街坊等。其中蕃瓜弄改造较为成功。改造前，街坊总用地面积 4.45 公顷，拆除棚户简屋 2.69 万平方米，公共建筑面积 340 平方米，居民户数 1 964 户，居住人口 8 771 人。改造后，原地居民悉数回迁，人均建筑面积也由原来的 3.06 平方米提高到 7.7 平方米，街坊环境由原来的棚户密集、地势低洼积水，变成绿带环绕、环境优美的新型街坊。

上海高层住宅规划建设

1949 年前上海共建有高层住宅 31 栋，建筑面积 25 万平方米。

解放后一直以多层住宅建设为主，直到 20 世纪 70 年代，在城市旧房改造中开始试水高层住宅。1972 年北站附近的康乐路上建造了一幢 12 层高层住宅；1975 年，万体馆对面的漕溪北路上建造了 9 幢高层住宅，户均建筑面积达到 60 平方米，深受好评。到 1980 年，共新建高层住宅 24 栋，建筑面积 21.7 万平方米。这一时期的高层住宅建设，为 80 年代的高层建筑热潮，创造了条件。

20 世纪 80 年代，高层住宅建设蔚然成风，短短 10 年间，就新建高层住宅 438 幢，446 万平方米，住宅样式也丰富多样，有板式和塔式，板式中分内廊式、外廊式，塔式分矩形、十字形、风车型，结构分框架结构、剪力墙结构、框剪结构、框筒结构等。

1990 年至今 住宅规划建设多元发展

住宅商品化和房地产市场化逐步开启，上海的住宅规划建设也迎来了蓬勃多元的发展。

❶ 古北新区

❷ 漕北高层

❸ 新福康里

❹ 上海长滩社区

❺ 世茂滨江花园

❻ 康健新村

❼ 闵行一条街

❽ 曹杨新村

❾ 蕃瓜弄

❿ 鼎邦俪池花园

相关项目分布

第六章 | Chapter 6

城市的基石：人本之道

Cornerstone of the City: The Way of Humanism

除了城市鲜亮的物质外衣，

美好生活是人们最真实的诉求和最朴实的愿望，

也是一座城市的基石。

教育与医疗，体现着上海的幸福账单与民生温度。

在上海快速实现其城市向远郊新城扩展的过程中，

上海院以自身在医疗与教育领域的领先设计实践，

架构起与国际大都市相匹配的多层级的公共服务网络，

使得上海城市教育医疗的版图和秩序发生了质的飞跃。

上页图

上海交通大学闵行校区（摄影：陈伯熔）

教育，知识的殿堂

医疗，治愈的空间

教育，知识的殿堂
Education, The Palace of Knowledge

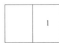

1. 上海交通大学闵行校区一角（摄影：陈伯熔）

　　上海文化教育是由中西方两条线索支撑，并发展至今。一条是甲午战败后，国内逐步形成的教育救国思潮。随着戊戌变法和新政实施，清末上海崇尚新学已蔚然成风，对西方现代教育的引进和传播已成为自觉行动。一批有识之士开始引入西方教育模式，兴办中国人自己的学校，其中就包括交通大学和复旦大学。以我国历史最为悠久的大学之一的交通大学为例，据百度百科记载："1896 年，盛宣怀与一批有识之士，秉持'自强首在储才，储才必先兴学'的信念，在上海徐家汇创办了交通大学的前身——南洋公学。建校伊始，学校即坚持'求实学，务实业'的宗旨，以培养一等人才为目标，精勤进取，笃行不倦。在 20 世纪二三十年代已成为国内著名的高等学府，被誉为'东方的 MIT'。"早期从这里走出来的毕业生中，有邹韬奋、李叔同、邵力子、蔡锷、黄炎培等影响了中国近现代社会发展历程的人，还有钱学森、茅以升、王安等杰出科学家。到 20 世纪三四十年代，上海的文化教育已经获得了很大发展。据 1947 年统计，上海有大中小学校 1761 所，学生 51 万人，其中高校 39 所，学生 2.8 万人。

　　另一条对中国现代教育起到积极启蒙作用的线索，则与西方传教士的私立办学之路相关。远渡重洋而来的传教士们，在建立教堂和布道所之外，致力于以文传教，开启了西学东传的大门。西式的学校陆续在上海租界冒出，并形成功能式的社会辐射，在很多层面上，与上海近代的社会构建、城市文化的发展紧密相连。

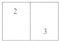

2. 上海交通大学闵行校区（摄影：陈伯熔）

3. 上海交通大学闵行校区教学楼平面图

1850 年，法国传教士南格禄在徐家汇创立了第一所私立教会中学"徐汇公学"（今徐汇中学），成为上海接引西学第一校。学生中日后卓有成就者难计其数，众所周知的有马相伯、李问渔、马建忠、朱志尧、金汝砺、洪深、张若谷、张家树、傅雷……

1879 年，美国圣公会上海教区主教施约翰组建圣约翰书院，成为上海基督教教会学校中创办最早、规模最大的一所高等学校。这就是中国近现代历史上著名的圣约翰大学（今华东政法大学）。据统计，从上海开埠到新中国成立前，基督教在上海创办的教会中学就有 15 所，教会小学则有 32 所。

中西兼并的教育发展路径，造就了当代上海教育开放、创新的特质，成为中国优质教育资源最为集中的高地之一。这些高校的孵化与智库能力，对上海建设与发展起到了至关重要的作用。

上海高等教育的全面提升

1951 年，在经济十分困难的情况下，上海市政府还是拨出资金，在工人居住集中的榆林、杨浦和普陀等区开始新建、扩建一批学校，扩大招收工人子弟。"至 1954 年，共兴办 19 所中学、35 所小学。通过几年的努力，工农子女教育的权利得到了保障。"这一时期，以普及基础教育为目标，建设全日制中小学校，而这些中小学校舍几乎全部由上海院负责规划设计。

改革开放后，上海高等教育重新腾飞，亟需空间支撑。一部分高校从拥挤的市区向郊外"突围"，如上海交大、华东师大入驻闵行，带来雄厚人才和科研资源；复旦大学微电子学院、上海交大信息安全学院、上海中医药大学扎根于张江高科技园区，与企业、研发机构开展深层次合作；上海海事大学、水产大学搬迁至临港新城，优势学科对接区域产业发展、上海国际航运中心的建设……而另一部分高校则选择就近拓展，并在老校区中因地制宜、见缝插针，如复旦、财大、上海理工大学等，成为杨浦知识创新区的重要组成部分。而在上海高等教育布局调整、规模扩张的背后，都能看到上海院活跃的身影。上海院作为重要的本土设计力量参与高校空间建设，为上海日后拥有一流的高校智库资源奠定了坚实的基础，助力上海高等教育与国际接轨。

除了上海的高等院校，上海院也参与设计了上海进才中学、上海市青浦区高级中学等中等学校，以及一批外地院校，如西北农业科技大学、南京政治学院上海分院信息化大楼、广西民族大学东盟学院大楼等。

上海交通大学闵行校区：自由开放的创新设计

中国近代史上，最早成立的新式大学堂可追溯到 1895 年，清政府天津海关道盛宣怀奏请光绪皇帝批准设立了北洋大学堂（初名"北洋西学学堂"），校址在天津大营门外梁家园博文书院旧址。1896 年（光绪二十二年），该校更名为北洋大学堂，也是天津大学的

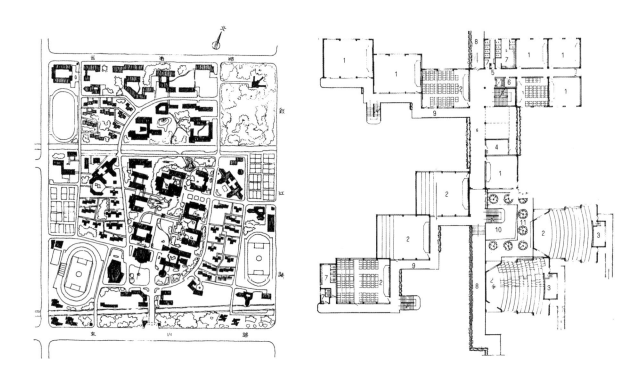

前身。同一年，盛宣怀在上海创办了南洋公学（交通大学前身），它与北洋大学堂同为中国近代历史上中国人自己最早创办的大学。从南洋公学创办到交通大学组建，从20世纪二三十年代的"东方MIT"到50年代的院系调整，从改革开放后创建交大闵行校区到新世纪向世界一流大学迈进，上海交大以三个世纪的跨越，见证了中国高等教育的发展印迹。

改革开放后的80年代中期，上海交大抓住历史机遇筹建闵行校区。上海院负责规划并主持设计了其中的主要教学建筑，如80年代的1、2号教学楼，90年代的包玉刚图书馆，21世纪00年代的电子信息学院、体育馆等。校区初期规划用地120.7公顷，规划建筑面积62万平方米。由于是在整片农田上新开辟学校，总体规划充分考虑地区特性和地形条件，在总体布局上不追求强烈的轴线和高大的体量，而是强调明确的功能分区和自由的开放结构，建筑群相对集中，起承转合顺应地势展开。校园中心区的教学楼、图书馆、计算中心和礼堂等，环绕大片湖面和绿化布置，相互之间设有连廊，给人一种大气、典雅的感觉，既传承了百年交大的庄重、严谨，又洋溢着现代的明敞、通透。整个校区历经20多年的建设，已然成为上海交通大学教学和研究的主要基地。

教学楼的整体造型和风格亦有所创新，利用建筑物本身的几何形体和虚实、高低、前后的组合变化，创作出姿态各异的几何形体，并有近代建筑的雕塑感。暗红色的无釉面砖，与老校区教学楼色调一致，表达着饮水思源的传承理念。虽然以今天的眼光来看，教室已略显老旧，没有多少现代化的教学设备，但它营造的开放自由的学习氛围、宽敞多变的共享空间，依然深受学生欢迎。

校园中心区的教学楼建于1989年，在创作思想上贯穿一个"透"字，布局自由、空间丰富，突破了一般教学楼格局。平面设计打破一字形、二字形的常规，将前后排教室按曲尺拉开，并采用宽敞的南挑廊连接，形成通道形的开敞空间，并特意在一至三层设计局部通透的厅，引导穿堂风，增加师生交往活动的空间。主入口也设计成东西向通透的门厅，将室内主楼梯及电梯设于其间，形成四个方位人流集散的轴心。通透开放的结果是东西两边不同功能的空间和环境在总体上取得联系。

上海海事大学临港校区：创造高校中心区的文化氛围

中国高等航海教育发轫于上海。1909年晚清邮传部上海高等实业学堂（南洋公学）船政科开创了我国高等航海教育的先河。1912年吴淞商船专科学校正式成立，从此成为"中国航海家的摇篮"。从上海高等实业学堂船政科到吴淞商船专科学校，从上海海运学院到上海海事大学，中国高等航海教育走过了启蒙、发展、曲折、壮大的风雨历程。

新世纪来临，为更好地服务于上海国际航运中心的建设，上海海事大学主体搬迁至临港新城。基地位于东海之滨、滴水湖畔，与洋山深水港遥相辉映。新校区占地面积133公顷，总建筑面积60万平方米，水域面积达8万平方米，由上海院负责整体规划，并主持设计了公共教学楼、文理学科楼、商船学院楼和图文信息中心等。

图文信息中心是大学校园的视线焦点，位于新校区主轴线中央的半月形人工岛上。方正而非完全对称的造型极具雕塑感，在校园空间全方位、各视角均显得饱满有力、大气简约，

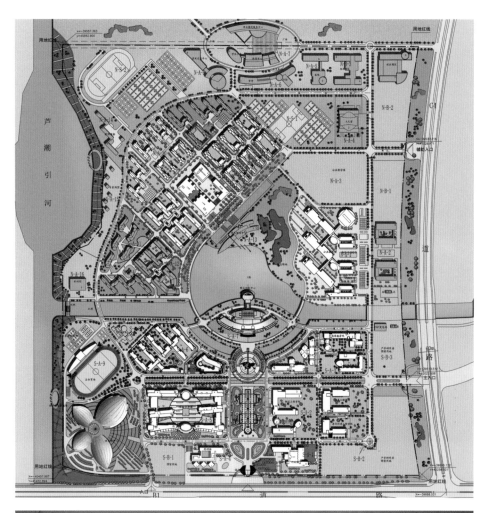

4. 上海海事大学临港校区总平面图
5. 上海海事大学临港校区教学楼（摄影：陈伯熔）

6. 复旦大学新闻学院（摄影：陈伯熔）
7. 复旦大学新闻学院入口（摄影：陈伯熔）

宛如方印立于校园中心，诠释着校园的海洋文化象征和特点。中心是一个功能高度综合的有机体，包括阅览、藏书、自修、展览、会议、出版、行政办公等功能。设计将功能体系分为三大模块，人流量大的阅览区与人流量较小的办公管理用房分置在东西两区，保证了图书馆的流线清晰；报告厅位于东南角，通过主入口门厅与目录大厅相连。各功能区既互相独立，又保持联系。

中心三面环水，拥有难得的景观资源。设计目标就是使建筑与校园景观完美融合，最大限度地享受美丽的景观，并让自然光线照射到每一个角落，营造出一种静谧、愉悦的环境氛围。从主入口进入到敞亮的检索大厅，室外湖景映入眼帘，内外空间得以完美沟通。主要阅览区围绕中庭布置，开放而亲水。中庭空间由挑高二层、通高六层等大小、形状不一的多层次空间组成，不同块体互有穿插、曲折变化，自然地将阅览区划分为若干部分，使空间拥有不同属性，而相互的穿插更形成了一系列富有变化的公共空间。中庭、连廊、平台、庭院，共同组成了丰富多彩、情趣各异的半室外空间。

复旦大学新闻学院：现代化校园建筑

不同于上海交大、海事大学向郊区扩张，复旦大学采用了见缝插针之路就近扩张。改革开放以来，上海院在复旦主校区中陆续设计了多栋教学楼、科研楼。这些建筑适应新的功能要求，造型典雅新颖，体现了现代化校园建筑的特点。其中文科教学研究楼、文科图书馆、美国研究中心（合作设计）、达三楼（方案设计）及管理学院教学新楼等，已形成南校区的主体。在北校区新老建筑交界处，逸夫楼、应昌期楼、逸夫科技楼等则构筑起新的校园风采。而主校区之外，复旦新闻学院隔国定路与复旦主校区相连。创立于 1929 年的复旦新闻系，是中国历史最悠久的新闻传播教育机构，从这个新闻人才培养的殿堂，走出了大批优秀的新闻行业领军人物，从名记者、名编辑，到总编辑乃至高级领导干部；从党委机关报领导，到新媒体网站的 CEO，乃至民营传播机构的创始人……它的新闻传播教育在中国创造了多个第一，有"记者摇篮"之美名。

2005 年 1 月，新闻学院整体搬迁至邯郸路 440 号（原上海应用技术学院）新院区，学院的硬件建设实现了跨越式发展，成为中国当时占地面积最大、硬件设施最先进的新闻传播教育院区。新院区占地面积 58 800 平方米，上海院主持设计了教学楼、图书楼和办公楼三栋主楼，总建筑面积为 9 300 平方米。新闻学院另外还新建了 21 层的学院培训中心和 5 层楼的 SMG 演播中心，为新闻学院学生提供了近水楼台的实践机会。

华东师范大学闵行校区文史哲古学院

　　文史哲古专业，是华师大老牌优势专业，并对后续的美术等新兴学科具有重要的支撑作用。

　　遵照上海市新的高校布局调整，华东师范大学于 2004 年在闵行区紫竹科学园区内开始建设新的校园。校园规划遵循人性化、生态化、网络化、生长化的原则，以绿叶的经脉和形状作为总体规划的主题形态，结合基地内原有的河道水系，布置十字形中央绿化轴及各组团建筑，形成以绿化自然景观为主的校园形态规划，与原华师大"花园大学"的校园氛围一脉相承。新校区空间组织特色主要表现为"一心两轴"。"一心"即以图文信息中心为主体建筑的核心区域；"两轴"分别为从东川路主校门延伸至图文中心，并贯穿校区的南北向中心生态轴线，以及从虹梅路校门延伸至莲花路校门的东西向景观轴；而建筑则作为环境的界面以群体组团的形态出现，文、理科教学建筑分别布置在图文中心的东西两侧。

　　文史哲古学院是华师大中文系、历史学、哲学系及古籍研究所共同的办公科研用房，地理位置位于校园南北景观主轴东侧的学校文科分区内，西侧即校园主景观带，北侧为文科公共教学楼，南侧为法商学院，东侧为校区环形主干道，西北为图文信息中心。

　　设计既要与校区总体规划相呼应又要有历史文脉的延续。以"外圆内方"的中国古代哲学思想来构建建筑基本形态。平面类似半打开的椭圆，西山墙倾斜形成对于校园中心建筑图文信息中心的向心效果。五个单体由架空廊道连接围合成一个矩形的内院。建筑入口位于西侧，面向中央绿化主轴，北翼西侧为历史系，东侧为哲学系，东翼为文学院，南翼为中文系。每个小单体内部均形成内廊，围合成露天的小庭院，使得整个建筑成为大小院

落相结合，开放院落与封闭、半封闭院落相结合的多重嵌套的庭院建筑，各院落内的绿化景观相互融合渗透，形成丰富的建筑室内外交流空间。

　　建筑从底部向顶部沿弧形轨迹收小，顶层建筑平面向外一侧退台形成屋顶花园，在通廊两侧形成六段双曲面的弧墙，弧墙之间由横向格栅相连，兼具西向遮阳功能。配合建筑的体形变化、开窗方式、细部处理，形成简洁而丰富的完整立面效果。该工程获 2005 年度上海市建设工程"白玉兰"奖。

医疗，治愈的空间

Healthcare, The Space of Healing

作为提供医疗服务的核心场所之一，

医院承载生命的诞生与消亡，关联人的生老病死。

作为建筑业界公认的"最复杂的公共建筑"之一，

医院的设计、建设、改造都是高度智慧的系统工程。

技术的发展赋予医疗手段无限的可能性，也为医院带来颠覆性的革命。

1.2. 上海华东医院南楼（宏恩医院）
柱廊（摄影：陈伯熔）

西式医院在中国的兴起由传教开始。1844 年，英国传教士在上海老城南门外率先开设中国民居诊所，为基督教在上海以医传教的开端，开创了上海近代西医事业之先河。该诊所后不断扩建，并改名为"仁济医院"。之后又陆续开办了同仁、广慈（今瑞金医院）等教会医院，其建筑都由外国建筑师设计。随着时间的推移，西医在中国也逐渐得到认可和发展，中国人开始自办医院，如中西医结合的上海医院（现第二人民医院），以及红十字总会医院（现华山医院）、中山医院等，这些医院均由中国建筑师设计。

上海医疗建筑 66 年

医疗建筑十分复杂。医疗建筑的设计水平，极大程度上影响着医院救病治人的效率，甚至直接关系到病人的生存安危。66 年来，医疗建筑在建筑布局、流线设计和设施设备等各个方面进步显著，专业化程度越来越高；与此同时，上海院设计建造了上百个医疗项目，成为行业的标杆，国内医疗建筑的领军者。

新中国成立后，市政府着手建立起市、区、县三级医疗卫生体系。从 1953 年起，在市政府的统一安排下，上海院几乎囊括了上海所有市区级新建医院的设计任务。其中，市级医院有新华医院、龙华医院、肿瘤医院、儿科医院和精神病防治总院等，区（县）级中心医院有闸北、闵行、南汇、青浦等院，并扩建了吴淞、金山、奉贤、崇明等县中心医院。

这一时期设计的医院以综合性医院为主，因用地较为宽裕，新设计的医院多为分散式或半分散式布置，注重功能分区、洁污分离，避免交叉感染，路线简捷，注重环境安静和庭园绿化。

20世纪八九十年代，位于中心城区的老牌医院在医院范围内，开始了立足国际水准的滚动改造，见缝插针新建高层医疗建筑。上海院设计了华山医院20层的病房楼、21层的病房综合楼、12层的门急诊大楼，瑞金医院14层的综合病房楼、科教实验大楼、门诊医技楼，中福会国际和平妇幼保健院16层综合大楼……在寸土寸金的市中心，老牌三甲医院通过一系列改扩建使其布局合理、动线流畅，继而带动学科设置、经营规模的整体提升，从传统老医院向现代化医院迈进，走上与国际接轨的发展之路。

新世纪开始，上海城市发展从工业时代的集中型向郊区化、分散化发展。为促进优质医疗资源的优化布局，上海启动了在郊区新建、改建、迁建9家三级甲等综合医院的"5＋3＋1"

	5
3	
4	

3. 上海华东医院南楼（宏恩医院）南立面图（资料来源：共同的遗产：上海现代建筑设计集团历史建筑保护工程实录.中国建筑工业出版社，2009.）

4. 上海华东医院南楼（宏恩医院）东立面图（资料来源：共同的遗产：上海现代建筑设计集团历史建筑保护工程实录.中国建筑工业出版社，2009.）

5. 上海华东医院南楼（宏恩医院）（资料来源：共同的遗产：上海现代建筑设计集团历史建筑保护工程实录.中国建筑工业出版社，2009.）

工程，上海院中标其中的 6 个项目，包括新华医院崇明分院、华山医院宝山分院、第六人民医院临港分院、长征医院浦东新院、中山医院青浦分院、奉贤中心医院。随着"5＋3＋1"工程的稳步推进，上海居民尤其是远郊居民就医更为便捷，居民生活圈 1 小时之内便有一家三级医院。同时，一些专科医院也向郊区扩展，如上海院设计的复旦大学附属儿科医院、东方肝胆外科医院安亭新院等。

　　新世纪进入第二个十年，上海进入创新驱动、转型发展的关键时期。建设国际医学园区，发展高端医疗服务业，汇集世界一流医院、医学院校及科研机构，成为上海建设亚洲一流医学中心的重要支撑点。上海院积极投身上海国际医学园区和虹桥医学园区的规划设计，参与设计了质子重离子医院、华山医院医学中心、肿瘤医院医学中心等项目，推动上海向国际一流的医疗高地迈进。

　　上海院医疗建筑的设计优势也覆盖到了上海以外的城市，甚至走向了世界。如获得全国优秀勘察设计二等奖的无锡医疗中心，荣获上海市工程设计一等奖的厦门长庚医院，全部自主原创设计的西安质子重离子医院等，海外项目有采用美国标准的安提瓜圣约翰医疗中心等。

6	7	8

6. 上海华山医院老楼与新楼（摄影：陈伯熔）
7. 华山医院外景（摄影：陈伯熔）
8. 华山医院新楼建筑模型（摄影：陈伯熔）

华山医院: 上海医疗建筑的缩影

华山医院是上海医疗建筑史的缩影。上海院作为华山医院超过50年的合作伙伴,在这个过程中也实现了自身在医疗建筑领域从无到有、从有到精的持续发展。

——陈国亮

华山医院成立于1907年,是上海地区最早由中国人创办的医院。"华山医院是上海医疗建筑史的缩影。"陈国亮曾这样说道。新中国成立后,华山医院经历了早期的"建高楼"、中期的硬件设施改造、现阶段的管理服务提升,实现了医疗领域的现代化跨越。这是一场持久战,是对市中心老牌医院改造更新的探索与开拓。"上海院作为华山医院超过50年的合作伙伴,在这个过程中也实现了自身在医疗建筑领域从无到有、从有到精的持续发展。"

20世纪60年代,邢同和主持设计了华山医院7层楼高的病房楼,是当时国内最高的病房楼;80年代,华山医院首次扩建,上海院完成了20层高的1号病房楼设计;90年代,华山医院再度扩建,上海院设计了21层楼高的2号病房楼,以及拥有23间手术室的"手术中心"——是当时上海数量最多、投资最大、设备最为齐全的手术中心。通过层层递进的净化流程,净化级别从10万级到1万级,再到100级,营造了一个达到国际水准的手术中心。新世纪,建筑面积3.5万平方米、12层楼的门急诊楼项目启动,科室单元式组合、流线区分病人与医护人员等全新理念被引入其中,既满足了医疗建筑严苛的专业标准,又以人性化设计和文化传承提升了医疗建筑的空间品质。

比如入口的一面弧墙体现了城市建筑的亲和姿态。"建造门急诊楼时,周边已全是高楼。"陈国亮回忆道,"这对设计提出了很高的要求。不仅是美观,这里是市中心,空间较为逼仄,我们用这样的弧度,一则可以打开城市空间,二则也是为了照顾后排居民的日照。"

"再比如具有100多年历史的老建筑被精心修复,作为院史陈列与贵宾接待。而门急诊楼与老建筑之间也有一个很好的衔接、过渡的空间,我们把它开发成一个供病患休息的

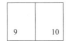

场所。自然光进入到休息区，它不光是一个简单的照明节能措施，更营造了一个温情和敞亮的空间氛围。"围绕以人为本的贴心设计，让门急诊楼荣获全国优秀建筑设计铜奖。通常这一奖项只颁给大型工程，小的单体建筑获奖十分难得。

此外，20 世纪 90 年代，上海提出建设世界一流的国际大都市、世界一流的社会医疗保障体系。华山医院的优质医疗资源得以不断延伸，接连建设了浦东分院（东院）、宝山分院（北院）、虹桥医学中心（西院），满足了多层次、多样化的医疗服务需求。总院与分院的联动互补、共同运作，使得老牌大医院总体水平跃上了更高的台阶，为上海医疗机构的改造发展创出一条新路。

进入新世纪，华山医院抓住浦东开发的历史机遇，在浦东金桥开发区创办了华山医院浦东分院。这是一座与国际接轨的高端医疗机构，以美国标准设计建造，并引入美国哈佛医学的管理流程。医院布局的专业与否，在很大程度上决定了医院运行的效率。浦东分院与总院的高层分散布局不同，采用了低层集中式布置，这在上海也是为数不多的新尝试。集中式布置最大的好处是抢救与护理方便快捷。在设计中急诊独立进出，与化验、检查、手术、放射中心等均以最短距离相连，保证分秒必争的效率，这在市中心寸土寸金的老牌医院中很难做到。另外，大门南侧布置了浦东新区的急救中心，设有停车场和直升机停机坪，以应对突发事件后的急救抢险工作，使紧急救护得到最为有力的保证。这也是现代医院在新时代的初次尝试。

集中式布局也节省了土地资源。整个医院绿树成荫，再加上花园式入口、中庭大厅绿化、二层屋顶花园、三层室内花园等，建筑内外无处不在的绿色使之成为名副其实的花园式医院。建成后这里提供外籍人员 24 小时门急诊及住院服务，已成为上海乃至长三角外籍重危病人的首选就诊地。

新世纪第一个十年，配合全市优质医疗卫生资源优化布局的"5 + 3 + 1"工程，华山医院在宝山设立华山医院北院。在造价和工期紧张的情况下，设计人员摸索出经济可行的布局方式，以相对有限的资金确保了和谐的就医环境与合理的就医流程，为后续项目建设提供了宝贵的经验。北院设计总监唐茜嵘介绍说："无论从北边的门诊楼还是南边的病房，走到医技楼都不远。这样的布局，既方便了病人进行各类检查，也将各种需要人工环境的诊断治疗设备集中在一起，最大程度降低了能耗。"

作为特大型国际城市，上海需要与之相匹配的高水平国际化医疗服务。新世纪进入第二个十年，上海决定推进新虹桥国际医学中心建设。中心位于虹桥商务区，紧贴虹桥综合交通枢纽，定位为高端医疗服务集聚平台。通过引进部分有专科优势的国内医院，与国际优质医疗资源合资合作，发展高端医疗服务业，开发医疗旅游资源，并辐射长三角、服务全国。华山医院也将入驻虹桥国际医学园区，建设一所符合国际医学中心的大专科、小综合三甲医院。新医院成为新型建筑布局理念的集大成者，"医院要实现种种新型的诊疗手段，基础工作要从建筑布局这一步做起。"陈国亮说，"比如我们会有一个'杂交'手术室，核磁设备可以通过导轨进入隔壁的手术室。这种做法有利于病患的精确诊断，但在传统的医院是做不到的……"

在上海公共卫生中心设计
中，我们抽调精兵强将
组成100多人的项目设计
部，实现了24小时之内
拿出第一轮设计方案的承
诺，开创了上海院设计速
度的先例；同时也创造了
一年时间完成从立项到竣
工的重大工程项目建设的
奇迹。

——张行健
六十年座谈会

上海公共卫生中心：24小时的非典型创作

2003年是极不寻常的一年，国内出现一场突如其来的"非典"疫情，一度情势危急。5月7日，上海市委召开紧急会议，决定在郊区建一个传染病医院。参加会议的陈国亮、邱茂新晚饭时间回到院里，向属下布置了要求：第二天拿出设计方案。

全院总动员，抽调精兵强将组成100多人的项目设计部，年轻人分组搜索国外资料、讨论设计方案、写文案、做模型；老同志紧急与专家联系，了解"非典"收治医院标准。"1个小时后，一个为公共卫生中心度身定制的科学指标要求、模块化发展的设计思路诞生；20多个小时里，针对防治传染病特性、杜绝病毒交叉感染，包括建筑结构、污水净化、空气过滤、抗震和快速建设等的论证紧锣密鼓地同步进行；5月9日凌晨，第一套完整的原创规划设计方案全部完成，并以文本、模型和动画演示三种表述方式送呈市政府，得到了有关领导和卫生部门的初步认可与好评。"

从2003年5月到2004年8月，短短一年时间，一座总建筑面积80 000平方米，集临床治疗、科研、培训于一体的"健康堡垒"——上海公共卫生中心，完成了从方案原创、总体定位、施工图设计、现场指导到竣工验收的全过程。世界卫生组织亚太区委员会主任尾身茂博士对设计予以了高度评价，认为这是他见过的最好的医院之一，是一所以人为本的卫生中心，达到了世界一流医院的水准。

"在上海公共卫生中心设计中，我们开了先河、创造了奇迹。"张行健回忆时依然激动，"实现了24小时之内拿出第一轮设计方案的承诺，开创了上海院设计速度之快的先河，同时也创造了一年时间完成从立项到竣工的市重大工程项目建设的奇迹，创造了高质高效建成国际一流医疗中心的奇迹。"

11.12. 上海儿童医学中心（摄影：陈伯熔）

13. 质子重离子医院（摄影：陈伯熔）

上海儿童医学中心：中美合作的专科医院

20 世纪 90 年代，上海市政府与美国世界健康基金会（Project HOPE）合作投资建设上海儿童医学中心。作为上海市"九五"期间社会发展的标志性项目、世界健康基金会全球最大的合作项目，上海儿童医学中心坐落于浦东东方路上，是一所集医疗、科研、教学于一体的儿科医院，占地 100 亩，总建筑面积 48 000 平方米，核定病床 500 张，拥有一流的楼宇自动化设备和完备的医疗保障设施，担负着上海和全国各地患病儿童以及来华外籍人士子女的医疗工作。

中心由上海院与美国 NBBJ 合作设计，吸收美国现代医疗建筑设计理念，从医疗规划着手，考虑医疗及医学模式的转换，设计采取了集中紧密型的整体布局，多翼端部开放布置，通过中枢走道组织医院内部的水平和垂直交通，将 9 个不同功能区域有机结合成整体，做到功能分区明确、布局紧凑合理，既考虑方便病人的流线，又考虑便于科学管理的可分可合的联系，以及严格分开的清污流线。在严谨理性的功能布局之外，立面造型形象生动、个性鲜明，空间设计宁静雅致、生机盎然，符合儿童个性特征。

上海儿童医学中心先后被列入"新中国 50 年上海优秀建筑"和"浦东开发 10 年建设精品项目"。进入新世纪，上海院又接连在闵行区设计了复旦大学附属儿科医院，以及上海儿童医学中心浦南分院等知名儿童专科医院。

质子重离子医院：十年磨一剑

与上海新虹桥国际医学中心一样，位于浦东新区的上海国际医学园区同样展现了上海具有国际视野和前瞻思维的医疗服务水平和管理理念，项目管理借鉴国际高端医院的先进经验，建立高端的医疗服务体系，提供温馨的国际规范化服务。

2013 年，上海院原创设计的质子重离子医院投入使用。项目从酝酿至建成已走过十年，可谓十年磨一剑。作为当今世界最先进的肿瘤治疗方式，医院首次引进国外先进的核医疗设备装置，提供质子重离子放疗的现代化放射肿瘤学治疗和研究。核医学设备设施以安全为第一原则，总体设计采用相对集中布局，核心放疗区置于地下。整体建筑以治疗区作为出发点，以非常简洁的建筑语言将治疗、康复、生活、办公组合成一个整体，并设计了一个南北向的发展主轴与东西向的景观主轴，绿色的光庭和良好的日照通风，为这座钢筋混凝土医院注入了自然的生命和人文的关怀。

"医疗建筑所能达到的最佳状态，便是建筑设计、总体规划与医院的发展规划有序结合。"陈国亮认为，"而人是医疗建筑设计的中心和尺度。"设计中对人的精神关怀"润物细无声"，潜藏在医院的各个角落，具有安顿人心的力量。

结语

教育和医疗，不仅是衡量一个国家发展水准的重要维度，还关乎城市最重要的公共福祉与民生基础。在当代上海发展的过程中，教育与医疗建筑也随着城市地理空间与人口基数的不断扩大，在数量与规模上均成倍数增长，同时它们反过来也为城市提供巨大的产业转化空间，共同催生了上海教育与医疗两大人本前沿高地。在面临经济转型与城市发展压力的当下，科学技术的快速发展与"健康中国"目标的提出，标志着教育与医疗将伴随消费升级，获得更为宽阔的发展前景。而更为多元的教育与医疗市场、服务需求，势必伴随着空间设计的与时俱进，这也同时对建筑设计的专业化程度提出更高的要求。上海院也将一如既往地不断刷新自身医疗专业设计水准，在城市的人文建设中，发挥更为重要的肱骨作用。

① 复旦大学新闻学院

② 上海儿童医学中心

③ 上海交通大学闵行校区

④ 上海市公共卫生中心

⑤ 华山医院

⑥ 上海嘉会国际医院

⑦ 华山医院宝山分院

⑧ 上海进才中学

⑨ 上海质子重离子医院

⑩ 复旦大学附属儿科医院

相关项目分布

第七章 | Chapter 7

城市的魔力：都会气象

Glamour of the City: The Urban Vibe

繁荣的经济孕育发达的商业氛围与丰富的城市文化。

商业和文化从来都是相辅相成，

娱乐、购物、消费是上海永恒的魅力，

也记录了摩登与国际化的传承和更迭。

它是城市演变中，中西古今并置，拼贴得最丰富多样的空间形态；

它是镜头中定格的暖昧霓虹与橱窗中呈现的时尚前沿；

它也是一种生活方式，一种生活态度，激发城市源源不断的活力。

上海院在商场、酒店、娱乐、电影等多个领域，均深度参与城市商业与文化塑造，

以空间与设计的独特方式记录了摩登与国际化的传承和更迭；

以不断更迭的潮尚面孔，呈现着独有的海派大气与兼容，

也反馈滋养着隐藏于大都市繁华背后移民文化的孤寂与乡愁。

	上页图

上海南京路步行街（摄影：林松）

国际酒店展地标形象

Image of Landmark Presented by International Hotels

从旧上海鹤立鸡群的浦江饭店、和平饭店、国际饭店，

到今天彰显国际商旅品质的上海宾馆、新锦江、金茂凯悦、华尔道夫、费尔蒙、安缦……

各色的城市宾馆与酒店，书写了关于上海滩崛起历史中的流光溢彩，

承载着城市海纳百川的印记。

从打破当代上海新天际线、竖立城市新高度的上海宾馆，

到商务型、国宾馆、度假型、主题酒店等的全面深入，

上海院凭借自身的专业优势，塑造了坐落在上海城市各处的酒店建筑，

帮助无数旅人推开体味上海的第一道门，

更是打造了城市消费语境转换最鲜明的历史坐标。

上海旅馆建筑的百年记忆

上海开埠，西风东渐，第一家西式旅馆"礼查饭店"开张营业。除客房外，还有弹子房、酒吧、舞厅和扑克室，大厅中还经常有歌舞、戏剧表演。直至 20 世纪初，高六层的礼查饭店、汇中饭店都是当时上海最豪华的大饭店。进入 20 世纪二三十年代，赶上了上海建筑的黄金年代，来自各国的建筑师和大批的海归派建筑师和学生，带来了世界最先进的建筑理论、建筑样式，高层旅馆建筑风起云涌，成为展示世界近代建筑的大舞台。这时期建造的华懋饭店（今和平饭店）、金门饭店、国际饭店、都城饭店等，规模宏大，设施完善，风格各异。代表美丽与奢华的大饭店，集聚在东方华尔街的外滩、十里洋场的南京路上，因其时尚、新潮，吸引无数社会精英、名人、富商，成为时尚生活、现代商务活动的代名词。

1949 年后，大批外侨撤离，原法租界西区的高级公寓、花园洋房被政府逐步接收。为接待国内外来宾，其中的一部分被改建、扩建成为国宾馆。如华懋公寓改为锦江饭店，毕卡迪公寓改为衡山宾馆，而马立师花园别墅则改为瑞金宾馆，兴国花园成为兴国宾馆。50 至 70 年代，受国内经济恢复和政治运动的影响，强调先生产、后生活的思路，旅馆与宾馆建设发展迟缓。上海院在这种条件下，还是设计了包括闵行饭店、延安饭店、北站旅馆、大名饭店、金山旅馆等在内的旅馆建筑。

1	2
3	4

1. 国际饭店（资料来源：档案馆历史资料）
2. 上海大厦（摄影：陈伯熔）
3. 海鸥饭店（摄影：陈伯熔）
4. 延安饭店（摄影：陈伯熔）

　　改革开放，是中国当代最重大的语境与内容之一。上海作为中国商贸开放最重要的阵地，从 20 世纪 80 年代初就承担起对外商贸的窗口重任。仅 1979 年，上海接待入境游客 25.1 万人次，创汇 5 384.67 万美元。上海过去是"十里洋场"，留下了锦江饭店、衡山宾馆等 7 家酒店建筑，但面对潮水般涌来的旅游团队，宾馆不敷所用。商贸与旅游的需求急速增加，凸显了宾馆类建筑的捉襟见肘。当时在中国国旅上海分社做翻译的逄书明，印象最深的是旅游接待设施奇缺，造成了许多现今难以想象的窘迫。他回忆道："旅游团接踵而至，上海饭店宾馆接待不了那么多游客，于是晚上就包飞机拉到南京去住宿，或用大巴

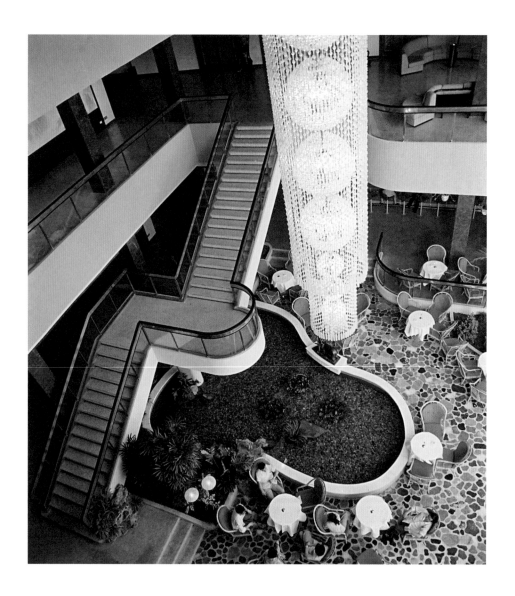

拉到镇江、无锡一带过夜，有时甚至只能在机场大厅给客人发一条毯子熬夜。"乃至有时会因为酒店的客房有大有小而产生团费争议。上海宾馆就是在这样的背景下由上海院开始承担建设的，也是上海第一家客房面积统一的旅游宾馆——上海宾馆的建设报告，最后是在国务院常务会议上讨论并批准的，规格高到现在不可想象。

与此同时，自 1979 年起，上海陆续引入了不少外资和国际品牌的酒店管理公司，境外设计师也纷至沓来，上海迎来了新一轮酒店建设高潮。80 至 90 年代，宾馆建筑大多向高层发展。上海院除了原创设计了上海宾馆，还合作设计了新锦江大酒店、静安希尔顿酒店、国际贵都大酒店、锦沧文华大酒店、太平洋大酒店、新亚汤臣大酒店等一批大型高层高级宾馆……

5	6 7
	8 9

5. 上海宾馆室内中庭（摄影：陈伯熔）
6. 外滩华尔道夫大酒店（摄影 陈伯熔）
7. 上海和平饭店（摄影：陈伯熔）
8. 新锦江大酒店（摄影：陈伯熔）
9. 金茂大厦（资料来源：摄图网，
http://699pic.com/）

随着对外开放，上海重新成为展示世界现代建筑的大舞台，旅馆设计也发生了一系列重大改变：首先是设计标准，由国际酒店集团管理所带来的客房及餐饮空间的国际标准得以考虑及执行，突破了国内原有标准的局限；其次是建筑风格，酒店设计突破了民族形式的运用和 20 世纪六七十年代千篇一律的横线条方盒子——新锦江大酒店的"圆"，太平洋大酒店的"板式弧形"，扬子江大酒店的"几何斜面"，锦沧文华的"骨牌"，风采各异，奠定了上海新建筑风格基础；还有酒店的内部空间处理也丰富多彩，比如新增中庭共享空间，形成多功能的公共活动中心；另外，在服务设施上则增加了 80 年代前缺乏的娱乐、健身、会议等功能空间和现代设施。

高层宾馆之外，上海院又设计了一批有大面积花园绿地、内部装饰讲究的别墅式旅馆建筑，如原创设计的虹桥迎宾馆、青浦淀山湖度假村等。移步换景的园林式酒店，消减了庞大体量带来的压迫感，提升了酒店的品位和层次。

昨天，鹤立鸡群的"饭店"书写了一段历史，由于拥有上海黄金岁月的流光溢彩和丰富传统，成为这座城市的梦幻记忆；今天，城市中遍地开花的"宾馆""酒店"舒适便捷高效，代表了一个产业的发展，是这座国际大都会的重要支柱之一。

上海院的酒店类设计实践，如今看起来陪伴和记录着上海设计，是伴随国家经济发展的每个阶段的特征与需求产生并完成的。在上海逐渐成长为国际金融中心的道路上，上海院紧紧配合城市各个发展阶段的紧要需求与层级标准，在每一个阶段担当积极探索的急先锋，为城市贡献了商务酒店、度假酒店、国宾馆、精品酒店、主题酒店等类型的专业设计，为上海这座全球城市的体验提升与形象树立做出了巨大的贡献……

世外桃花源：金茂三亚丽思卡尔顿大酒店

　　北京大学旅游研究与规划中心的相关研究认为，按照国际惯例，年收入超过50万元的人群将由旅游观光型向休闲度假型转换，此类人群每年有两次度假需要，而中国现有约250万此类目标人群。迈入新世纪，新型度假和休闲旅游产业迅速升温，以亚龙湾为代表的高端度假酒店群落成为国内首屈一指的度假胜地。

　　定位高端的金茂三亚丽思卡尔顿大酒店，坐落在海南三亚的亚龙湾度假区。450间豪华客房中，有334间超过60平方米的景观客房和33座带有独立泳池、享有私密空间的别墅，还有1 700平方米的宽敞会议空间，以及2 788平方米的水疗中心。高投入的硬件同时融入得天独厚的环境之中：旖旎的海天景色，静谧的海浪萦绕耳畔；宽阔的阳光沙滩，柔软的沙粒摩挲脚间；茂盛的热带花园，馥郁的花香扑鼻而来……风格各异的组团，将建筑与大海、沙滩、红树林等原生态融为一体，令公共空间与私密空间各得其所。原来不被注意的资源通过设计得到更多关注，而这些资源也决定了度假酒店的地域特征，丰富了度假生活的多样体验。

　　度假酒店是旅人的第二个家，是对空间、景观、服务和意境的综合体验。度假酒店并不一定是奢华的，但它表达了人们对高品质生活的极致追求，以度假酒店为基础的度假生活，让人体会到与"日常"迥异的生活模式和生活境界。设计师如同造梦师，通过雕刻空间、营造布景与氛围，让人进入一种情境，感受脱离日常的惊喜、愉悦与舒适。因而酒店设计对专业化研究要求很高。上海院通过长期的经验积累和强大的技术团队支持，还参与合作设计了其他一系列高端酒店，如千岛湖开元度假村、金鸡湖凯宾斯基大酒店、上海世茂佘山艾美酒店、希尔顿金茂三亚度假大酒店，并原创设计了美兰湖高尔夫酒店等。

	11	
10		12

10. 上海华尔道夫大酒店（摄影：陈伯熔）
11. 总平面图
12. 金茂三亚丽思卡尔顿大酒店立面局部（摄影：陈伯熔）

从电影、杂技、戏剧开启的新天地

New Possibilities Opened up by the Films, Acrobatics and Dramas

公共文化活力，是一座城市竞争力的重要维度。

公共休闲娱乐文化设施，是实现加强文化资源整合，激发社会力量参与，丰富个人体验的重要基石。

上海无论是电影、杂技、戏剧等多样的文化类别，

还是从老上海的大世界到新世纪的上海迪士尼的文化设施更新，

抑或是从守护传统动画开拓者的上海美术电影厂，再到市群艺馆的文化精神回归，

休闲娱乐始终是形成城市创新合力，激活城市活力，形成人才聚集的基础性支撑。

上海院对城市公共休闲娱乐文化空间的打造背后是超凡的想象力和创造力，

更是设计对于城市文化活力的深刻理解和前沿想象。

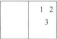

1.2. 大光明电影院及入口（资料来源：《老上海风情图录（一）——建筑寻梦卷》）
3. 美琪电影院底层平面图（资料来源：上海近代建筑史稿.上海三联出版社，1988.）

近代上海曾经历了近 100 年的地方自治与殖民统治共存、传统文化与西方文化共存、华人与西方各国侨民共存的历史发展时期，是一座以移民为主的城市。突出的中西合璧的海派文化气质，也造就了与众不同的公共休闲娱乐文化。这些上海公共休闲娱乐空间从诞生的那一刻起，就与近代上海的城市空间演变紧密交融，成为这座城市文化交融碰撞、多样与复杂、文化变迁最集中的体现。因此我们既能感受旧时辉煌中由中式传统娱乐空间，如茶园、新式舞台、开放私园、戏院、游乐场等，发展到如总会、公园、舞厅、电影院等空间的并置引发的现代摩登；也能享受当代上海在卓越全球城市建设中与金融高地定位冲击下，吸纳当代最恢宏娱乐想象而快速崛起的大型当代娱乐场景，如迪士尼、大型游乐园区与各种时尚的文化与电影场所。这些娱乐空间是当代上海最绚丽的风景，也是安放各个时代人们精神依偎的重要载体。

电影的都市梦：制片厂和影剧院

电影，是这座城市最浓重华丽的标签。上海是中国电影的摇篮、中国电影的半壁江山，也是华语电影的根脉所系。作为中国最早开放的通商口岸和工商业最繁荣的城市，上海为电影的发展提供了肥沃的土壤。1896 年，中国第一场"西洋影戏"在上海放映；1913 年，中国第一部短故事片在上海制作完成；1921 年，中国第一部正式意义上的电影故事片在上

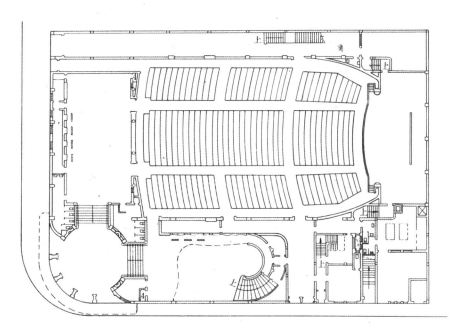

美琪电影院底层平面图

海诞生。从此，电影在上海迅速发展，并逐渐形成了中国电影的现实主义传统和民族风格。
1949 年以前，中国电影的主要产地就在上海，上海拥有最丰富的电影生产经验、人力资源
和物质实力，明星影片公司、天一影业公司、联华影业公司等一系列当时最有影响力的电
影制作机构都设在上海。上海以自身的开放、宽容、灵活、多样，承接着各个时代才华横溢、
胸怀大志的电影人，由此激发出海派电影的辉煌，逐一镌刻着近代上海的罗曼史、建国初
期传统文化的制高点与当代文化创新的勇敢突进。

上海院在四十多年间，为这座城市设计了多座电影文化中心，也对上海的电影工业提供了全方位的技术支撑。这些影院建筑无论是在物质匮乏与计划经济的时期，还是21世纪的今天，都成为公众文化生活中的亮点，是家庭活动聚会的场所，是朋友约会交往的地点，是学校学习观摩的课堂，也是与时代共振、刷新视听、震撼身心与心灵对话的入市之所。因为人生中的很多记忆都能够与一部电影、与一座电影院紧密关联起来，这些影院也成为人们成长的宝贵记忆，也始终是这座城市最前沿的文化聚集地和最浓重的文化标记。

天马电影制片厂：红色娘子军国际奖

1957年3月2日，上海电影制片厂改组为上海电影制片公司，下设3个电影制片厂：江南电影制片厂（成立于1957年3月29日）、海燕电影制片厂（成立于1957年3月26日）和天马电影制片厂（成立于1957年3月29日）。天马电影制片厂，作为上海近代史上重要的电影厂之一，虽然只存在了短短的九年，却先后摄制了《铁窗烈火》《钢铁世家》《春满人间》《孙悟空三打白骨精》《红色娘子军》《小刀会》《燎原》《红日》以及中国第一部立体影片《魔术师的奇遇》等52部深刻影响了一代人的故事片和戏曲片。特别是《红色娘子军》影片，获得了第一届"百花奖"最佳故事片奖、1964年第三届亚非电影节"万隆奖"，以及1995年"中国电影世纪奖"。

上海院为天马电影制片场提供了专业的服务，包括从配电到灯光设备，从空间到音响效果等技术合作，为上海电影工业的发展不断地精进学习。不仅如此，上海院通过电影厂和影剧院的设计，逐渐培养起了专业的文化项目综合团队，延续着上海这座城市的近现代文化基因。

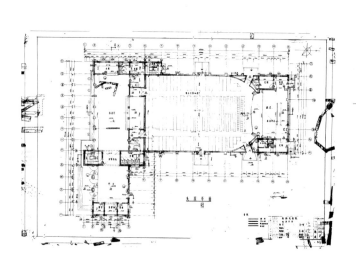

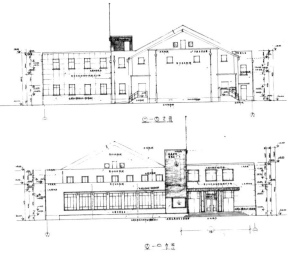

4		7	
5	6	8	

4. 《红色娘子军》电影海报（（资料来源：海上琼花，网易新闻，http://news.163.com/15/1020/06/B6BOBLD900014AED_mobile.html））

5.6. 天马电影制片厂部分图纸（资料来源：档案馆历史资料）

7. 天马电影制片厂和上海美术电影厂的部分图纸（资料来源：档案馆历史资料）

8. 《大闹天宫》电影海报（资料来源：国产老动画片《三个和尚》导演去世，致敬经典，猫扑大杂烩，https://dwz.cn/JdavzPNH）

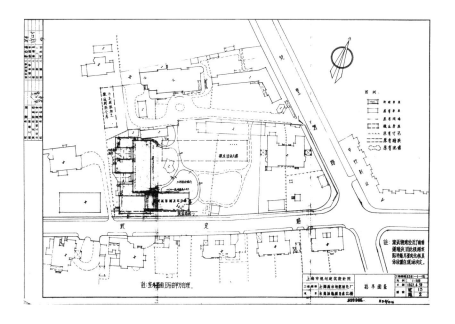

上海美术电影厂：见证中国本土动画品质的巅峰

"上海美术电影厂"，这七个字装满了20世纪八九十年代人的童年记忆，也代表了中国娱乐业最高端的配置、最华丽的资源、最优秀的品质。毫不夸张地说，这行字曾经是中国动画甚至亚洲动画的希望。而站在今天回望，这行字也意味着中国动画最难逾越的巅峰。

20世纪20年代的上海，中国动画几乎和美国同时起步。万氏四兄弟（万籁鸣、万古蟾、万超尘、万涤寰）因为看了美国动画片《逃出墨水井》，对动画大感兴趣。1923年，万氏兄弟在完全自学的条件下，制作了中国历史上第一部真正意义上的动画片《大闹画室》，这是一部由真人和动画合成的短片。1941年，万籁鸣和万古蟾一同导演了亚洲第一部动画长片——《铁扇公主》，这部电影时长80分钟，绘制了2万张画稿，历时一年半的时间制作，比世界上第一部动画长片《白雪公主》仅仅晚了3年。

1957年4月，"上海美术电影制片厂"正式成立，下设动画、木偶和剪纸三个制片部门，一个中国动画的传奇由此开启，并深刻影响了亚洲的动画格局。当时的美影厂，人才济济、大师云集，随便翻翻作片的主创人员表，几乎就是各大美院教授和校长的花名册：除了万氏兄弟（《铁扇公主》《大闹天宫》），还有漫画家特伟（《小蝌蚪找妈妈》）、编剧靳夕（《神笔马良》《阿凡提的故事》），以及美术设计张光宇（《大闹天宫》）、韩羽（《三个和尚》）、程十发（《鹿铃》）、张仃（《哪吒闹海》）……每个名字，在艺术圈里都是如雷贯耳。

1958年由上海美术电影厂取材于中国民间故事制作的动画电影《白蛇传》，影响了日本动画之父——宫崎骏今后的创作方向。这部动画电影是东映公司，宫崎骏看到了这部作

9.10.上海杂技场平面与立面图（资料来源：档案馆历史资料）

11.上海杂技场鸟瞰（资料来源：上海院历史资料）

品，就像是邂逅了命中注定的恋人，从此疯狂地喜欢上了动画。

这群艺术家，在审美上独树一帜，追求真正的高级，前无古人地探索出了属于中国的动画电影，从《大闹天宫》到《哪吒闹海》，从《九色鹿》到《雪孩子》，从《小蝌蚪找妈妈》到《山水情》，从《黑猫警长》到《魔方大厦》……他们创造的作品独一无二。在上海美术电影制片厂的历史上，他们一共创作了356部动画作品，成为几代人心中的丰碑。图画的机缘连接着建筑师与美术绘画师，上海美术动画电影当时已蜚声国际了，20世纪50年代设计上海美术电影厂对当时的上海院来说是一种荣誉。

而电影厂的设计开启了上海院文化建筑设计的新类型。伴随着上海城市的发展成长，电视、戏剧、娱乐休闲、商业开始成为城市重要的空间部分，也让我们找寻到了上海院的发展的源头与上海这座城市发展的印迹。

燎原电影院：上海的"不夜城"

1948年，位于长寿路427号的高升大剧院改名为大都会电影院开始放映电影。1964年进行了改扩建，改名为燎原电影院（简称"老燎原"）。1982年9月，影院投资215万元，由上海院设计，在长寿路600号近胶州路口处易地兴建新燎原电影院。此后赫赫有名的"燎原电影院"，承载了不少老上海的青春记忆。"年轻的辰光第一趟轧朋友就是约在这里"，家住长寿路叶家宅路的李先生回忆起"燎原电影院"，简直刹不了车，"80年代的时候，这里放电影的音响效果可是全上海数一数二的，能和大光明媲美！而且这里还是上海第一个每天都开设通宵场的电影院"，被誉为上海的"不夜城"。

从上海美术电影制片厂到燎原电影院，在公共文化生活较为单一的20世纪中叶，上海院就已经参与了这座城市的休闲文化娱乐培育与建造，并为上海市民留下了专属于新上海的时尚文化地标，影响了几代人的童年与青春记忆。从单一功能的大屏幕影院到后来更复杂的数字多屏的迪士尼项目，上海院在行业内极早地建立了影院建筑的专业优势，成为行业内影院特色建筑的标杆，为上海电影工业提供了全技术的支撑。

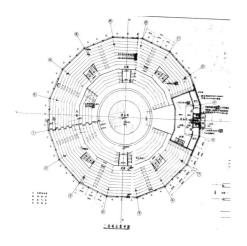

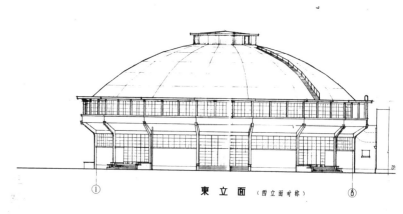

东 立 面 （西立面对称）

上海群艺馆改建：公共文化的回归

　　早在民国时期，上海就设有"市立通俗教育馆"（始建于 1912 年，后改称"民众教育馆"）。1956 年岁末，上海市文化局将原上海市民众教育馆更名改建为上海市群众艺术馆（简称"市群艺馆"）。市群艺馆从诞生起，始终坚持文艺为人民服务、为社会主义服务的方向，不断为繁荣社会主义群众文化事业做着不懈的努力。"十年动乱"时期，市群艺馆遭到严重摧残，被"四人帮"在上海的代理人撤消建制，解体时间长达七年之久。粉碎"四人帮"之后，经过拨乱反正，1979 年 3 月 8 日，中共上海市委宣传部正式恢复市群艺馆建制，她才重获青春。1992 年，邓小平同志南方讲话发表以后，上海经济建设突飞猛进。市群艺馆受到改革开放形势的鼓舞，重点致力于自身机制转换，以适应上海国际大都市地位的需求。"十一五"期间，上海市群众艺术馆的改扩建项目，被列为区级重大文化项目设施，并被写进"十一五"规划中，希望能将其建设成为上海市民在市中心拥有的属于自己的综合性多功能群众文化活动场所。2007 年 9 月 25 日，上海市建设交通委批复同意上海市群艺馆改扩建工程初步设计，并由上海院承担具体设计任务。

　　新馆位于徐汇区中山西路 1551 号，在原址的基础上进行新建，占地面积约 16 430 平方米。工程拆除实验剧场、锅炉房、食堂等建筑后，新建了一座群众艺术馆，建筑面积为 15 525 平方米。此外还对振飞楼进行了改建，其建筑面积为 2 000 平方米。由此，建筑由原有的单一单栋剧场转变为包含了剧场、展览、办公、艺术培训及地下车库等更多功能的公共文化综合体。

上海杂技场：彼时的太阳马戏

　　"太阳马戏团"（Cirque du Soleil）成立于 1984 年，是全球最大的戏剧制作公司，被誉为加拿大的"国宝"。它重新定义了马戏这种娱乐形式，创造了一片非竞争性的崭新市场空间。自成立以来，太阳马戏已经走访了六大洲 60 多个国家，去到 450 余座城市，为 1.6 亿名观众提供了 3 000 余场演出，上座率高达 95% 以上。2017 年 10 月 28 日，太阳马戏团正式进军中国市场后的首场演出《浪迹天涯（KOOZA）》在上海中华艺术宫上演，引发万人空巷，成为当代上海休闲时尚的重头戏。"追根溯源，马戏艺术是建立在两种有极端反差的情感上的，一种是恐惧，它让我们屏住呼吸，心弦紧扣；另一种是惊叹，它让我们深受震撼，留下眼泪。"

　　让时光倒退半个世纪，20 世纪 80 年代，坐落于南京西路黄陂北路口的园顶建筑——"上海杂技场"，无疑是当时上海城中大人小孩欢乐时光的所在之地。虽然名曰"杂技场"，实则除了杂技还是木偶戏演出的主要基地。这是上海最早的现代娱乐建筑之一，1962 年由上海院设计建造，并在 80 年代由上海院进行改建。

　　1962 年建造的上海杂技场，是根据当时国家经济情况建造，标准较低、没有冷暖气设备。除前四排是靠背座椅外，其余座位都是踏步式看台上加木板条，每座宽仅 40 厘米，排距不到 70 厘米，远远无法满足新时代的使用要求。针对原杂技场存在的问题和不足之处，

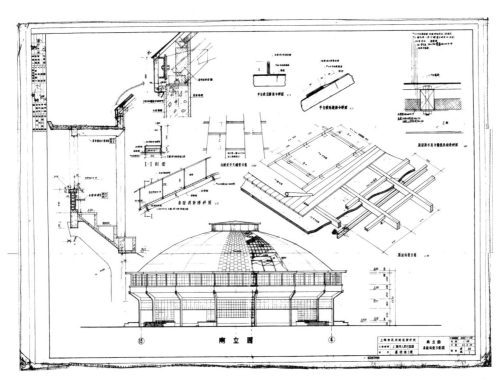

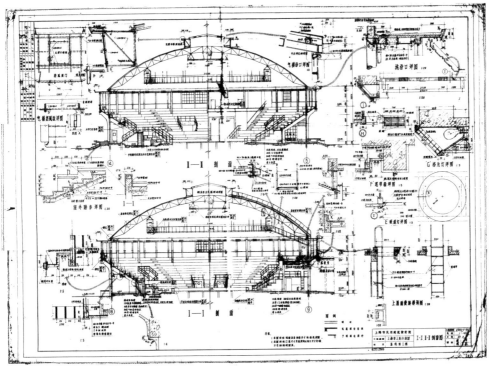

12.13. 上海院设计的上海杂技场图纸
（资料来源：档案馆历史资料）
14. 上海体育馆的图纸（资料来源：档案馆历史资料院）

上海院设计团队在改建设计方案上，尽量保留、利用原有结构，取得投资少、收益多的效果。设计在原有 16 边形的场子外围再加建一圈 2.3 米的圆环建筑，改多边形为圆形剧场。这样既能保留原结构，又增加了建筑空间。同时，设计改善了原有座位，放大后的座位排距，前 4 排 90 厘米，后九排 85 厘米，全部装上了沙发软椅，离演出台最远视距不超过 15 米，更好地满足了杂技表演艺术的要求。对空调系统、音响效果、立面造型也进行了改善。

值得一提的是，网架的巨型圆形结构是上海院空间技术设计的初步尝试。从 1962 年建成的上海杂技场到 1975 年建成的上海体育馆，再到上海体育场，上海院在技术上实现了对于巨大空间曲面网架的层层突破，这背后，也是上海院综合能力的完美展现。

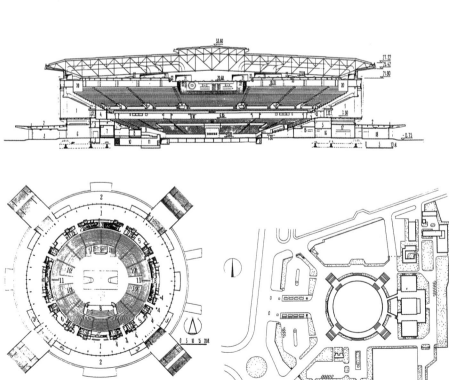

15
16

15.16. 上海海昌极地公园（摄影：林松）

主题乐园的上海轨迹

中国传统的娱乐，一部分源于集市、庙会的活动，一部分则是农业社会每年的时令节庆活动。这些人们在农闲时，或传统礼仪留下的活动，演变成为歌舞祭拜仪式、娱乐游戏等综合的活动，呈现出农业文明丰富的日常生活图景。

近现代的上海城市生活，延续了中国传统社会的娱乐方式，同时，在现代西方商业消费与娱乐的冲击下，融合、吸纳了新科技与新的传播方式，产生出了具有上海特色的"大世界"。"大世界"始建于 1917 年，以游艺杂耍和南北戏剧曲艺为特色，同时设有剧场、电影院、书场、商场、中西餐馆等。作为集大成者的娱乐场所，它成为当时上海的地标。新中国成立后曾改名"人民游乐场"，1958 年恢复原名，1974 年改名为"上海市青年宫"，成为上海青少年的重要活动场所。改革开放以后，作为文化游乐项目，大世界于 1981 年复业，定名为"大世界游乐中心"，这也是"主题乐园"的上海轨迹。

中国最早的现代化主题乐园设计可以追溯到 20 世纪 80 年代。1984 年落成的锦江乐园，成为上海第一个主题乐园。自 20 世纪 90 年代以来，我国大型主题乐园（以下简称"主题乐园"）的建设得到较大发展，但由于设计简单、缺乏文化积淀和可持续性建设理念，不够成功。随着国家经济的发展和人民生活水平的提高，人们对于智慧人文的旅游设施有了更高的使用要求。从早期单一的主题公园，到以主题乐园带动片区房产开发，再到跨界联动的文化媒体发展，主题乐园不再仅仅是一个旅游景点和景区，它是大型的城市综合体，购物、美食、住宿和游园不可分割地交织在一起；它是跨界、跨文化的整体融合，与电影、电视、动漫、网络、游戏等各种文化形式和媒体媒介跨界互动。近几年，从上海院承担并开始新建的迪士尼主题乐园、亚特兰蒂斯、海昌极地海洋公园以及大王山主题乐园等项目的特点看，主题乐园的规模、文化的植入、游艺设施的先进程度等都取得了长足进步。

2011年，迪士尼乐园项目落户上海，上海院作为主要合作者参与缔造了这座主题乐园。迪士尼乐园的引入，对周边地区的旅游业产生了巨大的辐射效应。根据已公布的资料可知，上海迪士尼主题乐园占地约963英亩(1英亩≈4 046.86平方米)，是世界上第六座迪士尼乐园，一期建有米奇大街、奇想花园、宝藏湾、探险岛、明日世界及梦幻世界6个主题园区以及人工湖区、酒店和后勤等配套设施；集中了游玩、观演、互动演出、就餐、购物，甚至住宿等各种功能；集聚了当今国际上最流行、最先进的技术和装备。上海迪士尼乐园的建设是中国主题乐园历史上一座突破性的里程碑，一次质的飞跃。上海院通过参与上海迪士尼项目，第一次完整地认识了世界顶级主题乐园的创意过程，也了解了相关的设计方法、手段、技术及体系。迪士尼乐园之后，上海院又相继承接了海洋动物种类最多的上海海昌极地海洋公园、全球最大室内滑雪场"冰雪之星"的项目设计，这些主题乐园与迪士尼相距不到30分钟车程，形成区域主题度假区的集群发展。这些主题公园的建设，将助力上海打造东亚最大的旅游目的地和世界级旅游城市核心区。

上海海昌极地海洋公园坐落在临港滴水湖畔。这座临海而建的主题公园占地面积29.7公顷，建筑面积约20万平方米。围绕海洋文化设有五大主题区、主题度假酒店和配套商业等内容。这里每天可以欣赏到300多种、约3万只动物、数十场现场演出，动物种群数量和个体数量均为世界之最。需求各异的极地动物与海洋生物、形象鲜明的极地世界和热带世界、人数众多的观演场馆和游乐设施、功能复杂的建筑空间和后勤用房、完全覆盖建筑场馆的假山，包含动物维生系统管线的地下管廊、悬臂超过30米的场馆屋面……数不胜数的设计难点被设计团队精彩的创意、精心的设计还有科技的力量一一化解。

相比以往的海洋世界、海洋馆，上海海昌极地海洋公园最大的不同在于观展与游乐并重，引入了各类游艺、演艺设施和内容穿插在场馆内外，还有奇幻的球幕影院，可以观看鱼群在头顶上穿梭而过，鲨鱼在"天空"中逡巡，甚至有陆上、水上巡游，与海洋动物亲密互动……这些体验主打海洋文化、蕴含真正的生态关爱，使这里成为一个与动物为伴、为娱乐而生，充满开心与爱心的海洋世界。

如果说，香港迪士尼和海洋公园是香港旅游的两大重点，那么今天在上海，足不出"沪"也可以玩转上海迪士尼和海昌极地海洋公园。极地海洋公园预计年游客量超过600万人次，设计最大日游客达到4.8万人。人们在各种梦幻般的场景中圆梦并收获快乐，在各种游玩项目中感受创造力、冒险和刺激的乐趣。

都市文化的魅力窗口
Displaying the Charm of City Culture

上海的包罗万象、吸纳和接收，

都经商业得以展现和融合，

并形成了独特的生活方式与文化。

在今天最能体味上海作为世界级的消费之都、时尚之都的代表性空间——

浦东陆家嘴、南京东路与人民广场、南京西路等地方，

都能看到上海院设计的重要商业作品，

一起构筑了上海打造品牌与消费之都的时尚地标。

| | 1 |
| 2 | 3 |

1. 南京路上的星火日月商店（摄影：林松）
2. 上海南京路不同时期商业景象（资料来源：档案馆历史资料）
3. 上海南京路不同时期商业景象（资料来源：档案馆历史资料）

50 年的商业综合体历史：四大公司到梅泰恒

上海自开埠之日起，就是个"通商码头"，熙熙攘攘、皆为利来，风风火火、皆为利往。西方工业文明的输入，改变了上海城市固有的发展轨迹，外滩租界的外贸和十六铺的内贸相辅相成，推动上海进入了工业文明和世界经济的体系中。租界的开辟和扩张，也带来了西方近代城市建设的思想和技术，华洋杂居使上海的社会生活空前活跃，种种行业勃然而兴，上海一跃成为发达的近现代工商业城市和远东国际大都会。

在旧上海五彩缤纷的都市生活场景中，闻名遐迩的南京路无疑是其中的经典。19 世纪末，出现了福利公司、惠罗公司等外商西式百货楼。南京路两侧鳞次栉比的商店、商铺、饭店等，东西绵延五公里，纳四方之奇货，载万国之风情，是昔日大上海的空间缩影。这条堪称中国近代第一的商业街，"执全上海乃至全中国商业之牛耳，被认为是中国商业精神的代表、现代生活方式的窗口"。

不同于外滩金融办公建筑的尊贵经典、宏大庄严，南京路上的建筑百花齐放、争奇斗艳：华懋饭店（今和平饭店）、国际饭店（原四行储蓄会大厦）、金门饭店等是当时远东地区的一流宾馆；先施公司、永安公司、大新公司（今第一百货）、新新公司（今食品一店）是大型的商业中心，采用折衷主义风格，成就了相互对比、各自华丽的整体街道景观；大

光明电影院、百乐门舞厅、美琪大戏院等，是当时远东地区一流的娱乐场所，呈现美国式近现代建筑的简洁流畅线条。这批建筑均属于上等佳作，至今仍是上海的标志性近代建筑。

今天，梅陇镇广场、恒隆广场、中信泰富等高端商业综合体，正不断铸造着上海新的商业地标，重塑着上海往日商业建筑的辉煌，成为延续50年的中国商业综合体的典型蓝本。

筑造城市的时尚地标：南京西路国际化商业街区

20世纪二三十年代，先施、新新、永安、大新等四大华商公司以"环球百货"为号召，从伦敦、纽约、巴黎进货，便南京路本土商业达到当时的国际水平。新世纪前后，南京西路商业街，以梅陇镇、中信泰富、恒隆、久光等四大商厦为首，集聚国际高端品牌、提升商业服务功能，成为上海高档化、精品化、国际化的标志性商业街区。如今，南京西路依然是上海时尚的购物街区。而这一切的开端，肇始于梅陇镇广场。

上海
新新有限公司
各樓一覽表

二樓　　　一　面舖
皮衣鞋針時鋼疋　參南火灘五西化中煙文
貨邊子綾裝頭　燕貨題金裝飾藥類草房
部部部部部部　部部部部部部部部部部部

四樓　　　三樓
總管理處　象光磁無現玩音附電當鐘保
　　　牙學線具標相器飾表　
部部部部部部部部部部部部

附　業
萬　新　新　新　新　新　新　新
象　邨　都　新　新　新　新　新
廳　飯　劇　大　旅　美　茶　第
七　店　場　樓　館　廳　室　一
樓　六　六　五　三　三　三　樓
　　樓　樓　樓　　　　　二
　　　　　　　　　　　　樓

Bird's Eye View of the Nanking Road S'hai

　　1997 年 8 月，梅陇镇广场正式对外营业。它位于南京西路 1380 号，占地面积 1.2 万平方米，建筑面积 12.1 万平方米，主楼 33 层、高 156 米。其中，12 至 33 层为涉外甲级写字楼，众多知名跨国公司入驻其中；裙楼从地下 1 层至 10 层为大型购物商场，建筑面积约 7 万平方米，融餐饮、娱乐、购物、健身、商务于一体，实行全方位、多层次的服务，是一座体量庞大、设备先进、造型别致、时代气息浓郁的商业商务大厦。

　　大厦建筑采用现代经典设计概念，既具有中国传统的精细委婉，又具备西洋建筑的明朗大气，荣获了 1998 年上海市"白玉兰"建筑奖。建筑外形采用圆弧体形过渡城市空间，在转角处顶部作镂空处理，与主楼的尖塔相呼应，加强整体感。立面运用古典三段式手法，并作了竖向线条和雅致的几何图案，使建筑物颇具多姿多彩的商业气息。建筑室内贯穿 10 层的中庭，在复古的 Art Deco 上做足文章，精致典雅、恢宏大气。

　　紧随其后的是中信泰富广场，位于南京西路 1160 号，2000 年交付使用。主楼 45 层、高 180 米，建筑面积 13.9 万平方米，其中 45 层办公楼按国际甲级水平设计，各种设施一应俱全。独立式电梯大堂优雅气派，18 部高速电梯，穿梭上下快速方便。标准层面积约 2 000 平方米，空间宽敞，配以先进的 VAV 空调系统、全电脑化保安监控系统、紧急后备电保障供应以及人造卫星节目接收系统，可全天候高效率地接收国内外信息。裙房商场宽绰气派，中庭两侧采用两组自动扶梯，将上下层有机地连接成环通的、上下一览无余的购

9	10		
		11	
		12	13

9.10. 上海南京西路中信泰富广场、梅陇镇广场（摄影：陈伯熔）

11. 浦东第一八佰伴商厦剖面与立面图

12.13. 浦东第一八佰伴商厦（摄影：陈伯熔）

物空间。中庭玻璃天棚利用天然光线，营造出舒适和谐的气氛。商场云集 100 多家世界名牌精品，是一座具有众多高档品牌的"销品茂"。

2001 年，浦西第一高楼恒隆广场在南京西路上开张迎客，成为上海乃至中国的时尚高地，众多世界顶尖品牌在恒隆开设首家专卖店甚至旗舰店……

2004 年，上海百货业航母久光百货在南京西路静安寺旁开业……

2008 年，福布斯静安南京路论坛，以"国际化商业街区的发展新趋势"为主题，日本银座、美国第五大道、法国香榭丽舍大街、英国牛津街商家、静安南京路等 5 个世界知名街区首次聚首，共同分享街区建设经验，展望未来发展方向……

在上海对标世界一流品牌与时尚高地、不断拓展商业中心与消费网络的建设道路上，上海院不断突破自身的认知与技术极限，给予了城市发展强有力的支撑。同时，依托上海开放、国际化的地缘优势，上海院也在一次次的挑战中，积累了设计优势与品牌影响力。

开放与拓展：从淮海路华亭伊势丹到第一八佰伴

20 世纪 80 年代，上海商业建筑才逐步展开，在设计规模和设计标准上迅速提高，代表当代设计水准的新型商业建筑陆续建成，其中最具代表性的莫过于上海院原创设计的上海国际购物中心（伊势丹）。该购物中心位于上海市中心黄金地段的淮海路上，占地 7 200 平方米，总建筑面积 36 000 平方米，总高 16 层，其中商场 8 层，是当时上海最大的现代购物中心。它开启了城市商业综合丰富的空间与业态，如阳光中庭、"街中街、店中店、园中园"布局、开放自选商场、自动扶梯和观光电梯等，其设计理念具有超前意识，引领了 80 年代的上海商业建筑的潮流。建成后吸引了大量人流，成为上海人追逐时尚的新场所。

时间之轮向前滚动，1991 年 9 月 29 日（中日邦交正常化 20 周年纪念日），由上海院与清水建设株式会社合作设计的"第一八佰伴"奠基盛典隆重举行。四年以后，"第一八佰伴"营业大厦——新世纪商厦建成。

新世纪商厦选址于浦东南路张杨路口，基地总面积约 30 亩，由一幢十层的百货商店及一幢 21 层的办公楼组成，总建筑面积 14.48 万平方米，是当时全亚洲第一规模的百货店。在 80 年代，南京东路商业街长 1.5 公里，营业面积为 20 余万平方米，而新世纪商厦基地长边不足 150 米，却有营业面积 10 万平方米。在人口密集、用地紧张的上海地区，集购物、娱乐、餐饮的功能于一体的超大型的高层购物中心，以国际新潮的营销内容和方式，成为

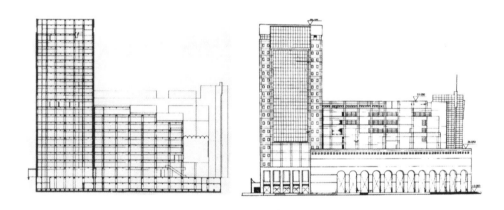

上海向国际大都市迈进的尝试。

　　商厦富有个性和时代感的建筑形象是设计中的亮点。设计将商厦的中庭移到正面门口，移出来的中庭处理成一个内外连通的月牙形广场，面积 3200 平方米，用一片五层楼高的圆弧形墙体，营造出一个大门廊，将城市干道和商厦隔开，便于人流集散和休憩。圆弧形墙体上开了 12 个圆拱门，简洁而富有韵律，商场的五光十色若隐若现。步入广场，但觉高墙悬立，光影洒落的空间绵延舒展；怡然踏上自动电梯，悠悠升入崭新的购物天堂。1995 年 12 月 20 日，新世纪商厦开张迎客，当天共有 107 万消费者涌入新世纪商厦参观购物，创造了大世界吉尼斯纪录。

　　新千年后，伴随着城市化进程，城市商业也向中心城区以外的空间拓展，并向长三角地区渗透，上海院合作参与设计了闸北区的大宁商业中心、杨浦区的百联又一城购物中心、浦东的联洋居住区商业中心、青浦区的上海奥特莱斯品牌直销广场等，以及中信泰富广场（宁波）、义乌三鼎商业广场、百联浙江奥特莱斯品牌直销广场等。

	15
14	

14. 淮海路上的原华亭伊势丹（摄影：陈伯熔）
15. 南京西路静安寺区域的商业（摄影：林松）

结语

　　商业、娱乐、宾馆、公共文化设施，均是一座城市中交易与时尚的结合、思想与文化的表达，更是与普通日常休戚相关的生活方式升级的必要产物。城市与建筑空间对其的支撑，就是要将对于生活与城市文化的理解，通过前瞻性设计为人们带来灵感与美感的双重体验，撰写于生动的空间想象与细节把控之中，将人们对于生活的幸福想象激发出来。从这个角度而言，这不仅仅是城市空间的塑造，更是城市文化基因的编写。上海作为全国的经济商业中心，一直是人们艳羡的城市。当下，上海提出"上海购物"品牌，加快落实国家战略、构筑新时代上海发展战略优势，集中进行国际消费中心建设。这张宏伟蓝图，也要依仗于上海院这样深刻理解城市文化与气质、长期扎根上海特有地域的设计力量的强势支撑。应对各种综合复杂的商业需求与前沿趋势，为营造更好的国际化、便利化营商环境，提升上海城市能级与核心竞争力，做出自己的贡献。

① 延安饭店

② 上海国际购物中心 (伊势丹)

③ 虹桥迎宾馆

④ 上海杂技场

⑤ 中信泰富

⑥ 静安希尔顿酒店

⑦ 梅陇镇广场

⑧ 锦沧文华大酒店

⑨ 百联又一城购物中心

⑩ 国际贵都大酒店

⑪ 大宁商业中心

⑫ 上海群艺馆改建

⑬ 新亚汤臣大酒店

⑭ 奥特莱斯品牌直销广场

⑮ 上海海昌极地海洋公园

⑯ 燎原电影院

⑰ 第一八佰伴

⑱ 联洋居住区商业中心

⑲ 上海美术电影厂

相关项目分布

参考文献

[1] 上海建筑设计研究院有限公司.上海建筑设计研究院有限公司作品选 1953—2003[M].北京：中国建筑工业出版社，2003.

[2] 上海建筑设计研究院有限公司.上海建筑设计研究院有限公司五十周年论文集·建筑专业 [M].北京：中国建筑工业出版社，2003.

[3] 上海现代建筑设计（集团）有限公司.共同的遗产：上海现代建筑设计集团历史建筑保护工程实录 [M].北京：中国建筑工业出版社，2009.

[4] 娄承浩，陶祎珺.陈植：世纪人生 [M].上海：同济大学出版社，2013.

[5] 上海浦东发展银行.外滩 12 号 [M].上海：上海锦绣文章出版社，上海画报出版社，2007.

[6] 唐玉恩.上海和平饭店保护与扩建 [J].建筑学报，2011（5）.

[7] 邢同和.邢同和建筑论文选集 [C].上海：学林出版社，2002.

[8] 范亚树.上海港国际客运中心建筑设计 [J].上海建设科技，2009（1）.

[9] 董晓霞.水滴跃出浦江：上海港国际客运中心建筑设计 [J].时代建筑，2009（6）.

[10] 吕书平.汇山码头 [J].上海城市规划，2005（4）.

[11] 罗兹·墨菲.上海：现代中国的钥匙 [M].上海：上海人民出版社，1987.

[12] 薛理勇.外滩的历史和建筑 [M].上海：上海社会科学院出版社，2002.

[13] 伍江.上海百年建筑史 1840—1949[M].上海：同济大学出版社，2008.

[14] 常青.大都会从这里开始：上海南京路外滩段研究 [M].上海：同济大学出版社，2005.

[15] 陈丹燕.外滩影像与传奇 [M].上海：作家出版社，2008.

[16] 60 周年设计作品集编委会.上海现代建筑设计集团成立 60 周年设计作品集 [M].北京：中国城市出版社，2012.

[17] 邢同和，陈国亮.让历史建筑重新焕发生命活力：上海美术馆改扩建设计 [J].建筑学报，2000（6）.

[18] 章明，陈绩明.上海音乐厅整体平移和修缮工程 [J].建筑学报，2005（11）.

[19] 宓正明.让历史建筑融入当代传承文明 [N].联合时报，2012-12-14.

[20] 段世峰.上海科技馆 [J].时代建筑，2001(2).

[21] 金磊.科技与艺术的神话：上海科技馆 [J].建筑与建设，2003（4）.

[22] 杨琳.城市中的风帆：中国航海博物馆 [J].上海建设科技，2010（3）.

[23] 60 周年纪念册编委会.上海现代建筑设计集团成立 60 周年设计纪念册（1952—2012）[M].北京：中国城市出版社，2012.

[24] 上海建筑设计研究院有限公司.SIADR SELECTED WORKS 上海建筑设计研究院有限公司作品选 2003—2008[M].北京：中国建筑工业出版社，2010.

[25] 建筑大家汪定曾编委会.建筑大家汪定曾 [M].天津：天津大学出版社，2017.

[26] 洪碧荣.上海锦江饭店新楼方案设计与剖析 [J].时代建筑，1987（2）.

[27] 日建设计集团.环境建筑的前沿：日建设计的思考与实践 [M].北京：中国建筑工业出版社，2009.

[28] 徐洁，陈向东，俞昌明.外滩 2 号华尔道夫酒店 [M].上海：同济大学出版社，2013.

[29] 上海体育志编纂委员会.上海体育志 [M].上海：上海社会科学院出版社出版，1996.

[30] 上海市体育局 . 上海体育建筑 [M]. 上海：同济大学出版社，2000.

[31] 陈文莱 . 上海国际赛车场设计 [J]. 时代建筑，2005（5）.

[32] 袁建平，袁刚，黄晨 . 上海国际赛车场 [J]. 建筑学报，2005（5）.

[33] 魏敦山，赵晨 . 上海旗忠森林体育城网球中心 [J]. 建筑学报，2006（8）.

[34] 张小刚，杨建伟 . 动态建筑：上海旗忠森林体育城网球中心 [J]. 时代建筑，2006（3）.

[35] 唐壬，杨凯 . 上海东方体育中心建筑设计 [J]. 上海建设科技，2009（6）.

[36] 上海市城市规划设计研究院 . 循迹·启新：上海城市规划演进 [M]. 上海：同济大学出版社，2007.

[37] 上海住宅（1949—1990）编辑部 . 上海住宅（1949—1990）[M]. 上海：上海科学普及出版社，1993.

[38] 唐玉恩 . 和平饭店保护与扩建 [M]. 北京：中国建筑工业出版社出版，2013.

[39] 李应圻 . 居住区规划设计的新探索：康健新村设计介绍 [J]. 住宅科技，1989（3）.

[40] 陈庆庄，张淑萍，宋南海 . 上海古北新区 21 街坊 [J]. 时代建筑，1991（3）.

[41] 刘恩芳 . 难舍渐已逝去的上海里弄情怀：上海静安新福康里规划设计 [J]. 建筑学报，2002（10）.

[42] 张皆正 . 环境成为住宅的第一需要：上海鼎邦俪池花园住宅的设计理念 [J]. 新建筑，2005（1）.

[43] 上海地方志办公室 . 上海名建筑志 [M]. 上海：上海社会科学院出版社，2005.

[44] 上海宗教志编纂委员会 . 上海宗教志 [M]. 上海：上海社会科学院出版社，2001.

[45] 陈文杰，刘因时 . 世茂滨江花园 [J]. 建筑学报，2003（3）.

[46] 上海人民政府志编纂委员会 . 上海人民政府志 [M]. 上海：上海社会科学院出版社，2004.

[47] 上海勘察设计志编纂委员会 . 上海勘察设计志 [M]. 上海：上海社会科学院出版社，1998.

[48] 戴正雄 . 上海交通大学二部教学楼 [J]. 时代建筑，1989（2）.

[49] 蒋志伟 . 上海海事大学图文信息中心 [J]. 上海高校图书情报工作研究，2008（2）.

[50] 上海现代建筑设计集团成立 60 周年专版 . 医疗建筑的最高尺度：人 [N]. 解放日报，2012-5-9.

[51] 上海新国际博览中心 . 上海新国际博览中心（SNIEC）[J]. 建筑与文化，2004（12）.

[52] 徐洁，支文军 . 上海 24[M]. 上海：上海社会科学院出版社出版，2010.

[53] 梁飞 . 限定中的保留与发展：静安区 46 号街坊旧成套改造小区新福康里项目 [J]. 华建筑，2016（8）.

* 书中涉及图片及图纸等资料来源已在当页图注处标明，未单独注明的来自上海院档案资料
及相关合作设计团队项目资料。

附录 | Appendix

（内容统计时限为 1953 年至 2018 年）

大事记

机构沿革

历任管理人员名录

荣誉人物名录

员工名册

主要获奖项目

项目列表

大事记
Chronicle of Events

1953 年

1 月，上海市建筑工程局生产技术处成立设计科，科长刘慧忠。这是中华人民共和国成立后上海第一家市属设计单位。

5 月，设计科扩大为设计室，人员增至 70 多人。上级委派施宜担任设计室主任。

8 月，首批曹杨新村 1002 户建成，建筑工程局设计科参与设计。

1954 年

3 月，设计室成立党支部，曹伯慰任支部书记。

1955 年

2 月，设计室扩大改组为"上海市建筑设计公司"，人员发展到 280 人。办公地点迁至汇中饭店（今和平饭店南楼）。

1956 年

5 月，上海市人民委员会决定成立"上海市民用建筑设计院"，以"上海市建筑设计公司"为基础吸纳当时上海开业建筑师事务所及各方优秀工程技术人员，规模增至 489 人。上海院已经拥有刘慧忠、张志模、居培荪、汤纪鸿、郑铭贤、张书一等一大批技术骨干，担任着上海市的住宅、学校、医院、文化设施等重要设计任务。

1957 年

1957 年，设计院已发展到 612 人，办公室迁入广东路 17 号（原友利银行大楼）。此后四十个春秋，在这座大楼里，谱写出许多辉煌的建筑篇章。20 世纪 50 年代末、60 年代初闻名全国的"二街一弄"工程（闵行一条街、张庙一条街及蕃瓜弄棚户区改建）就是建院初期的大型作品。

1959 年

1959 年，上海市民用建筑设计院设计的闵行一条街竣工。闵行一条街采用新的修建方式形成新的住宅面貌，得到了群众的喜爱，产生了良好的社会效应。

1962 年

11 月，"上海市民用建筑设计院"与"上海市城建局城市规划设计院"合并，更名为"上海市规划建筑设计院"。合并后增设总图室、地区规划室，业务涵盖了上海市的规划及建筑设计，建筑设计与规划设计有了更进一步交融互补的机会，这种以城市为立足点的建筑创作理念也一直得以延展。

1963 年

1963 年，上海市规划建筑设计院设计的蕃瓜弄项目竣工。它是 1949 年后上海市第一批棚户改造项目。

1964 年

9—10 月，上海各勘察设计单位纷纷派遣设计人员赴我国西南地区承担"三线"建设设计。上海市规划建筑设计院年底大批设计人员奔赴现场设计。

1975 年

6 月，"上海市规划建筑设计院"恢复"上海市民用建筑设计院"（以下简称"上海民用院"）的名称。

8 月，上海民用院设计的上海体育馆竣工。上海体育馆是当时上海规模最大、设施最先进的现代化体育馆。

1976 年

7 月 28 日，唐山地区发生 7.8 级强烈地震。上海民用院陆续派出大批勘察设计人员奔赴现场，参加唐山震后总体规划、勘察、设计工作。

1977 年

11 月，以上海市革命委员会基本建设组为基础成立上海市基本建设委员会。主任鲁纪华，主要负责指导建工、城建、公用、房产、建材等局工作，还负责领导上海民用院、上海工业院、上海勘察院、化工设计院（现上海医药院）、华东电力院、上海市政院、船舶设计院、煤矿机械研究所、七二八办公室等单位的工作。

1978 年

11 月，国家建委在南宁召开设计改革座谈会。会后，由市建委组织上海工业院和上海民用院参与制定了设计收费标准和试点意见上报上海市革委会。

1979 年

1 月 12 日，上海市革命委员会批准上海工业院、上海民用院自 1979 年起从使用事业费改为收取勘察设计费，实行企业化试点。1 月 24 日，市建委正式发布该项通知。

1980 年

3 月，根据上海市基本建设委员会沪建（80）第 158 号文通知精神，上海民用院建立上海市建筑设计标准化办公室。

1986 年

10 月，原上海民用院院长钱学中任上海市副市长。

12 月，上海市勘察设计协会成立，上海民用院洪碧荣为第一届副理事长。

大事记

1987 年

10 月，上海院总建筑师章明被评选为中国共产党第十三次代表大会代表。

上海虹桥经济技术开发区建设启动，建成后成为上海市 20 世纪 90 年代十大新景观之一。上海院与外方合作陆续设计了太平洋大饭店、金桥大厦、扬子江大酒店、国际贸易中心、太阳广场等项目。

1988 年

12 月，上海院海南分院揭牌成立。

1989 年

上海城市建设专家、企业家、记者联谊会举办的 1949—1989 年上海"十佳建筑"评选揭晓。上海院设计的上海体育馆、上海游泳馆、静安希尔顿酒店等被评上。1992 年 2 月 5 日举行颁奖大会。

上海院设计的奥林匹克俱乐部、新锦江宾馆、新虹桥大厦、虹桥迎宾馆、华山医院病房大楼、上无十四厂及埃及开罗国际会议中心相继落成。上海院中标真西住宅小区、苏州河闸桥综合楼、上海体育场、厦门国贸大厦、菲律宾大马尼拉别墅小区、宁波市体育中心。

6 月，上海院深圳分院揭牌成立。

1990 年

4 月和 10 月，上海市民用建筑设计院通过市建委组织的全面质量管理达标验收。

8 月 25 日，建设部公布"中国工程勘察设计大师"名单，上海院陈植荣获殊荣。

上海院引进 AUTODESK 公司的 AUTOCAD 软件，启动计算机辅助设计推广。

1991 年

自 1990 年 6 月 20 日经厦门市城乡建设委员会文件批复，同意上海民用院在厦成立分支机构，并于 1990 年 9 月 18 日完成工商、税务及银行登记等相关手续。1991 年 12 月，上海院厦门分院揭牌成立。

1992 年

8 月，上海市建委、财政局、税务局发出通知：从 1992 年 1 月 1 日到 1994 年 12 月 31 日止，在上海市甲级勘察设计单位试行经济承包责任制。随后，上海民用院与上海市建委签订院经营承包协议书。

9 月 27 日，响应国家浦东开发号召，上海院在上海科学会堂，成立浦东分院。

12 月，上海人民大厦（即上海市政府大楼）开始动工建造。

经外部批准上海院获对外经营权。几年来大力拓展海外市场，先后承接了毛里塔尼亚会议厅、毛里塔尼亚总统府等项目，并涉及中美洲和俄罗斯地区的设计项目。

1993 年

6 月，经上海市机构编制委员会批准，上海市民用建筑设计院改名上海建筑设计研究院（以下简称"上海院"）。

8 月 2 日，建设部、国家统计局、中国建设企业评价中心联合发布中国勘察设计单位综合实力 100 强名单，上海建筑设计研究院被列入。

9 月，更名后的上海院，确立了深化改革、转换经营机制的目标，将设计院逐步办成一个集建筑设计、勘察、工程承包、工程监理、科技咨询、材料设备贸易、劳务输出等多种经营的外向型集团化公司。院下设分支机构有：浦东分院、厦门分院、深圳分院、海南分院、工程承包部、民利室内装修承包公司、上海建筑技术发展公司、友利建筑科技公司、房屋质量检测站、申都建设建立顾问公司、申都建设房地产开发公司等。原院总务后勤、技术供应部门与院分离，成立独立法人的实业总公司；原技经室、勘察处相继按现代企业制度模式转换成申元工程投资有限公司和申元岩土工程有限公司；综合设计所的管理体制也在深化改革中，一大批年富力强的技术人员走上了院、所和各分支机构的行政、技术领导岗位。

1994 年

8 月 12 日，建设部公布第二批中国工程勘察设计大师名单，魏敦山荣获"中国工程勘察设计大师"称号。

12 月，上海民港国际建筑设计有限公司成立，由上海院与香港 DESIGN 2 建筑师事务所和香港雷京喜顾问工程师事务所三方共同创立。作为中港合资设计企业，是公司对外拓展、合作交流的"窗口"单位。

1995 年

5 月 11 日，上海院列入建设部确定的全国 32 个大型勘察设计单位，参加现代企业制度试点。

1996 年

上海院在大型、特大型建筑工程设计项目的招投标上取得了令人鼓舞的成绩，签订的设计合同包括厦门邮电大厦、静安新城一期工程、仙乐斯广场、明天广场等。之前所设计的上海博物馆、第一八佰伴新世纪商厦获得市级优秀设计一等奖。上海博物馆获得第二届中国建筑学会建筑创作奖，龙华烈士陵园获得提名奖。

12 月，上海图书馆（新馆）正式对外开放。上海图书馆设有上海年华、世博信息、抗战图库、联合国资料、留学指南等特色馆藏栏目。

1997 年

经上海市委、市政府正式批准，华东院和上海院实行强强联合，合并组建"上海现代建筑设计（集团）有限公司"。上海院被上海市人民政府授予"上海市文明单位"的光荣称号。

3 月，上海院质量管理体系（执行标准 ISO9001）首次获得法国认证机构 BVQI 审核认证。

4 月，为配合市政府实现外滩金融街的目标，上海院从广东路 17 号迁至西藏南路 1368 号申都大厦办公（短期过渡）。同时，建筑面积达 35 000 平方米、地下 2 层地上 24 层的新办公大楼在石门二路达安城地块动工兴建。

大事记

1998 年

3 月 28 日，上海现代建筑设计（集团）有限公司正式挂牌。上海市委常委、副市长韩正，建设部副部长叶如棠为集团公司揭牌。姚念亮同志任集团公司党委书记、董事长，项祖荃同志任总经理，叶锦芳同志任监事会主席。

1999 年

3 月，上海科技馆项目启动设计工作。

7 月，举行"上海建筑设计研究院有限公司"揭牌仪式。

10 月，"新中国五十年上海十大金奖经典建筑"评选揭晓，上海院共有 6 个项目入选，分别是金茂大厦、新锦江大酒店、上海体育场、上海市政府大厦、上海博物馆、上海图书馆（新馆）。

11 月，上海新国际博览中心项目正式举行奠基仪式。

2000 年

3 月，陈云纪念馆项目设计小组被评为"1999 年度上海市优秀青年突击队"。

4 月，上海院西安办事处揭牌仪式在古城西安市西北民航大厦顺利举行。

12 月，上海体育场荣获"全国第九届优秀工程设计金奖"。

12 月，顾问总建筑师魏敦山获得首届"梁思成建筑奖"。

2001 年

2 月 22 日，上海市总工会领导授予信息枢纽大楼项目组"上海市文明班组"的荣誉称号。

5 月，共青团上海市委授予"上海科技城"设计项目组"上海市新长征突击队"的荣誉称号。

12 月，由上海院二所承接的"老回字型印钞工房异地迁建项目"设计合同签字仪式在上海印钞厂举行。

12 月 12 日，国家勘察设计大师魏敦山当选中国工程院院士。

2002 年

5 月，上海院原创设计的温州世贸中心项目开始设计工作，楼高 333 米，是中国混凝土结构第一高楼。

5 月 28 日，上海院空间结构设计事务所与上海豪普结构工程技术有限公司合作签约仪式举行。

6 月，由上海院设计的"上海体育场"荣获"第二届詹天佑土木工程大奖"。

6 月，刘恩芳同志当选为中共十六大代表，后于 2007 年 6 月当选为中共十七大代表，于 2012 年 11 月当选为中共十八大代表。

7 月，上海院被评为 2001 年度上海市 A 类纳税信用单位，并获得了上海市国家税务局和上海市地方税务局颁发的 A 类纳税信用等级证书。

11 月，F1 国际赛车场总包设计合同正式签约，这也是中国唯一的 F1 赛车场。

12 月，西安分院荣获上海市人民政府驻西安办事处、陕西省经济技术协作办公室授予的上海驻陕"十佳企业"的荣誉称号。

2003 年

3 月，邓小平故居陈列室在广安邓小平故居保护区核心区正式开工建设。

4 月，在集团领导严鸿华、上海院院长许永斌、副院长成红文的陪同下，上海市市长韩正亲临由上海院设计的上海 F1 国际赛车场施工现场视察工作。

5 月 18 日，是上海院成立五十周年日子，院取消了常规的庆典活动，将简办院庆活动而节省下来的 30 万元，悉数捐给了上海市慈善基金会。

7 月 26 日，上海院慈溪分院正式揭牌成立。

9 月，由上海院负责设计的越南迄今规模最大、最先进的体育场——越南国家中央体育场在河内举行落成典礼仪式，越南政府副总理、第 22 届东南亚运动会筹委会主席范家谦对工程的设计给予了充分的肯定。

11 月，上海院参与设计的上海科技馆荣获第三届詹天佑土木工程大奖。

12 月，上海院荣获 2003 年度"上海重点工程立功竞赛优秀公司"称号。

2004 年

4 月 18 日，上海院签约上海港国际客运中心客运综合大楼项目。

5 月，唐玉恩获得"全国工程勘察设计大师"称号。

7 月—8 月，上海院无锡分院、南昌分院、宁波分院分别揭牌成立。

9 月，上海院参加首届中国威海国际人居节，并在建筑设计大奖比赛中取得优异成绩。

10 月，上海院荣获 2004 年度"上海市质量金奖企业"荣誉称号。

11 月，上海院原创设计的上海市公共卫生中心落成启用仪式在中心会议厅举行。仪式由副市长杨晓渡主持，市委副书记、市长韩正出席了启用仪式，并对在建筑设计上贯彻的人性化理念给予了高度评价。

12 月，上海院参与设计的上海中银大厦荣获 2004 年第四届詹天佑土木工程大奖。

12 月 25 日，由上海院原创设计的上海光源工程举行隆重的开工典礼仪式。

2005 年

4 月，上海院中标中信泰富广场（宁波）项目。

6 月，上海院第二届三次职工代表大会（专题）召开，会议主要听取并审议了《上海院住房货币补贴实施办法》《上海院补充公积金办理办法暂行规定》《关于确定补充公积金汇缴比例的报告》三份文件。

9 月，上海院组团参加第二届中国威海国际人居节，并在建筑设计大奖中取得优异成绩，获本届大奖赛唯一一个特别奖，同时，还获得银奖一项、铜奖一项，优秀设计奖四项。

10 月 3 日，由上海院参与设计的上海旗忠网球中心举办了简短而隆重的开启仪式。

2006 年

1 月 6 日，上海市重点工程立功竞赛表彰大会在上海展览中心友谊厅举行，上海院被评为 2005 年度上海市重点工程

大事记

立功竞赛"金杯公司"称号，这是建筑设计行业第一家荣获"金杯公司"称号的企业。

2 月 18 日，上海院签约 2008 年奥运会配套工程——"沈阳奥林匹克体育中心体育场"项目。

5 月 25 日，上海市市委副书记、市长韩正视察上海院设计的上海光源工程项目，并给予高度评价。

10 月 10 日，国际足联副主席哈亚图先生在国家奥组委体育领导的陪同下，参观由上海院担当设计总包的奥运配套设施——沈阳奥林匹克体育中心体育场工程，并给予了高度评价。

10 月 30 日，上海院承担总包设计的苏丹国际会议厅项目荣获商务部 2005—2006 年度"对外援助成套项目优秀设计奖"。

2007 年

1 月 24 日，上海院沈阳办事处在沈阳揭牌成立，沈阳市人民政府、辽宁省建设厅、辽宁省体育局等当地相关政府领导出席了庆典仪式。

7 月 3 日，上海市市委书记习近平等市领导视察上海院原创设计的上海光源工程，并与建设者合影。

10 月，经过中科院上海物理研究所、上海建筑设计研究院有限公司专家的长期共同努力，上海光源工程项目组于 2007 年 10 月 4 日按计划完成了上海光源增强器的联合调试，并顺利出光（同步辐射光）。

2008 年

1 月，继 2005 年荣获建筑设计行业首家金杯公司后，上海院再次荣获 2007 年市重点工程立功竞赛"金杯公司"称号。

5 月，5·12 汶川特大地震发生后，广大员工纷纷慷慨解囊奉献爱心，截至 2008 年 5 月 16 日下午 14 时，上海院全体员工捐款共计 220 310 元，捐款数额全集团最高。

5 月 19 日，上海院召开机电所成立大会。

7 月 10 日，国内知名三家建筑设计公司华南建筑设计研究院、清华大学安地建筑顾问设计公司、上海建筑设计研究院成功合作，正式赢得了中国 2010 上海世博会中国馆设计合同，与上海世博协调局的签约仪式在上海隆重举行。

8 月，上海建筑设计研究院有限公司以及联合设计团队的北京市建筑设计院、同济大学建筑设计院，与上海世博局共同签署了"上海世博会浦东临时场馆及配套设施"项目工程设计合同。

2008 年，上海院获得"上海市高新技术企业"称号，之后连续获此殊荣。

2009 年

4 月，上海院宣布成立包括建筑设计所、建筑事业部、结构设计所等的多个专业生产所和部门，至此完成了项目管理和专业化改革的组织机构调整。

4 月 29 日，由上海院原创设计的上海光源国家重大科学工程竣工典礼隆重举行。作为设计方代表，上海院董事长张伟国应邀出席了典礼仪式。中共中央政治局委员，国务委员刘延东，中共中央政治局委员、上海市市委书记俞正声，中国科学院院长、上海光源工程领导小组组长路甬祥和中国工程院院长徐匡迪共同启动上海光源运行并为上海光源国家科学中心揭牌。

7 月，上海院与上海国际港务（集团）正式签约上海国际航运服务中心项目，继上海国际客运中心项目后，再一次为上海"两个中心"建设贡献力量。

8 月，历时一个多月的"上海院青年建筑师方案创作竞赛"落下帷幕，今年参赛人数达到 43 人，为历年之最，经过多轮竞赛，最终共有 11 人分获一、二、三等奖。

9 月，"中国建筑学会建筑创作大奖" 颁奖仪式隆重举行，该奖项是授予建国 60 年来不同时期我国现代建筑优秀代表性作品的最高奖项。在此次评选活动中，上海院共获奖 31 项，其中建筑创作大奖 18 项，占全国获奖总数量的 6%，入围奖作品 13 项，占入围总量的 5%。

11 月，上海院机电总师陈众励经中国国家标准化技术委员会推荐加入国际电工委员会（IEC）第 64 专委会（TC64），成为我国工程设计行业的唯一代表，并参加了 2010 年和 2014 年度 IEC 大会，以及 2018 年度 TC64 专家委年会，参与部分 IEC 标准的讨论和决策工作。

12 月，上海院成功签约新华医院崇明分院项目，至此，在上海新一轮医疗资源布局大调整的"5+3+1"工程中，上海院已成功签约其中四个，占半壁江山，其余三个分别是华山医院北院，奉贤区中心医院，临港新城第六人民医院。

12 月，经层层选拔，上海院党委在全市 500 多家基层党组中脱颖而出，被市国资委授予"争创党建标杆主题活动红旗党组织"称号。

2009 年，上海院荣获上海市"五星级诚信创建企业"，之后连续获此殊荣。

2010 年

1 月 22 日，上海院获得工程设计资质证书，等级：风景园林工程设计专项乙级。

2 月 8 日，由上海院参与联合设计的中国 2010 上海世博会中国馆举行了隆重的竣工典礼。在中国馆设计过程中，上海院项目组攻克了设计方面的诸多挑战，圆满完成了设计任务，获全国工人先锋号的荣誉称号。

4 月 14 日，上海院广大职工为青海玉树地震共筹集善款 139 690 元，全部捐赠至上海红十字会和上海慈善基金会。

6 月，上海院工会荣获"全国模范职工之家"殊荣，这是全国总工会授予基层工会的最高级别奖项。

7 月 5 日，经过四多年的建设，中国第一家国家级航海博物馆"上海中国航海博物馆"正式建成开放。

10 月 14 日，作为"红旗党组织"，上海院积极响应上海市委组织部号召，与奉贤区青村镇李窑村党支部签订党建结对帮扶协议，为其提供多方位的帮扶。

10 月 24 日，值上海院西安分院成立 10 周年之际，由上海院策划并独家承办的"2010 年中国城市创新与可持续发展高峰论坛"在西安隆重举行，论坛邀请陕西省建设厅领导以及众多房地产开发商，有力地提升了上海院在西部地区的品牌影响力。

10 月 28 日，经过激烈的多轮国际方案设计竞赛，上海市重点工程"上海国际金融中心"项目总包设计合同正式签约。

12 月上旬，由孟行南副院长、李亚明总工程师带队的一行人赴越南考察设计市场，通过深入了解越南中高端设计市场现状、外国公司准入条件，以及探讨中国企业进入当地市场的可行性及方式，为今后上海院进入越南市场打下了良好的基础。

公司首次荣获"上海市守合同重信用企业"称号，并获得"上海市合同重信等级认定证书 AAA 级"证书，之后连续获此殊荣。

大事记

2011 年

2 月，上海院获得上海市建设工程安全质量监督总站 2010 年度勘察设计单位通报表扬。

6 月—7 月，上海院长沙分院、贵阳分院、海南分院分别揭牌成立。

8 月，绿色生态建筑研究与咨询中心、数字建筑集成设计与咨询中心、低碳城市设计研究与咨询中心相继成立，引领公司向新兴业务板块发展。

9 月 8 日，由现代设计集团、上海建筑学会联合主办，上海建筑设计研究院有限公司承办的"医院建筑的未来——从上海地区医院建设看中国医院发展趋势"主题论坛在现代大厦顺利举行。

10 月，CTBUH（世界高层都市建筑学会）2011 年度大会 10 月 10—12 日在韩国首尔举行，上海院刘恩芳院长受邀，与 Adrian Smith、William Pedersen 和 Daniel Libeskind 等国际知名建筑师、工程师、建造商，一起担任大会主题发言。

11 月 28 日，上海院获得文物保护工程勘察设计资质证书，等级：乙级。

2012 年

1 月 5 日，市重点工程立功竞赛表彰大会隆重举行，上海院被评为上海市重点工程立功竞赛"金杯公司"称号，这是上海院连续第四次获得此项殊荣。

3 月 20 日，上海院三届一次职工代表大会召开，会议通过了《关于通过＜上海院公司企业人才激励管理规定＞和＜上海院公司企业人才激励实施办法＞的决议》。

6 月，上海院历经三年设计的无锡大剧院项目正式投入使用，在 6 月 28 日召开的工程建设表彰大会上，项目设计组被授予"建设立功单位"。

8 月 10 日，主题为"酣领现代、共湘未来"的 2012 现代设计集团长沙推介会暨上海院长沙分公司揭牌仪式在湖南长沙举行。上海院党委书记、董事长张伟国与长沙分公司负责人周红共同为长沙分公司揭牌。

10 月，中共上海市委宣传部、上海市文化广播影视管理局联合向上海院发来感谢信，感谢上海院项目团队在中华艺术宫建设中的敢于攻坚、顽强奋战，确保高水平、高质量地完成建设任务。

11 月，作为党的十六大、十七大代表，上海院党委副书记、总经理刘恩芳当选党的十八大代表。作为一名来自建筑设计行业的代表，刘恩芳院长接受了上海电视台、《解放日报》《文汇报》《上海劳动报》《新闻晚报》《中国勘察设计》《中国妇女报》等报刊杂志的采访；在十八大分组讨论会上，也做了专项领域的发言，为行业发展建言献策。

12 月 26 日，由上海市建筑学会、现代设计集团、上海建筑设计研究院有限公司、同济大学出版社联合主办，上海院承办的"世纪人生·大师风范" ——陈植诞辰 110 周年缅怀追思会在上海院举行，陈植先生家属、上海建筑学会、现代设计集团、同济大学、同济大学出版社、同济大学建筑设计研究院、中船九院工程公司、九三学社上海市委等主要领导，以及上海院老领导、老专家等参加追思会，上海院刘恩芳院长主持。

2012 年，上海院荣获国家工商总局颁布的"守合同重信用"企业，之后连续获此殊荣。

2013 年

1 月 9 日，市国资委系统党建工作会议举行，会议对第二届国资委系统"红旗党组织"进行了授奖，上海院党委经复评再次获得"红旗党组织"荣誉称号。这是院党委第二次获得该项殊荣，继续成为行业内唯一一家获得该项荣誉的单位。

5月8日，中国工程勘察设计大师、上海院总建筑师唐玉恩主编的《和平饭店与保护与扩建》一书隆重发布。

8月14日，上海院获得工程咨询单位资格证书，等级：甲级。

10月15日，上海院原创工作室和城市文化建筑设计研究中心正式揭牌。

10月29日，上海院获得城乡规划编制资质证书，等级：甲级。

12月11日，由集团人资（组）部主办、上海院党委承办的集团基层党组织书记第六次沙龙在二楼会议室举办。沙龙围绕上海院党委《"P+M"党建工作模式探索与思考》的主题，积极探索基层党建工作的有效途径，开展互动式研讨。

2014 年

1月16日，以"海上·一个甲子的建筑梦想"为主题的纪念建院60周年表彰大会，在上海院整体平移改造设计的上海音乐厅隆重举行。

1月16日，上海市重点工程实事立功竞赛召开表彰大会，上海院被授予上海市重点工程立功竞赛"金杯公司"称号，这也是上海院连续第五次获得该项殊荣。

7月23日，上海院三届三次职工代表大会召开，大会审议通过了《上海建筑设计研究院有限公司职工疗休养实施方案》，签署了《2014年度上海院工资集体协商合同》。

9月16—19日，在CTUBH（世界高层建筑与都市人居学会）2014上海年会期间，上海院多篇论文入选大会论文集，刘恩芳院长和李亚明总师受邀担任大会演讲嘉宾，上海院还联合举办了2014年度高层建筑国际学生竞赛，提升了企业的国际知名度和影响力。

10月8日，由上海院承接的上海长滩建设项目（上港滨江城总体开发建设项目），举行了隆重的设计总包合同签约仪式，合同金额达1.3亿元。上海国际港务集团领导，会同现代设计集团秦云董事长、龙革副总裁，以及上海院刘恩芳院长、孟行南副院长、吴海峰副院长等出席了签约仪式。

11月6日，上海院青年发展行动计划启动暨院官方微信发布会隆重举行，发布会对"院青年发展行动计划"进行了推介，"上海院官方微信"发布揭幕并正式上线。

2015 年

5月7日，由上海院设计的我国首个拥有质子、重离子两种技术的医疗机构"上海市质子重离子医院"经十余年的筹备、建设后正式开业。

5月28日，由上海院作为依托单位的上海建筑空间结构工程技术研究中心举行了隆重的揭牌仪式。

5月31日，上海院获得土地规划机构证书，等级：乙级。

8月13日，由上海院承担设计修缮的四行仓库抗战纪念馆开馆，上海市"八·一三"淞沪抗战纪念暨抗日战争胜利70周年主题活动在四行仓库抗战纪念地举行。

大事记

10 月，刘恩芳院长参加中国共产党第十八届中央委员会第五次全体会议。

12 月 4 日，由上海院承办的中国医疗建筑学术交流会顺利举行，会议由上海院首席总建筑师陈国亮主持，以圆桌会议方式，探讨、交流我国各地区医疗建筑设计的最新技术及理念。

12 月 15 日，英国皇家特许建造学会（CIOB）全球主席克里斯切瓦斯和首席执行官艾米高夫等一行来到上海院访问交流。

2016 年

1 月，上海院相继成立了海绵城市技术研发与咨询中心、城市区域综合开发研究中心、城市文化游乐综合体研究中心、建筑机电技术研发与咨询中心、复合观演类建筑设计与运营研究中心，为拓展公司专项化业务发展搭建平台。

3 月，上海院十三五规划实施起步，建立"上海设计"品牌体系，增强品牌凝聚力，拓展品牌影响力。

3 月 23 日，由华建集团上海院与加拿大 DV 硬木公司合作成立的 DV-ISA 木构工程技术研究中心在 15 楼展示厅举行了揭牌仪式，为新型业务板块搭建平台。

4 月 26 日，上海市委副书记、市长杨雄在新疆喀什带队考察调研期间，赴莎车视察了上海援疆交钥匙项目——莎车城南教学园区体育中心。作为项目设计方，华建集团副总裁龙革、上海院董事长刘恩芳等受邀和当地领导、上海援疆指挥部、各参建单位代表一起陪同视察。杨市长对援疆设计工作给予了充分肯定。

4 月 27 日，上海院与同济大学建筑与城市规划学院合作，签订"卓越工程师教育培养计划"校企联盟协议，揭牌成立同济大学建筑与城市规划学院 & 上海建筑设计研究院有限公司"工程实践教育中心"。

5 月 18 日，上海院第四次工代会暨四届一次职代会召开，选举产生新一届工会及经审委员会，通过公司十三五规划。

6 月 1 日，上海院与阿里体育签约，成为战略合作伙伴。这标志着上海院在推广优势专项品牌，以及在体育建筑设计领域朝着新兴产业结合点又迈出坚实的一步。

6 月 30 日，由华建集团主办，上海院承办的"访红色建筑，学党的知识，做合格党员"主题大会召开，大会是集团"迎七·一"系列活动之一，以庆祝中国共产党成立 95 周年暨红军长征胜利 80 周年。

10 月，刘恩芳董事长当选中国勘察设计协会建筑设计分会第八届理事会副会长。

11 月 8 日，作为国内最大的专业天文馆，上海市天文馆举行开工奠基仪式。

11 月 23 日，上海光源线站工程 / 上海软 X 射线自由电子激光用户装置项目举行开工奠基仪式。

2017 年

2 月，上海院负责设计的四行仓库修缮工程荣获"全国十佳文物保护工程"。

5 月，由上海院承办的中国勘察设计协会建筑设计分会技术专家委员会 2017 年工作会议在上海召开，对年度建筑设计"行业奖"评选工作进行研究、部署。

7 月 20 日，中共上海建筑设计研究院有限公司党委隆重举办庆祝中国共产党成立 96 周年暨《搏击时空·感知上海设计的温度》授书仪式。

8 月，上海院为助力青年成长成才搭建平台，青年建筑师工作室 DEEP THINK LAB 揭牌成立。

8 月 23 日，上海召开推进科创中心建设领导小组第三次会议，上海市委书记韩正、市长应勇等出席会议，并前往上海院承担设计的上海光源线站工程和上海软 X 射线自由电子激光用户装置项目现场，视察项目进展情况。

12 月，上海迪士尼度假区项目，荣获第十五届中国土木工程詹天佑奖。

2018 年

4 月 27 日，国内迄今为止投资最大的重大科技基础设施——硬 X 射线自由电子激光装置工程正式启动建设。由申通集团隧道设计院与上海院共同设计。与上海同步辐射光源、软 X 射线自由电子激光用户装置、超强超短激光装置等一起，推动我国光子科学走向世界前列。

4 月 28 日，上海又一座专业足球场——浦东足球场正式奠基。由上海院与德国 HPP 公司联合设计，是上海"十三五"期间体育基础设施建设的重要任务之一。

4 月 28 日，我国首个、全球第三个亚特兰蒂斯综合型旅游酒店开幕。由上海院与多家国际知名设计团队联手打造，集七星级酒店、海洋公园、娱乐、购物、特色美食、演艺、国际会展及特色海洋文化、丰富的海洋乐园体验于一体，同期建设大型室外水上主题乐园。

8 月 15 日，华东集团上海院医疗建筑设计研究院揭牌仪式在现代建筑设计大厦一楼大堂举行，集团党委书记、董事长秦云，集团总经理张桦，上海市卫生基建管理中心主任张建忠，上海院首席总建筑师陈国亮共同为医疗建筑设计研究院揭牌。

9 月，上海院以第一名的成绩从众多国际顶尖团队的角逐中脱颖而出，中标商务部援乍得恩贾梅纳体育场项目。此次中标是公司紧跟"一带一路"国家政策、积极拓展海外市场的有力见证。

9 月 30 日，上海院获得工程咨询单位甲级资信证书。

10 月 29 日，"凝固的乐章"上海院 65 周年展览在现代建筑设计大厦一楼大堂揭开帷幕。以"此间——时间——空间"为线，开启了公司时空之旅展览。

机构沿革
Institutional Development History

企业名称演变

1953 年 1 月	上海市建筑工程局生产技术处设计科
1953 年 5 月	上海市建筑工程局生产技术处设计室
1955 年 2 月	上海市建筑设计公司
1956 年 5 月	上海市民用建筑设计院
1962 年 11 月	上海市规划建筑设计院
1975 年 6 月	上海市民用建筑设计院
1993 年 9 月	上海建筑设计研究院
1998 年 3 月	上海现代建筑设计（集团）有限公司（保留上海建筑设计研究院名称）
1999 年 7 月	现代建筑设计集团上海建筑设计研究院有限公司
2015 年 12 月	华东建筑集团股份有限公司上海建筑设计研究院有限公司

企业地址变迁

1953 年 1 月—1955 年 2 月	汉弥登大厦（今福州大厦）
1955 年 2 月—1957 年	汇中饭店（今和平饭店南楼）
1957 年—1997 年 4 月	广东路 17 号（原友利银行大楼）
1997 年 4 月—1998 年 3 月	西藏南路 1368 号（申都大厦过渡）
1998 年 3 月至今	石门二路 258 号（现代建筑设计大厦）

文献参考书目

《上海现代建筑设计集团 1952—2012 纪念册》

《上海建筑设计研究院（原上海市民用建筑设计院）1953—1998 纪念册》

《上海院年报（1999—2018 年度）》

建院 60 周年、65 周年专家口述文献资料、华建集团档案室资料

历任管理人员名录
List of All Previous Executives

上海院历任党组织领导

姓名	职务	任职年月	姓名	职务	任职年月
曹伯慰	党支部书记	1954.03—1954.11	张爱卿	党委副书记	1978.05—1979.04
陈爱华	党支部书记	1954.11—1956	曹伯慰	党委副书记	1978.05—1982.05
汤亮科	党支部副书记	1955.07—1956.10	郭 蓉	党委副书记	1979.11—1981.05
			曹 荣	党委副书记	1981.05—1985.03
曹伯慰	党总支书记	1956.10—1958.11	陈仕中	党委副书记	1985.03—1987.10
汤亮科	党总支副书记	1956.10—1958.11	杜善甫	顾问	1979.06—1983.08
			张爱卿	顾问	1982.05—1983.03
曹伯慰	党委书记	1958.11—1959.04	曹 荣	协理员	1985.03—1987.10
杨 芝	党委书记	1959.04—1962.10	杜善甫	纪委书记	1979.11—1983.08
汤亮科	党委副书记	1958.11—1963.02	王镇洛	纪委副书记	1985.09—1987.10
黄 惟	党委书记	1963.01—1964.03	柯长寿	党委书记	1987.10—1988.01
陆 平	党委副书记	1963.03—1964.03	王奕荣	党委书记	1988.01—1998.03
			陈仕中	党委副书记	1985.03—1992.06
陆 平	党委书记	1964.03—1966.05	竺涵达	党委副书记	1995.04—1998.03
黄克欧	党委副书记	1964.03—1966.05	柯长寿	纪委书记	1988.01—1995.10
汤亮科	党委副书记兼监委书记	1958.11—1963.02	冯春安	纪委书记	1995.10—1998.03
陆 平	党委副书记兼监委书记	1963.06—1964.08			
黄克欧	党委副书记兼监委书记	1964.08—1966.05	冯春安	党委书记	1999.07—2009.03
田 明	监委副书记	1964.08—1966.05	许永斌	党委副书记	1999.07—2005.03
			邢国伟	党委副书记兼纪委书记	2001.08—2009.03
陆 平	党委书记	1966.05—1974.04	陈云昊	纪委副书记	1999.11—2001.07
王海明	党委书记	1974.04—1975.07	张伟国	党委副书记	2005.03—2009.03
黄克欧	党委副书记	1966.05—1976.07	陈云昊	党委书记助理	1999.08—2001.07
吴朝生	党委副书记	1970.06—1975.05			
陈学琦	党委副书记	1973.10—1976.10	张伟国	党委书记	2009.03—2016.01
沙新根	党委副书记	1974.12—1975.07	刘恩芳	党委副书记	2009.03—2015.12
			邢国伟	党委副书记	2009.03—2010.10
王海明	党委书记	1975.07—1976.10	翁晓翔	党委副书记兼纪委书记	2010.10—2014.12
沙新根	党委副书记	1975.07—1976.10	翁晓翔	党委书记助理	2008.08—2010.10
马万璞	党委副书记	1976.06—1976.10			
黄克欧	党委副书记兼监委书记	1966.05—1976.07	刘恩芳	党委书记	2016.01—2018.02
田 明	监委副书记	1966.05—1971.09	姚 军	党委书记助理兼纪委副书记	2015.04—2015.10
			姚 军	党委副书记兼纪委书记	2015.10—2018.02
王海明	党委书记	1976.10—1979.04			
张爱卿	党委书记	1979.04—1982.05	姚 军	党委书记	2018.02 至今
曹伯慰	党委书记	1982.05—1985.03	潘 琳	党委副书记	2018.02 至今
柯长寿	党委书记	1985.03—1987.10	陈文杰	党委副书记兼纪委书记	2018.03 至今
沙新根	党委副书记	1976.10—1977.04			
马万璞	党委副书记	1976.10—1979.11			

上海院历任董、监事会

姓名	职务	任职年月	姓名	职务	任职年月
曹嘉明	董事长	1999.06—2001.07	魏晓玲	监事	2010.03—2011.12
冯春安	董事长	2001.07—2002.11	刘全有	监事	2010.03—2011.12
冯春安	董事	1999.06—2001.07			
许永斌	董事	1999.06—2002.11	张伟国	董事长	2012.03—2014.12
顾嗣淳	董事	1999.06—2002.11	刘恩芳	董事	2012.03—2014.12
陈云昊	董事	1999.06—2002.11	竺涵达	董事	2012.03—2014.09
吴芙蓉	监事长	1999.06—2002.11	魏晓玲	董事	2014.09—2014.12
吉汉伟	监事	1999.06—2002.11	曹 朔	董事	2012.03—2014.12
周晓飞	监事	1999.06—2002.11	乔琴芳	董事	2012.03—2014.12
			翁晓翔	董事	2012.03—2014.12
冯春安	董事长	2002.12—2005.12	冯春安	监事长	2012.03—2014.12
许永斌	董事	2002.12—2005.04	魏晓玲	监事	2012.03—2014.09
瞿友德	董事	2002.12—2005.12	周 怡	监事	2012.03—2014.12
邢国伟	董事	2002.12—2005.12			
成红文	董事	2002.12—2005.12	张伟国	董事长	2015.04—2016.01
顾嗣淳	董事	2002.12—2005.12	刘恩芳	董事长	2016.01—2017.07
夏 明	董事	2002.12—2005.12	沈立东	董事长	2017.07—2017.12
张伟国	董事	2005.04—2005.12	刘恩芳	董事	2015.04—2016.01
吴芙蓉	监事长	2002.12—2005.12	乔琴芳	董事	2015.04—2016.01
吉汉伟	监事	2002.12—2005.12	魏晓玲	董事	2015.04—2017.12
周晓飞	监事	2002.12—2005.12	周 怡	董事	2016.05—2017.12
			潘 琳	董事	2017.02—2017.12
冯春安	董事长	2006.03—2008.12	夏剑铭	董事	2017.02—2017.12
张伟国	董事	2006.03—2008.12	成红文	监事长	2015.04—2017.12
邢国伟	董事	2006.03—2008.12	袁慧	监事	2015.04—2017.12
成红文	董事	2006.03—2007.03	刘 勇	监事	2016.05—2017.12
陈国亮	董事	2006.03—2008.12			
瞿友德	董事	2006.03—2007.03	沈立东	董事长	2018.02 至今
夏 明	董事	2006.03—2008.12	潘 琳	董事	2018.02 至今
贾晓峰	董事	2007.03—2008.12	魏晓玲	董事	2018.02 至今
杨银娣	董事	2007.03—2008.12	夏剑铭	董事	2018.02 至今
吴芙蓉	监事长	2006.03—2008.12	周 怡	董事	2018.02 至今
魏晓玲	监事	2006.03—2008.12	刘恩芳	监事长	2018.02 至今
周晓飞	监事	2006.03—2008.12	袁 慧	监事	2018.02 至今
裘黎红	监事	2006.03—2008.12	刘 勇	监事	2018.02 至今
王 玲	监事	2006.03—2008.12			
张伟国	董事长	2009.03 2011.12			
刘恩芳	董事	2010.03—2011.12			
何大伟	董事	2010.03—2011.12			
曹 朔	董事	2010.03—2011.12			
翁晓翔	董事	2010.03—2011.12			
冯春安	监事长	2010.03—2011.12			

上海院历任行政领导

姓名	职务	任职年月	姓名	职务	任职年月
刘慧忠	科长	1953.01—1953.05	曹 荣	副院长	1980.05—1981.05
曹伯慰	副科长	1953.01—1953.05	田守林	副院长	1985.03—1987.10
			郑兰秋	副院长	1984.11—1987.10
施 宜	主任	1953.05—1955.02	范雪玲	副院长	1985.03—1987.10
刘慧忠	副主任	1953.05—1955.02	汪康时	协理员	1985.03—1987.10
曹伯慰	副主任	1953.05—1955.02	何 因	协理员	1985.03—1987.10
施 宜	经理	1955.02—1956.05	洪碧荣	院长	1987.10—1988.03
曹伯慰	副经理	1955.02—1956.05	姚念亮	院长	1992.04—1998.03
刘慧忠	副经理	1955.02—1956.05	洪碧荣	副院长（主持工作）	1988.03—1992.04
			田守林	副院长	1987.10—1995.03
陈 植	院长	1957.08—1962.12	郑兰秋	副院长	1987.10—1991.10
施 宜	副院长	1956.05—1962.12	范雪玲	副院长	1987.10—1991.10
曹伯慰	副院长	1956.05—1962.12	姚念亮	副院长	1988.02—1992.04
汪定曾	副院长	1957.08—1962.12	王迪民	副院长	1992.05—1998.03
			阎基禄	副院长	1992.08—1998.03
陈 植	院长	1962.12—1966.05	盛昭俊	副院长	1995.10—1998.03
施 宜	副院长	1962.12—1966.05	马自强	院长助理	1995.10—1997.04
汪定曾	副院长	1962.12—1966.05			
曹伯慰	副院长	1962.12—1966.05	许永斌	总经理	1999.07—2005.03
钱圣秩	副院长	1962.12—1966.05	成红文	副总经理	1999.07—2006.12
			黄玉昌	副总经理	1999.07—2001.09
陈 植	院长	1966.05—1976.10	杨联萍	副总经理	2000.10—2006.03
施 宜	副院长	1966.05—1972.07	陈国亮	副总经理	2002.12—2006.03
汪定曾	副院长	1966.05—1976.10	孟行南	总经理助理	2002.03—2005.03
曹伯慰	副院长	1966.05—1976.10			
钱圣秩	副院长		张伟国	总经理	2005.03—2009.03
陆 平	负责人		潘 琳	副总经理	2006.03—2009.03
杨富根	负责人		贾晓峰	副总经理	2006.03—2008.12
陈 植	副主任		裴黎红	副总经理	2008.03—2009.03
曹伯慰	副主任		裴黎红	总经理助理	2006.03—2008.03
			王平山	总经理助理	2007.09—2009.03
陈 植	院长	1976.10—1982.09			
钱学中	院长	1982.09—1983.06	刘恩芳	总经理	2009.03—2016.01
洪碧荣	院长	1985.03—1987.10	孟行南	副总经理	2009.03—2016.01
曹伯慰	副院长	1976.10—1982.09	潘 琳	副总经理	2009.03—2016.01
汪定曾	副院长	1976.10—1982.02	王平山	副总经理	2009.03—2011.12
汪康时	副院长	1978.05—1985.03	吴海峰	副总经理	2012.03—2016.01
吴文革	副院长	1978.05—1979.11	陈国亮	首席总建筑师	2009.03—2016.01
何 因	副院长	1979.11—1985.03	李亚明	总工程师	2009.03—2016.01

姓名	职务	任职年月
潘　琳	副总经理（主持工作）	2016.01—2017.12
孟行南	副总经理	2016.01—2017.09
吴海峰	副总经理	2015.01—2017.12
姚　军	副总经理	2016.04—2017.12
陈国亮	首席总建筑师	2016.01—2017.12
李亚明	总工程师	2016.01—2017.12
王　强	经营总监	2016.07—2017.12
林　郁	总经理助理	2016.03—2017.08
徐晓明	总经理助理	2016.03—2017.08
潘　琳	总经理	2018.02 至今
林　郁	副总经理	2017.08 至今
徐晓明	副总经理	2017.08 至今
吴海峰	项目总监	2018.02 至今
陈国亮	首席总建筑师	2018.02 至今
李亚明	总工程师	2018.02 至今
王　强	经营总监	2018.02 至今

上海院历任技术领导

姓名	职务	任职年月	姓名	职务	任职年月
刘慧忠	总建筑师	1956.06—1987.02	胡 钊	总工程师	1956.08—1962.11
陈 植	总建筑师	1957.08—1982.09	胡汇泉	总工程师	1962.11—1968.03
汪定曾	总建筑师	1978.03—1982.09	姚念亮	总工程师	1985.09—1991.10
章 明	总建筑师	1982.08—1992.05	黄绍铭	总工程师	1996.02—1998.03
洪碧荣	总建筑师	1991.10—1998.03	王迪民	总工程师	1996.02—1998.03
张皆正	总建筑师	1996.03—1998.03	顾嗣淳	总工程师	1999.08—2006.09
邢同和	总建筑师	1996.03—1998.03	李亚明	总工程师	2006.03 至今
张绍华	总建筑师	1997.02—1998.03	蔡兹红	结构专业总工程师	2016.03 至今
唐玉恩	总建筑师	1999.08—2006.03	徐晓明	结构专业总工程师	2016.03 至今
陈华宁	资深总建筑师	2001.07—2013.10	朱建荣	给排水专业总工程师	2016.03 至今
黄玉昌	资深总建筑师	2001.07—2013.03	何 焰	暖通专业总工程师	2016.03 至今
张皆正	资深总建筑师	2001.01—2013.03	陈众励	电气专业总工程师	2016.03 至今
唐玉恩	资深总建筑师	2006.03 至今			
陈国亮	总建筑师	2006.03—2009.03	郭 博	副总工程师、顾问总工程师	1956.10—1998.03
陈国亮	首席总建筑师	2009.03 至今	汤纪鸿	副总工程师	1964.08—1988
刘恩芳	总建筑师	2016.03 至今	居培苏	副总工程师	1980.03—1987.02
袁建平	总建筑师	2016.03 至今	施履祥	副总工程师	1981.03—1988
赵 晨	总建筑师	2016.03 至今	郑铭贤	副总工程师	1982.08—1987.02
姜世峰	总建筑师	2018.08 至今	张书一	副总工程师、顾问总工程师	1985.03—1990
			严庆征	副总工程师、顾问总工程师	1985.03—1998.03
林彻寿	副总建筑师	1956.06—1966	黄绍铭	副总工程师	1985.03—1996.02
张志模	副总建筑师	1956.06—1987.02	陆士鸿	副总工程师	1985.08—1992.06
魏敦山	副总建筑师、顾问总建筑师	1985.03—1998.03	柴慧娟	副总工程师	1985.08—1994.11
张皆正	副总建筑师	1985.03—1996.03	王迪民	副总工程师	1991.10—1996.02
邢同和	副总建筑师	1991.06—1996.03	李治	副总工程师	1992.04—1998.03
张绍华	副总建筑师	1991.06—1997.02	徐钟芳	副总工程师	1993.08—1998.03
唐玉恩	副总建筑师	1994.08—1998.03	沈家水	副总工程师	1994.12—1998.03
张行健	副总建筑师	1995.08—1998.03	施永昌	副总工程师	1994.12—1998.03
陈华宁	副总建筑师	1996.05—1998.03	鲁宏深	副总工程师	1995.08—2002.12
陈国亮	副总建筑师	2000.03—2005.12	陈绩明	副总工程师	1996.05—1998.03
钱 平	副总建筑师	2004.06—2011.11	姜国渔	副总工程师	1996.05—1998.03
段 斌	副总建筑师	2006.07—2008.02	顾嗣淳	副总工程师	1997.10—1998.03
包子翰	副总建筑师	2006.07—2017.05	寿炜炜	副总工程师	1997.10—2008.07
姜世峰	副总建筑师	2006.07—2018.08	杨联萍	副总工程师	1999.08—2006.03
吴 文	副总建筑师	2007.09—2018.07	徐 凤	副总工程师	2003.03—2015.02
崔永祥	副总建筑师	2008.05—2013.07	万培浩	副总工程师	2003.03—2014.12
李 定	副总建筑师	2008.07 至今	陈文莱	副总工程师	2003.03—2017.01
刘恩芳	副总建筑师	2010.02—2016.03	李亚明	副总工程师	2004.06—2006.03
赵 晨	副总建筑师	2010.02—2016.03	潘 琳	副总工程师	2004.06—2016.03
袁建平	副总建筑师	2012.05—2016.03	陈众励	副总工程师	1999.07—2016.03
蔡 淼	副总建筑师	2016.03 至今	钱克文	副总工程师	2004.06—2006.11

姓名	职务	任职年月
何 焰	副总工程师	2004.06—2016.03
蔡兹红	副总工程师	2006.07—2016.03
陆余年	副总工程师	2006.07—2009.10
周 春	副总工程师	2006.07 至今
张 坚	结构专业副总工程师	2016.03 至今
汤福南	给排水专业副总工程师	2016.03 至今
朱学锦	暖通专业副总工程师	2016.03 至今
陆振华	电气专业副总工程师	2016.03 至今

荣誉人物名录
List of Honors

历届党的全国代表大会代表 / 历届全国人大代表 历届全国政协委员		全国劳模	
历届党的全国代表大会代表	章 明（第 13 届） 刘恩芳（第 16 届、第 17 届、第 18 届）	全国劳模 全国五一劳动奖章	魏敦山（1999） 赵 晨（2015） 邢同和（2004）
		建设部劳模	赵 晨（2009） 陈国亮（2018） 盛昭俊（1994） 张行健（2003） 邢同和（2004） 李亚明（2017）
历届全国人大代表	陈 植（第 3 届至第 6 届）		
		全国"三八"红旗手 全国先进女职工 全国"五一巾帼标兵" 全国女职工建功立业标兵 建设部全国优秀勘察设计院长	刘恩芳 （2007） 唐玉恩（1999） 唐茜嵘（2013—2014） 蔡兹红（2009） 姚念亮（1995） 盛昭俊（2000） 曹嘉明（2000）

上海市党代会代表、人大代表、政协委员名单（集团成立之后）

市人大代表	王迪民（第 11 届）
市政协委员	脱 宁（第 11 届）

领军人才

上海领军人才	刘恩芳（2009 年）

上海市劳模

上海市劳模	孙宝康（1955、1956）
	屠向远（1963）
	蒋培彬（1976）
	霍衡人（1987）
	刘恩芳（2001—2003）
	陈文莱（2001—2003）
	赵 晨（2004—2006）
上海市"五一劳动奖章"	周 红（2010）
	潘 琳（2010）
	陈众励（2010）
	李亚明（2012）
	王 强（2014）
	陈国亮（2015）
	贾水钟（2017）

员工名册
List of the Employees

（说明：统计年限为1953—2018年12月进入上海院工作的员工；以下收集的人员名录，由于涉及人员较多、时间跨度长等原因，难免会有差错和遗漏，敬请谅解，并感谢指正及补充。）

1950–1960 年代名册

鲍予汉	蔡秀莲	蔡祚章	陈炳腾	陈 坚	陈明星	陈 卫	陈筱鹤	陈兴高	陈 雪	陈佚梓	陈奕善	陈 宇	陈月奎
崔 岚	单林莲	单巧云	丁坤山	范能力	方润秋	费书琪	冯海曦	冯浣宇	富洪兴	富寄根	高贤香	高兴富	葛利琼
龚福昌	顾曾授	顾 璟	顾树屏	顾协琴	顾兴邦	顾以敬	韩德明	何国静	何 鉴	何荣发	洪雪英	侯海宝	侯仁发
胡建文	胡六元	胡晓晨	胡志同	华 敏	黄鸿泉	黄焕卿	黄建元	黄皎华	黄金法	黄文华	计泽敏	纪熙训	贾宗和
江建宏	江豫新	姜秉诚	姜 美	姜善祺	姜文源	蒋国平	蒋 兰	蒋陆生	金顾云	景承模	居秀英	鞠兴余	柯 旸
郎文珍	劳修锷	李馥章	李海涛	李慧智	李 坚	李建国	李仁元	李荣华	李水英	李伟庄	李照生	李仲申	励庚辅
连兴岳	梁李星	林翠月	凌倩如	凌张明	刘毛海	刘永妙	陆 兵	陆曾耆	陆昌亭	陆敬忠	陆士鸿	陆顺江	骆巧宁
吕瑞瑾	马铁铭	马小洪	茅解兴	梅 沁	宓维能	闵宗山	穆广顺	倪明千	倪水晶	潘淳修	潘福祺	潘光家	潘丽德
潘林生	潘书城	彭莉莉	瞿艳冰	全元礼	任聪妹	任迺嘉	邵 洋	沈爱琪	沈沪生	沈怀诚	沈惠芬	沈剑华	沈 俊
沈祥森	沈扬方	沈政霖	沈志良	盛荣珊	盛芝谷	施德坤	施桂凤	宋兆泉	孙鹤鸣	孙小妹	孙秀芳	孙玉明	孙育智
汤季兴	腾骅骅	王波涛	王彩娣	王黛微	王冬咏	王国香	王清溶	魏家麟	邬云澄	吴根宝	吴乐民	吴松德	吴文钰
吴秀娣	吴奕鸣	吴中平	夏福翔	夏甘霖	夏家杰	熊剑华	徐广君	徐丽霞	徐绍琴	徐鑫堂	严美君	杨长生	杨志寿
姚惠新	姚岚森	余云英	虞兴菊	袁从宇	张惠昌	张惠忠	张若浩	张石孙	赵济平	赵悯逸	赵仁伟	赵文玮	赵 晖
赵毅翔	郑国纪	郑重为	钟天仁	周壁城	周福根	周惠贞	周静佩	周 胜	朱书珍	朱泳贤	包文毅	卜娥英	蔡根年
蔡鸿寿	蔡剑秋	蔡念棠	蔡宪春	蔡佐娣	曹伯懋	曹 荣	岑双喜	曾国英	曾庆云	柴慧娟	陈爱华	陈宝良	陈波静
陈传玉	陈迪华	陈凤宝	陈国藩	陈宏兴	陈华宁	陈怀琴	陈惠康	陈绩明	陈嘉庆	陈凯华	陈梦蟾	陈明达	陈明达
陈明康	陈耐梅	陈念祖	陈培芳	陈培元	陈 鹏	陈庆飞	陈庆庄	陈荣芳	陈瑞卿	陈绳祖	陈守国	陈树荣	陈嗣冲
陈素怀	陈体仁	陈伟珍	陈文竹	陈咸昌	陈祥瑞	陈秀华	陈学琦	陈雪琴	陈雪英	陈亚平	陈逸平	陈 瑛	陈永年
陈友根	陈有相	陈 毓	陈 湛	陈芝萍	陈 植	程听海	崔耀增	崔 莹	戴宏发	戴建国	戴景干	戴仁根	戴伟义
戴正雄	单甫根	丁洪根	丁升保	丁友生	丁子樱	董淑敏	杜隆震	杜善甫	段成义	范经之	范仙海	范雪玲	范永明
范毓佩	方兆华	方子桐	费宏毅	冯克康	傅鹤麟	傅鸿雯	傅克钧	傅克祥	盖祖寿	干吉田	高鸿年	高决明	葛美珍
葛月英	龚世亨	顾柏源	顾惠芝	顾如忠	顾嗣淳	顾云祥	顾章松	顾忠涛	关福生	管惠康	归云方	郭爱琴	郭 博
郭 博	郭俊伦	郭 蓉	哈思先	哈先平	韩钰铭	郝金海	何宝虹	何 因	何宗信	贺洪奎	贺圣山	洪碧荣	胡汇泉
胡 剑	胡敬明	胡可薰	胡鸣时	胡寿延	胡伟康	胡文钟	胡元祥	胡 钊	华家煦	华群芳	华如菊	黄德明	黄发镜
黄根和	黄海明	黄克欧	黄丽雁	黄临生	黄木林	黄绍铭	黄 惟	黄新云	黄勇发	黄 瑜	黄玉昌	黄远林	霍衡人
霍可仁	稽贻生	计家珍	季学英	江浩坤	姜国渔	蒋培彬	蒋上中	蒋士坤	蒋通海	金冠群	金觉时	金善麟	金银生
金志棠	金祖懋	居培苏	居其宏	柯长寿	李炳舜	李昌达	李承玲	李待言	李 枫	李桂兰	李国宜	李行修	李家成
李家钧	李良勇	李如丰	李同庆	李晓婷	李秀珍	李学熙	李应圻	李幽风	李佑棠	李正诚	李治汎	励雅琴	梁继恒
梁义英	梁玉萍	林彻寿	林干成	林梅莛	林寿南	林文祥	林一鸣	林颖儒	凌华健	凌章全	刘碧莲	刘呈莺	刘 峰
刘惠芳	刘慧中	刘慧忠	刘其兴	刘 琪	刘 群	刘顺发	刘耀德	刘长寿	刘镇钢	娄美凤	楼汉明	卢照华	鲁宏深
陆阿荣	陆金根	陆林君	陆妙林	陆 平	陆石元	陆寿瑶	陆寿云	陆同勖	陆席根	陆湘舟	陆占元	陆振寰	陆志良
陆仲康	陆子明	罗纪宗	罗文正	罗信全	吕根发	吕鸿章	吕龙雯	吕懿范	马继瑶	马家忠	马金安	马经章	马万璞
毛海忠	毛家伟	孟广智	孟清芳	孟世昌	孟晓鸣	缪祖祥	慕泽忠	倪慧瑾	倪如祥	倪祥元	宁蓓蕾	潘爱宝	潘华明
潘君达	潘立铭	潘启珊	潘云秋	潘镇南	潘中文	裴家银	裴 捷	彭传馨	彭 禧	戚安芬	戚静雯	戚立基	钱宝珍
钱克文	钱遂鸿	钱乃英	钱圣秩	钱学中	钱中辰	钱宗瑜	乔舒祺	秦惠纪	秦荣鑫	秦永淦	邱伟成	阮心灵	阮兆年
沙新根	沈炳年	沈德礼	沈华丰	沈惠中	沈家水	沈金生	沈丽云	沈莉琴	沈明华	沈士骥	沈文祥	沈祥仙	沈新龙

沈延清	沈延请	沈有荣	沈竹健	盛建国	施蓓莉	施娣生	施复嵩	施锦清	施凌章	施履祥	施 宜	施永昌	施志明
石焕彩	石黎明	石泰安	石英骐	史吉美	史剑英	舒根富	舒秀珍	舒雅琴	宋华生	苏美英	眭字英	孙宝康	孙宝莲
孙保兴	孙炳照	孙 诚	孙传芬	孙鸿年	孙蕙如	孙令美	孙敏发	孙棋园	孙尚志	孙 瑛	孙治海	谈步顺	谈兴宝
汤保宁	汤纪鸿	汤亮科	汤文梅	唐灿林	唐敦永	唐海祥	唐汉理	唐 华	唐金龙	唐玫卿	唐妙德	唐维新	唐文青
唐志雄	陶家碧	陶美琴	陶荣富	陶师鲁	陶冶民	陶振鸿	陶之清	滕 典	田瑾瑛	田 明	田守林	屠向远	万芳廷
万培浩	汪定曾	汪康时	汪 明	汪品章	汪寿民	汪文缦	汪兴武	王阿云	王必章	王德贵	王德云	王迪民	王辅樑
王贵南	王汉仁	王宏元	王洪岐	王鸿英	王华华	王吉平	王金木	王 敬	王军伟	王坤华	王林兴	王禄忠	王敏章
王 霓	王培新	王佩芳	王品庚	王啟中	王守朴	王文鹤	王燮长	王玄通	王耀祖	王亦真	王泳梅	王 珍	魏敦山
魏列仙	魏汝楠	文冬兰	翁丽英	翁其明	翁祥池	邬裴琪	邬振庭	吴昌甫	吴朝生	吴芙蓉	吴国雄	吴汉平	吴鸿升
吴惠泉	吴静珍	吴兰生	吴林祥	吴佩芳	吴泉瓘	吴蓉英	吴世泉	吴寿岭	吴淑珍	吴文革	吴祥云	吴新锷	吴信道
吴裕秋	吴彰湧	席与明	夏斌生	夏国强	夏士林	夏维新	夏 昷	夏之平	夏芝芳	肖世荣	谢定贵	谢克诚	谢寿铭
谢素佩	辛啟雯	辛秀琴	邢同和	熊申生	徐关鸿	徐国瑞	徐丽生	徐佩发	徐荣春	徐秀芳	徐炎福	徐茵秋	徐之江
徐钟芳	许承香	许大陆	许汉辉	许全珍	许荣林	许汝棣	许祥华	许志伊	许钟琦	薛维群	严庆征	严月仙	杨宝金
杨德才	杨富根	杨继祖	杨金榜	杨金华	杨金龙	杨荣康	杨雄楚	杨仰华	杨耀强	杨 芝	姚海峰	姚念亮	姚庭安
姚文青	姚秀莉	姚宜珍	叶关年	叶金龙	叶锡庆	叶恽耿	叶子文	叶祖典	殷晓霞	应爱珍	应丽珍	应明康	尤祥澜
游钦祥	于桂芳	余品圭	余志英	俞 斌	俞怀德	俞全三	俞韶华	虞永年	郁厚信	郁云生	郁蕴芳	郁钟耀	袁福生
袁家龙	袁伦权	袁英娥	岳松茂	甄 健	詹碧珍	詹成达	张爱卿	张安益	张承德	张翠英	张舫余	张芬贞	张凤娟
张富金	张光热	张国显	张 豪	张洪发	张鸿英	张惠娟	张家树	张家振	张皆正	张克斌	张来根	张美秀	张 淼
张明忠	张 需	张琴娥	张绍华	张守范	张书一	张维劢	张文德	张文华	张文骏	张文权	张锡华	张晓明	张 欣
张养真	张耀庭	张益标	张有威	张兆康	张振华	张振奇	张志模	张 智	张自定	章 明	章钦功	章淑卿	章舒文
章银康	赵凤祥	赵巧生	赵文生	赵希兰	赵允皋	赵桢兰	郑光照	郑菊芳	郑兰秋	郑 莉	郑铭贤	郑 萍	郑啟文
郑少云	郑衍萍	郑颖豹	支守敬	钟承秀	钟品增	钟 震	周 安	周春朝	周德昌	周尊侬	周金渔	周联珍	周茂海
周佩芳	周其本	周其恭	周钦丰	周秋琴	周生峰	周松林	周庭柏	周文彬	周五妹	周秀玲	周永德	周玉珍	周曰安
周月凤	周云友	周兆惠	周振锡	周政平	周祖南	周尊高	朱宝康	朱道扬	朱东升	朱高发	朱 光	朱国桢	朱鹤令
朱金发	朱晋铠	朱菊生	朱隽倩	朱茂林	朱民新	朱铭昌	朱铭功	朱培文	朱企周	朱启新	朱荣亚	朱如琪	朱上青
朱颂梅	朱宛中	朱维薇	朱贤英	朱享绂	朱协农	朱心泉	朱新民	朱裕兴	朱振华	诸葛滨	祝培荣	祝希珍	庄燕南
庄镇芳	庄周生	宗耀文	邹守一	邹长安	左爱珍	左锡明							

1970 年代名册

鲍申榕	蔡晓红	查华芳	车成刚	陈爱珍	陈伯熔	陈建敏	陈静君	陈美凤	陈培红	陈庆椿	陈仁元	陈荣斌	陈仕栋
陈仕中	陈文莱	陈信玲	陈有仁	程 铭	程荣德	慈润玲	丛肖娅	崔中华	戴生良	戴燕琴	单建志	邓伟民	丁佩丽
范效东	冯菊英	冯芝粹	傅爱丽	傅匡殷	傅永仪	甘玮明	高宁军	高正伟	郭大锟	郭德文	郭矢中	郭芝琳	哈思庄
何亦军	何自帆	胡 锋	胡 革	胡国强	华菊弥	黄菊珍	黄玲玲	黄晓延	黄月静	黄中华	吉汉伟	江惠芬	蒋春兰
蒋福生	蒋国和	蒋红义	蒋启荣	蒋小迅	金月珍	乐留发	冷月娣	李 安	李彩霞	李朝森	李 东	李凤英	李嘉军
李 军	李利军	李毛年	李水清	李文尧	李文仪	李小强	李志平	梁光元	梁贵林	梁志荣	林 伟	凌群贤	刘宝林
刘海珍	刘 江	刘金栋	刘莉莉	刘全有	刘升平	刘 曙	刘晓朝	刘亚萍	娄承浩	卢红英	卢云瑞	陆静山	陆劝夫

陆梅英　陆锡军　陆霞莉　陆正凤　鹿丽芳　马崇巧　马自强　闵扬　莫锡青　穆福妹　南善德　彭宝德　彭毕芳　彭晓东
钱纪平　钱茂根　乔琴芳　邱致远　邵雪珍　沈海良　沈建军　沈美君　沈树宝　沈思红　盛秀芳　盛昭俊　施六仪　施人良
施辛建　石晶　史留炳　舒瑞麟　宋扣宝　宋文良　孙刚　孙广娣　孙梅英　孙雅飞　孙勇霖　孙玉财　谈虎　唐玉恩
陶国栋　陶美凤　汪帼英　汪骏午　汪友连　汪又连　汪月仙　王斌栋　王超　王丁士　王凤玲　王根发　王贵珍　王国强
王坚忠　王建军　王金干　王锦雯　王玲娟　王全华　王守义　王为君　王宪民　王银富　王振青　王镇洛　王志安　王祖瀛
吴凤仙　吴福康　吴国愉　吴华堂　吴建伟　郗志国　肖建　肖雷　肖瑞玲　肖淑娟　谢德明　谢惠忠　胥永春　徐安众
徐昌发　徐德芳　徐凤昌　徐仁昌　徐伟明　徐雪萍　许�文　许谦　许永斌　宣振凤　薛霖　薛其宝　严春富　颜巧玲
杨伯利　杨翠珍　杨宏　杨慧英　杨吉清　杨镜玲　杨炯　杨悦深　姚鸿发　姚静海　姚佩雯　叶根苗　叶鸿丽　叶明亮
叶文兰　游松仁　余福明　余丽静　余梦麟　俞云娟　郁佩琴　喻德虎　袁刚　袁建华　袁文娟　翟海凤　詹毅华　詹哲
张斌　张纯　张德根　张广范　张国庆　张行健　张红缨　张焕樑　张惠良　张嘉秋　张培民　张培鸣　张荣德　张荣祥
张瑞芳　张维林　张育甫　章晶晶　章美芳　赵丰　赵峰　赵观麟　赵军　赵鑫泉　郑丹凤　郑林弟　周贵利　周美英
周祥荣　周远东　周月里　周哲林　朱奇恩　朱盛波　朱卫平　朱卫中　朱云妹　朱正平　诸谷江　庄维瑾

1980 年代名册

包虹　包晓青　包子翰　卜义建　蔡诚　蔡学民　蔡兹红　曹文清　陈玻　陈国亮　陈国民　陈嘉栋　陈民生　陈世和
陈向东　陈学兰　陈勇　陈志堂　陈众励　成红文　程坚　程瑾　戴溢敏　董卉　董莺　窦国平　段斌　范云
房林继　冯春安　冯杰　冯净　傅杨　干红　高永平　葛伟长　顾凤宝　郭伟民　郭文辉　何焰　何钟琪　贺伟民
洪兴春　胡卉　胡建民　华君良　黄晨　黄建兰　黄建雄　黄磊　黄卫忠　黄晓明　贾晓峰　贾峥　贾宗元　金杭
金健　金志强　劳汜荻　乐照林　李春生　李敬翊　李隽毅　李良文　李文珍　李亚明　李颜　李志勤　梁保荣　梁为
林颖　凌海　刘关龙　刘嘉　刘琼　刘艺萍　陆文富　陆锡林　陆振华　栾雯俊　毛大可　毛兆斌　茅敏蓉　孟行南
潘琳　潘思浩　钱平　乔芸　任祥明　任尧　戎武杰　阮奕奕　邵雪妹　沈串　沈国芳　沈正邦　师福东　苏意驹
孙纯玮　孙刚　孙辉　孙金龙　孙伟　孙燕心　汤福南　汤志明　脱宁　汪彦　王国龙　王金龙　王宁炜　王强
王巧敏　王小林　王岫　王湧　魏玮　翁文忠　邬玮　吴功俊　吴海峰　吴慧茹　吴平　奚耕读　夏冰　谢忻
忻霞萍　熊业峰　徐惠民　徐骏　徐文琪　徐孝鸣　徐雪芳　许思新　许一凡　阎基禄　杨瑾云　杨军　杨联萍　姚激
姚建明　姚文林　叶谋杰　俞俊　袁建平　张蓓莉　张翀　张丹清　张宏　张金妹　张瑾　张菁薇　张寿宁　张淑萍
张伟国　张锡仁　张小妹　张亚兴　张毅　赵琳　赵月静　郑修宁　钟建东　周冰莲　周春　周国胜　周红　周建荣
周静华　周骏　周其丽　周三喜　周文军　周晓飞　周雪雁　周鹰　周自力　朱宝福　朱宝麟　朱德迅　朱东毅　朱建锋
朱建荣　宗南海　邹菡平

1990 年代名册

安庆东　包佐　鲍伟忠　蔡森　蔡婷　蔡玉美　曹国峰　曾素惠　陈冰　陈飞舸　陈钢　陈海华　陈洁　陈颍
陈犁　陈岷　陈培东　陈文杰　陈新宇　陈雄　陈怡臻　陈逸芝　陈尹　陈涅　陈颖　陈瑜　陈云昊　戴名和
邓俊峰　邓清　丁蓉　丁文军　定静　董明　董震　杜小牛　段世峰　范玉生　范洲　方虹　方忠友　费宏鸣
费世勇　冯蔚　高志强　宫庆欣　顾斌荣　顾迟飞　顾坚　顾利民　顾奕泳　桂奇璇　郭阿根　韩丹　韩子娇　何礼琳
何涛　何显明　何以纯　何中　和文哲　侯彤　胡凌燕　胡戎　胡伟　胡振青　黄斌　黄晨　黄南桢　黄新宇
黄一民　黄勇　季征宇　贾水钟　姜嵘　姜维哲　姜小玲　姜怡如　蒋桂英　蒋惠　蒋明　蒋玮　金骞　金菁

员工名册

金峻	雷洁	李保华	李斌	李诚	李春常	李佳红	李剑	李剑峰	李杰	李军	李磊	李黎	李茂生
李敏华	李委	李雅华	李扬	李晔	李玉劲	李元兴	李云燕	励胜	梁德欣	梁红	梁虹	梁久平	梁庆庆
梁赛男	梁士毅	梁志勇	刘斌	刘恩芳	刘浩江	刘民	刘陕南	刘晓平	刘毅	刘英子	刘媛	楼遐敏	陆纪栋
陆坚	陆威臣	陆文慷	陆文蔚	陆晓红	陆赟	路岗	罗金荣	吕芳	吕赟	马力力	麦岚	麋建国	倪正颖
欧元庆	潘东婴	潘利	庞均薇	彭琼	彭小妹	漆安彦	齐民强	钱莉	秦俊武	秦绮	秦如山	秦志宇	邱东星
邱枕戈	裘黎红	裘曼琼	曲宏	任玉贺	戎晶晶	阮冬菊	芮强	沙左帼	邵瑛	邵宇卓	申伟国	沈宏生	沈磊
沈佩华	沈茜	沈宇宏	沈振一	盛红英	施从伟	施亮	施炫	石磊	水红	宋静	苏鸿眉	苏开彦	孙璐
孙振华	唐茜嵘	唐森骑	田炜	田文琴	童颖	屠静怡	万洪	万阳	汪星瀚	王蓓	王剑峰	王瑾	王岚
王玲	王平山	王清平	王榕梅	王顺羊	王松	王万康	王薇	王巍	王玮	王雪琴	王奕荣	王湧	危丽媛
魏懿	魏志平	翁晓翔	翁雪梅	吴剑敏	吴景松	吴泉	吴韶辉	吴炜	吴文	吴湘忆	吴艳琴	吴依艺	肖萍
萧伟	谢靖中	邢国伟	胥甬	徐杰	徐婕	徐俊	徐理	徐林宝	徐龙美	徐璐	徐申	徐晓明	徐旭晨
徐益珍	徐政	许静	许亮	许伟仁	宣景伟	薛军	薛灵燕	薛青	薛煜嵩	寻松	严莉	颜伟	颜秀焕
颜亚菲	杨泓	杨慧	杨明	杨书宁	杨巍	杨晓玲	杨永刚	姚军	姚延康	叶海东	叶辉	叶明珠	叶燕晴
于明哲	俞健新	虞晓华	袁静	岳敏	占世鹏	张晖	张继红	张静波	张隽	张立	张罗新	张清洲	张洮
张天一	张伟程	张霄珏	张晓炎	张旭峰	张怿	张宇红	章斌欢	赵晨	赵竑懿	赵俊	周海慧	周丽华	周亮
周晓海	周燕	周宇庆	周越飞	朱洁静	朱珺	朱明	朱锐根	朱淑蓉	朱铁峰	朱望伟	朱文	朱小虹	朱学锦
竺涵达	庄峻	卓非	宗劲松										

2000 年代名册

2000 年

谌小玲	郭瑞华	季立炯	江南	姜华	李扬	林郁	汪新霓	辛颖	叶琳	张鸿伟	周朝晖	朱毅军	朱永平
朱喆	竺晨捷												

2001 年

陈栋	陈清云	陈晓云	程明生	冯成瑜	何曙明	胡锐	胡世勇	黄秋艳	蒋彦	雷俊华	李健	李文倩	梁淑萍
刘宏欣	刘启荣	刘征	陆雍健	骆正荣	倪志钦	潘智	彭彧	钱锋	乔锋	任源	邵蕾	邵之奇	唐壬
王静宇	吴旭	吴越	杨凯	杨学鲁	杨扬	叶民	袁桦	张艳艳	张战	赵郁	周冬华	周晓峰	周烨
朱家真													

2002 年

蔡渊	陈伯康	陈广东	陈杰甫	陈云涛	戴琳琳	董友谊	段后卫	范佳燕	葛春申	谷建	郭可	郭莹	何学山
洪卓尔	侯春熠	胡强	焦瑜	雷俊	李大松	李冬芸	李剑	林高	刘海洋	刘连全	刘美萍	刘涛	刘小芳
刘雪飞	刘宇宁	卢小涛	马良	买亚毅	孟勇	倪静波	潘嘉凝	潘瓴	商砚穿	沈彬彬	石婷	苏昶	孙峰
孙瑜													

2003 年

柴昀梁　陈翡春　陈婉玉　陈晓宇　陈　勇　范亚树　符宏峰　高志宏　顾　忞　胡晓兰　黄国强　黄　霞　江子扬　雷雪峰
李　佳　李　楠　李　伟　刘　金　刘　蕾　刘　晔　柳和峤　路卫红　马　昂　孟　益　聂　焱　潘海迅　任家龙　桑　椹
施宏毅　施　艳　石玉蓉　苏　粤　唐亚红　王　岚　王惜琼　王　喆　卫　强　吴昌松　吴　芳　吴　峰　徐伟忠　徐中凡
许　伟　薛文静　杨必峰　杨　燕　姚建瑾　姚晓华　张　超　张玮琳　张蔚春　张晓波　张　韵　郑　晓　周　昕　朱惠芬
朱　静　卓　勤

2004 年

边　丽　陈鸿飞　陈　辉　陈明欣　陈小艺　陈叶青　陈怡影　邓克洋　丁　诚　段建立　樊　荣　顾成竹　何　婧　季　烨
蒋坚华　金　芳　李　佳　梁　嘉　林星宇　刘　瀚　刘　琉　刘　翼　罗　骏　孟令谦　齐紫倩　瞿　菁　任志强　沈菲力
沈忠贤　束　庆　宋剑波　苏　超　苏　倩　孙大鹏　孙　峰　孙立军　唐　海　唐尼莱　滕泛颖　汪　瑾　王关越　王江峰
王　婷　王彦杰　韦国龄　吴　慧　伍代琴　夏谨成　薛　融　薛　燕　严赉赟　杨　磊　姚志刚　叶春刚　叶　飞　尹　麟
虞　炜　张　杰　张　韧　张　喆　张志杰　赵一群　钟　晟　周海山　周　杰　朱　滨　朱京军

2005 年

曾荣海　陈　浩　陈继辉　陈妮妍　陈永迪　池鸿鸥　杜　立　高　强　高晓明　葛　宁　顾　力　郭　斌　郭坚斌　何彦文
洪学婷　胡圣文　胡雅云　黄　琦　黄　涛　黄　伟　黄　养　黄　怡　黄宇亮　季　捷　康　凯　李　春　李大为　李　四
李　新　梁媛媛　刘　捷　刘理洲　刘芮含　刘　勇　卢毓斌　鲁　骏　陆　健　栾雪志　倪轶炯　邱凤婷　佘啸吟　沈　禾
施　勇　石梦迪　孙　燨　孙永宏　孙中雷　王亚楠　王耀春　魏晨郁　温祥杰　吴建虹　吴　健　吴亮彦　吴亚舸　奚娜玮
席晓涛　徐洪岩　许　轶　薛　刚　严　洁　杨春雷　杨继敏　姚　陟　尹宇波　英　明　于　鹏　张晨昊　张　皓　张　瑞
张士昌　张雪飞　张月楼　章　敏　赵　旻　赵永华　郑衍派　周　琦　周晓静　朱璧斐　朱莉霞　朱晓晖　朱　晔

2006 年

白小璞　鲍慧光　曹　辉　陈冬平　陈　岚　陈　颖　陈在邦　成旭华　程　睿　崔光普　崔　惠　代　鹏　杜　波　杜　锋
杜　清　段广静　冯献华　高静泽　高凌云　龚　征　顾　辉　顾玲燕　关　欣　归晨成　郭小兰　何涤非　洪清良　侯　晖
胡斯悦　黄　慧　黄源钢　黄遵强　江　波　蒋媄璐　金舒杰　康　敏　亢旭红　李　娟　李　靓　李　楠　李宁洁　李善刚
李媛媛　李振鹏　郦　业　梁开来　廖　方　廖云友　刘建红　刘　兰　刘雅群　刘　颖　卢　雁　陆培青　陆　赟　罗　红
马　军　潘其健　潘娴慧　秦　斌　丘　晟　尚东庆　佘海峰　申　浩　盛小超　施华慧　施　璐　石瑾婷　石　蕾　宋　臣
苏小伟　苏　毅　孙　斌　谈　磊　汤敏芳　陶　臻　佟建波　王海涛　王凯峰　王沁平　王　申　王玮琳　王文军　王　舟
文　旋　吴玮杰　徐蓓蓓　徐　进　徐　燕　徐以纬　徐月鑫　严鸣旻　严文静　苑志勇　张宝军　张波源　张　峰　张佳晔
张开娅　张　萌　张　倩　张秋实　张天瑜　张　薇　张　巍　张玉德　张育娜　张媛媛　张　云　赵辛逸　赵　毅　郑　彦
郑　壮　周　铠　朱保兵　朱吉树　宗廷锋

2007 年

边志美　蔡　煜　岑　薇　曾艺鑫　车　雷　陈　成　陈　婕　陈培德　陈　鹏　陈晓东　陈欣荣　陈奕锋　戴鸿明　丁艳军
董　涛　杜好庆　段　巍　方文平　方义庆　付兴振　高多鸣　龚乐健　贺江波　洪　峰　胡佳轶　胡伟民　胡雄伟　黄丽红
黄新刚　季董玲　江漪波　姜海文　姜　祎　蒋琴华　蒋　颖　金　璟　康　慨　李　波　李昌成　李海超　李家海　李　强

员工名册

林国盛	林素红	刘迪	刘宁	刘伟	刘伟	刘炜	刘县城	刘哲夫	卢婷	吕喆	马旻雯	倪俭	倪晓雯
潘迪	潘越红	祁飞	邱天	裘海晶	沈文超	师将	施险峰	石炜	宋丹峰	孙建鹏	孙朋	孙鹏敏	孙振
谭春晖	唐昳	田心心	万鹏	万颖	汪家平	王钢	王嘉庆	王丽哉	王伟伟	王文霄	韦会强	韦姿泽	吴刚
吴家巍	吴峻	席炜	夏翠琴	谢秀丽	许晨思	许海珠	许霞云	许志钦	薛永战	杨纪华	杨麒	杨荣娟	杨伟
姚倩	姚远	叶知	余骥	张宝珍	张力	张立泉	张良兰	张庆嫦	张涛	张屹	张智慧	赵木孜	郑秋丽
郑弦	周健华	周小梅	周旋旋	周志强	朱南军	朱玉星	邹力强						

2008 年

陈丰	陈吉林	陈楠	陈琼	陈炜	陈远流	成卓	程静洁	崔永祥	樊丽华	房亮	高波	高观赟	高笠源
高龙军	高社	顾必城	顾绍义	郭俊	郭水苗	何佳音	何莹	胡暐昱	黄鲲	黄琪	黄亚娟	嵇贻生	吉阳
郏亚丰	蒋荣刚	蒋镇华	雷俊宁	雷敏	李定	李飞	李红心	李鸿烈	李金玮	李晶晶	李靖	李良	李伟光
李雪芝	李艳	连尉安	梁剑青	林慰	刘桂然	刘捷	刘军	卢泳	鲁翠	陆恩华	陆燕	毛仕宏	梅晨玥
潘俊	彭玫	钱坤	钱仁卫	阮芳英	沙初敏	沈克文	沈洋	寿炜炜	孙立	同龙	万晴	王炜	王杨
魏朋	闻锋	邬佳佳	邬勇伟	吴浩	吴敏奕	吴敏颖	吴杨	奚际权	夏菡	夏寅生	徐崇银	许威	宣燕雯
薛文飞	阎勇	颜召召	杨洋	姚昕怡	姚轶	姚莹	叶霖	叶园园	尹道林	印捷	于贵景	俞彬	俞晓亮
郁俞	袁牧	张阿贵	张帆	张帆	张晖	张坚	张景亮	张颖	张钰磬	赵博	赵娟	赵文	周峻
周磊	周晓	周叶飞	周永华	朱骏	朱沙	朱蔚蔚	朱晔	庄彦	宗晓海	邹浩	左玉兰		

2009 年

白宇东	包婷婷	鲍健	曹杰勇	曹若怡	常荣杰	车坛寿	陈冲	陈敏	陈曦	陈栩凝	程哲昕	崔佳琪	邓置宇
丁敏	丁煦阳	董大伟	都敏	樊英	范文莉	丰海慧	冯艳	高芳	顾丽娟	何振国	黄华	贾京	蒋骞
金欢	康辉	乐磊	雷啸光	李岗	李根	李海玲	李鸿昌	李堃	李敏	李杨	连少卿	连仲毅	林碧共
林洁	林金伟	陆余年	马强	闵铭	钱俊	钱卫洁	饶松涛	沈文娴	施海雄	施佳文	施展	石厅	史炜洲
宋佳音	谭丹妮	汤红永	唐聪	唐君凤	唐甜甜	陶亮	田丰	王珊	王晓博	王晓春	王怡	吴磊	吴卓艺
肖劲斐	邢启文	徐伟	徐志春	许琴琴	颜燕	杨宏	易礼	尹航	于亮	俞超	郁路青	袁扬	张大鹏
张恒超	张洪涛	张稳	张协	张艳	张英斌	张朕磊	张子涵	赵靓	赵琦	赵旭东	赵颖	赵彧	郑聪
钟磊	钟炼	周琪	朱凤超	邹东楠									

2010 年代名册

2010 年

包藏新	边波	卞来峰	曹从筑	曾朝芹	陈彪	陈洁	陈静华	陈文歆	陈意鸣	陈治国	陈重力	程隽	崔奇岚
崔瑶	戴燕	丁松宇	法正皓	冯枫	傅蕾	高明学	高英	葛蓓蕾	宫霓	顾翔	郭文敏	郭云霞	韩洋
郝智星	何海涛	胡飞锋	胡红梅	华冬昕	姜世峰	净娟妮	孔祥恒	李焕龙	李建强	李宗凯	林磊	林松	蔺睿
凌李	刘东兴	刘光慧	刘红	罗鹏	吕颖俊	马立果	孟燕燕	欧阳文	彭婷婷	戚巧女	钱栋	钱雯	钱正云
邱盛栋	邵维铮	沈奕	沈逸斐	盛坚	盛垚	施昕	石硕	舒勇	宋嘉	宋世超	苏肖亮	孙赫	孙一
汤凤龙	汪帅	王佳怡	王珏	王玲巧	王尧萍	王媛	王云翼	王桢	魏鹏程	魏丕侠	魏宇涵	文俊	吴昌将

吴佳临　辛金超　徐　丽　徐亚庆　徐燕宁　徐　洋　许　杰　许　杨　闫明明　杨　奕　姚国圣　叶立贤　袁　芯　张步荫
张春彦　张宏峰　张　珺　张　磊　张鹭超　张木子　张宁宁　张如意　赵　超　郑　鑫　周建华　周　涛　朱柏荣　朱　华
朱正方　庄楚龙

2011 年

DANNY,BOTH,NARITH HIN　蔡朋程　蔡荣元　曹本峰　曹　杨　陈竑杰　陈　洁　陈万慧　陈希文　陈艺通　陈　宇　陈真宗
程茂辉　戴　倩　戴晓红　邓蓓蓓　董兆海　段博文　樊春英　樊建斌　方　俊　冯佳晓　冯文华　冯晓舟　傅慧闻　高国玉
高　路　高其腾　耿佶鹏　顾　佳　顾隽惠　郭跃宁　韩　伟　韩　毓　何文湘　何一鸣　何　珍　贺佳庆　贺雅敏　贺　瑜
胡　洪　华德琪　黄　力　黄　硕　黄伟立　黄晓光　黄毅蓉　加亚楠　贾京涛　江　春　江紫霞　姜皑琳　姜乔乔　蒋建华
焦　阳　金　旭　金兆畇　靳阳洋　况　茜　雷　刚　李冰心　李成源　李亨全　李　莉　李律韵　李明亮　李　楠　李　荣
李雪峰　李振翔　李卓玥　郦海东　梁绍宝　刘百通　刘　东　刘　丰　刘凤仙　刘红丽　刘江黎　刘明辉　刘　纳　刘伟琴
刘小华　刘　铸　娄　阳　卢　珊　马延财　梅　涛　梅　咏　孟祥昊　莫会宇　慕志华　那红宇　倪添麟　宁燕琪　潘　坚
齐　全　祁汉逸　钱　杰　秦彩萍　瞿明珠　阮训治　沈　磊　沈　芮　沈毅伟　盛青青　师任远　史　晟　史　雯　司俊伟
宋习艺　苏　骏　隋海波　孙薇薇　孙宇航　覃慧秀　唐　锋　唐佳俊　唐杰方　田文秀　屠燕萍　汪嘉成　王从容　王槐福
王　辉　王　洁　王羅佳　王瓃佳　王圣博　王万平　王晓霜　王筱莲　王心语　王宇哲　王　玥　王志国　韦金妮　卫　涛
吴　栋　吴　魁　吴　堃　吴萍萍　吴圣滢　吴毓珺　肖静静　肖榆川　谢元俊　熊天齐　徐斌清　徐　超　徐晋巍　徐　乐
徐　璐　徐其态　徐　晟　徐　雯　徐小刚　徐　琰　徐　逸　薛佳莉　严慧玲　燕　艳　杨　晨　杨　翀　杨鸿庆　杨　茜
杨诗家　杨诗雨　杨晓丽　叶皓晟　于海江　于　雷　俞梦悦　袁　成　远　洋　詹　巍　张呈杰　张　海　张海锋　张行洋
张　弘　张锦浩　张竟乐　张　军　张　飒　张　维　张卫辉　张向真　张　晔　赵德平　赵迪颖　赵静怡　赵青春　郑　平
钟伟琴　周干杰　周　红　周　乾　周喆苑　朱红坤　朱希鹏　庄永水

2012 年

曹　斌　曹徐伟　曹一波　曾　博　曾　莹　陈国飞　陈国华　陈华元　陈　佳　陈建军　陈　洁　陈洁卉　陈　倩　陈森亮
陈文源　陈　希　陈心依　陈　瑛　陈　玥　池骁君　崔益健　戴陈军　戴鼎立　狄寅香　丁怀德　丁天齐　董勃翠　董旻婕
董一龙　方明松　冯平刚　冯　鋆　高　斌　高　丹　高　峰　高明志　高雅英　戈壁青　顾云飞　关典为　郭　敬　郭叶叶
郝安民　何　瑾　何菁怡　何凌云　何　旭　洪　江　侯少懿　侯双军　侯征难　胡迪科　黄　溯　黄秀芝　蒋　肥　焦运庆
金尚镇　金元熠　靳海强　郎　垚　黎军壮　李　琤　李　程　李　飞　李格格　李海龙　李俊生　李瑞雄　李文杰　李晓菲
李艳艳　李　喆　梁伯泽　刘　宾　刘承彬　刘　桂　刘建湘　刘景辰　刘均阁　刘克美　刘　丽　刘　雯　刘翔宇　刘　莹
刘　禹　龙　艺　楼　真　陆虎昇　陆　明　陆智美　吕玉彬　马利君　马　鹏　毛春鸣　茅航波　苗　靖　闵天宇　倪碧波
倪玮西　倪小漪　潘法超　潘红燕　潘家欢　庞　胜　彭　丹　彭　友　钱耀华　乔东良　邱春毅　邱　瑾　瞿　迪　全　成
阮鸿浩　芮丽丽　邵有安　沈辰元　沈思伟　施　滔　石彦新　司　晶　宋海洋　宋亚超　苏锡亮　孙　彬　孙洪磊　孙诗鹏
台雪琰　谭奇峰　唐剑扬　涂伯阳　涂剑星　涂　亮　涂宗豫　万佳峰　汪　玮　王从容　王　龚　王洪辉　王瑾瑾　王立品
王瑞栋　王　维　王伟亮　王晓东　王晓骏　王瀚文　王　亦　王　莹　王　颖　王志伟　魏　振　翁海青　翁　磊　吴大利
吴培培　吴天成　夏晨曦　肖　芳　肖至峰　谢浩然　邢智慧　徐　超　徐　骋　徐　迪　徐　凡　许　蓓　杨东磊　杨　晶
杨少辉　杨新龙　杨　雪　杨媛媛　叶　菀　尹　亮　应骏杰　尤宝中　于光远　于海月　余　飞　余松柏　俞　欢　袁成翔
袁宗保　张　晨　张晨冬　张苉予　张　兰　张路西　张　憩　张世阳　张　挺　张文杰　张文杰　张文勇　张小伟　张　彦

员工名册

张 艳　　张艳萍　　赵 江　　赵 杨　　郑嘉麟　　郑康奕　　郑 璞　　周昌昊　　周定武　　周文晖　　周晓帆　　周韵侃　　朱家伟　　朱群帅
朱荣张　　朱天睿　　朱益培　　祝 凯　　宗 淳

2013 年

IAROSLAVA ZHYTCHENKO　　安 新　　蔡亦龙　　陈 迪　　陈路阳　　陈蓉蓉　　陈艺文　　程 熙　　程 阳　　邓韵顿　　董佳治　　董雍娴
杜 坤　　樊劲毅　　范沈龙　　冯彦霄　　高蓉蓉　　耿润民　　耿 卓　　龚 真　　勾 悦　　顾 超　　侯冰冰　　侯付民　　侯建强　　侯小英
胡桑桑　　胡晓霞　　胡雨欣　　黄达明　　黄霜子　　黄耀忠　　季 逍　　贾殿鑫　　江兰馨　　江晓辰　　江雪萍　　姜伟杰　　焦 岩　　金建辉
康 琦　　黎 喜　　李 斌　　李飞虎　　李海亮　　李 豪　　李双哲　　李星桥　　李亚子　　李颖岚　　李 正　　梁远顺　　林京升　　林 星
刘崇文　　刘积豪　　刘寄珂　　刘家齐　　刘今羽　　刘 倩　　刘秋月　　刘 威　　刘晓迅　　刘扬明　　刘雨埔　　刘雨舟　　刘 源　　娄萌鑫
陆鼎杰　　陆维艳　　马 斐　　马 振　　倪 璇　　潘 华　　潘正超　　裴永新　　彭俊凡　　齐曼亦　　屈媛媛　　茹 欣　　沙菲菲　　沈敬上
苏志嘉　　孙腾堃　　汤辰颢　　汤卫华　　唐 伟　　陶春燕　　王 斌　　王 晨　　王 凡　　王 耕　　王昊宇　　王红槟　　王继瑞　　王立威
王 丽　　王 伟　　王骁丁　　王亚琼　　王杨扬　　王 忆　　王 毅　　王 寅　　王 宇　　王照聪　　文月先　　翁丹杰　　吴桂刚　　吴枢慧
吴 岩　　吴祝红　　武 通　　席 攀　　相 延　　肖 艺　　熊 凯　　徐光晶　　徐诗意　　徐 粤　　徐哲恬　　许建立　　许珂瑞　　轩振华
薛小兵　　杨波力　　杨振晓　　叶 菡　　雍有龙　　岳文昆　　张大和　　张 甲　　张 俊　　张 琳　　张 梦　　张 楠　　张群峰　　张逸雯
张 莺　　赵立敏　　赵万良　　郑皇博　　郑基本　　周 诚　　周昊骏　　周 慧　　周佳萍　　周 宇　　朱存鹏　　朱广敏　　朱俊杰　　朱小叶
庄晓岐　　邹辰卿　　邹 勋

2014 年

JORGE GONZALEZ FERRER　　　KUZMENKO KATERYNA　　　SERIK KADIRBAYEV　　岑奕侃　　陈 芳　　陈 晰　　陈 悦　　陈喆旭　　崔 宁
代明星　　戴碧辉　　董 婧　　董 懿　　杜 静　　樊一民　　冯 源　　付晓群　　高利年　　高 喆　　龚心蕾　　郭晨曦　　郭佳鑫　　郭云鹏
韩东博　　韩 阳　　何 豪　　何奇峰　　何 炜　　胡淼然　　黄 艳　　黄逸舟　　季超君　　蒋小音　　蒋 轩　　郎 芳　　李成希　　李海明
李加悦　　李嘉骏　　李江宁　　李 荔　　李 颖　　李 玥　　廖丽萍　　林必增　　林建春　　林伟明　　刘 琼　　刘建广　　刘小音　　刘 洋
刘依华　　陆行舟　　骆嘉元　　骆 明　　吕聪颖　　吕稼悦　　马志良　　邱佳妮　　饶欢欢　　邵晟杰　　沈显祖　　沈 钺　　史晓宇　　舒绍银
束佳旖　　宋佳丽　　宋凌曦　　宋 颖　　苏朝阳　　谭雪桃　　田小芬　　宛 翔　　王东响　　王建新　　王 隽　　王珂一　　卫仲杰　　卫子豪
吴健斌　　吴美玲　　吴霄婧　　夏佩芳　　徐昊珉　　徐 杨　　杨 熹　　杨 杨　　姚 璐　　姚乃嘉　　叶 青　　殷 强　　游斯嘉　　詹旷逸
张 冰　　张豪军　　张庭荣　　张炜焱　　张 雯　　张栩然　　张玉来　　章 雯　　赵雪妍　　郑 恒　　郑 楠　　郑宙青　　钟忆婷　　周 军
朱梦琦　　朱 伟

2015 年

ANDREA MARIGLIANO　　蔡晶晶　　蔡培明　　曹大卫　　曾振荣　　查云龙　　程鸿斌　　邓 晋　　邓 力　　邓小芳　　邓 熘　　丁 耀
丁银中　　方 程　　高丽红　　宫汝勃　　龚 娅　　顾 全　　关士杰　　管泽珂　　郭 睿　　何圆圆　　洪堃柏　　胡延康　　黄 博　　黄宏军
黄金新　　黄 璨　　黄鸣婕　　黄全丰　　黄小青　　黄园园　　赖 勤　　雷 伟　　黎 英　　李 靖　　李玲燕　　李 旆　　李苏鹏　　李吉强
李忠楠　　廖晓逸　　林佳为　　刘 畅　　刘华杰　　刘 筠　　刘诺亚　　刘万洋　　刘 欣　　刘 哲　　陆晨辉　　陆 晔　　陆盈丹　　罗文林
吕昕如　　马基逸　　马梦操　　马泽峰　　秦 森　　秦天雄　　邱 琴　　曲文昕　　沙 莎　　沈思靖　　史腾骏　　司 飞　　田 震　　汪晓刚
王 江　　王 升　　王舒啸　　王 晔　　温宝华　　吴反反　　吴佳云　　吴 杰　　吴黎明　　吴桐斌　　夏 胜　　肖 魁　　徐 凤　　徐哲君
许 寅　　严嘉伟　　严 峻　　燕艳丽　　杨柳枝　　杨 爽　　杨 田　　杨晓林　　姚 觅　　姚 焱　　叶骐榕　　叶 伟　　俞 燕　　原 帅

恽 韵　臧泽青　张华松　张建卿　张 琼　张 璇　张颖智　张振智　张震文　章剑文　赵之楠　郑彦民　钟江峰　周里海
周心唯　周逸坤　周原田　周正久　朱 城　朱大伟　朱竑锦　庄 稼　邹 莉　左 雷

2016 年
晁 阳　陈 恺　陈世泽　陈珠育　池振财　仇雨露　董世富　董文锦　杜 倩　冯丽娜　冯武强　冯 喆　葛 岩　顾三省
韩 晨　侯尚杰　侯 桢　胡佳妮　胡佳怡　黄 东　简亚婷　蒋春丽　蒋明辉　金嘉毅　孔璧莹　兰婷婷　乐 烨　李 力
李亚博　李 扬　梁 飞　刘进兵　刘慕云　刘思阳　刘洋洋　柳 欣　卢易斯　陆柏亘　马晓枫　毛 矛　沈林志　沈蔚伟
沈歆云　石圣松　史 飞　宋红德　唐洁琼　童明慧　万应民　汪子涛　王红保　王 健　王 胜　王小军　王 幸　魏 亮
吴海林　吴 奇　咸 珣　谢弘元　谢 俊　徐 怡　徐宗玲　许尉华　薛 婷　阎 鹏　燕 阳　杨金玲　叶 赛　于昊阳
俞昔非　张奎武　张文泉　张西辰　张雅祯　章 翊　郑 锐　周国祥　周黄政　周紫薇　朱广祥　庄雅婷　卓虞辰

2017 年
包菁芸　包闻捷　毕世博　边 璐　卜德强　曹红志　曾富全　陈佳园　陈 缙　陈顺华　陈 昕　陈仪有　陈熠珂　陈永琪
陈兆铭　崔鲁燕　戴 超　戴 军　党卫平　丁佳倩　丁 杰　丁 娜　丁元梓　范天玮　房久鑫　高 博　龚丽雅　顾海平
顾思源　郭敏妹　郭云柯　何石鹏　何 勇　侯舒宁　侯玉婷　黄 飞　黄京弘　黄 舒　黄文雅　黄怡然　季若昕　江传伟
姜莹莹　解志强　晋容琰　乐思辰　李嘉楠　李凯鹏　李梦露　李倩楠　李 勤　李 霞　李晓昀　李 阳　李英姿　廖 楷
林春旺　林 蔚　林奕江　刘 成　刘 城　刘 欢　刘 坤　刘双雁　刘祝贺　刘紫薇　卢宇超　罗 珌　骆正琦　吕 昕
吕英霞　孟祥来　米 琼　米姝颖　宁 楠　欧 彧　潘 剑　潘 钦　皮龙华　戚曹宏　齐 放　钱方明　瞿思敏　任维护
桑圣楠　桑 田　沈静文　沈立东　石风辉　舒之捷　束一旸　宋吉平　檀碧林　唐 涛　汪蕙莛　汪雨田　王纯久　王南翔
王 萍　王少剑　王舒曼　王 涛　王小凡　王雪寅　王泽剑　翁远期　吴 颢　吴少丹　吴宜谦　夏晶晶　夏倩煜　肖 腾
谢 珣　徐嘉丰　徐 涛　许 玲　许鹏飞　薛然文　杨 柳　杨旺辉　杨文红　杨悦瑾　姚 乐　姚卫兵　于 昂　于 山
于尚民　余辰尉　余力谨　张宾宇　张 昊　张家亮　张婧莹　张 敏　张 强　张廷禄　张 英　赵文彦　赵 希　赵 舟
周 斌　周 晨　周佳玥　周 劼　周良亮　朱 兵　朱海华　朱浩楠　朱凯帆　朱磊鑫　朱玲玲　朱育君　庄 檬　邹 飞

2018 年
安培培　白梦丹　薄 帆　蔡正一　曹 丹　曹 静　曾金兴　曾 烨　柴津津　陈 岑　陈晨杰　陈 澄　陈 东　陈凤儿
陈 杭　陈俊宇　陈 李　陈 亮　陈林松　陈 平　陈伟伟　陈文希　陈相儒　陈 欣　陈 嫣　陈泽荣　仇书烨　崔 佳
单 群　邓 沐　丁 飞　董心宇　杜成辰　杜 聪　杜 放　杜 杨　开 物　范艺安　方家晟　方 磊　方 彦　方泽明
房佳玮　冯晨晨　付栋栋　富 宁　高德伟　高 飞　高石川　高亚楠　龚皆豪　顾菁云　郭文辉　韩 丞　郝名荣　何海龙
何 禾　何 瑶　何咏仪　何子平　洪 菲　胡大坚　黄海涛　黄巧惠　黄 星　黄 正　霍晋龙　霍旭亮　姬国强　贾子剑
江 伟　姜 阳　蒋加苗　焦利锋　解文峰　金 晶　金肖霄　金雨双　鞠擎天　柯堡森　赖鹏超　黎欣欣　李金穗　李 倩
李思思　李思雨　李小英　梁安宏　梁金虎　梁 泉　廖笔梅　林 捷　林若冰　林 妍　林永坤　林昱天　刘承霖　刘佳生
刘竟成　刘萌旭　刘 莎　刘文鹏　刘曦文　刘悦涛　娄惠东　栾文杰　罗闻捷　马爱荣　毛 毅　孟国利　莫菲洋　莫雯骏
潘 棠　潘亦杰　潘运泓　庞 科　彭韵琳　邓 志　齐英杰　钱嘉军　钱 镜　邱蕃华　屈红梅　任 方　任 亮　芮雪芹
尚筱婷　沈松延　沈 添　沈阳超　沈叶春　盛文涛　施成良　施含枫　施吉锋　石维峰　石文凯　舒 云　宋 晶　宋苏平
苏辰光　苏萍萍　孙德伟　孙东磊　孙行健　孙 慧　孙健文　孙凯莉　孙能斌　孙求知　孙瑞卿　孙小宁　孙宇娜　孙元超

员工名册

孙元杰	锁蔚	汤雪山	陶清璐	滕起	童芳林	童哲敏	万绍裘	万耀	汪泠红	王兵	王冲	王宏	王慧靖
王佳民	王珈瑶	王李	王森	王箐阳	王伟	王卫国	王欣	王烟竹	王影影	王馀丰	王宇荣	王赟	王政
魏强	翁晓翼	吴昊	吴淑沄	吴一珉	吴增阳	肖林伟	肖诗韵	肖沅芷	邢庆	邢箴	徐催	徐鸿懿	徐嘉璐
徐俊	徐兰君	徐文	徐翔洲	许筱翎	许志臻	薛懿淳	薛元	严厚宇	严琳	严晓东	颜潇潇	杨帆	杨宏磊
杨洪森	杨辉	杨奇锋	杨升	杨伟纳	杨晓霞	姚健聪	姚尧	叶立平	殷文舟	尹邦武	尹洪宁	于晨	于点
于天博	于晓彤	于珍红	余骊影	余婷	虞路遥	郁亚楼	袁铭轩	岳佳慧	翟乃文	詹长浩	张国强	张汉生	张浩
张吉炎	张洁怡	张晶晶	张雷明	张玲香	张年洋	张天蔚	张万	张晓辉	张孝廉	张欣琦	张旭东	张翼飞	张银松
张紫敏	赵爽	赵月玲	郑炯炯	周富玉	周宏磊	周佳祺	周梦奇	周延林	周艳方	周依隽	周于疆	周宇凡	周震
周志鹏	朱诗彧	朱伟明	朱永年	朱垣晓	朱赟	庄明燕	卓琪淞	宗韬					

主要获奖项目
Important Award-Winning Projects

詹天佑土木工程大奖

上海（八万人）体育场（2001 年）

上海科技馆（原名：上海科技城）（2003 年）

上海中银大厦（原名：上海浦东国际金融大厦）（2004 年）

武汉体育中心体育场（2004 年）

上海国际赛车场工程（2005 年）

武汉丽岛花园（2005 年）

明天广场（2006 年）

上海旗忠森林体育城网球中心（2007 年）

沈阳奥林匹克体育中心五里河体育场（2008 年）

上海世博会中国馆工程（2010 年）

上海光源（SSRF）国家重大科学工程（2011 年）

上海迪士尼度假区（2018 年）

国家级勘察设计奖（全国优秀工程勘察设计奖）工程金奖

上海图书馆（新馆）（1999 年）

上海（八万人）体育场（2000 年）

上海旗忠森林体育城网球中心项目（2008 年）

国家级勘察设计奖（全国优秀工程勘察设计奖）工程银奖

上海博物馆（新馆）（1999 年）

上海光源（主体）工程（2010 年）

金茂三亚丽思卡尔顿酒店（2010 年）

国家级勘察设计奖（全国优秀工程勘察设计奖）工程铜奖

上海外滩风景带一、二期（1996 年）

上海市市政大厦（1999 年）

厦门行政中心大会堂（2000 年）

上海现代建筑设计大厦（2002 年）

静安区 46 号地块（新福康里）（2002 年）

上海华山医院门急诊楼项目（2007 年）

部级勘察设计奖（全国优秀工程勘察设计行业奖）一等奖

上海康乐居住小区（1994 年）

上海图书馆（新馆）（1998 年）

上海（八万人）体育场（2000 年）

上海旗忠森林体育城网球中心（2008 年）

上海光源（主体）工程（2009 年）

金茂三亚丽思卡尔顿酒店（2009 年）

2010 年上海世博会中国馆（2011 年）

上海东方体育中心综合体育馆游泳馆（2013 年）

上海市质子重离子医院（2013 年）

乌镇大剧院（2015 年）

和平饭店修缮与整治工程（2015 年）

上海东方肝胆医院（2017 年）

上海德达医院（2017 年）

部级勘察设计奖（全国优秀工程勘察设计行业奖）二等奖

陶行知纪念馆（1989 年）

埃及开罗国际会议中心（1993 年）

上海博物馆（新馆）（1998 年）

上海市市政大厦（1998 年）

厦门行政中心大会堂（2000 年）

上海现代建筑设计大厦（2001 年）

上海美术馆新馆改扩建工程（2001 年）

静安区 46 号地块（新福康里）（2001 年）

绍兴大剧院（2005 年）

上海华山医院门急诊楼（2005 年）

卢湾体育场整体改造及青少年中心（2005 年）

中钞油墨生产基地（2005 年）

上海信息枢纽大楼（2005 年）

上海国际赛车场（2005 年）

世茂滨江花园二号楼（2005 年）

国际汽车城大厦（2008 年）

威海国际会展中心（2008 年）

上海印钞厂老回字形印钞工房迁建（2008 年）

新江湾城文化中心（2008 年）

无锡医疗中心（2009 年）

沈阳奥林匹克体育中心五里河体育场（2009 年）

复旦大学附属儿科医院迁建工程（2009 年）

上海市闸北区大宁商业中心（2009 年）

上海太平金融大厦（2013 年）

上海辰山植物园公共建筑项目（2013 年）

上海华为技术有限公司上海基地（2013 年）

厦门海峡交流中心国际会议中心（2013 年）

上海漕河泾开发区浦江高科技园 A1 地块工业厂房（一期）（2013 年）

凌空 SOHO（2017 年）

华山医院北院新建工程（2017 年）

宁波环球航运广场（2017 年）

厦门建发国际大厦（2017 年）

部级勘察设计奖（全国优秀工程勘察设计行业奖）三等奖

复旦大学文科图书馆（1986 年）

上海电影技术厂强吸声音乐录音棚（二期）（1986 年）

上海市彭浦六期高层住宅（1989 年）

上海生物制品研究所血液制剂楼（1993 年）

复旦大学逸夫楼（1993 年）

黄浦区少年宫（1993 年）

上海国际购物中心（1995 年）

上海青年文化活动中心（1998 年）

苏州会议中心·苏州人民大会堂（2000 年）

浦东游泳馆 (临沂游泳馆)（2000 年）

虹口体育中心一期工程（虹口足球场）（2001 年）

浦东新区少年宫、图书馆（2001 年）

世纪大道第 5、第 6 标段（中央广场）（2001 年）

三林城南块西区第一期（2001 年）

浙江省台州市黄岩区政府行政大楼（2003 年）

汕头游泳跳水馆（2003 年）

上海华山医院病房综合楼（2003 年）

罗店新镇美兰湖国际会议中心（2005 年）

邓小平故居陈列馆（2005 年）

上海浦东发展银行信息中心（2005 年）

上海科技馆 (2005 年)

花旗集团大厦（2008 年）

上海浦东展览馆（2008 年）

援苏丹共和国国际会议厅（2008 年）

千岛湖开元度假村（2008 年）

华东师范大学闵行校区文史哲古学院（2008 年）

苏州工业园区九龙医院（2008 年）

上海交通大学闵行校区体育馆（2009 年）

洋山深水港展示中心（2009 年）

上海海事大学临港新校区图文信息中心（2009 年）

苏州金鸡湖大酒店商务酒店（2009 年）

松江大学城资源共享区体育馆游泳馆（2009 年）

昆山阳澄湖酒店（2011 年）

天津滨海高新区研发、孵化和综合服务中心（2011 年）

潍坊市体育中心体育场（2011 年）

沈阳奥林匹克体育中心综合体育馆、游泳馆及网球中心（2011 年）

世博村 D 地块（2011 年）

上海古北国际财富中心（2013 年）

上海漕河泾现代服务业集聚区二期（一）工程（2013 年）

无锡大剧院（2013 年）

辽宁省科技馆（2015 年）

上海临港新城皇冠假日酒店（2015 年）

上海国际航运服务中心西地块 14 号楼（2015 年）

常州现代传媒中心（2017 年）

西安临潼悦椿温泉酒店项目（2017 年）

全国工程勘察设计行业奖建筑智能化专业　　一等奖

上海国际赛车场弱电系统集成（2008 年）

中国 2010 年上海世博会中国馆（2013 年）

全国工程勘察设计行业奖建筑电气工程专业　　一等奖

上海东方体育中心综合体育馆游泳馆（2015 年）

上海浦东发展银行合肥综合中心（2017 年）

全国工程勘察设计行业奖建筑环境与设备专业　　一等奖

上海临空园区 6 号地块 1、2 号科技产业楼（2011 年）

上海华为技术有限公司上海基地建设项目（2013 年）

上海国际航运服务中心西地块 14 号楼（2015 年）

全国工程勘察设计行业奖水系统工程专业　一等奖

上海东方肝胆医院（2017 年）

新中国 50 年上海经典建筑 金奖经典建筑

金茂大厦（1999 年）

上海展览中心（1999 年）

上海博物馆（1999 年）

上海（八万人）体育场（1999 年）

上海图书馆（新馆）（1999 年）

新锦江大酒店（1999 年）

新中国 50 年上海经典建筑 银奖经典建筑

证券大厦（1999 年）

新世纪广场（1999 年）

上海静安希尔顿酒店（1999 年）

上海市龙华烈士陵园（1999 年）

上海体育馆（1999 年）

新中国 50 年上海经典建筑 铜奖经典建筑

上海第一八佰伴有限公司新世纪商厦（1999 年）

虹口足球场（1999 年）

上海国际贸易中心（1999 年）

浦东开发开放十年建设精品项目金奖

金茂大厦（2000 年）

证券大厦（2000 年）

上海中银大厦（上海浦东国际金融大厦）（2000 年）

上海第一八佰伴有限公司新世纪商厦（2000 年）

浦东开发开放十年建设精品项目银奖

浦东游泳馆（临沂游泳馆）（2000 年）

上海招商局大厦（2000 年）

浦东香格里拉大酒店（2000 年）

三林城安居苑（2000 年）

上海儿童医学中心（2000 年）

世界广场（2000 年）

浦东开发开放十年建设精品项目铜奖

上海新亚汤臣大酒店（2000 年）

期货大厦（2000 年）

东视大厦（东方电视大厦）（2000 年）

改革开放 30 年上海城市建设发展成果展示活动金奖

金茂大厦（2008 年）

上海（八万人）体育场（2008 年）

上海博物馆（新馆）（2008 年）

上海光源（主体）工程（2008 年）

上海图书馆（新馆）（2008 年）

上海音乐厅（2008 年）

上海浦东发展银行修缮（2008 年）

改革开放 30 年上海城市建设发展成果展示活动银奖

上海科技馆（2008 年）

旗忠森林体育城网球中心（2008 年）

静安希尔顿酒店（2008 年）

上海新国际博览中心（2008 年）

明天广场（2008 年）

新福康里（2008 年）

世博会浦江镇定向安置基地 5、8 街坊（2008 年）

改革开放 30 年上海城市建设发展成果展示活动优秀奖

新世纪商厦（2008 年）

上海公共卫生中心（2008 年）

华山医院门急诊楼（2008 年）

上海证券大厦（2008 年）

新锦江大酒店（2008 年）

上海宾馆（2008 年）

虹口足球场（2008 年）

新江湾城文化中心（2008 年）

上海国际贸易中心（2008 年）

主要获奖项目

上海国际赛车场（2008 年）

达安花园（2008 年）

国际丽都城（2008 年）

梅陇镇广场（2008 年）

上海儿童医学中心（2008 年）

东方电视大厦（2008 年）

上海交通大学闵行校区（2008 年）

浦东国际金融大厦（2008 年）

中福会少年宫大理石大厦改造工程（2008 年）

中国建筑学会建筑创作奖创作大奖

上海曹杨新村（2009 年）

上海锦江小礼堂（2009 年）

上海闵行一条街（2009 年）

上海体育馆（2009 年）

埃及开罗国际会议中心（2009 年）

新锦江大酒店（2009 年）

上海博物馆（新馆）（2009 年）

上海图书馆（新馆）（2009 年）

上海（八万人）体育场（2009 年）

上海金茂大厦（2009 年）

浦东国际金融大厦（中银大厦）（2009 年）

上海科技馆（2009 年）

明天广场（2009 年）

邓小平纪念馆（2009 年）

上海国际赛车场（2009 年）

援苏丹共和国国际会议厅（2009 年）

沈阳奥林匹克体育中心（2009 年）

上海光源工程（2009 年）

中国建筑学会建筑创作奖入围奖

上海海事大学图文信息中心项目（2009 年）

上海儿童医学中心项目（2009 年）

上海交通大学闵行校区项目（2009 年）

上海市公共卫生中心项目（2009 年）

新江湾城文化中心项目（2009 年）

越南国家中央体育场项目（2009 年）

虹口体育中心一期工程（虹口足球场）项目（2009 年）

上海现代建筑设计大厦（申元大厦）项目（2009 年）

上海新世纪商厦（第一八佰伴）项目（2009 年）

上海蕃瓜弄项目（2009 年）

绍兴大剧院项目（2009 年）

金茂三亚度假大酒店（一期工程）项目（2009 年）

上海旗忠森林体育网球中心项目（2009 年）

上海市优质工程

上海宝山宾馆（1982 年）

上南新村居住小区一、二街坊住宅工程（1982 年）

上海电影制片厂工作楼（1982 年）

新华书店上海发行所延长路仓库（1983 年）

长阳旅馆工程（1983 年）

上海石化总厂外技家属宿舍（1983 年）

上海宾馆（1984 年）

上海宝山宾馆南楼（1985 年）

燎原电影院（1985 年）

陶行知纪念馆（1988 年）

宋庆龄陵园（1988 年）

雁荡公寓（1988 年）

上海交通大学二部 1 号教学楼（1989 年）

宝钢科技文化馆（1989 年）

上海市政协办公活动楼（1989 年）

上海图书馆龙华路书库（1990 年）

上海市奥林匹克俱乐部（1990 年）

东海商业中心（1996 年）

虹梅花苑（1996 年）

国际公寓（1996 年）

上海市优秀工程设计一等奖

苏丹友谊厅（1981 年）

强吸声音乐录音楼设计和研究（二期）设计（1986 年）

陶行知纪念馆（1987 年）

交大二部第 1、2 号教育楼（1988 年）

虹桥迎宾馆总统别墅楼（1989 年）

埃及开罗国际会议中心（1990 年）

延安东路越江隧道及第 1、2 号风塔（1990 年）

复旦大学逸夫楼（1991 年）

上海康乐小区工程（1993 年）

上海国际购物中心工程（1994 年）

上海市杨浦大桥主桥工程（1994 年）

上海博物馆（人民广场新馆）工程（1996 年）

上海新世纪商厦（第一八佰伴）工程（1996 年）

上海图书馆（新馆）工程（1997 年）

厦门行政中心大会堂工程（1997 年）

上海（八万人）体育场（1998 年）

上海儿童医学中心（1999 年）

交行十六铺大厦（交银大厦）（1999 年）

虹口体育中心一期工程（虹口足球场）（2001 年）

世纪大道第 5、第 6 标段（中央广场）（2001 年）

浦东国际金融大厦（中银大厦）（2001 年）

静安区 46 号地块（新福康里）一期工程 1 号楼（2001 年）

上海科技馆（原名上海科技城）工程（2003 年）

汕头游泳跳水馆工程（2003 年）

上海信息枢纽大楼项目（2003 年）

上海金光外滩金融中心工程（2003 年）

上海财政局、地方税务局综合办公楼项目（2003 年）

上海华山医院病房综合楼项目（2003 年）

东明花苑商品住宅小区工程（2004 年）

上海国际赛车场项目（2005 年）

越南国家中央体育场项目（2005 年）

明天广场项目（2005 年）

上海市共公卫生中心项目（2005 年）

绍兴大剧院项目（2005 年）

中福会国际和平妇幼保健院妇产科综合大楼项目（2005 年）

上海浦东发展银行信息中心项目（2005 年）

上海华山医院门急诊楼项目（2005 年）

邓小平故居陈列室项目（2005 年）

世博会浦江镇定向安置基地 8 街坊工程（2006 年）

上海城开晶华苑工程（2006 年）

华府天地工程（2006 年）

大唐盛世花园工程（2006 年）

上海印钞厂老回字形印钞工房易地迁建项目（2007 年）

上海旗忠森林体育城网球中心项目（2007 年）

上海市浦东新区文献中心项目（2007 年）

金茂三亚度假大酒店（一期工程）项目（2007 年）

瑞金医院门诊医技楼改扩建项目（2007 年）

昆山市体育中心体育馆项目（2007 年）

新江湾城文化中心项目（2007 年）

东昌滨江园（现名：上海财富广场）项目（2007 年）

苏州工业园区九龙医院项目（2007 年）

威海市国际商品交易中心项目（2007 年）

中山东一路 12 号大楼修缮改建项目（2007 年）

中福会少年宫大理石大厦改造项目（2007 年）

衡山马勒别墅饭店保护性修缮工程（2007 年）

上海音乐厅平移和修缮项目（2007 年）

上海光源（主体）工程项目（2009 年）

金茂三亚丽思卡尔顿酒店项目（2009 年）

上海港国际客运中心客运综合大楼项目（2009 年）

上海市闸北区大宁商业中心项目（2009 年）

复旦大学附属儿科医院迁建工程项目（2009 年）

沈阳奥林匹克体育中心五里河体育场项目（2009 年）

上海交通大学闵行校区体育馆项目（2009 年）

洋山深水港展示中心项目（2009 年）

上海辰山植物园公共建筑项目（2011 年）

厦门长庚医院（一期）项目（2011 年）

昆山阳澄湖酒店项目（2011 年）

甬台温铁路温州南站项目（2011 年）

沈阳奥林匹克体育中心综合体育馆、游泳馆及网球中心项目（2011 年）

主要获奖项目

潍坊市体育中心 - 体育场项目（2011 年）

厦门海峡交流中心国际会议中心项目（2011 年）

上海东方体育中心综合体育馆游泳馆项目（2013 年）

上海华为技术有限公司上海基地项目（2013 年）

上海市质子重离子医院项目（2013 年）

上海太平金融大厦项目（2013 年）

上海漕河泾开发区浦江高科技园 A1 地块工业厂房（一期）项目（2013 年）

上海青浦夏阳湖酒店项目（2013 年）

上海漕河泾现代服务业集聚区二期（一）工程项目（2013 年）

中国银行上海分行大楼修缮工程（2013 年）

和平饭店修缮与整治工程项目（2013 年）

上海华山医院北院新建工程（2013 年）

常州现代传媒中心项目（2015 年）

辽宁省科技馆项目（2015 年）

沈阳文化艺术中心项目（2015 年）

乌镇大剧院项目（2015 年）

上海国际航运服务中心西地块（14 号楼）项目（2015 年）

西安临潼悦椿温泉酒店项目（2015 年）

上海嘉誉湾（新江湾城 C5-2 地块）（2016 年）

凌空 SOHO（2017 年）

诚品书店文化商业综合体（2017 年）

上海东方肝胆医院（2017 年）

上海船厂（浦东）区域 2E1-1 地块（2017 年）

上海德达医院（2017 年）

上海四行仓库修缮工程（2017 年）

福晟·钱隆广场（2017 年）

慈林医院建设项目（一期）（2017 年）

上海新城饭店装修修缮（2017 年）

上海市优秀工程设计二等奖

上海体育馆（1981 年）

上海电视台（1981 年）

二军大 CT 工程设计（1986 年）

瑞金医院职工高层住宅（1987 年）

浦东上南新村十四街坊幼儿园（1987 年）

市政协大楼工程（1988 年）

市计划生育宣传教育中心工程（1988 年）

宝山科技文化馆工程（1988 年）

复旦大学文科教学科研楼（1989 年）

上海远洋宾馆（1989 年）

上海友谊汽车服务公司吴中路多层车库（1989 年）

南洋模范中学新建教育大楼（1989 年）

新虹桥大厦（1990 年）

南通市广播电视塔（1990 年）

华山医院（二十层）病房大楼（1990 年）

上海市妇女联合会办公楼（1990 年）

新虹桥俱乐部及体育健康中心（1991 年）

中科院上海生物工程实验基地（1991 年）

上海乳制品培训研究中心（1991 年）

卫生部上海生物制品研究所血液制剂生产楼（二期）（1992 年）

上海交通大学包玉刚图书馆工程（1992 年）

上海外贸谈判大楼（柏树大厦）工程（1992 年）

中山医院外科病房及科研楼工程（1992 年）

古北新区 21 街坊钻石公寓工程（1992 年）

埃及开罗国际会议中心绿化工程（1992 年）

上海佛教协会沉香阁修复工程（1993 年）

徐汇中学教学楼扩建工程（1993 年）

上海外滩风景带环境设计一期工程（1993 年）

连云港市财政干部培训中心工程（1995 年）

外滩风景带设计二期工程（1995 年）

众城大厦工程（1995 年）

华师大三附中工程（1995 年）

市政大厦（1996 年）

太阳广场（1996 年）

龙华烈士陵园（1997 年）

上海青年文化活动中心（1997 年）

淮海中路东段城市景观设计（1997 年）

苏州会议中心·苏州人民大会堂（1998 年）

东方电视大厦（1998 年）

虹桥开发区金桥大厦（1998 年）

上海梅陇镇广场（1998 年）

世界广场（1998 年）

汇金广场（1998 年）

浦东游泳馆 (临沂游泳馆)（1999 年）

上海国际网球中心（1999 年）

第一百货股份有限公司六合路商业大厦 (上海第一百货东楼)（1999 年）

东樱花苑 一、二期（1999 年）

上海现代建筑设计大厦（申元大厦）（2001 年）

浦东新区少年宫、图书馆（2001 年）

上海美术馆新馆改建工程（2001 年）

三林城南块西区第一期 B 型（2001 年）

三林城南块西区第一期 C 型（2001 年）

静安区 46 号地块（新福康里）一期工程 3~4 号楼（2001 年）

静安区 46 号地块（新福康里）一期工程 5~10 号楼（2001 年）

上海花城（原名上棉二十一厂改造工程）工程（2002 年）

祥和家园一期工程（2002 年）

浙江省台州市黄岩区政府行政大楼（原名：黄岩区政府机关大院改造工程）项目（2003 年）

上海市公安局闵行分局指挥中心项目（2003 年）

乍嘉苏高速公路嘉兴管理中心项目（2003 年）

光明城市公寓（原名：同大昌住宅）工程（2004 年）

卢湾体育场整体改造及青少年中心项目（2005 年）

上海市第一中级人民法院审判法庭楼项目（2005 年）

罗店新镇美兰湖国际会议中心项目（2005 年）

上海中医学大学迁建工程项目（2005 年）

上海南汇中学项目（2005 年）

上海植物园展览温室项目（2005 年）

中钞油墨生产基地项目（2005 年）

海悦花园工程（2006 年）

苏州金鸡湖大酒店（国宾区）项目（2007 年）

上海复旦高科技园区二期工程（原名：四平科技公园二期配套用房）项目（2007 年）

复旦大学国际学术交流中心项目（2007 年）

援苏丹共和国国际会议厅项目（2007 年）

国际汽车城大厦项目（2007 年）

台州国际饭店一期项目（2007 年）

张杨滨江花苑住宅小区项目（2007 年）

X1-7 地块金融大厦（现名：花旗集团大厦）项目（2007 年）

华东师范大学闵行校区文史哲古学院项目（2007 年）

千岛湖开元度假村项目（2007 年）

松江大学城资源共享区体育馆游泳馆项目（2009 年）

上海海事大学临港新校区体育中心项目（2009 年）

上海市人民政府驻西藏办事处项目（2009 年）

上海海事大学临港新校区图文信息中心项目（2009 年）

西安西港国际大厦（现名招商银行大厦）项目（2009 年）

无锡医疗中心项目（2009 年）

温州龙湾区行政管理中心大楼项目（2009 年）

苏州金鸡湖大酒店商务酒店项目（2009 年）

东郊宾馆客房楼（2009 年）

无锡第一国际住宅小区一期项目（2010 年）

中国航海博物馆项目（2011 年）

上海中金广场项目（2011 年）

上海世博村 D 地块项目（2011 年）

西门子上海中心（一期）项目（2011 年）

天津滨海高新区研发、孵化和综合服务中心项目（2011 年）

上海港国际客运中心商业配套项目—S-B7 办公楼项目（2011 年）

上海虹桥产业楼 1、2 号楼项目（2011 年）

上海古北国际财富中心（二期）（2013 年）

上海临港新城皇冠假日酒店（2013 年）

上海市宝山区人民法院项目（2013 年）

无锡市人民医院二期工程项目（2013 年）

杭州市浙江财富金融中心项目（2013 年）

苏州金鸡湖大酒店二期（8 号楼）项目（2013 年）

无锡大剧院项目（2013 年）

贵阳市中国铁建·国际城 B、C、F 组团项目（2014 年）

北京东路 2 号房屋修缮（2015 年）

新江湾中凯城市之光名苑（2016 年）

厦门建发国际大厦（2017 年）

宁波环球航运广场（2017 年）

上海世纪大都会 2-3 地块（2017 年）

主要获奖项目

上海迪士尼乐园配套项目酒店（2017 年）

上海市优秀工程设计三等奖

外贸镇江中转冷库（1981 年）

宝山宾馆（1981 年）

上海石油化工总厂医院（1981 年）

复旦大学文科图书馆（1986 年）

雁荡公寓设计（1986 年）

嘉定桃园新村住宅区设计（1986 年）

威海路高层设计（1986 年）

彭浦六期条状高层试点（1987 年）

上海石化总厂工人疗养院（1987 年）

延安饭店会堂（1988 年）

宝山居住区中心（1988 年）

上海交通大学二部第三教学楼（1990 年）

上海市总工会全日制幼儿园（1990 年）

上海图书馆龙吴路书库（1990 年）

上海市回民中学实验楼（1990 年）

中国科学院上海学术活动中心（1991 年）

上海人民广播电台题桥发射台（1991 年）

上南新村二期一、二街坊（1991 年）

青岛医学院附属医院病房、手术大楼工程（1992 年）

中福会宋庆龄幼儿园工程（1992 年）

北京人民大会堂上海厅改建设计工程（1992 年）

上海市黄浦区少年宫工程（1993 年）

虹桥音乐喷泉歌舞厅工程（1993 年）

上海展览中心西二馆工程（1993 年）

漕河泾 A5 块通用厂房工程（1993 年）

川沙大酒家（新川大厦）（1994 年）

复旦大学应昌期科技楼工程（1994 年）

上海交大闵行分部计算中心工程（1994 年）

东海商业中心（1996 年）

江苏化工学院图书馆工程（1996 年）

沪西商厦（1996 年）

上海邮电培训中心、邮电俱乐部（1996 年）

海华花园（1996 年）

玫瑰别墅 1 型、5 型（1996 年）

上海儿童博物馆（1997 年）

毛里塔尼亚努瓦克肖特国际会议中心（1997 年）

延安西路高架收费广场及办公室（1997 年）

上海美食文化娱乐中心（1997 年）

东海商业中心（一期）（1997 年）

上海世外桃源花园别墅小区（1997 年）

上海虹梅花苑 2 号 A（1997 年）

上海长征医院急救医疗中心（1998 年）

上海港口机械厂综合楼（1998 年）

青岛医学院附属医院门急诊大楼（1998 年）

上海阳明花园广场 A 区（1998 年）

上海中国画院 （华仁大厦）（1999 年）

港泰广场商务楼（1999 年）

苏州明基电脑股份有限公司生产综合楼（1999 年）

东方航空公司外高桥飞行培训中心（1999 年）

鲁迅纪念馆（新馆）（2001 年）

浦东国际机场金融中心（2001 年）

陈云故居暨青浦革命历史纪念馆（2001 年）

上海东方肝胆外科医院病房楼（2001 年）

华东医院南楼大修（2001 年）

黄山市体育馆（2001 年）

毛里塔尼亚伊斯兰共和国总统府办公楼（2001 年）

南京文化艺术中心（2001 年）

东方巴黎霞飞苑 高层住宅（2001 年）

康泰新城二期 12 号房（2001 年）

青浦区中心医院项目（2003 年）

瑞金医院科技教学大楼项目（2003 年）

中共上海市委统战部综合楼项目（2003 年）

上海市政协文化俱乐部改扩建工程（2003 年）

上海市青浦高级中学（一期工程）（2003 年）

上海崇明电信局信息大楼项目（2003 年）

西郊公寓酒店项目（原名：上海西郊南苑）（2003 年）

第二医科大学教学科研综合楼项目（2003 年）

御墅花园（原名：海棠花园）工程（2004 年）

长宁新城（原名：范东小区）工程（2004 年）

中兴通讯上海研发中心项目（2005 年）

上海国家会计学院（原名：中国注册会计师上海培训基地）项目（2005 年）

扬州市供电局（公司）生产经营调度用房项目（2005 年）

联洋居住区 E 地块商娱楼项目（2005 年）

罗店北欧风情街项目（2005 年）

萧山博物馆项目（2007 年）

中国福利会少年宫扩建工程（2007 年）

陆家嘴开发大厦（现名：渣打银行大厦）项目（2009 年）

牙买加垂洛尼 2007 板球场项目（2009 年）

绿洲湖畔商务港 1 号楼项目（2009 年）

上海奥特莱斯品牌直销广场项目（2009 年）

复旦大学新闻学院干部培训中心、演播中心项目（2009 年）

南汇行政中心（南汇区机关办公中心和临港新城综合服务楼）项目
（2009 年）

黄浦区人大、区政协等部门办公楼项目（2009 年）

西安银河大厦项目（2009 年）

都江堰市中兴镇公立卫生院项目（2010 年）

都江堰市幸福社区卫生服务中心项目（2010 年）

都江堰市柳街镇公立卫生院项目（2010 年）

都江堰石羊镇公立卫生院徐渡分院项目（2010 年）

山东省淄博市体育中心体育场项目（2011 年）

上海警备区 9156 工程（一期）项目（2011 年）

上海金桥埃蒙顿假日广场（现名：金桥国际商业广场）项目（2011 年）

百联浙江海宁奥特莱斯品牌直销广场项目（2011 年）

上海静安小莘庄 2 号地块项目（2011 年）

上海海泰 SOHU（现名：海泰时代大厦）项目（2011 年）

上海东方饭店改建工程项目（2011 年）

三亚海居度假酒店项目（2011 年）

上海市群众艺术馆改扩建工程项目（2011 年）

宁波中信泰富广场（2011 年）

2010 上海世博会世博园区样板组团项目（2011 年）

上海新江湾城 C5-4 地块加州水郡（2012 年）

浙江南浔农村合作银行新建营业大楼项目（2013 年）

上海宝地广场项目（2013 年）

上海长风主题商业娱乐中心项目（2013 年）

乌兹别克斯坦外科治疗中心项目（2013 年）

上海赢华国际广场项目（2013 年）

上海市第六人民医院临港新院（2013 年）

上海浦东发展银行合肥综合中心项目（2015 年）

镇江广播电视中心项目（2015 年）

青岛海景国际酒店项目（2015 年）

滨湖城商办综合楼项目（2015 年）

市政设计大厦项目（2015 年）

苏州尼盛广场项目（2015 年）

安溪圆潭片区 A1 地块（2016 年）

无锡体育中心北侧地块（一、二期）（2018 年）

上海市建筑学会建筑创作奖优秀奖

上海华山医院门急诊楼项目（2006 年）

上海光源工程项目（2006 年）

广元邓小平故居陈列室项目（2007 年）

沈阳奥林匹克体育中心综合体育馆、游泳馆及网球中心（2009 年）

常州现代传媒大厦项目（2011 年）

K-Park 服务中心大厦大厦项目（2011 年）

上海虹桥产业楼 1 号 2 号楼（临空园区 6 号地块 1 号 2 号楼）项目
（2011 年）

和平饭店修缮与整治工程（2011 年）

外滩 191 地块上海总会（东风饭店）修缮及环境整治工程项目（2011 年）

虹桥商务区核心区控制性详细规划（核心区一期，暨城市设计）
（2011 年）

中华艺术宫（2013 年）

黑瞎子岛北大荒生态园项目（2013 年）

山西省图书馆项目（2013 年）

四行仓库修缮工程（2017 年）

上海市建筑学会建筑创作奖佳作奖

上海市公共卫生中心项目（2006 年）

中福会国际和平妇幼保健院妇产科综合大楼项目（2006 年）

主要获奖项目

卢湾体育场整体改造及青少年活动中心项目（2006 年）

中钞油墨生产基地项目（2006 年）

上海海事大学图文信息中心项目（2006 年）

上海奥特莱斯品牌直销广场项目（2006 年）

无锡医疗中心项目（2007 年）

上海海事大学体育中心项目（2007 年）

汕头游泳馆项目（2007 年）

上海复旦科技园三期项目（2007 年）

苏州金鸡湖大酒店国宾区项目（2007 年）

上海中福会少年宫大理石大厦改造工程项目（2007 年）

泉州市第一医院新院（2009 年）

上海市人民政府驻西藏办事处项目（2009 年）

上海洋山深水港展示中心（2009 年）

乔波冰雪世界（2009 年）

大庆油田总医院集团油田总医院住院三部（2009 年）

潍坊市体育中心体育场项目（2011 年）

中国 2010 年上海世博会餐饮中心工程项目（2011 年）

南浔农村合作银行新建营业大楼项目（2011 年）

百联浙江奥特莱斯品牌直销广场项目（2011 年）

杭州高新区网络与通信设备基地项目（2011 年）

青年会宾馆修缮与整治工程项目（2011 年）

上海市质子重离子项目（2013 年）

沈阳文化艺术中心项目（2013 年）

温州医学院附属第二医院瑶溪（龙湾）分院新建工程项目（2013 年）

管理服务大楼（金港大厦）项目（2013 年）

2014 青岛世界园艺博览会植物馆 项目（2015 年）

运河遗韵项目（2015 年）

众仁乐园改扩建二期工程项目（2015 年）

湖南省美术馆项目（2015 年）

湖南城陵矶综合保税区通关服务中心项目（2015 年）

复旦大学附属肿瘤医院医学中心项目（2015 年）

复旦大学附属中山医院厦门医院（2017 年）

上海市建筑学会建筑创作奖入围奖

上海世博会世博园样板组团（2011 年）

上海世博会中国人保企业馆土建及装饰布展工程（2011 年）

海立方世界文化艺术创意城总体概念规划（2017 年）

厦门银行泉州分行大厦建筑方案设计（2017 年）

杭政储出 [2013]46 号地块商业商务用房（2017 年）

南方红军三年游击战争纪念馆（2017 年）

天目湖贵宾会馆重建项目（2017 年）

上海绿色建筑贡献奖

上海国际航运服务中心西块商办楼项目 13-17 地块（2014 年）

第二军医大学第三附属医院安亭园区工程一期工程（2015 年）

四行仓库修缮工程（2017 年）

上海虹桥商务区核心区一期 04 地块新地中心（2 号楼）工程（2016 年）

上海临空 11-3 地块商业办公用房项目 9 号楼（2018 年）

科技进步奖
国家科技进步奖一等奖

上海光源国家重大科学工程（2014 年）

国家科技进步奖二等奖

上海科技馆重大工程建设与研究（2002 年）

国家科技进步奖三等奖

埃及开罗国际会议中心（1993 年）

部级科技进步奖
"中国建筑设计研究院 CADG 杯"华夏建设科学技术奖 一等奖

全国民用建筑工程设计技术措施（2004 年）

"中国建筑设计研究院 CADG 杯"华夏建设科学技术奖 二等奖

钢筋轻骨料混凝土在高层住宅建筑中（剪力墙）的应用试验研究（1988 年）

公共建筑节能设计标准 GB50189—2005（2007 年）

民用建筑给水设计标准 GB50555—2010（2012 年）

民用建筑供暖通风与空气调节设计规范 GB50736—2012（2015 年）

多联机空调系统工程技术规程 JGJ174—2010（2015 年）

公共建筑节能设计标准 GB50189—2015（2017 年）

主要获奖项目

"中国建筑设计研究院 CADG 杯"华夏建设科学技术奖 三等奖

聚氯乙烯管道在高层建筑中防火措施的研究（1993 年）

建筑结构用索应用技术规程（DG/TJ08-019-2005）（2006 年）

铝合金格构结构成套技术研究与开发（2008 年）

上海市科技进步奖特等奖

上海光源国家重大科学工程（2012 年）

上海市科技进步奖一等奖

埃及开罗国际会议中心（1990 年）

埃及开罗国际会议中心设计攻关（1992 年）

上海科技馆工程建设与研究（2001 年）

上海国际赛车场工程关键技术研究（2004 年）

新型预应力混凝土结构关键技术及工程应用（2017 年）

上海市科技进步奖二等奖

空间网架关键技术研究（1996 年）

上海体育场马鞍型环状大悬挑空间屋盖结构研究（1998 年）

钢筋混凝土超高层建筑层间位移限值的研究（2000 年）

城市酒店二期深基坑"双合一"设计与施工研究（2001 年）

上海科技城综合设计施工技术研究（2001 年）

小高层墙柱组合结构体系研究（2002 年）

越南国家美亭体育场 EPC 项目建设过程研究（2004 年）

高层建筑钢 - 混凝土混合结构设计规程及其科学研究与工程实践基础（2004 年）

软土地基中灌注桩和地下墙的新技术开发及应用研究（2005 年）

上海旗忠国际网球中心大悬挑平面旋转开闭屋盖结构与装备一体化技术（2006 年）

多高层钢结构住宅技术规程的研制与工程应用（2008 年）

上海光源工程大跨度异型建筑与结构设计施工综合技术研究（2009 年）

大型复杂预应力混凝土结构体系及关键技术（2012 年）

铝合金结构创新技术与工程应用（2017 年）

上海市科技进步奖三等奖

陶行知纪念馆建筑（1987 年）

高层住宅建筑外墙挂板应用技术研究（1987 年）

上海交通大学二部第 1、2 号教育楼（1988 年）

宝山钢铁总厂—宝山科技文化馆（1988 年）

提高全大模体系高层住宅墙体热工性能的研究（1989 年）

复旦大学文科教学科研楼（1989 年）

按沉降量控制的复合桩基设计方法在软土地基上多层及中高层建筑中的应用（1992 年）

上海国际购物中心预应力与非预应力螺栓环节点组合网架（1993 年）

上海市标准网架结构技术规程 DBJ08-52-96（1998 年）

上海市标准高强混凝土结构设计规程（1999 年）

上海科技馆设计新技术研究和应用（2002 年）

上海市工程建设规范民用建筑水灭火系统设计规程（2002 年）

膜结构技术规程（2003 年）

超高层住宅小区综合施工技术研究与应用—53 层世茂滨江花园工程（2003 年）

钢筋混凝土高层建筑筒体结构设计规程（2003 年）

上海信息枢纽大楼电磁兼容设计研究（2004 年）

特殊环境下超大型逆作法综合施工技术研究（2005 年）

空间格构结构设计规程（2005 年）

上海市公共卫生中心综合设计技术研究（2005 年）

建筑结构用索应用技术规程（2006 年）

膜结构性能检测的成套技术（2007 年）

铝合金结构设计规范的研制（2008 年）

上海市工程建设规范预应力混凝土结构设计规程（2009 年）

上海光源同步辐射装置结构防护关键技术（2010 年）

新型杂交结构体系设计施工关键技术研究及在中国航海博物馆工程中的应用（2011 年）

采用预制地下墙在既有建筑之间增建多层地下车库技术（2012 年）

华东重要资源植物迁地保育与生境营建关键技术研究及应用（2013 年）

项目列表
Project List

1950 年代

工业建筑

闸北水电公司铁塔项目

江西十五木桥

花纱布公司木码头项目

上海电力公司出水桥项目

水产公司滑道项目

爱姆合式沉淀池

预制钢双孔空心板结构定型构件

海运局热工试验站

新安电机厂

金山石化总厂

上海砖瓦四厂

木材公司龙华贮木场木码头

二万吨、三万吨炼钢厂

邮电部上海器材厂铁粉车间变电所

嘉天砖瓦厂窑房制砖车间、制瓦车间、生活车间

上海锅炉厂

四区三级通用机械厂机械加工装配车间

上海废品熔炼厂

大中砖瓦厂扩建制坯车间

新农场钢混凝土 30T 水塔

新华薄荷厂

华成电器厂

煤气加热炉

上海水泥厂

中国粮油进出口公司

姜万兴刀剪厂退火间

上海彭浦机器厂金属车间

金山石化总厂

中国粮食油脂出口公司上海分公司储炼厂

上海硫酸厂 150T 水塔

59-85-101 甲型轮窑用窑房定型设计

青浦县大新砖瓦厂

上海砂轮厂石墨化工车间

上海鱼品加工厂鱼肝油车间

上海市十一影砖瓦厂通用设计制砖车门

教育建筑

基地工房小学

幼儿师范学校

华东化工学院（华东理工大学）图书馆

师范专科学校教学大楼、图书馆

定型二层小学

吉祥、广肇、东昌、日辉、广中学校教学楼

1955 年小学统一详图

上海市师范学院福利房屋

1956 年 12 班中学

1956 年小学标准设计

华东化工学院（华东理工大学）有机实验楼

1956 年 18 班中学定型设计

12 班级小学定型人防设计

1956 年 12 班小学定型设计

6 班小学标准设计

1956 年定型小学标准设计

56 标准中小学结构设计

56 定型小学教学楼

三层小学定型人防设计

市教育局 12 教室 24 班级小学定型中学教学楼

东昌区幼儿园

中央音乐院华东分院

华东化工学院（华东理工大学）阶梯教室

上海第二师范学院物理大楼、化

学大楼、饭厅、医务室

华东化工学院（华东理工大学）实验楼

师范专科学校

中央音乐院华东分院教室大楼

解放中学教学楼

上海市教育局中学室型人防小学

12 班级中学定型设计

5 班级幼儿园

3 班托儿所

18 教室 36 班级中学 2 层、3 层教学楼

1957 年小学 12 教室 24 班级

华东化工学院（华东理工大学）埋化楼

华东化工学院（华东理工大学）体操房

上海音乐学院

华东政法学院

新民路小学教学楼

3 班托儿所

上海第二师范学院

第二师范学院图书馆

上海第一师范附中

1958 年中学雨天活动室兼食堂厨房定型设计

6 班幼儿园定型设计

1958 年简易中小学教室定型设计

铁道部卫生学校

上海市师范学院蓄水池

政协上海市委社会主义学院

4 班托儿所（乙）

华东师范大学附中工场、教学楼

4 班幼儿园（甲）

上海体育学院体操房

3 班幼儿园

4 班托儿所（甲）

4 班托儿所（乙）

3 班托儿所

华东化工学院（华东理工大学）饭厅教学楼

1959 年 3 班幼儿园（第一种）

1959 年 3 班幼儿园（第二种）

1959 年 3 班幼儿园（第三种）

1959 年 4 班幼儿园

1959 年农村平房小学定型设计

上海体育学院竞技房

上海音乐学院教学楼

上海音乐学院附属学校礼堂修理

24 班级定型小学

中、小学统一详图

存瑞中学

1959 年 15 教室、24 班级小学

上海市师范学院学生宿舍

锦江饭店改建工程

上海医药专科学校微生物大楼

上海市幼儿师范学校风雨操场

华东化工学院（华东理工大学）教学实验楼

1959 年 16 教室、24 班级

政协市委社会主义学院锅炉房、浴室

华东师大图书馆

上海市师范学院实验室

1959 年 18 教室、25 班级小学

住宅建筑

1954 年工房住宅

1954 年工人住宅

1954 工人住宅二式甲

1955 年工房

1956 年楼房住宅

1950 年代

1956 楼房住宅

1956 楼房住宅 5、6 开间组合体（重新绘制图）

上海海运局 31 号基地定型住宅

中央卫生研究院高级干部宿舍

上海体院教学楼家属宿舍

1956 年楼房住宅（整一）

1956 年楼房住宅（整二）

1956 住宅室型人防设计

中央音乐院华东分院教工宿舍

上海海运管理局 1957 年定型商舍住宅

华侨公寓

1958 年住宅 4 层楼房定型设计

1958 年 3 层住宅（甲）定型设计

1958 年 4 层住宅定型设计

长桥港木材厂单身宿舍

1959 年楼房住宅

1959 年楼房住宅门窗详图

1959 年楼房住宅统一详图

1959 年楼房住宅、第三种

闵行一号路集体宿舍号 2A 型

1959 年楼房住宅第六种

1959 年楼房住宅第七种

1959 年楼房住宅第八种

1959 年楼房住宅统一设备图

1959 年第二期住宅建筑统一详图

1959 年第二期住宅木屋架统一详图

1959 年第二期住宅结构统一详图

1959 年第二期住宅组合体

闵行 1959 年第一期楼房住宅

1959 年集体宿舍 3、4 层普迪式

建工局实验性住宅

建工局第三公司实验性住宅

五层内廊硅酸盐大型砌块实验性住宅

1959 年二期楼房阳台加固

内廊硅酸盐大型砌块实验性住宅

曹杨新村

其他民用建筑

杨浦电影院

中国蚕丝公司

沪东工人文化宫

上海果品公司冷藏库

控江路跳伞塔

上海观象台钟房

1956 年定型办公楼标准设计

电影制片厂摄影棚、学校建筑等

草工机械厂沉淀池

沪东工人文化宫剧场冷水塔

吴淞电影院

天翔毛纺织厂烟囱

普陀医院病房门诊部

甲予制竹，乙予制钢，丙墙基，丁吊平顶

金山石化总厂主楼（第一袋）

天山路跳伞塔

牛奶第五牧场乳品加工坊

技监局办公楼

杨浦电影院

中科上海办事处超人差楼镜等高仪器室

徐汇剧场

射击运动俱乐部主楼、军械库、器材库

划船俱乐部船库、码头、船埠等

新成剧场

东昌区中心医院门诊病房大楼

上海自行车厂 8T 锅炉房

中国科学院上海分院图书馆

1958 年煤球仓库定型设计

1958 年派出所定型设计

江宁电影院（普陀电影院重复利用）

普陀体育馆健身房

饭厅定型设计

东昌区中心医院门诊病房大楼

奉贤县人民医院辅助用房及门诊传染病医院

外贸局内江路仓库工程

郊区地段医院（16 床）定型设计

米面仓库定型设计

郊区地段医院（50 床）定型设计

郊区地段医院（100 床）定型设计

1—1 000 人定型食堂

诊疗所定型设计

厕所定型设计

闵行市建管局街坊工房

梅林罐头食品厂冷藏库工程

南市区周家渡基地

闵行号 1 路、号 9 工程

城建局闵行一条街

外贸局张华浜仓库

沪西工人文化宫

闵行一条街

1959 年 200 人食堂

闵行二号路商场、菜场

上海市城市建设局 1959 年 100 座食堂

上海市闵行医院接建冷气机房、淋水塔工程

闵行邮电局办公楼

上海城市建设局 1959 年 6 班托儿所

闵行公安局消防站

上海鱼品加工厂制冰车间

闵行二号路消防队

闵行二号路商场 59-1 总体布置

彭 -59-1（甲）200 人食堂

上海人民广播电台中心广播室改建工程

锦江饭店改建工程

闵行城建局 1 号路综合仓库

上海生物研究所

诊疗所定型设计南北进门

上海县中心医院门诊及病房大楼及附属用房

张庙路一条街（街景公园、招待所）

上海肿瘤医院门诊病房大楼

曹杨电影院

航空俱乐部汽车间、器材间

广慈医院骨科及烫伤病房

上海第二医学院附属广慈医院烫伤及骨科病房大楼

1960 年代

工业建筑

1960 年虎窑定型设计

江西砖瓦厂轮窑

华东石油勘探局天线铁塔

外冈砖瓦厂 18 门小轮窑

嘉泰砖瓦厂轮窑窑房加固

大中砖瓦厂

砖瓦厂

闵行汽轮机厂围墙工程

输旋式干燥室用木屋棚屋等

大中砖瓦厂人工干燥室

中华电器厂电碳焙烧窑

上海自来水公司、青浦养殖场
（613218）

松江简易水厂、精业机器厂
（593192）

二八一四部队水塔改建工程

正广和汽水厂

上海新光机器厂

上海华通开关厂技术大楼

中国建筑材料公司水泥仓库

上海化工站危险品仓库

青浦梅林牧站 50T25 米水搭

虹口电镀厂电镀车间

上海公交工厂检修车间

光华桅灯厂装配塘锡车间

中国金家材料上海市公司仓库五
星路仓库

光荣刀片车间

奉贤牧场挤奶室

外贸运输公司上海分公司真陈路
仓库

鸿翔兴船厂材料仓库

民航局 102 厂大件仓库

上海市农业机械供应站仓库

机电设备成套局

中国对外贸易公司上海分公司张
华浜仓库

上海油脂储炼厂 K2 型锅炉房

水产部修造厂渔业机械仪器研究
所车间

上海仪表电讯机械机修车间

八一电影机械厂汽车库、热处理
仓库

上海地毯厂新建洗光车间

天马电影制片厂冷暖气调节站工程

嘉定县拖拉机厂

宝山县罗店拖拉机站

上海重型机器厂设计室

上海乳品二厂包装车间、空调调
节修改

华东钢铁建筑厂装配、变电厂等

轻工业局援外办公室电机设备材
料仓库等工程

和平热工仪表厂工模具车间

友谊竹器生活合作社竹器生活车间

市仪表电讯机械厂车间

市电车修配厂新建车间

中纺公司上海采购供应尼龙仓库

外贸运输公司真陈路危险品仓库

同利烘漆厂喷漆、辅助用房

改建龙华公园围墙厕所

上海农药研究所实验大楼

上海手工业合作社供销、瞭望仓库

沪光科学仪器厂精密车间

地质部石油地质局中心实验室

延安塑料电工厂厂房、变电所

联研电工仪器厂装校车间

上海出版局物质供应站纸张仓库

市生产公司张虹路仓库

南西电镀厂电镀车间

上海塑料玩具制品厂金工车间

上海糖业烟酒公司综合仓库

康元玩具厂印铁制版仓库

虹口电镀厂电镀抛光车间

康元玩具厂车间

上海水泥成品厂轧铁工场

中国百货公司上海分公司接建仓库

上海邮电器材厂养殖、水塔

上海汽车配件制造厂冲压车间

上海农业局川沙县拖拉机修配厂
修理车间等

市电梯厂电梯制造车间

牛奶公司七牧场

吴淞消防队消防站嘹望塔

上海仪表机床厂精密加工车间

崇明农业机械厂拖拉机修理车间

上海革新电机厂成品仓库、油漆间

上海汽车配件制造厂空气滤清器
车间

市电梯制造厂装配金工车间

上海鱼品加工厂鱼肝油冷库

上海邮电器材厂

上海新建电子仪器厂

市无线电三厂恒温室

市天平仪器厂改建恒温机房

卫权游丝厂恒温室

上海无线电二厂改建机房及恒温室

上海第二电表厂改建机房及空调
工程

市鱼品加工厂第二冷冻车间

和平热工仪表厂恒温车间、冷气房

华球电表厂改建恒温室

上海市计量管理局长度计量室

城建局水泥成品厂

上海第一齿轮厂总车间

久中压模具车间

永固、申光机器厂车间、办公、

仓库等

红旗汽车盘配件厂加工装车间

新光电镀厂镀锌、镀铭车间

无线电专用机械厂扩建中间研究室

上海电梯厂冷车间

建筑局供销局码头

市五金矿产进出口公司矿石堆场

市外贸局丝绸仓库

上海注射器厂新建车间

普发仪器厂车间

中苏友好大厦加工装车间

中苏友好大厦电影馆加层

闸北电镀厂电镀抛光车间等

市煤气公司灯具厂扩建厂房

电影发行放映公司冷气机房

援外运输中转仓库、生活用房

上海塑料制品模具厂新建车间

天平仪器厂产品时效处理车间

市无线电仪器厂空调车间恒温室

市农业机械化研究室电机车间

东风照明器材厂生产车间

市元件五厂金工车间

沪吧淋塘船厂车间船篷

铜仁合金厂酸碱洗电镀

市仪表铸锻厂铜铝车间

市仪器仪表技校金工模具车间

电光仪器厂扩展生产楼

外贸上海市进出口公司曹杨仓库

上海市轮胎返修厂车间及卫生间

高桥化工厂中心实验室

第五车间

上海仪表钢模厂热处理车间

安亭仪表厂改建恒温及机房

上海第一汽车材料厂压铸、模具
车间等

上海海运学校钳车工车间

项目列表

1960 年代

瑞泰机器厂主车间

市基地锻造厂三轮车间

上海粉末冶金厂仓库及食堂

市棉花原种场轧花车间

南翔机床厂

上海重型机床厂

市自来水公司水表车间

星火模具厂模具车间

漕溪新村第一、二车间

立民化学玩具厂模具车间

同发电镀厂抛光车间

向明红星学仪器厂

上海压力表厂金工、机修车间

上海电炉厂 35 千伏降压站

大华仪表厂改建恒温室及空调车间

上海体育学院

上海水平仪器厂

市汽车底盘厂锯压车间

市无线电器厂新建 5352 车间

南洋电线厂氯气护层车间

上海轮渡公共吴淞码头候船室

新艺有色铸造厂造型、合金车间

上海仪表钢模厂压铸车间

蒋菜兴木器雕刻厂锯木、装工车间

城建局筑路机械修造厂扩建钢模装配车间

沪东工具厂铸锻车间

上海市内燃机配件厂

上海内燃机配件厂变电所、加油站

上海内燃机配件厂发动机、热处理

上海无线电六厂空调室及冷冻机房

上海机床齿轮厂齿轮制造车间

上汽车配件厂微孔纸质滤芯车间

上海电机器材厂装配车间

上海注油器厂新建车间、仓库等

大华玩具厂木工坯料厂

上海硬质合金厂改建车间等

上海汽车电机厂发电机、车间

上海人民机器厂车间、实验室

上海分析仪器厂车间、实验室

上海整流器厂元件车间

上海电影制片器材厂化验室

上海机床附件二厂卡盘车间

中国轴承厂车间

上海钢铁厂精密车间

上海和平模具厂车间

工农兵电影厂洗印车间

机修一厂装配车间

上海重型机床厂仓库

上海果品公司仓库

群伟冷轧钢厂轧钢车间

曙光机械厂新建车间

上海砂轮厂金工车间

上海相兴机器厂生活车间

上海玩具一厂冲床车间

东方仪器厂钳床车间

晶利光学仪器厂抛光车间

上海铜模厂铜字压铸车间

上海活塞制造厂洗铸车间

巨浪仪表厂综合车间

上海电焊接粉刷厂铁含金车间

十海钟厂办公室与仓库

上海石棉制品厂第三机纺车间

中国弹簧厂弹簧车间

上海市自来水公司高压变配电室

万象玩具厂冲床金工车间

上海元件五厂新建制管车间

上海钟厂生产车间

上海海员俱乐部分部

上海拖拉机齿轮厂金加工车间

卫生机器制造厂铸钢车间

市国庆办公室国庆语录牌钢架

虹强电瓷厂

上海玩具电镀厂

宝华冶炼厂简易仓库工程

上海革新机床厂新建车间

西宝兴路火葬场烟囱

上海马铁厂辅助车间

市电镀厂生活用房

市电镀厂总体酸洗车间

群革铸造厂群革金工

酸洗、电镀车间酸洗、电镀车间

七一拖拉机厂金工车间、汽化车间、冲压车间

上海汽车修理五厂生产车间

上海外贸冷冻厂冷藏库、生产辅助用房

上海沪江船舶修造厂扩建钳工车间

上海出版印刷厂造型车间

国营上海地毯厂机织毯车间

上海润滑设备厂金工装配车间

上海市纺织品进出口公司仓库、宿舍

上海机械喷漆厂

上海水泵厂

上海铸造模型厂

上海锅炉厂管子仓库及综合楼

上海鱼品加工厂市区冷库翻建

上海仪表表牌厂生产车间

上海遵义仪表厂装配车间、生产车间

上海油漆厂仓库、车间等

上海第一印刷机械厂车间、生产用房

上海油墨厂锅炉房车间、仓库等

中国钟厂金属车间

上海汽车轴瓦厂金工车间

上海电器成套厂自动化、实验、

生产车间

上海仪表厂 1 车间

上海印刷机铸厂铸造车间

燎原铸造厂造型车间、变电所

上海起重机电厂模具金工车间

建设机器厂破碎机制造装配车间

上海仪表胶水厂压机车间、金工车间

上海通惠机器厂冷热性能实验室

上海螺母十二厂

杨浦区福利工厂小五金车间

上海动力机厂油泵、油漆装箱车间

上海动力机厂发动机车间

上海分析仪器厂钣金风焊、冲床车间

高海桥消防队消防站

上海灯泡工厂拉管车间

上海装卸机械厂装配车间

上海电机模具厂金工车间

上海电缆厂钢带仓库

红新标准件厂

标准件材料一厂

上海油画笔厂

上海注射器一厂新工艺生活大楼

上海机床制造工厂造型车间

市主管所浦东西沟基地

上海塑料机械厂木模间

中国电工厂危险品仓库

上海采矿机械厂铸钢车间

林业部队造板机器厂铸钢车间

上海美术印刷厂

上海砂轮厂单身宿舍

闵行船舶修理厂船篷

长江航务局航修站翻砂车间

上海五金矿产进出口公司水泥仓库

上海解放日报社印报车间

1960 年代

市东方红铁床厂毛坯机修车间
徐汇区体委游泳池
上海食品机械厂金工车间
外贸局、食品仓库
上海玩具电镀一厂童车湾管车间
上海机电表牌厂铜铝表牌车间
红星电镀厂电镀车间
上海医用和手术器械厂各车间、
办公、宿舍
上海禽蛋公司冷库
上海文汇报社印报车间
上海机床齿轮厂恒温车间及办公室
红雷铸造厂食堂、浴室、厕所等
东海轧钢厂轧钢、机修车间、生
活用房
上海钢窗厂拱行屋顶
上海铸钢厂铸钢、清理、回火车间
普陀区盲聋哑福利工厂仓库、车间
上海重型机器厂集体宿舍
先锋螺丝厂热处理车间
职工住宅大场基地 100t 水塔
上海市印刷一厂印刷车间
延安机器厂油漆装配车间
康平路冷气工程冷气制冰改造
上海印刷器材厂车间、仓库等
上海切纸机械厂浦东南路装配车间
中华印刷厂新建车间
先锋电机厂车辆 02、09 工程
上海荧光灯厂五七灯车间
上海冶金矿山机械厂洗铸车间
上海重型机修厂总装部装车间
上海市商业储运公司国顺路仓库
上海市丝绸进出口公司丝绸仓库
扩建
上海电子管厂革命委员会电镀车间
上海电容器厂电镀车间

上海锅炉厂革委会弯板机设备
上海压缩机厂镀铬车间
上海自动化仪表九厂中央配电车间
上海管道配件厂金工车间
上海机床修理厂
外贸局张华浜仓库
杨浦木材厂锅炉房等
上海灯泡厂革委会金工车间
灯泡一厂革委会 2 号池炉车间、
40 米烟囱
上海电工机械厂革委会大型件铸
工车间
上海农业生产公司
海员俱乐部、友谊商店中山东一
路 3 号楼改建加层
机床铸造三厂翻建铸工车间
港务局机械修造厂机械配件车间
上无十七厂微波车间
上海仪表铸锻厂锻工车间
上海七一拖拉机厂总装本车及仓
库等
上海汽车底盘厂扩建金工装配车间
上海交电站简易货棚
上海玻璃机模厂新建金工车间
上海整流器厂 393 工程
上海仪表粒末铸件厂压钢烧结车间
上海摩托车制造厂总装、油漆、
冲压车间
上海工农兵电影技术厂车间电影
提影间机房变电所
上海电焊粒剂厂 35 千伏降压站、
铁合金车间
上海萤光灯厂日光灯车间
第三压缩机厂总装车间
上海鱼品加工厂砖烟囱
上海跃进电机厂第三车间

上海第二天平仪器厂装配车间
上海磁性材料厂高导磁、天巨磁
车间扩建
上海元件五厂变电所、空调机房、
水房
上海装卸机械厂铸钢涛整工间
腾越路冷库平房仓库
华丰钢铁厂毛坯库、泵水及电焊间
上无十三厂一、二号楼改建
上海人轮胎及反修厂轮胎及修理
车间
上海锅炉厂露天仓库成品库

教育建筑

上海音乐学院教学楼（北楼）
上海舞蹈学校舞蹈文化教室
1960 年 24 班级中学 1 型
1960 年 24 班级中学 2 型
1960 年中学雨天活动室
1960 年定型设计（I 型）24 班级
教学楼
1960 年定型设计（I 型）18 班级
教学楼
1960 年平房中学
1960 年闵行工程二期小学、幼
儿园
上海师范学校食堂、琴房
幸福中学教学楼
上海市师范学院教学楼办公楼
上海交通大学电机实验大楼
1960 年中小学结构统一图
1960 年 30 班中学工型
1960 年 4 层小学 18 班级教学楼
尚文中学
华东师大附中教学楼
郊区中学食堂、厨房等

1960 年郊区中学定型设计
华东师范学院阅览室、天文台
1960 年定型中学 15 班级教学楼
上海农学院
陆家浜小学教学大楼
继光中学教学楼
合德里小学教学楼
虹美中学教学楼
沙虹小学教学楼
上海农业科学院
上海农业科学院实验楼、食堂
红星中学教学楼
闸北第十中学普善路小学
七一中学
靖宇中学教学楼
南昌中学
上海华语学校教育楼
上海外围工业学校教学楼
圹子小学新建教室
梵皇渡路中学教学楼
上海市戏曲学校排练综合楼
虎林中学教学楼
中国华工工业学校教学楼
普陀区梅陇中学教学楼
中山北路中学教学楼
重庆南路中学教学楼
上海市零陵中学教学楼
南塘中学教育楼
华东师大附中实验大楼
上海教育学院
市运学校教学楼饭厅
青少年体育学校学生宿舍
外语学校宿舍、食堂
上海工学院冶金无线电、实验楼
手工业技工学校食堂学校宿舍
科学会堂实验楼

项目列表

1960 年代

上海机械工业学校实验混合大楼

仪表电讯工业局威海路幼儿园

上海师范学院球类房、专业储蓄室

上海医学仪器工业学校教学楼

上海海运技工学校教育大楼

上海市化学工业学校教学楼

上海市业余大学新建教学楼

04-401 室图书馆、教室

交通中学（652031）接建饭厅等

瞿家廊小学教学楼等

第三技工学校教学楼等

交通大学长宁水池

崇明砖瓦厂改建教室

吴家厅中学教学楼等

南市区徐家弄中学教学楼等

医疗器械技工学校扩建食堂等

上海市滑翔学校

嘉定城中路基地大班幼托

上海工业大学教学楼等

对外贸易学院图书馆等

上海市外语职业学校教师宿舍等

华东师范大学恒温实验室

武宁路中学教学楼

塘桥第三小学新建教学楼

市对外贸易学院设备实验室

杨浦中学教学楼

青少年体育学校游泳池、锅炉房

上海音乐学院食堂

南汇英雄大队教室

952 部队新华路宿舍

上海交运学校

红旗汽车学校

住宅建筑

武宁公寓

60 农 1，2，3 型及农村住宅修 5，

6，7

硅酸盐砌地住宅

1960 年闵行工房 6 # 单身宿舍

1960 年楼房住宅 60-1-8 甲乙组

合体

60 农 4，5，6，7 型定型图

闵行二号路单身宿舍

张庙工房基地 60-8 甲（修）

60 农 5，6，7 定型图

中秋海运公司职工住宅

1960 年楼房住宅 60-1 型

1960 年楼房住宅 60-2 型

1960 年楼房住宅 60-3 型

1960 年楼房住宅 60-4 型

1960 年第一期楼房住宅 60-5 型

1960 年楼房住宅 60-7 甲

1960 年楼房住宅 60-8 乙

1960 年楼房住宅统一详图

闵行 1960 年工房基地集体宿舍

闵行 6013 改做振动空斗工房

1960 年第二期楼房住宅号 9-13 型

1960 年定型（三期）修 60-10，

11，13，14

1960 年第二期楼房住宅装饰详图

振动板实验性住宅

上海市幼儿师范学校家属宿舍

华侨新村

大型砖砌住宅

黄兴路控江路工房

闸北区蕃瓜弄工房基地

中华新路丙类住宅甲单元

新海农场第七居民点

市农垦局崇明东平农场第七居民点

南市区人基地工房住宅

闸北区共和路基地住宅

卢湾区鲁班路基地住宅

曲阜路新疆路工房基地

上海海洋渔业公司男宿舍、仓库

杨浦风城二屯工房住宅

农业科学院职工宿舍

田机路基地工房

1965 年重庆工程大型住宅

延吉西路住宅

住宅大型试点

古北路天山五村楼房住宅

蕃瓜弄工房公共浴室

其他民用建筑

闵行饭店锅炉房

普陀医院扩建病房

上海铁道医学院加建教学楼、宿舍

沪东工人文化宫变电所

浦江饭店

邮电部上海器材厂科研楼

闵行影剧院

上海外贸学院新建临时厨房

延安饭店

上海肿瘤医院

市四工场联合工厂锅炉房

建工局陶粒大楼

闵行红园入口

市农委种子站南汇棉场仓库

上海重型机器厂食堂、会场

康平路工程

上海市第一医学院锅炉房等

二医大实验楼

天马电影制片厂摄影棚竣工图

上海外贸学院办公楼

上海机械进出口公司张华浜仓库

国际饭店改建工程

沧州饭店加固方案

益民食品一厂冷藏库

上海航空俱乐部机库屋面网架图

天马电影制片厂摄影棚

长兴农场车库改冷藏库

上海水产供销公司扩建物料间

吴淞区中心医院门诊、病房大楼、

辅助大楼

中山公园大理石亭子

上海美术电影制片厂木偶摄影棚

上海水产学院游泳池、养殖场

上海音乐厅

上海水质供销公司

邮电部上海器材厂电极大厦

宝山县医院 100 床传染病房等

第一人民医院改建天桥

革命历史纪念馆修理地板

沧州饭店

生物制品研究所大楼地下室

东海水产研究所实验室、研究大楼

人民杂技团马戏场工程

市中公司

交通大学设备器材仓库

市科学技术协会新建柱廊

上海运输公司化工运输食堂

中国百货公司上海分公司

上海市卫生防疫站消毒站

市体委跳水池辅助用房

市体委跳水池池身跳台总体

上海国营农场 2 层楼层

上海港务管理局变配电所

黄浦区浦东中心医院隔离病房扩建

第七人民医院病房楼

南汇中心医院门诊大楼

上海电影发行公司放映试片室等

西郊公园河马馆

外贸局张华浜仓库机休办公室等

机电设备成套局

1960 年代

上海戏剧学院扩建附台及休息厅

上海市传染病医院污水处理

中国公交器材公司上海采购供应站新建仓库

市仓储公司军工路仓库

嘉定县人委民政科革命烈士纪念碑

市公共交通公司客运站候车室、办公室

上海市公共交通公司保养辅助用房

市农业机械供应站仓库、食堂等

电工研究所人工气候室

外贸冷冻厂总平面、生活办公楼

中亚卫生材料综合楼

上海市果品冷库

上海市医药公司新建成品仓库

上海市仪器仪表工业公司中心实验室

新华医院教室及寝室

上海市卫生防疫大楼

天马电影制片厂 6 号摄影棚

上海市第六人民医院实验动物房

国际俱乐部游泳池

市科教电影制片厂摄影室

光华出版社上海分社装订车间

第二军医大学病房大楼

第一人民医院扩建门诊大楼

九 O 八部队 7003-201 工程实验室、主楼

科学会堂

市西宝路火葬场中、小礼堂

龙华火化殡仪馆休息室

龙华火化殡仪馆大、中、小礼厅

上海人民电视台暖气及总配电间

汇中饭店锅炉房改建

西郊公园长颈鹿馆

中山医院热交换器锅炉

大型住宅实验工程

市农业局（652089）新建蔬菜留种室

锦江饭店

人民大舞台加建冷暖通风设备等

上海市划船俱乐部瞭望台

中国糖业烟酒公司综合楼

天蟾舞台口改建

外轮供应公司供应大楼等

第一技工学校单身宿舍

上海麻风病医院病房大楼

青浦县中心医院门诊病房大楼

上海自然博物馆展览馆加层

青浦县档案馆

教育学院片库

虹口区少年宫活动大楼

上海市体育运动委员会宝山海滨浴场

崇明档案馆

高桥消防队消防站等

上海市第三精神病院病房

烽火地段医院业务用房

徐汇区体育运动委员会健身房

上海市少年宫游艺、科技楼

上海市少年宫科技楼

上海市少年宫小剧场

上海市少年宫

952 部队办公楼

中青儿童游泳池

瑞法儿童游泳池

斜桥殡仪馆礼堂

城市建设局长宁区、中山基地

王家码头地段医院门诊部

曙光医院手术室

黄浦卫生局杨家渡地段医院

普陀区卫生局东新街道医院

普陀区沙家浜街道医院门诊楼

中兴地段医院业务用房

海字 166 部队锅炉房

民政局郊区县医院级火葬场

上海市卫生防疫站冷库

国际和平妇幼保健院

中苏友好大厦展览馆

锦江饭店加建冷滤等工程

糖业烟酒仓库四层仓库及生活用房

上海市医学化验所后备仓库

上海市卫生防疫站浦东消毒站

美港消防队

嘉定消防队宿舍等

952 部队国际和平妇幼保健院

国际和平妇幼保健院

第三精神病院病房大楼

国际和平妇幼保健院病房大楼

市人委园顶改建

上海民政局烈士陵园

闸北区中心医院扩建门诊部

上海第三精神病医院地下室、浴室

日晖医院病房大楼

红太阳（蓬莱）电影院

青浦县朱家角医院100床外科病房

养老院老人住房

上海饮食服务公司宜川路浴室

杨浦区长白医院转染病房扩建

欧阳路地段医院门诊大楼

上海市饮食服务公司平凉路浴室

平凉路地段医院二层大楼

长江剧场

市饮食服务公司长宁区娄山关路浴室

广灵一路浴室

上海无线电十四厂元件车间

塘桥地段医院门诊楼

市饮食服务公司塘桥上游、浴室

上海展览馆

金山人民医院门诊部、病房、手术室

上海民航局 61 号工楼

东方红医院（瑞金医院）高压氧抢救治疗室

空军上海第三医院病房大楼

新体医院高压氧（抢救）治疗室

文化革命广场观众厅

文化革命广场舞台

项目列表

1970 年代

工业建筑

建设机器厂金工车间、露天跨加顶

沪江机械厂冷作金工车间

上海红旅汽车底盘厂装配、油漆、电焊车间

上海标准八厂金工桥压车间、仓库

红卫金属冶炼厂铝锅车间

川沙工农电器厂模具修理车间、油漆车间

上海整流器厂仓库机修车间、食堂厨房

东方红械机床厂生产车间、食堂、厨房

五一电机厂铸铁造型车间

上海微型轴承厂生产车间、热处理钢球生间

上海仪表塑料件厂压塑车间

上海第一钢铁厂铸造车间、水泵房

上海第一钢铁厂铸铁工程

上海第一钢铁厂氧气力转炉车间

红星轴承厂教室大楼改车间

崇明渔船修造厂船体车间、金工车间

上海重型机器厂金工车间、成品仓库

上海冲剪机床厂备料间

上海仪表铜厂拉丝机修车间、浴厕、冷却

先锋螺丝厂革委会冷挤压车间

上海工具厂电气工程

上海外贸局土产进出口公司曹杨仓库附属用房

红旗锅炉厂研究试验楼

上海木螺丝四厂研究装配车间

红旗轴承厂工具机修、金工、军品车间

东方红轴承厂保持器车间

中茶公司一厂茶叶仓库

闵行船厂金工车间

上海皮塑公司操作层及消毒房

新艺模具厂厂装配车间

上海量具刀具厂仓库

上海离合器钢片厂变电所

上海列线电厂产品包装间

上海东海机械厂厂铸工车间及炉子间

上海汽车底盘厂新建铸工造型车间

上海蓄产进出口公司徐泾仓库

上海果品公司新冷藏库屋面开洞

中国弹簧厂锻工车间

上海电压电器一厂冲压车间

上海阀门一厂物理、化学试验室

上海海洋实业公司食堂、厨房

五金矿业进出口公司恒丰路五金仓库

上海互感器厂环绕铸车间

第九机床厂金工车间

东海船厂船体车间

机床电镀厂镀铬、磷化、锅炉房

上海粮食局上粮二库

中茶公司二厂天棚

市革命烈士陵园烈士家属接待室

上海阀门一厂 670 专案车间

交通大学冶炼厂厂房扩建

中国弹簧厂

上海电讯器材厂黑面金属仓库

519 工厂成品仓库

龙华火葬场

装卸机械厂装配车间

102 厂机械加工车间

西宝兴路火葬场寄存室（地下室）

华丰钢铁厂泥芯车间

309 工程（上海电视台）演播楼

机房食堂洗印楼等

上海灯泡二厂金工车间、加建通风

上海锅炉厂机修车间、木模车间

上海燎原铸造厂扩建露天

上海锅炉厂办公楼幼托宿舍车间等

上海工农内燃机配件厂金工车间

上海农业机具厂铸工车间

上海机床铸造一厂铸造材料车间宿舍等

金属工艺二厂 035 工程车间

上海汽车底盘厂冲压车间

上海钢材厂扁线、压延、圆线车间

五七 0 三厂单身宿舍

新华电器模具厂厂仓房反建

上海焊接五厂革委会冷焊、金工车间

上海阀门一厂翻建金工车间

渔业机械仪器研究所金工、成品仓库、装配车间

上运十三连保修车间、办公宿舍、油库

元件五厂新建配件车间、食堂

上海电器电镀厂精密电镀车间

上运十连扩建工程

仪表局供应站材料仓库

红卫铸造厂车间

外贸运输公司张华浜仓库

3053 工厂变电所

市纺织品进出口公司白洋淀仓库加检修车间

海医军 166 部队食堂加层

上海摸锻厂煤表房

汽车修理十厂汽车修理车间

虹跃铸钢厂氢氧站

新风仪表厂电镀金工车间

南汇机械厂装配车间

革命医疗器械厂车间、食堂

交通大学配件车间、浴室

南汇县革委会招待所、食堂

公路管理所钢桥仓库

245 部队汉口路住宅

镇江 715 工程冷藏库车间仓库等

上海电热电器厂管状车间

市外贸局粮油进出口公司

排水管理所机修车间

上海液压泵厂热处理车间

上海电化厂仓库、车间、宿舍等

救护车厂冲压车间

上海荧光灯反建小园炉车间

电信总局 903 仓库

上海五金矿产进出口公司

达丰铸造厂（群革）宿舍（接建）

上海变压器厂金工机修车间

城建局铁路机械修造厂冷作车间、变电所

中国弹簧厂钢材仓库

1972 年职工住宅共和新路、柳营路桥

1972 年职工住宅闸北彭浦基地

1972 年职工住宅虹口大连新村

1973 年职工住宅制造局路中山南一路基地

曹杨八村

1972 年职工住宅瑞金路菜场

物资局木材公司扣除业务部扣除仓库

上海仪表塑料件厂压塑烘燃仓库

瑞金路南昌路卢湾统建工房

海军 454 部队家属宿舍

上海延安机模厂木模车间、地下室

金山石化总厂家属宿舍（第一期）

铁路局集体宿舍

1970 年代

上海硬质合金厂去离子车间

上海光学元件厂光学特种工艺车间

上海五金矿产进出口公司钢材仓库

上海汽车传动轴厂钢碗车间、十字节车间

上海棕矿机械厂汽车间、宿舍

上海农科院机修车间、冷库改建

通惠机器厂金工车间

上海电影机械厂银行车间、仓库

龙门刨车间

人民电器厂晶体管车间

上海建设机器厂 035 车间

东海船厂

回方锅炉厂新建车间

上海机库附件三厂板牌车间

上海市油库安装公司铸工车间

劳动剧场冷风工程

上海塑料机械厂油漆车间

新华电器模具厂大型模具车间

红星轴泵厂航空轴承车间

上海汽车零件厂新车间

橡胶机械厂车间、食堂

上海油管厂气焊、低压、金工车间

上海钢具制造厂仓库

上海外轮供应公司扩建冷库

上海汽车底盘厂转向机车间

长江航运公司供应材料仓库

上海三场西南区停车场保修车间

生活用房

上海海运局大型备件库

上海第二球墨铸铁厂废钢整理库

四方锅炉厂化肥压缩辅助车间

人民电器厂装配车间

上海汽车底盘厂大炉间

上海石化总厂 1-9 号、10 号楼

上海石化总厂生活区总体 13-21

单宿、会议

上海市建工局八公司仓库宿舍

上海针织二十厂厂房

农科院农机研究所仓库鸡场温室

消毒室泵房水池

建设机器厂（半淞园路）传达室

围墙

上海电影制片厂变电所仓库洗印

特技车间

上海焦化厂 3 号焦炉扩建工程改

建码头

上海低压电器二厂（天钥桥路）

扩建生产用房动力车间

上海市五金矿产进出口公司（水

田路）钢材仓库生活用房

上海市汽车运输二场保修间食堂

浴室

上海低压电器厂（四平路）压机

车间

自行车配件厂（新华路 569）包

装车间加层

上海无线电十九厂车间

上海海滩救助打捞局木工车间机

修车间

上海工农兵电影技术厂（宝通路）

仓库水池

海运局通信工地集体宿舍浴室锅

炉房变电所

上运七场（西宝兴路）浴室锅炉

房办公楼

民航局总局 102 厂特设车间

上粮四站粮库、生活用房

7426 厂热处理车间电工车间

第二汽车底盘厂加装配车间焊接

油化车间

上海市渔业机械仪器研究所电焊间

上海出口援外仓库

上海工业卫生研究所动物房

上海采矿机械厂机修生活宿舍车

间等

建城局供应总站（水泥成品厂）

高压管车间

上海五七学校（淮海中路）锅炉房

上海汽车齿轮厂食堂车间地下室

仓库降压站

上海设备安装公司通风队试验车

间、南北生产楼

直流电机厂仓库加层

红药厂（斜土路）针剂车间

乳品一厂（江宁路）车间

青浦面粉厂机械化筒仓

上海潜水装备厂（浦东民生路）

生产大楼

上海地毯厂食堂仓库办公用房

石化总厂招待所冷库变电所

中华造船厂（浦东南码头）厨房

食堂浴室

上海市公交公司金山卫汽车保养

场（总体）

上海市公交公司公共汽车保养场

上海仪表表牌厂（番禺路）仓库

装配车间

上海化学试剂采购供应站（祁连

山路）仓库

金山卫热电厂综合楼、仓库

金山公交保养场 1 号～4 号

金山卫热电厂食堂、厨房、车库、

浴室等

城建局机具站综合工车间（建国

西路陕西南路）

砼制品三厂单人宿舍、食堂、厨

房、浴室

上海市青东农场铸钢车间、金工

装配车间

上海磁钢厂磁钢试制车间

上海汽车修理一厂综合车间

市水产局崇明渔修造厂职工住

宅饭店食堂（堡镇）

交通部上海海滩救助打捞局杨树

浦路仓库

上海石化总厂 II 街坊书店、商业、

仓库

上海微型电机厂 701 车间

新光力车配件厂（新华路）车间

上海绣品厂（肇家浜路东安路西）

车间

上海石化总厂冷库

上海淮海机电修造厂金工车间

上海石化总厂消防站

上海益民食品三厂（小木桥路）

罐头保温成品仓库

上海水文地质大队仓库

上海石化总厂污水处理厂

闵行电机新村（碧江路）工房

外贸运输公司危险品库女浴室汽

车库

鱼品加工厂物资仓库

上海飞跃齿轮厂（西宝兴路）车间

文汇报社（图门路）仓库

青浦县糖业烟酒公司门市商场仓库

沪东工具厂翻建车间

上海无线电八厂 4 号房扩建

华东电子仪器厂生产大楼

第一商业局上海市外轮供应公司

长江路仓库冷库工程机房变电所

上海市外轮供应公司仓库（马厂路）

上海石化总厂加油站

市茶叶进出口分公司（三门路）

项目列表

1970 年代

可可仓库

金山汽输场 1 号房综合楼

上海石化总厂金山运输场运输场综合楼

金山汽输场 10 号 ~14 号房加油停车总库

金山汽输场 2 号 ~7 号房

静安汽车配件修理厂（新闸厂）厂房

外贸运输公司（逸仙路）仓库生活用房人防

市汽车运输公司装卸机械厂（延安西路）翻建磨床及总装车间

上海硬合金厂车间

上海离合器钢片厂（凯旋路）热处理车间

上粮七库加工车间

上海汽车传动轴厂（周浦沪南公路）车间锅炉房变电所

上粮二站（春江路）生活设施变电所

硅酸盐制品厂 φ7 500 散装水泥库

上海石化总厂电话局主楼、锅炉、变电所

上海石化总厂水厂、食堂、锅炉房、浴室

上海市三轮车管理所保养车间及食堂厨房

物资局上海储运公司检验室

红艺织造厂生产车间

上海石化总厂居民食堂、菜场、幼托

上海石化总厂 总体、上房、台卸

上海石化总厂沿街商店(一)(二)(三)

钻石工具厂新建厂房锅

上海仪表机械厂新市路基地

3516 厂底革车间

江苏省外贸局钢材仓库（镇江中转冷库）

上海橡胶机械厂生产大楼

上海石化总厂清管站

上海气象仪器厂生产车间

上运二场 203 车队车队用房

上海低压电器二厂食堂厨房加层新建变压器间

上海金属一厂生产大楼

何家湾油库铁路找桥油缸、浮选池等

何家湾油库油库泵房等

崇明县商业局综合性仓库

上海石化总厂生活用房，粮库、变电所

民航 102 厂电镀车间、污水处理站

上海电影译制厂录音棚及技术大楼

油粮进出口公司储炼厂 65T 锅炉房

吴泾砖瓦厂办公宿舍车间等

汽车运输广场食堂厨房及车队用房

上海五金矿房进出口公司水电路钢管材仓库

上海钟表机械厂第二车库

炉光迷压机械厂总装车间

汽车修理九厂综合车间

汽车修理二厂小修车间

上海汽车底盘厂后方车间

上海建设机四厂涛砂喷丸车间

农科院接建钻室（种育室）

上海石化总厂蔬菜购销站

邮电部电缆仓库

外经张华浜中转仓库

101 工程码头（海缆管理局）机修车间办公用房仓库车间食堂浴室等

三林塘船舶修理厂船棚、船体车间

市五金交电公司自行车批发部仓库（合肥路仓库）

上运八场 803 车队工程、车间

建设机器厂仓库食堂（半淞园路）

上无四十一厂生产车间

上海无线电十厂辅助车间

民航 102 厂玻璃钢车间及综合修理车间

淮海无线电厂传达室、变配电大门

市建四公司 407 工程及 1 号楼

上海石化总厂宿舍、银行、邮局、浴室等

市建四公司仓库及生活用房

中药制药二厂中间体车间

上海石化总厂石化厂液化气营业所

印刷铸造厂铸造车间

微型电机厂电工装配车间

上海石油化工总厂

上海录音器材厂录像机车间

医用电子仪器厂生产大楼

工业卫生研究所车库

上海石化总厂供电所生产大楼、食堂等

建树公司第一供应站公安徐汇区停车场

装技部供应站机电仓库、宿舍等

市内航公司修建队综合工间

青东农场船闸工程

石化部华东产品管理处上海危险品库号 1、2、4、5、7、8 库

虹跃铸钢厂氢压机房

开漊机械装修厂单身宿舍职工休息室办公楼

劳改局少教所塑料仓库(漕溪路)

上海石化总厂龙华中转码头生活楼

上海石化总厂商业、百货、食堂

淀浦河工程指挥部淀浦河水闸管理用房仓库水泵房

公交公司汽车一场大八寺停车场

石化总厂供电所影院新建配电站

新丰有色金属冶炼厂钢管车间

金山石化总厂

上海石化化工总厂第二消防队

87461 部队修理车间

第一印象机械厂总装配车间

杨浦木材厂锯木车间

上海市工业设备安装公司仓库

上海石化总厂科研所办公楼图书馆车间工场等

上海第三机床厂冷作模型钢库车间

分析仪器厂光学车间

外贸局上海畜产进出口公司茶叶小包装车间

内河装卸码头维修车间

中科院生理所电子工厂接建

上海工具厂喷砂室

上海冶金矿山机械厂加建劳防用品仓库

民政局东海机械厂机床装配车间

第一海洋地质调查大队钳工车间、船体车间

上海石化总厂金山水厂食堂兼会议

上海石化总厂市政养护队

上无十九厂洁净大楼机房水气处理科技物资管理站职工宿舍仓库

上海印刷物资供应站青云路印刷器材物资仓库

上海石化总厂金山卫生水厂机修、辅助车间

石化总厂水厂机修辅助车间变压器室

1970 年代

航道局供应站新建仓库

长宁区衣着鞋帽蔬菜公司天山菜场衣着鞋帽工场

上海低压电汽三厂车间

南字 249 部队仓库、保养间等

民航总局 102 厂飞机修理车间

上海第二钟厂 71-112- 工程

上海市汽车服务公司车库（逸仙路军工路）

上海市医药公司危险品仓库

港务局机械修造厂金工车间扩建

江湾仓库冷库工程普通仓库(二期)

上海汽车底盘厂冲压车间(逸仙路)

上海塑料机械厂综合车间（诸翟狄镇）

解放军 6107 工厂仓库办公宿舍等公交五场车间（浦东塘桥）

上海化学试剂采购供应站办公生活楼冷库改建热库锅炉房冷库

上海水泥厂生料磨房改建工程

上海茶叶一厂食堂加层

徐汇区沪江洗染工厂番禺路

徐汇区中山南二路、龙山新村里弄加工厂

农业局物资供应站仓库汽车库（朱行）

中药三厂储贮车间（老沪闵路）

上海电影制片厂原六号棚照明遥控中心

上海教学仪器厂车间(中山南二路)

中波公司外轮上海分公司中远上海船员处宿舍华亭食堂（常熟路）

上海无线电十三厂车间(南京西路)

中国人民解放军 4805 厂宿舍食堂

上海鱼品加工厂变电站

上海石化总厂环境保护所试验楼

石化总厂三废治理组阅览实验研究室（经一路）

上海船舶设计院生产用房

上海碳素厂 10t 锅炉房

上海外贸运输公司车场仓库

上海市三轮车管理所仓库车间用房（上海县小闸镇）

上海注射器二厂池炉厂房(恒业路)

上海市环境卫生处汽车三场机修辅助车间仓库生活办公楼等

广中路街道玻璃仪器等工厂

同心路街道（中艺塑料制品厂）

汽车零件及仪表工厂

上钢五厂技工学校教学楼、集体宿舍

工业设备安装公司第六工程队机修库

上海市低压电器厂小仪表车间

宝钢工程宝钢清管站

上海石化总厂 水厂设备用房

上海石化总厂管道养护队、生产用房（纬三路以西）

宝山生活区副食品供应站、糖油粮仓库

宝钢生活区变电所

宝钢汽车停车保养场综合楼辅助加间

市运修理二厂轮胎修车间

上海低压电器二厂锅炉安装

吴泾砖瓦厂石膏板车间等

大屯 300T 冷库机房

上海碳素厂水压机车间气楼改建

市食品出口公司冷冻一厂（外贸局）电梯机房改建（腾越路）

上海钢管厂成品库

人民出版社印刷物资供应站纸张

仓库（平型关路横山路）

887 仓库翻建（淞沪路）

市机床公司上海量具刃具厂元度仪车间（徐虹路）

上海劳动机械厂（劳改局）扩建工程（军工路五星路北）

董家渡街道事业组厂房生产厂房（芦席街）

3516 工厂号 2 房（同心路）

市水利工程队车间、仓库

市煤气公司管伐管理所工区用房

上海印刷器材厂车间等

上海仪表铸锻厂铸钢车间、木模车间

机动三轮车普陀车队车库用房（武宁路）

上海切纸机械厂（机电一局）生产专用线（浦东南路）

上海自来水公司管件铸造厂浴室食堂办公室（东余杭路保定路）

上海海运局（交通部）洗衣工场（逸仙路纪念路）

市供电局五金设备仓库

徐汇区服务公司洗染工场（凯旋路塘子泾）

上海分析仪器厂生产楼 模具车间工艺美术厂厂房

上海无线电十三厂电子计算机调试房

上海美术印刷厂制版车间 加层

上海医药工业公司第四玻璃厂料房

上海低压电器五厂小五金车间加层鞋帽九厂加建仓库

上海通信工厂表面处理车间

普陀区食品厂号 1,3

市印刷所九厂翻建仓库、大样间

上海供电局输复电工程处机具车间、变电车间

上海纺织综架厂机修、压延车间杨浦木材厂

上海拖气合金铸铁厂围墙、废钢整理库

上海电影制片厂生活工作房

上海电影译制厂（永加路）

市木材供应公司板箱车间、锯木车间迁建（逸仙路）

东海船厂游泳池食堂（逸仙路军工路口）

市印刷七厂车间加层（东宝兴路）

上海书画出版社水印车间扩建

上海交流仪器厂机房设备更新

上海市第一汽车服务公司主修车间仓库、变电所（天钥桥路）

机电公司徐汇区供应站仓库（复兴中路）

上海挡圈厂生活车间、变电所石化部危险品库变电所

市茶叶进出口公司茶叶制箱车间浦江轴承厂 延长路仓库、浴室、办公室

上海第三分析仪器厂装配车间

上海制刷厂漆刷车间

华东电业管理局物资供应站仓库（闸殷路）

上海轮修造厂锯木车间翻建（共青路）

外贸局会场空调设备冷凝水池简棚（青浦县徐泾仓库）

上海第三光学仪器厂光学车间空调改造

市文化局市人民杂技团锅炉房、

项目列表

1970 年代

变电间、机房改建

劳动机械厂喷丸车间

八 00 三工程锅炉房

上海量具刀具厂元度仪车间加层

上海市土产进出口公司仓库

国家出版局上海出版物质公司纸板仓库综合楼变电所

上海港务局第七装卸区抓斗修理车间

上海电影技术厂洗印车间

上海第二皮鞋厂上海第二皮鞋厂

上海自行车厂北大楼电镀大楼三废车间等

金属结构厂冷作车间

普陀区百货公司眼镜磨片工厂

上海轮胎翻修厂硫化车间、锅炉房、食堂等

上海市粮食储运公司上粮六库宿舍、机修车间

上海篷帆软垫厂沙法成型大楼

上海橡胶厂办公楼加层

上海炼油厂会场工程

118 厂工具车间

1104 厂成品仓库

上海扑克牌厂流水线生产车间

上海市美术印刷厂机修、食堂扩建

新华切纸厂自行车天棚

上海水泥厂扩建烘干车间

无线电二厂整机例行实验室等

上海汽车修理一厂变电所

上海商务印刷厂淋浴室、锅炉房

上海市电影技术厂技术楼

伟力灯具厂冲压一条龙车间门房围墙

长江（无线电厂）电子计算机厂造机楼锅炉房生活用房等

上海电影放映器材厂技术服务中心

教育建筑

市教育局农村中小学

杨浦东升中学教学楼

沟阳中学教学楼

上无十九厂托儿所、电修

闸北革委会太阳山路学校

卢湾绍兴中学 16 班教学楼

教育局农村定型宿舍 1972 农村中小学

彭江中学教学楼（24 班）

上海舞蹈学校练功房、宿舍、食堂

卢湾区局门路小学教学楼

卢湾区日晖小学（日晖东路）教学楼

南市区第二中学教学楼

市东中学教学楼（扩建）

南市区第十六中学教学楼

厦门路小学教学楼

杨浦区控江路第二学校教学楼

大木桥路三小（现改大庆中学）教学楼

安远路学校教学楼

培英中学（富民路）教学楼

杨浦区唐家塔小学教学楼

曹杨七中（12 班）教学楼（全地下室）

徐汇区东安中学教学楼（扩建）

虹口区四平路第一小学（18 班）教学楼

天山新村第二小学教学楼

虹口区天镇路学校教学楼

卢湾区二十二中学（思南路）教学楼

长宁区古北中学（玉屏南路）教

学楼

徐汇区淮中小学教学楼

贵州中学（24 班）教学楼

闸北区华新中学（中华新路）教学楼

1973 年农村中学定型实验楼

静安区京西中学教学楼

市业余工业大学（卢湾区分校）教学楼

宜川二中（沪太路）教学楼

南市区多稼中学（多稼路）教学楼

虹口区公平路二小教室学生宿舍

闸北区鸿兴中学（24 班）教学楼（五层）

虹口区新虹中学（欧阳路）教学楼

南市区民办半淞园路二小教学楼

北京中学教学楼（加层）

闸北区长安路小学 9 班教学楼

青少年体校（水电路）集体宿舍篮球场

上海海运学校车间游泳池

长寿路二小 12 班教学楼

长宁区玉屏中学教学楼

闸北区汉中路小学教学楼

上海师大操场

曹杨八中（24 班）教学楼

业余工大杨浦分校教学楼

新华中学教学楼

宜川一小教学楼

上海科学教育电影制片厂灯库技术间（斜土路）

上海市 1976 年职工住宅浦东崂山四路乳山路二小房幼托

上海市职工住宅杨浦区双辽路陈家头工房幼托

普陀区中山北路八小教学楼

上海第二医学院教学实验楼

淮安路小学教学楼

卫星中学教学楼

杨浦区长阳中学教学楼板大修

闸北区宝通路小学教学大楼

第二聋哑学校教学楼

齐齐哈尔一小

虹口区横山路小学（18 班）教学楼

卢湾区鲁班路学校教学楼

闸北区彭浦二中（32 班）教学楼

复兴中路第一小学（18 班）教学楼

市房地局九班级幼托（周家渡上钢一村）

复兴东路中学 20 班教学楼

上海市舞蹈学校绘景仓库

上海县漕新中学教学楼（16 班）

上海聋哑技校金工车间

吴泾中学教学楼

西沟中学新建教学楼

五角场中学新建教学楼

市六中学教学楼

杨浦区东平中学教学楼

第二军医大学电话总机房

长宁区法华镇路第二小学教学楼

成都二中教学楼

唐家塔小学教学楼

向群中学教学楼

河南路小学教学楼

松江红星小学教学楼

杨浦区太和路中学新建教学楼

中国科学院医学院路号 1 房

大连新村中学教学楼

1976 年上海市职工住它配套工程新建长宁区古北第二中学（25 班）

普陀区洵阳二中教学楼

1970 年代

安亭镇新安中学新建号 1 号、2
教学楼等工程食堂厨房
清河路小学教学楼
鲁浦小学教学楼传达室
徐汇区肇嘉浜路小学教学楼 20
班级 (193 弄工房)
徐汇区昆阳路小学新建教学楼
(15 班级)
闸北区教卫组沪太路幼儿园
南市斜桥幼儿园、教室楼
闸北康乐中学新建教学楼
广灵路小学 (一小) 广中四村
徐汇区零陵路基地零陵路六班幼托
宛南新村九班幼托
虹口溧阳路学校天水路口
上海石化总厂石化总厂生活区 II
小学
上海石化总厂 III 中学、幼托
上海石化总厂 IV 街坊幼托
1975 年职工住宅河阳新村幼托
新群中学教学楼
幼儿师范琴房
陈家渡学校教学楼
彭浦三小教学楼
徐汇区南洋中学教学楼
延安东路第四小学教学楼(大沽路)
南市区统建工房 (浦东) 新建住
宅幼儿园 (南码头路)
同达路小学教学楼
虹口柳营路小学 12 班级教学楼
上海市第 52 中学教学楼修建 (广
灵二路)
南市白莲泾小学教学楼
上海师范学院附中屋面增设水箱
及地面水池
园林技校技工教学楼

广中三村幼托
甘泉二中教学楼
651 研究所办公楼、宿舍、机房
华东医院教学楼、食堂
杨浦区泗塘中学教学楼
徐汇宛平中学教学楼
梅陇二中教学楼
虹口区长风中学教学楼 (广中路)
上海纺织工学院实验室
杨浦许昌路中学教学楼
第二军医大学同位素治疗室
徐汇区职工住宅幼托 (漕溪北路
潘家宅)
上海生理研究所底压舱 (岳阳路)
杨浦区内江路小学教学楼
南市福佑路一小
东光中学教学楼 (光阳路)
闸北区教育局教学楼 (共和新路、
延长路)
漕北中学
杨浦区教育局教学楼 (怀德路霍
山路)
育才中学 （慈溪路）25 班教学楼
徐汇区安福路二小教学楼 (乌鲁
木齐路)
长宁区十八中学教学楼 (愚园路
2838 弄)
南林中学教学楼(光复西路复兴村)
宝山生活区 4 区中小学
宝钢总厂二街坊幼儿园
宝钢一中、一小教学楼
复旦附中教学楼
黄浦区浦东南路康家宅工房九班
幼托
上海市航空运动学校机库、车库、
教学楼等

空军政治学校教学楼
复旦大学规划八五年规划
上海滑翔学校教学楼、健身房宿
舍等
市农业学校教学实验楼
第十六中学教学楼
宝山区文教局六班级幼托 (五角
场淞沪小学内)
蓬莱路幼儿园活动室
上海农业机械研究院解放楼等
上海农学院家庭宿舍、教学楼
上海市港湾学校教学楼加层
田林中学教学楼
陕北中学实验楼
杨浦区教师进修学校教学楼
卢湾区济南路中学教学楼 20 班
东海舰队装备部 4805 厂家属宿
舍、商店、托儿所、学校
高安路一小教学楼修建
市教育局农村中学定型图
闸北区宝昌路小学教学楼(15 班)
5703 厂 (技校工大) 教学楼
市体委空海模无线电筹建组教学
用房 (广中路)
崇明县文教局六班级幼托 (堡镇
民年中学内)
青浦县文教局城厢镇 (9 班)幼
儿园
杨浦区沪东新村小学 10 班扩建
教学楼
长风中学教学楼
松江县文教局方塔教学楼
南市区人民路幼儿园
永寿路幼儿园永寿路幼儿园
闸北区青云中学 25 班教学楼
南市区向阳小学教学楼

鞍二村小学
南市区塘桥中学教学楼
徐汇区长乐路小学接建教学楼
虹口区教育局幸福村 (9 班) 幼托
新昌路中学教学楼
川沙县文教局九班级幼托 (城厢
红卫小学内)
金山县文教局九班级幼托 (原洙
泾车风幼儿园)
普陀区教育局教学楼 (陆家宅小
学内)
市教育局上海师范大学净化室扩
建、恒温室改建 (中山北路)
嘉定县文教局教学楼 (县一中内)
空军政治学校教学楼 (宁国北路)
上海师范大学磁盘存贮器研制生
产车间 (中山北路金沙江路)
华山路第五小学 (市教育) 教
学楼
第一师范附属第一小学教育楼
(乌鲁木齐北路)
上海县莘庄 9 班幼托
上海市电力建设公司幼儿园 (日
晖六村小学内)
南汇县文教局六班级幼托 (周浦
镇沪南公路东)
上海县文教局教学楼 (上中路上
海小学内)、长桥幼托
南汇县文教局教学楼 (惠南镇西
门大街工业局南)
松江县文教局松江第五中学 (育
新小学内)
徐汇区教育局教学楼 (斜土路蒲
东小学内)
第二军医大学变电房
长宁区教育局教学楼(虹桥新村)

项目列表

1970 年代

闸北区教育局

复旦大学科学实验楼

黄浦区教育局教育楼 20 班（浦东南路康家宅）

泗塘新村幼儿园

黄浦区康家宅中学加层

普陀区红韦学校

黄浦区教卫组冰场田幼儿园

历城中学教学楼

四平路国顺路幼托、泵房

彭浦三中 20 班做教学楼

上海海运学院游泳池、辅助用房（浦东大道民生路西）

普陀区房地局住宅合作医疗托儿所（华阴路宜川一村）

武康中学教学楼

同济大学分校教学楼实验楼变压站

回民小学教学办公楼

财经学院图书馆

上海市城建工程学校教学楼等

静安区康家桥小学教学楼

第四师范学校教学楼

上海石化总厂三小教学楼

上海石化总厂石化二中教学楼、活动室

宝山县文教局教学楼（交谊路杨家浜）

上海机器制造学校教学实验楼（复兴中路）

上海市第十一中学教学楼（太兴路）

南市塘桥工房幼托

黄浦区云南中路小学教学楼

闸北区住宅新建小学 15 班教学楼

市公用事业学校食堂、厨房、锅炉房

第一医学院实验楼

潍坊路幼儿园六班幼儿园

上海市体育科学研究院录像放映室

徐汇区闵行五中教学楼

第六师范中学扩建教学楼、单身宿舍

张家洼工程生活区第二幼托

复旦大学基地

闵行红旗新村小学教学楼

上海市复旦附中教学实验楼

杨思中学教学楼、食堂

南市区教育局上南小学教学楼

大屯煤矿姚桥矿中学任务交待室

徐汇区闵行一号路中学教学楼

杨浦区教育局松花江路小学教学楼

财经学院外国语学院

高桥上火东新村（大同路）住宅幼托

洋泾工房浦东大道住宅底幼托

住宅建筑

后字二四五部队（第二军医大学）家属宿舍

245 部队汉口路住宅

新庙连云路职工住宅

斜土 18 弄工房

1972 年职工住宅共和新路、柳营路桥

1972 年职工住宅闸北彭浦基地

1972 年职工住宅虹口大连新村

1973 年职工住宅制造局路中山南一路基地

曹杨八村

1972 年职工住宅金路菜场

瑞金路南昌路卢湾统建工房

海军 454 部队家属宿舍

金山石化总厂家属宿舍（第一期）

铁路局集体宿舍

后字二四五部队（第二军医大学）家属宿舍

新庙连云路职工住宅

徐汇中南新村职工宿舍

1973 年职工住宅南市车站路 470 弄 1 号房

瑞金路南昌路卢湾统建工房

海军 454 部队家属宿舍

普陀区曹杨八村（南砂路）

虹口区新绿村（四平路 372 弄）

长宁区房地局（天山一村）

闸北区共和新路机煤油后面住宅商店加层

松江县太仓桥基地（香南街）

浦东乳山新村（浦东南路）

普陀区曹杨三村

闸北区彭浦新村基地住宅扩建菜场

上海市轮胎二厂（大连路长阳路）宿舍

南市区中山南一路制造局路住宅

真如工房号 1 房

吴泾二村（龙吴路）住宅商店加层

嘉定城中路基地住宅

张家洼工程指挥部住宅商店幼托家属宿舍

汽车运输一场（逸仙路）值班宿舍地下室

电信总局 521 户（肇嘉浜路）住宅

宁国北路基地菜场住宅商店

市商业二局红阳浴室虹桥浴室

1973 年职工住宅（昆阳路）工房附设幼托

第一海洋地质调查大队（浦东大道）家属宿舍

上海县漕河泾基地住宅商店上面

加层

上海体育馆（天钥桥路）工房

宁国北路（靖宇南路）住宅

1973 年职工住宅（控江路）住宅车库

江湾镇车站路基地住宅

日晖六村（大木桥路另陵路）住宅

杨浦区控江路基地工房

机电一局 118 厂（中山南路龙华西路）家属宿舍

上海工具厂（四平路）家属宿舍

杨浦区本溪路桥堍工房

江湾五角场工房

奉贤县南桥职工住宅

青浦城厢和平路住宅

上海益民食品三厂（中山南路）宿舍

永新造船厂（茶陵路）住宅

1973 年职工住宅（北新泾镇）号 1,2,3 住宅商店

北新泾金沙江路基地工房

3516 厂（柳营路）工房

共和新路 730 号基地工房

南市区灰宁路新肇周路号 1,2 工房

立新船厂 443 厂（招远路）工房

桃浦新村增建 1~3 排工房

黄浦仪器厂乙型宿舍

新中动力机厂（水电路）职工住宅

闵行瑞丽路号 1 房

总后华东物资工程管理局干部家属宿舍

华阳路官川路口工房

上海县诸瞿镇工房

鲁班路基地（斜土路）号 4 房

1973 年职工住宅（崇明南门人民

1970 年代

东路) 工房底商

南汇县惠南镇中西侧基地工房

上海外轮代理公司 (零陵路) 宿舍

上海光学仪器厂 (控江四村) 住宅

甘泉一村基地

物资局 (石门一路) 职工宿舍

奉贤南桥基地 (沪松公路) 号 1,2 工房

东风雨衣厂集体宿舍

大隆机器厂 (宜川路) 工房商店

南汇县周浦镇住宅

上海市第三人民医院手术室改建

4261 部队上海电线厂 (控江路) 宿舍

天目路康乐路号 1,2,3 房

万航渡路 96 弄改建

上运三场勘察院城建局职工住宅

川沙城厢商店 (东泥弄) 住宅商店

江南造船厂 (大木桥江南新村) 职工宿舍

海运局 (青云路) 职工住宅

宝山工房 (友谊工房)

宝山县友谊路工房

控江路 1055 号职工住宅

武宁公寓加层

曹杨三村工房

442 厂家属宿舍

南汇县惠南镇基地 (南大街) 号 1,2 工房

09 单位 422 部 (古北路) 职工住宅

5703 厂 (天钥桥路) 工房

上海电力建设公司宿舍

光华出版社上海储运公司 (广灵四路) 职工宿舍地下室菜场饮食店

浦东浦南路小石桥号 1,2,3 房

静安区安远路 899 弄号 1,2,3

房

海运局 (浦东铁地桥) 住宅

长宁区延安西路 949 弄号 1,2,3 房

南汇区大团镇基地 (蟠龙街) 工房

南汇县新场镇基地住宅

杨树浦发电厂 (敦化路) 职工住宅

港督航道局 (控江五村) 宿舍

海运局通信站 012 地五层集体宿舍

乳品三厂 (浦东南路) 宿舍

166 工程 (翔殷路) 号 1 房干部宿舍

第 704 研究所家属宿舍 (天钥桥路斜土路)

上海第十六毛纺厂 (小木桥) 职工宿舍

上海市职工住宅工房 (宝山县支谊路)

普陀区洛川工房

上港九区泗塘家属宿舍

上海市 76 年职工住宅曹杨二村 (俞家弄)

职工住宅 (浦东南路王家宅)

交通部中国远洋运输公司上海分公司职工住宅 (新港路)

上海师范大学教工单身宿舍 (中山北路)

上海市教育局郊县单元组合定型设计

徐汇区闵行昆阳路工房

建工局砼制品公司运输队集体宿舍

上海市 1976 年职工住宅大统路 945 号工房

农林部东海区渔业指挥部职工宿舍

上海市 1976 年职工住宅徐汇区闵行红旗新村

市房地局职工住宅、底商 (宝山

罗店东西巷)

外冈农场家属宿舍

城建局上海市职工住宅长宁区利西路工房基地

上海市 1976 年职工住宅新肇周路 991 弄

七三一五工厂家属宿舍

上海海运局海浜油库工程指挥部家属宿舍 (浦东大同路)

上海市 1976 年职工住宅安亭昌吉工房

市房地局工房 (枣阳路曹杨四村)

川沙县新川路号 4 工房

上海电力建设公司家属宿舍一医仓库 (赔偿)

上海市 1976 年职工住宅宛南新村

1976 年职工住宅同济路工房

长江航运管理局上海分局职工住宅 (广灵一路)

闸北区天目路地段医院住宅

南市区周家渡 (上钢新村) 工房

金山县朱泾东林路工房

上海港口机械制造厂 (浦东南路) 家属宿舍

上海港务局 (浦东南路) 宿舍

嘉定南翔工房民立街住宅

吴淞海浜新村工房

海运局五家渡航修站单身宿舍食堂阅览活动室

东海船厂 (虎林路) 职工住宅

远洋船员基地拆迁工房 (惠民路)

远洋船员基地拆迁工房 (东长江路) 工房

浦东乳山新村工房

上海船员处号 2 房职工住宅

松江玉树路工房

外贸局长江航运局 (广灵一路) 工房

谨纪路 19 弄住宅工房

陆家浜路 710 号工房

青浦淡水养殖场职工宿舍

上海市铁路局 (虹江路) 家属宿舍

卢湾区瞿溪路 486 弄工房

普陀区百货公司武宁公寓商店加层

天山路沈家宅工房

嘉定清河路工房

普陀区中山北路武宁路陆家宅高层住宅

上海市 1976 年职工住宅崇明县堡镇工房

市房地局职工住宅、幼托 (江湾车站路)

市房地局职工住宅 (中山南一路打浦路口)

上海市职工住宅长宁区虹桥新村工房

杨浦区房地局工房 (长岭路)

市房地局职工住宅 (桂林路田林路)

上海市 1976 年职工住宅吴泾二村工房

第十研究院 1051 厂职工住宅 (嘉定南翔民主街)

上海市 1976 年职工住宅车站前路保安路基地

市房地局闸北区共和新路延长住宅

上海市废旧物资公司职工住宅

上海二五厂家属宿舍

松江玉树路工房

南市区房地局外马路沪军营路职工住宅

项目列表

1970 年代

上海市 1976 年职工住宅五角场四平路基地

上海市职工住宅金山洙泾金枫公路旁工房号 5，号 6

上海市职工住宅金山张堰镇工房

松江县房管所泗泾工房

吴泾二村工房

东安二村工房

工程兵部宿舍

曹杨四村工房

长江西路泗塘一村工房

安亭昌吉路住宅

新肇周路 991 弄工房

徐汇区天钥桥路工房厨房浴室食堂

吉安路太仓路工房菜场

静安区万航渡路中行别业职工住宅龙华西路工房

第一人民医院（吴淞路武进路）职工住宅

中山北路材料商店住宅

江南造船厂（中山南一路）职工住宅

松江中山西路工房底商

上海市职工住宅城建局石泉路石泉新村工房

上海市 1976 年职工住宅漕河泾漕溪南一村工房

南汇县房管所南汇惠南镇职工住宅

市房地局闸北区柳营新村工房、住宅、幼托

土产杂品公司职工住宅（中山南二路茶陵路）

上海海运局船员临时宿舍

机施公司三轮车管理所五层生活楼

嘉定南翔工房

市房地局崇明南门人民路

东海舰队后勤部 4306 工厂家属宿舍

江南造船厂 718 工程宿舍

松江县房管所景德路工房

新华大队农民新村住宅一、住宅二

3516 厂家属宿舍

市房地局工房（莘庄莘浜路）

上海市 1976 年职工住宅川沙新川路号 5 房

上海照相机厂单人宿舍（松江）

江南造船厂家属宿舍

上海县龙华路工房

广中路广灵一路住宅

上海 118 厂集体宿舍

宜川路华阴路基地 1975 年职工住宅

1975 年职工住宅安灰弄工房

兰溪路梅拢北路、寓安路职工住宅

天钥新村职工住宅

上海市 1976 年职工住宅梅陇北路兰溪路曹杨三村

上海市建筑材料供应公司职工宿舍（许昌路辽源西路口）

上海市 1976 年职工住宅嘉定县真如钲兰溪路工房商店

上海铁路局家属宿舍（玉屏南路）

南汇县大团镇工房

上海市职工住宅杨浦区图门路号 11 号对面工房

上海市职工住宅上海铁路局工房（宜川路）

上海电影制片厂大木桥工房

东海舰队海军七 0 二厂家属宿舍

南京西路红点心工房工房

青浦县房管所上海市职工住宅

（城厢县前街）

机电设备供应公司淮海中路工房号 2 房

上海航道局家属宿舍

市物资局木材公司工房茶陵路基地

上海外语学院外教宿舍

曹杨五村工房、幼托

1975 年职工住宅邯郸路菜场

民航 102 厂家属宿舍

总字 783 部队干部家属宿舍

港务局场站住宅

港务局长乐路工房

上海房地局嘉定高层住宅

上海市商品检验局 75 型工房 (5)(6)(7)

虹口区住宅办公室通州路工房

第一医学院留学生宿舍

中国科学院职工住宅武康路 69 号基地

上海市安装公司家属宿舍

上海海运局职工住宅（鞍山路）

上海市第四师范学校学生宿舍（加层）

市房地局住宅菜场底商二楼仓库三楼工场（长岭路延吉西路）

上海港务局工房四平路高层宿舍本院职工住宅

第二军医大学教师宿舍楼

漕溪北路高层 12 层 16 层住宅商场等

静安区镇宁路 1975 年工房

张庙菜场上海市工房

闸北延长路上房甲山南路制造局路工房

1975 年职工住宅闸北延长路工房

南市大兴街工房 1974 年上海职

工住宅

长宁区新华路基地 II 基地、IV 基地

长宁区新华路工房工基地

莘东纺织学院家属宿舍

上海市公交公司电车一场职工宅（曹右路）

上海铁路分局真为站石泉路工房商店菜场号 1 房，号 2 房

1977 年上海市职工住宅塘桥工房第一期号 7 号商店

石化总厂单身宿舍工程 36 号 39 号

机电二局图门路工房（广远新村工房）

静安区住宅办公室大华公寓加层

市房地局闸北区中华新路新平民村

劳动局住宅职工住宅（新华路）

六机部十一研究所宿舍

1975 年上海市职工住宅徐汇区东安新村工房

上海市水产局工房（延吉东路）

水警区宿舍

海洋地质调查局单身宿舍（浦东东塘路）

闸北区华盛路号 2 工房

五七三厂家属宿舍（江浦路）

四平天水路工房 1 号房

1975 年上海市职工住宅香山路菜场

四平路 494 弄 1975 年职工住宅

上海不油煤炭公司职工家属宿舍

上海市职工住宅长宁区古北路工房菜场

上海物资储备处商店住七（曹杨八村）

上海市农业局"五站"办公用房家属宿舍

1970 年代

文汇报社家属宿舍（长白路）

泗泾镇工房

住宅及菜场（吴兴路）

川沙县交建局新川路号 6 房

东海船厂家属宿舍（泗塘新村）

市房地局中山南一路 247 弄工房

港务局职工住宅家属宿舍（长白路）

南汇县新场镇工房新建五层工房

上海市职工住宅奉贤南桥工房

1977 年上海市职工住宅洋泾阳光新村

1977 年上海市职工住宅青浦县朱家角镇工房

第四制药厂上棉十六厂家属宿舍（许昌路朱家弄）

75 市职工住宅淮海路天平路工房

市房地局职工住宅、底商（金山朱泾金枫公路旁）

公交公司汽车四场家属宿舍（长宁区中山西路中华新村）

上海外国语学院家属宿舍（东体育会路）

市房地局职工住宅（中华新路842~906）

市肥料公司红族运输合作社职工住宅（北瞿路）

市房地局职工住宅、底商、菜场（双阳路控江五村）

上海市公交汽车五场工房（浦东崂山西路沈家弄）

市房地局职工住宅、幼托（浦东南路潍坊路）

上海港务局上港一区、七区职工住宅（浦东谢家宅）

上海市民政局职工用房（虹桥路）

市房地局职工住宅、底商（奉贤南桥新建西路）

市房地局职工住宅（江宁路海防路口）

普陀区房地局住宅（曹杨二村俞家弄）

闸北区彭浦新村闻喜路住宅

上海市职工住宅宝山县江湾新市区

上海市杨树浦发电厂新建家属宿舍（杨树浦路）

张家洼工程家属宿舍单身宿舍（内廊式）

1977 年上海市职工住宅工房（杨思镇后长街）

石化部港务局复兴路工房

交通运输局上运五场家属宿舍（保定路昆明路）

上海交通运输局新建 75-1 型 6 修改（杏山路梅陇南路）

徐汇区职工住宅(闵行老镇新安路)

上海电力建设公司宿舍（大木桥路）

上海船舶设计院动迁工房（小木桥路）

虹口区职工住宅（广中路水电路）

市统建工房南码头 103 弄住宅

闸北区职工住宅（长安路 272 号梅园路东）

海军装备部上海办事处宿舍

普陀区职工住宅（交通路大洋村）

南市区职工住宅（新肇周路唐家湾菜场）

上海航道局单身宿舍变电所（共青路）

江南造船厂住宅（大木桥江南新村）

黄浦区职工住宅(浦东南路天后宫)

上海县七宝镇职工住宅

4306 厂宿舍（四平路）

高家沟大队农民新村农住"一""二"职工住宅、幼托（中山西路、虹桥新）

五七三厂家属宿舍

1978 年上海市职工住宅工房、幼托（杨浦区宁国北路穿心浜）

1978 年上海市职工住宅工房（宝山县邯郸路）

工房（黄浦区浦东南路康家宅）

长宁区淮海西路华山路工房

上海铸锈厂动迁工房（平昌街）

闸北区彭浦新村（二期）住宅（平顺路场中路）

上海水产供销站商业供应点宿舍（军工路）

市职工住宅高层住宅（威海卫路重庆北路）

吴兴路高层吴兴路高层

生产资料服务公司地下粮库动迁工房（零陵路江南新村服务网点）

海军体工队家庭宿舍

宝钢总厂月线居住区

纺织工业局上海第七棉纺厂职工住宅（南汇周浦镇顾家宅）

外贸局市食品进出口公司宿舍（万像码头街）

住宅（闸北区柳营路）

1978 年上海市职工住宅工房（青浦县房管所县街）

住宅（大连西路曲阳路）

市造船公司上海港口机械厂职工住宅、商店

宝山生活区 2 号街坊、住宅

宝山钢铁总厂 7 宝钢生活区

宝山生活区居住区、宝山基地

宝山生活区 1 街坊

宝山生活区 6 街坊

宝山生活区 8 幼儿园总体工房

宝钢十九冶金生活区单身宿舍

宝钢住宅指挥部盛桥居民点

宝钢住宅指挥部月浦、吴淞居民点

宝钢总厂集体宿舍 1~2 型

上海市职工住宅号 15 商店（洵阳新村一模三板工房试点工程）

松江县河泾镇房管所文化弄工房

金山工房

七０四所 （南石二路）职工宅

上海市职工住宅（陆家宅）号 4-6 高层

37501 部队家庭宿舍

中央气象局上海供应站职工住宅

南市区保安路基地工房

淞沪水警区 （淞宝路）家庭宿舍

第二军医大学 A、B 型宿舍

37753 部队家属宿舍

三七五０一部队（海军驻沪军代表处）模范村住宅

宛南新村基地宛南新村基地

1979 年上海市职工住宅、托儿所

上海解放日报动迁工房

川沙城厢南门工房

杨泾镇永安街工房

川沙房管所交桥大同路工房

淞沪水警区干部家属宿舍

上南路杨高路基地

南市区住宅建设工房、商店（陆家浜陆柳市路）

上海市职工住宅崇明县堡镇工房（堡镇南路光明街）

上海市职工住宅曹杨九村工房基

项目列表

1970 年代

地 (金沙江路枣阳路)

南汇县房管所周浦工房(沪南公路)

上海市职工住宅工房 (杨浦区广远新村)

长宁区住宅组天山路 39 弄工房 (古北路口)

上海县房管所工房 (漕河泾永勤路穆家港)

嘉定县南翔镇民主街工房民主街工房

闸北区共和新路芷江西路职工住宅、幼托 (高层)

青浦县朱家角镇工房新风路、祥凝路

徐汇区宛平南路东安新村工房解放工房

工房 (松江平桥)

上海市职工住宅闵行昆阳路工房

闸北区中华新路新平民村住宅

自动化仪表研究所家属宿舍 (翟勤路穆家港)

青浦县练塘镇工房 (青枫公路)

闸北区彭浦新村工房 (平顺路、场中路)

沪东造船厂宿舍 (沪东新村内)

泗泾解放弄

黄浦区浦东崂山西路乳山路职工住宅

普陀区住办工房 (长风一村金沙江路、枣阳路)

闸北区延长新村工房

松江县友谊路东工房

上海县号 3-5 房

复旦大学规划六层住宅

上海县桂林路、田林路工房

南市区浦东路码头二侧工房

同济路松兴路住宅

嘉定县房管所 南翔红卫新村工房

闵行红旗新村工房

闸北区共和路芷江西路工房

上海铁路局 (宁强路) 职工住宅

徐汇区军体校四机厂 1050 所动迁工房

嘉定县房管所 真北镇兰溪路工房

上海县龙华镇龙华西路住宅

上海市住宅办公室广远新村号 15-19 房

上钢三厂 1-3 住宅

第二军医大学 (梅花村) C 型宿舍

南汇周浦镇工房

闵行发电厂碧江路住宅

闵行发电厂昆阳路住宅

张家港装卸区职工宿舍

崇明县城桥镇北门幼托、住宅

二军大稻花村 a、b 型宿舍

川沙县房地局工房 (高桥石家街)

莘庄莘浜路、莘中路工房

中远上海分公司工房 (杨浦区延吉东路)

张庙泗塘新村 (路南) 工房

张庙泗塘新村 (路北) 工房

市房地局住宅 (闸北区大统路 972 弄)

中山南二路龙山新村工房

物资局、中波公司职工住宅 (零陵路)

上海市职工住宅工房 (川沙城厢南门)

川沙县房管所统建工房 (新川路)

上海铁路分局职工住宅 (光新路)

上海市职工住宅工房 (上海县漕

溪南一村、漕东支路)

漕溪一村工房

上海石化总厂 40-43 单身宿舍

上海市职工住宅崇明县城桥镇北门路、南门港

闸北区彭浦新村 (二期) 工房 (平顺路、场中路)

虹口区虹镇老街工房

闵行电机新村工房

金山县亭林镇中山街工房

金山县机泾镇工房 (幸福新村)

国家物质总局上海储运公司闵行仓库 职工住宅

闸北区柳营新村工房

南汇县南镇人民路工房

青浦县城相新泾路工房

闵行东风新村号 3 街坊

上海十一区平凉路装卸队生活楼

奉贤南桥沪杭公路住宅

市住宅办堡镇向阳新村

中山西路 464 弄工房

38601 部队干部宿舍

海军 1039 工程 2，3 型宿舍

淮安路工房淮安路工房

南汇县惠南南门街工房

上海市职工住宅工房 (杨浦区控江路许家宅)

上海市职工住宅工房 (奉贤南桥)

闸北区宝昌路 632 号住宅

静安区南京西路 P50 弄 (春江)1~2 号房

南汇县周木工房

上海动植物检疫所 (五机部) 动迁工房 (小木桥路 384 弄)

37501 部队周家宅基地

37501 部队食堂宿舍 (沪东新村)

37501 部队工房食堂 (半淞园路基地)

上海市职工住宅工房 (崇明县城桥镇北门路)

上海市汽车运输公司新市路住宅

市住宅办鞍山路锦西路

上海航空工业办公室(118)住宅、泵房等

崇明县交运局宿舍

鞍山四村住宅

上海县莘庄莘浜路住宅

普陀区洵阳新村职工住宅、菜场

松江县房、泗泾镇工房

松江县房管所工房

金山亭林工房

金山住宅

上海交通大学职工住宅

求新造船厂职工宿舍

徐汇区肇家浜路 193 弄工房

3516 工厂单身宿舍

南京军区上海物质供应站办公宿舍楼

海缆公司码头基地号 3 房

海滨新村工房、商店、菜场

中国远洋公司上海分公司惠民路动迁

海军驻沪部队联合住宅许昌路宿舍

上海技术物理研究院住宅

上海电影制片厂大木桥路工房

海军四一一医院干部宿舍(同心路)

园管处松江方塔公园动迁工房 (高家堰、友谊路)

上海打捞局宿舍 (浦东民生路)

金山县朱泾镇工房 (金枫公路)

建工局供销处工房(高桥镇大同路)

机电一局上海探矿机械厂单身宿

1970 年代

舍（安亭洛浦路）

金山县房管所朱泾公社西林街

上海电力建设公司家属宿舍（吴泾二村）

闸北区共和新路大宁路住宅、菜场

金山县气象站业务生活用房（朱泾公社民主大队）

上海县气象站业务生活用房（莘庄七莘路十一号桥）

闸北区中华新路住宅（新平民路）

上海电力建设公司工房（隆昌口、平凉路）

海运局宿舍（栖霞路崂山东路）

海军装备部驻沪办事处干部宿舍（长乐路）

南空上海招待所集体宿舍

市住宅办堡镇住宅

1104 厂 2．3 型家庭宿舍

上海铁路局调度所会文路住宅

05 单位干部宿舍、车库

上海外语学院教学楼学生宿舍食堂等

金山金山枫泾工房

机械设备成套公司宁国西路工房

市房地局 共和新路九层住宅

上海铁路分局 机务段职工住宅

上海远洋运输公司（昆山中学）动迁

上海科技电影厂宿舍及复房等

泗泾淞沪路口工房

上海照相机总厂家庭宿舍

上海市工艺进出口公司住宅、商店

上海市土畜产品进出口公司住宅

海军 1039（彭铺新村）住宅

青浦县朱家角 胜利街工房

宝山县工业局职工宿舍

上海海运学院工房

市粮食局职工住宅（安西西路、杨宅路）

市住宅办公室工房、商店（嘉定县南翔镇解放街）

住宅办公室泗塘新村工房（路南）

住宅办公室泗塘新村工房（路北）

上海科技大学教工宿舍

长宁区住宅办公室工房（中山西路 464 弄）

海军四一一医院干部宿舍（川北路）

上海市职工住宅奉贤南桥工房

淞沪水警厅加层宿舍

五三九厂单身宿舍

市第一商业局上海百货采购站职工住宅（定西路、法华镇路）

市统建工房松江县房管所 2 万 M2 工房（第一期）

住宅（大连西路密云路）、菜场

丹徒路唐山路口新建 75-1(5)(6)住宅

工房（宝山大场南大路）

住宅、商店（江宁路、北京西路）

上海市职工住宅（吴淞太和路）

南市区中心点基地住宅

宝山县烈士路工房号 1-3 工房

上海市自行车厂控江路敦北路住宅

上海市造船厂 港口机械厂工房

5703 厂职工住宅

南汇区大团镇 73-5 型工房

南汇县周桥车站南工房

上海工具厂 辽源西路职工工房

上海市老残院老人宿舍、浴室等

群革纸张原料合作工坊生活楼

川沙县东安镇工房

上海市仪表公司 法华镇路工房

铁路局列车段高层住宅

杨树浦发电厂工房

机电一局，邮电局（白玉路）工房

上海市西康路住宅

镇宁路住宅镇宁路住宅

闵行瑞丽路工房

上海市农业机械研究所综合试验温室宿舍（南华路）

青浦县城厢和平路工房

上海市公交汽车五场车库食堂浴室办公宿舍（浦东大道上川路）

南市区周家渡徐家宅上钢新村工房

南市区浦东徐家宅工房(浦东南路)

延吉东路隆昌路工房（试点）

虹口区教育局（住宅办）职工住宅（大连新村幢东南角）

宜川一村工房

松江花庭路松花新村工房、幼托、菜场里委会（长白二村）

洵阳新村幼儿园、工房

长岭路赵家浜住宅号 5．号 6 房

宝山罗店东西巷工房

长宁区新华路号 10．号 11 房

南市区中山南二路新职住宅、幼托（高层）

新中动力机器厂家庭宿舍

上海电器技术研究院宿舍

上海水泥厂职工住宅

上海石英玻璃厂宿舍

奉贤县城十字街头住宅、商店

上港九区吴淞家庭住宅

上钢十厂住宅

崇明建房局城桥工房

宛南新村号 4 街坊工房

松江县解放路商店工房

上海港驳公司何家角住宅

青浦县工房

浦东大道凌家木桥工房

上海电工机械厂职工住宅

市建八公司零陵路住宅、商店

上海变压器四厂住宅、商店

海军装备技术部干部宿舍，甲乙型

青浦县朱家角住宅

铁路分局北郊站职工住宅及商店

长宁区新华路劳动新村定西路住宅菜场

上海铁路分局列车段洵阳路住宅

东海船厂、吴淞化工厂泗塘新村、虎林路基地

上海铁路分局工程队辽源西路池家浜路住宅

上海铁路分局真如车站石泉路新安新村工房

上海冶炼厂住宅

上海电缆厂 松花新村住宅

上海铁路分局南站住宅

南翔镇民主街住宅

上海海运局控江路工房住宅

上海内河运输联社住宅

华东医院职工住宅

上海冶金专科学校职工住宅

杨浦木材厂生活房加层

上海第二锻压机床厂职工住宅

上海粮食储运公司住宅

上海线带公司（利西路）工房

上海无线电七厂职工住宅

国际建筑工程公司雁荡公寓

海门三厂镇 百货商店宿舍

上海粮食储运公司万航渡路职工住宅

建设机器厂（望达路）家属宿舍

轻工机械铸造厂金沙江路住宅

项目列表

1970 年代

上钢十厂新华路工房加建

上海市工商界爱国建设公司高层（爱建公寓）

普陀区财贸办白玉路工房

上海平板玻璃厂周浦住宅

上海铁路分局装卸机械厂光新路工房

上海市机械施工公司东安路宿舍加层

上海市起重设备厂风城新村

上海电器厂工房（武定路）

上钢十厂职工住宅

黄浦区财贸办（捷霞路）菜场、工房、商店

海滨新村吴淞同泰路工房、液化站

市住宅办公室石泉路 75 弄住宅加固

市住宅办、外冈镇住宅

天目路乌镇路高层住宅

上海县漕东支路住宅

上海对外贸易学院工房

上海市食品一店辽源西路住宅

1421 所（大浦路 500 弄）职工住宅加层

川沙县东安镇工房

37701 部队宿舍

控江路许家宅住宅、幼托

上海县七苇路住宅

上海假肢厂生活用房

文体建筑

蓬莱电影院舞台改建冷气机房

儿童艺术剧场冷气机房休息室

上海市体育馆比赛馆生活用房总变电所营房

吴淞电影院舞台改建

徐汇区体育场（斜土路）体育棚加建

大众剧场观众厅修建

上海电影院冷冻机房

上海人民剧场放映间

科教电影制片厂

日晖电影院新建电影院

上海人民淮剧团综合楼

闵行剧院安装冷气工程

奉贤县体委健身房

上海海员俱乐部剧场

石油化工总厂石化厂影剧场

上海市体委划船俱乐部

东山剧场观众厅加通风

劳动剧场新建炉子间、改建浴室

西海电影院加建冷气

东湖电影院复建工程

上海京剧团食堂、东平路练功房

上海京剧团海港剧组练功房、淋浴室

上海市工人文化宫消防系统改造

嘉兴电影院安装冷气设备

上海体育馆部队营房

崇明县广播站大楼

新光影剧场午台增加空调

淮海电影院冷冻机房

上海电影制片厂 6 号棚灯光自动化（改建）

国光剧场鼓风机房

上海人民广播电台 731-2

上海人民出版社新华书店曹杨新村门市部（枣阳路）

大山电影院栗山路娄山关路

闸北区革委会政宣组彭浦新村文化馆

上海乐团排练厅（淮海中路）

上海新华书店门市（长宁区愚园路江苏路）

南市影剧院剧场(陆家浜路迎勋路)

卢湾区文化馆冷气（重庆南路）

吴淞电影院售票房

杨浦电影院改建

上海图书馆加层

上海人民大舞台剧场改建

上海电影放映发行公司片库及地下室

长城电影院冷气机房改建

上海农业展览馆（市农业局）农科交流陈列馆（虹桥路）

永安电影院机房改建

星火电影院大修冷气机房

上海越剧院综合楼

上海市杂技团食堂、宿舍

上海自然博物馆加层

中国剧场机房变电间

徐汇区文化馆翻建

上海跳水池练习池 15 米 ×25 米

东海电影院改建

上海乐团琴房排练室

北京电影院配电车间改造

虹口区少年宫加层

新华书店图书仓库

沪南电影院改装

杨浦区图书馆扩建

长治电影院门面装修及售票房加层

贵州剧场观众厅平顶建造

衡山电影院冷冻机房变压器

上海市少年宫加空调设备

虹口区第・工人俱乐部空调工程

儿童艺术剧场改建楼梯间

大光明电影院空调机房改造、加层

上海市沪剧院业务用房

上海市自然博物馆太阳能热水器

崇明电影院影剧院

杨浦体育场改建灯光球场

闸北区体育馆比赛馆、冷冻机房

川沙县文化局图书馆

上海跳水池、温水训练池、锅炉房、淋浴室等

办公建筑

张家洼工程指挥部（土建、冷藏库）

徐汇区财政局库房

市房地局（天目路华盛路）高层

上海市建筑工程局办公楼加层

崇明县财政局新建

海洋渔业公司服务大楼

海洋地质调查局办公楼

东海舰队技部办公楼

上海金山石化总厂办公室

第一海洋调查大队分队办公楼、汽车库

港驳船运公司办公楼宿舍

上海人民广播电台改建变电所

上海市汽车服务公司综合楼、北向（龙华西路）

海洋局东海分局实验办公楼及仓库

国际俱乐部静安宾馆主楼锅炉房

农业局上海市水利工程队办公宿舍食堂

上海水文地质大队实验室（宝山真大路）

市卫生局处理组仓库办公（吴淞民康路淞宝路）

上海航道局复兴岛船队办公楼

海洋地质调查局库房办公生活用房

上海市对外贸易局大楼加层

1970 年代

上海市气象局十二层办公楼

上海市外贸局原房改电子计算机房

上海解放日报社修建

石棉水泥厂办公楼加层

市政协大门、传达、室车库

电讯大楼等建筑延安西路 2029 号

上海市计量局改造恒温室

少年儿童出版社简易办公楼加层

上海五金采购供应站（商业一局）

仓库办公用房（宝山杨行公社顾家宅生产队）

上海航空工业办公室（118）四开间

崇明县气象站业务用房（侯家镇南城乐公社）

上海石油品商品应用研究所实验室（高阳路东余杭路）

市土产进出口公司（漕宝路）

上海铁路局电子调度楼

商业二局管业用房

建工局号 1，2 房

农业局种子公司办公楼、宿舍地下室等

上海石化总厂公检法办公、宿舍、法庭

铁道部后勤部上海办事处办公宿舍（进贤路）

长航上海分局锚地生产指挥楼（浦东江心沙路）

市气象局县农业局宝山气象站业务楼房

上海市第二建筑材料工业公司古北路公司

中国人民银行上海分行电子计算机房

长宁区运输公司停车场综合楼办

公楼仓库浴厕锅炉房等

黄浦区汽车运输公司停车场综合楼、办公楼、加油站等

中国人民银行静安区办地下室改建

卢湾区茂名南路扩建

闸北区运输公司办公楼、综合楼、锅炉房

医疗建筑

华山医院接建手术室

曙光医院门诊楼加层

中山医院手术室

市第九人民医院教室学生宿舍

上海石化总厂医院病房楼门急诊、药剂楼等

上海石化总厂医院病房大楼宿舍食堂门诊楼汽车库房

市中山医院心血管大楼门诊楼化学楼

新港地段医院门诊楼

上海市第一结核病分院病房办公生活用房

上海卫生检疫所留验站（水电路）

上海石化总厂医院制剂楼扩建

上海市肿瘤医院门诊楼动物房

第二医学院解剖楼

北站医院门诊病房楼

市纺织工业局第一医院（江宁路）门诊楼

宝山县卫生局精神病防治院

后字 245 部队附属一院传梁病房、家属宿舍

公用事业职工医院门诊楼扩建

第三精神病疗养院病房

董家渡地段医院门诊部

中国福利会妇幼保健院原有大楼

改建工程

瑞金医院肺科及呼吸道病房

曹杨地区医院门诊加层扩建

新莘路基地光华医院门诊楼

普陀区林家港地段医院门诊楼

民航局民航医院辅助用房

民航医院病房门诊综合楼

肿瘤医院门诊部扩建

崇明结核病防治所病房食堂厨房

虹江路地段医院门诊病房楼

瑞金医院灼伤及骨科病房改建

卢湾区中心医院急诊室

虹口区第二医院病房楼翻建）

长宁区卫生局地段医院（中山医院）

上海市传染病院分院（水电路）

宝钢医院手术室

宝钢医院门诊、急诊

宝钢医院洗衣、食堂、变电、厕所

宝钢医院病房大楼

精神病防治站门诊病房大楼

上海市民政局养老院（宛平南路）

徐汇区日晖医院病房加层

上海市公安局行政处隔离病房（姚虹西路）

瑞金医院传染病科库房

中山医院肝癌研究室加层 动物房

瑞金医院变电所

工农医院扩建锅炉房

医疗器械六厂医务室

上海市肿瘤医院浴室修建

二军大附属二院长征医院冷库

第四人民医院门诊急诊楼加层

纺织局第三职工医院门诊、病房大楼

民航总局上海民航医院太平间

闸北区卫生防疫站化验大楼（和阗路）

上海铁路局中心医院地下救护站

华山医院总务科、办公室及仓库

江湾医院扩建食堂

空军第一医院污水处理

上海二医附属第九人民医院病房六楼冷气机房

五里桥地段医院门诊楼

华山医院病房楼

宝山路地段医院门诊病房大楼

瑞金医院污水处理

上海铁路局中心医院动物房及动物外科楼传染病房

上海市长宁区同仁医院病房大楼

第一人民医院新建病房楼

上海市第一精神病疗养院病房等

曙光医院手术室、冷冻机房

华东医院连接部、外宾干部门诊改建

上海市养老院宛平南路 465 号

长海医院放射科大楼 C.T 机房

徐汇区中心医院病房楼、锅炉房、浴室

虹桥医院化验楼

其他民用建筑

上海饮食服务公司大新浴室

上海饮食服务公司供液浴室

115 工程单身宿舍

劳动剧场改建舞台及扩建副台

上海第七人民医院门诊楼

东方红电影制片厂

恒丰路仓库

市内河运公司候船室

和平饭店冷冻机房

项目列表

1970 年代

杨浦粮食局吴淞泗东附属用房

解放日报新建仓库

延安饭店（南京 318 工程）汽车棚

浦东益明饭店餐室、厨房

上海公检法军管会杨浦消防队车库

上海公检法军管会梅陇消防队车库

彭浦公社卫生院门诊楼

人民广场观众台

北京影剧院舞台改建

国际饭店 16 层空调改建机房

交通部电务工程总队第一队食堂

测线组及单身宿舍

川沙东乡公墓

北站旅馆大楼

金泽卫生院病房等

金山档案馆（730188、740070）

综合站

后字二四五部队干部宿舍

光新三中教学楼

红岩小学教学楼

西宝兴路火葬场业务厅、休息厅

徐汇剧场改建

上海跳水池更衣、淋浴、办公用房

西郊公园金鱼廊

崇明新华书店营业厅、仓库、宿舍

和平饭店改建客房

六一〇七工厂锅炉房、食堂

国际和平妇女保健医院

上海第一人民医院同位素、镭锭

黄浦公园亭子、花架

复兴公园

上海烈士陵园

上海自动仪表五厂宿舍、办公、

幼托

长中心医院病房大楼、门急诊、

办公等

1972 年职工住宅、龙华镇基地、

书店、邮局、肥料公司等

五七音训班新建琴房

上海寄生虫病研究所锅炉房、食

堂、车库等

闸北服务公司芷江西路浴室

沪东电影院冷冻机房

崇明县革令商业局堡钲码头饭店

虹口饮食服务公司更衣浴室

虹口公园亭子、花架

延安饭店（南京 317 工程）

蓬莱电影院舞台改建、冷气机房

儿童艺术剧场冷气机房、休息室

上海市体育馆比赛馆生活用房、

总变电所、营房

吴淞电影院舞台改建

杨浦区劳动广场加建屋顶

闵行饭店加建扶梯、电梯间、门

卫、会客室

张家洼工程指挥部（土建.冷藏库）

华山饭店扩建营业楼

宁国北路基地、菜场、住宅、商店

上海西郊公园外宾休息亭厕所

崇明县革委会商业局水产冷库人防

中华造船厂宿舍、商店

徐汇区体育场（斜土路）体育棚

加建

大众剧场观众厅修建

普陀区百货公司（东新路）仓库

营业用房

上海电影院冷冻机房

上海县邮电局营业用房

崇明县华会拍待所树崇南路

上海市气象局探空氢气房

"8·18"背景台

上海石化总厂招待所

青年宫贵宾室

公安局虹口分局拘留所

吴淞饮食服务公司东海饮食店

市房地局（天目路华盛路）高层

奉贤县体委健身房

万国公墓外宾休息室

徐汇区园林管理处（肇家浜路）

绿化改建

711 研究所五金交电公司商店(控

江路隆昌路)

锦西路菜场锦西路菜场

上海市商业二局洋泾浴室

上海市川沙高桥浴室

卫东服装社（中山西路）

崇明财政局（人民东路）营业部

加层汽车库

东红第二浴室(大木桥路零陵路口)

上海石化总厂综合商店

青浦线五金交电公司门市部商

场、办公及集体宿舍（聚星街）

张家洼工程生活区第二食堂

中央气象局上海供应站仓库、职

工住宅、传达室

西海电影院加建冷气

崇明县财政局新建

东湖电影院复建工程

海军后勤上海办事处、办公、宿

舍、食堂、车库等

上海京剧团食堂、东平路练功房

上海第二商业局虹桥浴室

海洋渔业公司服务大楼

衡山宾馆锅炉房

上海京剧团海港剧组练功房、淋

浴室

西郊公园猩猩馆

航测队食堂及业务用房

上海市公交公司（五场）川沙县

汽车站

上海市新扬种畜场鸡舍（真南路）

上海储运公司仓库及生活用房等

闵行剑川路

闸北区彭浦新村住宅、百货商店接建

上海港务局保华口信号台

商业二局宁国菜场旅馆

淞沪水警区

东海舰队装技部办公楼

上海烈士陵园病故军人骨灰室

上海体育馆部队营房

崇明县广播站大楼

上海港务局第四装卸区综合楼

（生活用房）

翔殷路电话局机务楼、线护楼、

车库、浴室、淋水塔

卢湾红卫浴室

西郊公园动物场

南市区饮食服务公司上南浴室

上海市商业一局饮食公司曹杨浴室

南丹公园水榭

上海房地局徐汇零陵菜场

内河航运长兴岛候船室

内河航运陆延轮渡

文化广场办公室改售票室

龙华火葬场扩建中型礼厅

国家海洋局东海分局宿舍、食堂、

厨房、锅炉房等（浦东陈家门）

东海舰队司令部图书资料、器材

仓库、宿舍工程

石化总厂养护队

川沙县商业局杨思浴室(杨思后街)

海军上海基地外宾接待室

海洋局东海分局食宿等

南空奉贤靶场

1970 年代

三八六〇一部队训练用房

四一〇一工程生活用房

市房地局陆家宅友好菜场 (中山北路)

DM-5(6) 试点工程洵阳路基地

市建五公司 503 工程队生活基地宿舍、食堂、机修 (曹杨路)

市公共交通公司车库生活用房 (共和新路淡水路)

崇明县交通局候船室 (堡镇港)

淮南市阶级教育馆万人坑墓穴

徐汇区服务公司浴室

闸北区商店旅馆 (共和新路灵石路北)

上海商品检验局检验恒温室 (四平路大连西路)

虹口区服务公司浴室 (广灵一路)

曹杨二村普陀区俞家弄菜场

上海市职工住宅洵阳菜场

市农业局种子站仓库、办公宿舍 (朱行镇淀浦河)

商店 (上海市职工住宅延吉东路长白二村工程)

上海自来水服务所 (公用局) 综合生产用房机修食堂浴室 (中山北路武定路)

徽州饭店客房大楼

宝钢总厂宝钢菜园生活区

宝山宾馆主楼－客房

宝山宾馆家具、冷冻机房、传送、变电

宝山宾馆主楼－大餐厅

宝山宾馆锅炉、车库、洗衣、活动室、职工

宝山钢铁总厂指挥部宝山外宾招待所

宝钢生活区 II 街坊菜场综合商点

宝山宾馆新南楼

宝山宾馆 400 水池泵旁热交换机房冷库

宝钢总厂石煤公司宝钢加油站

宝钢公交停车场总体 1 号 ~14 号房

宝钢住宅分指挥部吴淞居民点 (200 户) 商店

宝钢清管站生活楼

国际海员俱乐部外宾厨房

国家海洋局东海分局环境保护实验楼

达华宾馆餐厅加层宴会厅

衡山宾馆变电所、冷气房

航道局航标测量队食堂基业务用房

东湖招待所加建电梯

交通运输局内河航运公司三白候船室加层 (吴淞)

上海石化总厂外宾招待所等

锦江饭店西楼及南楼改建、新建食堂宿舍会议厨房

长江饭店 (现改申江) 锅炉房改建

达华饭店主楼改建锅炉房

青东农场劳改局机械化养猪场 (青浦青松公路爱字桥)

708 工程传达室

龙华火葬场液气消毒池、机房

37511 部队生活设施

上海旧书店加层

上海铁路局南路职工食堂、气象大厅号 2 楼

南空上海招待所食堂

第十五无线电料店商店仓库

上海市新老兵转运站接待站

吴淞消防队原消防层加层

上海市药品什货公司冷库

83517 部队太阳能热水器

西宝新路火葬场扩建

南汇县新场镇

中波公司加水箱

海军装技部二房

南京军区上海转运站宿舍、食堂、车库

曹杨综合商店食堂及仓库

上海铁路分局锅炉房

新杨种畜场 (市农业局) 鸡舍、食堂、锅炉房 (真南路)

上海航道局船队复兴岛

江西 9309 扩建工程

华山修配商店修配楼

崇明县招待所五级人防

周公馆

五金交电商店店面装修

上港二区休息更衣食堂地下室

上海煤气公司营线所三工区金段已、淋浴 (水电路北)

崇明南门

上海石化总厂六、七街坊菜场商店等

第一海洋地质调查大队食堂仓库水塔

衡山宾馆车库加层

青浦县气象站业务生活用房 (东门外青沪公路南侧)

外贸局生活用品房

上海物质处上海库场工程

崇明线商业局(商业二局)饭店、旅社、浴室 (堡镇中路)

食堂浴室 (龙山新村内)

公交汽车二场车场厨房 (龙华西路龙水北路)

龙华火葬场大厅、首长休息室

上海自来水公司服务站生产生活用房仓库 (天钥桥路龙华路)

外贸局蓄产公司简棚 (长阳路)

申江饭店天楼装冷气

和平饭店冷气工程

浦东南路天后宫

普陀百货公司武宁路商店改造

1051 所接建厕所

青浦县徐泾镇

上港十二区修上楼

上海市环境卫生处汽车一场洒水车库及食堂等

83505 部队 (775 仓库) 仓库大修

上海市第二汽车服务公司车库、传达室 (天山支路)

达华饭店 (变电所) 冷气工程

西郊公园旅游设施

上海电视台洗印污水站卫星地面接收站

上海市旅游局上海宾馆

嘉定黄渡镇

无锡市园林管理处工艺品小卖部

横云饭店

青浦县白鹤镇

南码头菜场

普陀区服务公司甘泉理发店

徐汇区汽车运输队停车场

市住宅公司建筑机械总站车间、食堂、综合楼

红卫饭店 (大方饭店) 加层

和平饭店车库变电所加层

五机局办公、招待所、食堂

上海鱼品加工厂招待所

上海市新杨种畜场

普陀区服务公司宜川浴室扩建

项目列表

1980 年代

工业建筑

上海测绘处业务大楼、机修车间

上海美术电影制片厂综合楼、冷
机房等

上海市木材供应公司号 1，号 2
房（辽源西路）

东海舰队装卸厂管理处仓库

上海供电局仓库

镇江中转冷库小物件库

海门饮食服务公司浴室、照相、
锅炉房

上海第一丝织厂仓库、宿舍

上海八一铸钢厂电炉库间（更换
屋面）

6107 工厂金层车间加层

上海硅酸盐制品厂成组立模车间

畜医公司肠衣厂锅炉房

混凝土制品二厂预制墙板予饰面
试验场

水产供应降压站 35kV 降压站

渔业机械仪器第四研究所科学实
验楼

市清洁工具修配厂机修、铸工、
变电所等

上海无线电三十二厂车间改造

普陀区服务公司林家港洗染工厂

上海内燃机厂修理组加层

福建泉州冷库机房、变电 、冷
冻冰库

民航总局民航 102 厂宿舍、厨房、
会场、食堂

上海市化工局浦江化工厂厨房扩建

上海石英玻璃厂浴室

长春电影制片厂综合洗印分厂治
污楼

上海微型电机厂警卫室及消防室等

上海市无线电八厂锅炉房改建

上无二十五厂例行试验室

化工部复兴岛仓库、浴室、食
堂等

上海四平工具厂金加工车间

市公安局治安处改建冰库

宝钢工程

宝钢工程综合楼、车库、食堂、
锅炉房等

宝钢总厂居民食堂、里委街坊

空军上海通信器材供应站器材仓
库、车库及宿舍、食堂

上海工业用呢厂车间、冷冻机房、
变电间

中华造船厂军代室号 1 号、2 房

中国钟厂中镀车间火炉

群益打火机厂车间办公楼

上海虹口区财贸办仓库及工场

港务局物资处复兴岛仓库机电配
件仓库

上海录音器材厂锅炉房

第二织布厂车间

上海橡胶厂更衣室、浴室

上海市染料化工七厂天山五部

石棉制品厂电梯机房改建

上海电缆厂安全教育室

海门手帕厂食堂兼食堂、宿舍

东风照明器材厂扩建车间

科技情报所印刷厂印刷车间（船
厂路）

印刷器材制造厂锅炉房、综合楼、
车间

龙华羊毛衫厂 横机成品等车间

粮油储炼厂烘房洗桶间

上海自行车零件二厂热处理食
堂、锅炉房、浴室

上海中药二厂煮提车间

市冶金局长宁区财办高层烟糖批
发部仓库

长宁区新华玩具厂车间及传达室

上海机床附件二厂卡盘车间屋面
修理

火炬电器厂电镀车间、污水处理

青浦面粉厂（扩初）简仓

上无三十四厂木壳车间

青浦面粉厂简仓

嘉定县长征塑料纺织厂整经、拉
丝行子车间 水池泵房

太平洋被单厂车间污水处理变电
所扩建

上海皮鞋厂皮鞋车间

深井机械厂浇管、泵管车间坑车间

新伟五金工具厂工具车间

港务局机修厂浴室及锅炉房

上海手表六厂空调及冷冻机房

食品进出口公司冷冻三厂原男女
浴 室加层

上海港第六装卸区金工机修综合
楼材料仓库

上海录音机厂厂房加层

上海调味食品厂翻建车间

宝钢总厂宝山中心广场高层

宝钢总厂街坊食堂等

上海石化总厂金山二期外招变电
所、锅炉房、冷冻机房等

淄博市果品公司 3000t 冷库机房
变电所

上海市军天湖农场冷库

上海交电采购供应站仓库

83505 部队 775 仓库加层

上海装卸机械厂砂库

上海螺帽二厂多工位车间加层

上海联合化工厂锅炉房、浴室

上海家具公司第二纺织机械厂泗
塘新村虎林路基地

上海市吴松煤气厂综合大楼

上海羽绒服装厂扩建羽绒车间等

上海漆器雕刻厂接待大楼

上海混凝土制品一厂新建厨房

上棉十九厂余热发电机房

上海整流器厂住房、仓库

江南（电器厂）洗衣机厂注塑机
车间

上海石化总厂金山宾馆主冷冻机
房、车库等

上海手套十一厂金工车间仓库

上海碳素厂车间、更新行车

上港十二区修理车间

嘉定县长片塑料编织厂办公室、
宿舍

普陀区百货公司加建仓库

中国钟厂星火分厂电镀车间、锅炉房

中国人民解放军 4306 厂新建宿
舍、干部轮训楼

上海科技电影制片厂新建生活楼

上海第二皮鞋厂浴室

国家物资局上海储运公司大场区库

上港十二区锅炉房

上海录音器材厂淋浴室

上海市中药二厂水泵房

上海第十七毛纺厂新建食堂

国家物资总局上海储运公司翔殷
路仓库

张家港仓库、室外下水道

汀南洗衣机厂装配车间

浦江漂染厂变电所

虹口消防队仓库加层

上海铁路分局建筑段木工间及派

1980 年代

工间

徐汇区汽车运输公司汽车二队车间

上海低压电器一厂生产大楼

江南洗衣机厂装配车间加层

上海标准件五厂车间

上海炼油厂研究所中试工场、催化剂实验楼

上海好吃来炒货食品厂车间、生活、锅炉房等

上海汽车修理五厂料库

第一织布公司玉屏南路高层住宅变电所

工业设备安装三队工业设备安装三队弯管车间

上海力车厂食堂办公

华东电子仪器厂仪表车间泵房

上海建设机器厂金加工车间

培新汽车修配厂油科库

外贸仓储公司乙级危险品仓库

上海美术印刷厂扩建女浴室

上海粮油进出口公司灌油加工及储存楼等

生物制品研究所血液制品生产楼

上海石化总厂生活区八街坊商业中心、商店总体

上海石化总厂生活区银行办公生活楼、营业厅

上海石化总厂生活区八街坊商业中心、百货楼

上海石化总厂生活区八街坊少年宫、活动楼

上海钢窗厂车间变电所等

上海港客运站 1 号—4 号房

上无三十四厂木壳车间

外贸仓储公司杨行仓库消防泵房

上海石化总厂职工疗养院

902 工程

上海市土产进出口公司曹杨仓库

上海宇宙金银饰品厂生产车间扩建平台

宝钢总厂一办三所等

宝钢总厂友谊路派出所

宝钢总厂吴淞财办糕团工厂、烟糖批发部

宝钢总厂第三小学、友谊街道医院

宝钢总厂吴淞区财办

上海警备区后勤部汽修所金工车间

石化总厂环卫所综合楼

西宝兴路火葬场西吸尘控制室

印刷器材厂配练车间加层

上海市工业设备安装公司机施运输队车场

上海医械电镀厂冷冻机房

出版物资公司纸张仓库车间生活用房

上海容昌公司 2000T 冷风库机房变电

上海南洋电机厂五车间

上海气阀厂气阀车间

上海市印刷一厂印刷车间扩建

上海篷帆沙发厂车间

沪宾洗衣厂锅炉房

上海装钉厂车间

上海仪表机床厂汽车库

上无十九厂洁净大楼改造水处理房

上海轮胎翻修厂炼胶车间生活设施

上海电影技术厂

海运局船舶服务站第一车队汽车库

上海篷帆软垫厂五金仓库及食堂

上海打捞局木工车间加层

张华浜办事处前方周转仓库

3516 工厂制鞋生产大楼

文汇报社图门路仓库综合楼纸张仓库

上海县新泾冷库冷库工程

上海交电采购供应站检验用房

徽州冷库屠宰车间

市建 107 工程队食堂库房

5703 厂飞行试验楼

上海第五印染厂医务室及雕刻车间扩建

新华书店沪太路仓库车间及修理车间

建工局安装一队教室及行政仓库

上海市建设机器厂马达仓库

上海五金交电公司江扬南路仓库

友谊汽车服务公司吴中路停车场另有 84-4-229

工业设备安装公司通风队钢模板车间

上海泰康食品厂罐头成品保温仓库加层

上海京剧团二团住宅临时服装住宅临时服装仓库办公

上海市汽车配件供应公司仓库生活楼

上海汽车配件供应公司中山北路仓库

外贸冷冻一厂冷库大修

长征塑料编织厂车间

上海砼制品二厂楼板车间

上海生物制品研究所材料仓库

正章洗染厂生产楼锅炉房浴室加层

中国人民解放军 4805 厂工场

新华书店七宝仓库

建设机器厂破碎机装配车间

上海轴承厂车间

上海市农机供应站活动房仓库

宝山造纸厂曹安路堆场避雷装置

上海南汇防水涂料厂车间综合楼

锦江联营公司生产大楼车间锅炉房水泵房

长江五金厂办公车间

上海市钢铁汽车运输公司钢铁汽车运输公司停车场

松江县邮电局自动电话机房变压器锅炉房

长虹灯具厂综合生产楼

黄浦区运输公司第二车队办公楼综合楼锅炉房

农资公司上海采购站吴泾库场

上海市建四公司安装工程队车间等

上海市美术设计公司车间综合楼

上海汽车改装厂综合楼金工车间等

上海自行车四厂电镀金工大楼机工大楼

上海市化轻公司三号桥仓库浴室

上海电缆工程处综合楼

上海建设机器厂扩建车间及办公室

上海市五金矿产进出口公司综合楼仓库

上海书刊胶印印刷厂车间大楼办公楼等

瑞金大厦附属工程变电所

新卫电子设备厂自动化测试大楼等

上海求新造船厂福州行运公司

闸北区饮食服务公司北站车间改建

上海录音器材厂装配楼

上海市混凝土制品二厂综合楼

上海市服装公司技术培训中心车间

上海五洲服装厂服装车间

红艺织造厂车间加层水泵房

上海市钢铁汽车运输公司保修车间

上海录音器材厂录像机车间加层

项目列表

1980 年代

陶瓷杂品批发部中山南路仓库

杨浦木材厂变电所

5703 厂 708 工程

上海市海洋渔业公司电工电讯车间扩建

宝钢工程

上海长途汽车运输公司车间综合楼食堂

上海无线电十九厂洁净车间综合楼

上海医电厂生产用房

海运局劳动服务公司洗衣间加层

中国成套设备出口上海分公司张华浜仓库危险品库

6107 厂锅炉房浴室

上海市安装公司第三工程队弯管车间

镇江中转冷库罐头仓库

上海快乐食品厂主厂房加层

上海橡胶制品四厂硫化热定型车间

上海市交通机械修配厂总成金加工车间

上海新华汽车厂半挂冲压车间

5703 厂

镇江中转冷库

上海吴淞煤气厂

上海第五印染厂综合楼

上海市浦东汽车运输公司车间办公综合楼等

上海电器三厂吸尘器车间

上海快乐食品厂主厂房加层等

天台制药厂针剂生产楼

上海通信工厂锅炉房

自行车零件二厂金冲车间

海运局货轮航修一站综合车间综合楼等

上海市第一茶厂理货包装车间

海洋地质调查局电缆车间宿舍教学楼等

上海兴业电器厂综合楼车间

上海市五洲服装厂水洗车间锅炉房

国家物资局上海储运公司大场区库

上海科教电影制片厂创作生产楼

林家港地段医院污水处理

南黄海石油公司仓库

民航一〇二厂资料档案室热处理车间

上海电子计算机厂微机生产楼等

上海市出租汽车公司生活用房加油站

上海漆器雕刻厂净化车间变电所

上海市化学试剂供应站祁连山路保温仓库

化工部华东供销公司复兴岛仓库

外运公司空运仓库、生活用房

外贸仓储公司上海市分公司集装箱堆场

上海金属结构厂综合楼、变电所、车间空压房、锅炉房

中科院生物工程基地食堂、图书馆、危险品库等

外经部镇江中转站罐头仓库雨篷

上海电缆厂住宅车库

上海第三光学仪器厂转装配车间等

上海长征锁厂车间

上海工具厂冷库

险峰电影机械厂变电房照相机车间

上海第一印染厂白色成品系统房

上海石化总厂研究院化学实验厂等厂房

上海市汽车配件供应公司天棚

生物制品研究所血液制剂生产楼

上海装卸机械厂综合车间

上海气阀厂阀片车间

友谊食品厂生产楼磨粉车间等友谊食品厂生产楼磨粉车间等

上海长江航务通信导航区通讯机房

大中华橡胶厂宛平南路高层泵房

上海市小上海炒货厂锅炉房

上海十五棉纺织厂织布车间变电所传达室总体

上海电工机械厂综合楼

太平洋织造厂漂染车间

上海液压气动元件公司水泵房

外贸镇江中转冷库罐头仓库

上海市交通运输局上海汽车改装厂（扩初）

南通化工机械厂 X 线光透照室

上海市日用杂品公司中山南路仓库

上海生物制品研究所分包装车间

上海曙光手帕厂绸机等综合大楼

上海久新制革厂准备车间

上海市建材公司江湾供应站综合楼水泵房

中国民航 102 厂喷沙车间等

上海客车附件二厂车间

上海市工业设备公司安装一队车间

上海仪表塑料件厂冷却水回收利用

青浦环城农机厂浇铸压铸等车间

上海新华印刷厂主厂房

金山县张堰冶炼厂主厂房

上海羽绒服装厂

七重天宾馆变电所锅炉房

上海电视机十一厂住宅、托儿所、方便店

宝钢工程

上海无线电十厂塑封车间加层

物资局上海储运公司江湾区库高架库

沪东机械厂锅炉浴室

上海切纸机械厂金工车间加层

市建五公司 506 工程队办公宿舍锅炉房

吴淞锻造厂空气压缩机房

上海外贸仓储公司无锡仓库

上海水产供销公司第三批发部综合楼等

丰华圆珠笔厂综合车间及生活设施号 3 车间

英雄金笔厂出口产品开发基地

上海工具厂磨槽钻车间

上海港汇山装卸公司仓库综合楼

上海漆器雕刻厂车间、锅炉房、水泵房

上海十三丝织厂生活设施加层

景伦针织厂成衣漂染大楼等

南汇涂料厂（三分厂）车间 (内墙涂料)

市印刷一厂号 1 楼

茶叶进出口公司杭州仓库

市茶叶公司三门路冷库车间 (可可豆加工)

寅丰服装有限公司厂房装修

电影发行放映公司变电所

上海电缆厂变电所 (35kV)

嘉兴绢纺厂餐厅

上海中药二厂综合楼

第一丝绸印染厂印花机印综合车间、食堂

上海外贸局变电所

市丝绸进出口公司白洋淀仓库

儿童食品厂营养食品大楼

上海染料化工二厂食堂、浴室

上海艺术品雕刻厂车间

第一丝绸印染厂准备车间加层

1980 年代

国防科工委后勤部华东办事处综合仓库

上海淀粉二厂危房改建

上海电器陶瓷厂综合楼

57322 部队 4416 工程锅炉房、浴室

申光灯具厂综合楼、生产楼

教育科研

宝山县文教局红旗小学教学楼

上海外贸学院学生宿舍、电化楼

上海市农业科学院蔬菜留种网室

上海外语学院浴室、宿舍、锅炉房

上海社会科学院加层

宝山县城厢幼托

卢湾区第一体校锅炉、淋浴、办公室等

第二医学院解剖楼

第二军医大学教学大楼（实验楼）

闸北区和田中学

上海医疗器械专科学校实验楼加层

大板住宅南市区淮海东路小学教学楼

上南新村住宅、幼托

上海六十二中学教学楼

上海市农业科学院食用菌实验楼

上海市教育局徐汇区五十一中学教学楼

上海市教育局打虎山路幼儿园、传达室等

上海市教育局其昌栈小学教学楼

上海市教育局多伦路二小教学楼

空军政治学校办公楼

虹桥新村中学

全装配硅酸盐大板住宅嘉陵中学教学楼

上海市教育局闸北区宝山中学教学楼

上海市教育局卢湾区巨鹿路小学教学楼

上海市农业科学院食用菌大楼

长宁区向红小学教学楼

上海市农业科学院食用菌栽培房

卢湾区业余工大教学楼

上海市教育局北京西路第三小学教学楼

上海市教育局延安西路小学教学楼

黄浦区工读学校教学楼

东海水产研究所外宾接待室

上海市住宅办虹桥新村住宅、小学、幼托教学楼等

上海师范大学电化教育研制车间

上海市住宅、吴淞泰和路工程工房托儿所

上海铁道学院教学楼

上海有色金属研究所综合大楼

长宁支路第一小学教学楼

上海冶金分校实验楼（图书）

航道局设计科研所住宅、食堂、科研、水槽实验楼

复旦大学（邯郸路）图书馆

江宁路小学教学楼

上海市教育局海产路一小教学楼

上海粮食学校综合、宿舍楼等

中国福利会幼儿园翻建木工间、仓库

上海工业大学工业自动化实验楼

华东政法学院浴室及图书馆

上海机器制造学校电梯机房

医疗器械公司技工学校教学楼、学生宿舍

复旦大学研究生楼

杨浦区扬州中学教学楼

上海市农业科学院高压开关房

田林新村二幼

上海市农业科学院浴室、宿舍楼、变电所

上海计量技术研究所鼓风机房、冷冻机房等

田林新村一小教学楼

南市区教育局市九中学教学楼

江南造船厂职工培训教学楼

上海交通运输学校教学实验楼学生宿舍

上海海关专科学校教学大楼食堂厨房

南市杨家宅住宅、幼儿园

上海市教育局人山附幼新建及改建

上海铁路职工子弟中学教学楼

长白新村幼儿园、托儿所

上海市七一中学实验室

普陀区潭子湾二小 12 班教学楼

徐汇区宛平路小学翻建教学楼

历城一小教学楼

上钢新村二期工程幼儿园、托儿所

上海市第二聋哑学校

杨浦区隆昌路第二小学教学楼

上海市第五十一中学

吴淞中学实验楼

新闸路第三小学

南洋模范中学

宛平南路第二幼儿园六班教学楼

上海同济分校实验楼

光明中学扩建实验楼

上海市复兴中学实验楼

虹口区梧州路二小 12 班教学楼

南市区梧桐路第一小学教学楼

静安区新闸路幼儿园教学楼

上海市饮食服务学校新建餐厅及教室等

吴淞四中扩建教学楼

黄浦区教师进修学院教学楼

上海仪表研究所改建恒温室净化空调室

南市区教育局德州新村幼儿园

市西中学大楼加层

上钢五厂五七学校教学楼

泗塘新村幼儿园托儿所

南市区陆家浜二小教学楼

泗塘新村小学教学楼

乳山中学教学楼

田林新村二幼

闸北区会文路小学教学楼

上海五金交电公司技校教学楼、食堂等

平凉路一小教学楼

徐汇区教育进修学院实验楼

上海石化总厂生活区八街坊幼儿园、托儿所

黄浦区教育局宁波路三小

德州新村德州一小

彭浦新村六期第五小学

中华医学院图书馆、会场加层等

静安区培明中学教学楼

上海第一医学院动物房、锅炉房、变电所

历城二中教学楼

闸北区沪北中学（原彭江）教学楼局部加固

虹口区三中心小学扩建教学楼

卢湾区教育局卢湾区巨鹿路一小

闸北区教育局市北中学实验楼

彭浦新村第三幼儿园

彭浦新村第四幼儿园

项目列表

1980 年代

彭浦四中 24 班教学楼

彭浦新村四小教学楼

上海县教学局田林二中教学楼

上海市农科学院食用菌实验楼加层

上海海运学院幼儿园

上海国际问题研究所资料库传达室

上海县教育局田林新村一街坊三幼

上海市第四师范学校宿舍图书馆等

空军政治学校招待所

上港十区锅炉房浴室幼托

市财经学校教学楼宿舍食堂等

长航局上海分局教学楼宿舍食堂等

和田中学教学楼宿舍运动房

上海市农业科学院实验楼水塔

上海市有色金属研究所自耗炉车间人防

淮海中路第二幼儿园六班教学楼

上海市农科院种鸡舍

普陀区长风新村小学教学楼食堂

上海市业余土木建筑学院教学楼加层

上海市民用建筑设计院大楼改建

5703 厂业余中学

农科院畜兽医研究所母猪舍

田林新村一街坊幼托

田林新村二期一街坊田林三中教学楼食堂

上海公交技校教学楼及车间生活楼等

复旦大学文科楼

闵行虹桥开发公司虹古新村小学

闸北区卫生学校教学楼

卢湾区向明中学扩建实验楼

闵行中学实验楼

黄浦区教育局黄浦区东昌路小学

上海市总工会干部学校

市外贸职业大学教学大楼学生宿

舍等

上海海运学院实验楼风雨操场

交通大学研究生宿舍食堂

控江中学（双阳路）实验楼

塘沽路第二幼儿园幼托（河南北路）

解放军 4805 工厂浦东大道海军维修大学上海分校

上海市建设党校教学楼

上海业余土木建筑学校塘沽路二小教学楼

上海市浦泾中学

上海机械学校科技综合楼

普陀区曹杨二中扩建实验楼工程

华东政法学院万航渡路高层

杨浦区民生路小学教学楼

上海农学院食用菌制种房

田林新村五幼

农科院畜牧兽医研究所

上海市工艺美术学校新建教学基地

南洋模范中学教学楼

南市区福佑路二小教学楼

川沙县侨光中学教学楼

嘉兴市秀before中学教学楼

徐汇区教育局吴兴路幼儿园

吴淞区盛桥中学幼儿园

上海市粹义中学教学楼住宅

上海师院附中实验楼

南市区蓬莱路小学教学楼

浦明师范学校琴房琴房风雨操场舞房等

上海市育民中学校办工厂加层

上海科技专科学校图书馆

上海第一医学院图书馆宿舍加层

市手工业局机械学校教学实验楼

牛奶公司第六牧场幼托宿舍

上海市总工会全日制幼儿园

闸北区工读学校教学楼加层

华东师范大学体育系办公实验房

苏州铁道师范学院实验楼、教学楼、通讯楼

上海市市委党校教学楼、食堂、会场礼堂

闵行区委党校教学楼

上棉三十一联合中专教学楼

上海空军政治学校综合楼、冷冻机房

会文路第二幼儿园

闸北区辅读学校教学楼

上海海运学校变电所

上海冶金专科学校健身房总体

上海司法学校教学楼

上海市建筑工程学校宿舍食堂

农机局机械制造学校厂房及图书实验室

中科院上海学术活动中心

上海市铁道医学院梯形教室实验楼宿舍招待所

卢湾区第二中心小学

红星中学教学楼扩建工程

卢湾区市十二中学教学楼扩建

上海市聋哑技术学校教学楼及辅房

徐汇区教育局安福路幼儿园

仙霞村大金更住宅托儿所

江苏路五小教学楼

上海港湾学校图书馆会场食堂学生宿舍

上海涂料工业公司季家库幼儿园

上海市飞机设计研究所燃油试验室修建

华东神学院教学楼及住宅

上海市体育运动技术学校

闸北区教育局塘沽中学接建工程

上海电力学校学生宿舍教师宿舍图书馆

上海外国语学院食堂加层

上海农业科学院图书馆

邮电部第一研究所研究楼加层水泵房

上海交通大学涡轮机实验楼加层

武夷中学教学楼

上海工业大学平型关路广延路高层

南市区蓬莱路第二小扩建教学楼

交通大学附壁烟囱

上海机械专科学校大门书店等

上海中学大门门卫

中国福利会托儿所活动室

上海海运学院食堂宿舍图书馆礼堂

上海华东模范中学实验楼及辅助用房

平凉路四小教学楼扩建

徐汇区嘉善中学实验楼

华东政法学院司法鉴定科研楼

延吉东路幼儿园教学楼

淮海大厦办公楼住宅商场小学地下车库

上海市工业党校

闸北区中华路小学教学楼加层

上海浦明师范学校食堂辅房

上海康健开发有限公司玉兰园、紫薇园、樱花园、高层小学等

上海交通大学二分部东区

华东纺织工学院教学大楼

长江轮船公司河运学校图书行政办公教学实研楼等

大同中学实验楼

淮海中学教学楼加层

上海市回民中学实验楼

1980 年代

南市区辟路指挥部一医浦西中学教学楼扩建

上海印刷技工学校实习工场宿舍、教学楼、食堂、锅炉房

长乐路小学教学楼加层、传达室、食堂

静安区教育局安远路一小

上海外语学院印刷车间

静安第二中心小学教学楼加层

风华中学传达室

华东模范中学教学实验楼

中国民航上海中专教学综合楼

浦明师范学校教学楼加层

上海师范专科学校综合楼

虹口教育学院综合教学楼

中国福利会宋庆龄幼儿园

交通大学二分部游泳池

徐汇区建襄小学教学楼加层

电力技工学校教学楼、实验楼、图书馆、车间等

塘桥第二小学教学楼

邮电部第一研究所平江路小学辅助楼

上海中学食堂

龙山中学教学楼增建

上海幼儿师范专科学校教学办公实验楼

崇明县堡镇中学教学楼

上海石化总厂华东师大三附中

海南中学门面改建

上海交大二部学术活动中心

徐汇区党校教学楼

上海交大二部图书馆、计算中心

空军政治学院教学楼

常熟路小学综合楼

补偿建庆学校小学部（七色花小

学）教学楼

长宁区泸淀中学大教室加层

居住建筑

市住宅建设办公室安亭昌吉路工房

上海市工具公司工房

市建七公司住宅及商店

市职工住宅（娄塘镇）

漕溪北路高层（十三层）外廊装窗

城建局计划财务处虹桥路工房

上海实验电炉厂职工住宅

城建局计划财务处天钥桥路工房

徐汇教育局中山南二路 878 号住宅

上海铜带公司（利西路）职工住宅

上无二十五厂职工住宅

市职工住宅 闵行新安路高层住宅

劳动局第二技工学校学生宿舍

静安区教育局常德路住宅

上海沪东纺织机械厂龚家湾动迁工房

南市区卫生局复兴东路住宅

黄浦区卫生局烟厂路住宅

上海市总工会延平路工房

上海警备区教导大队军干宿舍

上海铁路分局南翔机务住宅

上海纺织公司上溶新村

虹口区教育局高阳路教工住宅

苏州铁路技校南翔分校学生宿舍

长征医院跨龙路住宅

解放日报 汉口路 309 号住宅（零陵路）

上海市教育局延长路住宅

上港十区长江路住宅号 1-- 号 7 房

大百科全书上海分社图书楼仓库美工集体宿舍等

松江县友谊路东工房

上海海运局阜新路工房

普陀区中山北路 1510 弄高层住宅

上海市水产局爱国路住宅

上海石英玻璃厂宿舍

上海县闵行镇工房

远洋公司海员基地

长宁区天山之路 39 弄住宅

上海打捞局商店、家庭宿舍

住宅总公司混凝土制品厂住宅

上海广播事业局铁路局通州路住宅

上海第二十九棉纺织印染厂住宅

共和新路永兴路高层住宅高层住宅

牯岭路房管所居民住宅

上海变压器厂海拉尔路职工住宅

黄浦区教育局吴家厅工房

长宁区教育局教工宿舍

上海海洋运输公司（国顺路）工房

上海电珠二厂职工住宅

上海电视台制景生活楼

国家物资总局上海储运公司工房、水泵房、幼托

宝钢地区教卫办淞宝路住宅

海员医院生活用房加层

南市区教育局瞿溪路住宅

全装配硅酸盐大板住宅试点工程

铁路局工业公司国顺路住宅

华东电力设计院金沙江路住宅

轻工业局制造局路住宅及公建

上海石油采购供应站、控江路、鞍山路高层住宅、菜场

高桥热电厂、上棉三十厂浦东上川路住宅

上海远洋运输公司惠民路动迁工房

新中动力机器厂宿舍

上海市冶金专科学楼分校职工住宅

上海铁路分局真如站桃浦公路住宅

上海电表厂控江路住宅

建工局构配件公司（国顺路）住宅

中农院上海家畜研究所大木桥路住宅

普陀区教育局 曹杨新村教工住宅

37671 部队海军标准研究所 6107厂劳改所联合住宅

冶金矿山机械厂职工住宅

长征机械厂职工住宅

上海机床公司住宅

宝钢总厂ＯＯＯ三九部队果园生活区

宝钢总厂宝山生活区街坊

宝钢总厂生活区Ⅲ、Ⅳ街坊住宅

宝钢总厂宝山生活区Ⅱ街坊

宝钢总厂果园生活区Ⅴ、变电所

静安区城建办住宅

上海铁路分局何家湾站江湾新市路工房

市建委南市区南马头徐家宅工房

上海电焊机住宅

上海纺织工业专科学校点状住宅

长宁区住宅办公室新华路 216 弄住宅

东海舰队后勤部 4306 厂（四平路国顺路）住宅

杨浦区卫生局锦西路住宅

东海舰队后勤部武进路住宅

兰花新村

交通局汽车修理四厂车间住宅

上海市造纸公司安化路住宅

海运局（东安路）住宅号 6，号7 房，号 8 房

上港十二区职工住宅

上海轻工业专科学校职工住宅、淋浴室

文汇报社大连路住宅

上海电池厂（青云路）住宅号 1 房

项目列表

1980 年代

上海内河航运局闵行营业站职工住宅

中国人民解放军南京政校集体宿舍、大队食堂

上海内燃机厂住宅

上海市仪器仪表公司宿舍加层

上海碳素厂自筹住宅

普陀区粮食局杏山路住宅

市统建工房北新泾哈密路住宅

上海轮胎二厂辽阳路霍山路住宅

吴泾化工厂等单位职工住宅

黄浦区教育局浦东东宁路工房

市体委宛平路 65 号内职工宿舍

上海市水产供销公司辽阳路住宅

上海通信工厂青云路工房

上海市职工住宅高安路 50 弄工房

川沙县供销社住宅商店

市住宅、浦东天后宫第二期工房

上海市工业设备安装公司鞍山路住宅

徐汇区住宅、华山路 923 弄住宅

上海市长宁区卫生局镇宁路砌块工房

上海市轻工业机械公司职工住宅

普陀区卫生局交通西路住宅

大屯服务中心邮电局、新华书店、住宅、综合楼

第八机床厂（宜山路）住宅

市出租汽车公司宜川停车场及住宅

卢湾区教育局斜土路住宅

四平路政化路号 1-4 房

上海第一毛巾厂等民生路住宅

上海市住宅办南市区中山南路住宅

上海市住宅办中山南二路刘马家宅住宅

上海市线带公司镇宁工房

市职工住宅、高桥大同路工房

杨浦区粮食局内江路住宅

轻工业局木材一厂职工住宅

田林新村号 1 街坊

杨浦区广远新村住宅

（卢湾区）上钢新村

工业自动化仪表研究所漕宝路住宅

张家木桥工房

虹口区东余杭路住宅

浙江县驻沪办事处驻沪住宅（零陵路）

建工局机械施工公司住宅

太山新村工房、40 路车站、住宅公建

中山北路兰田路高层住宅(全模板)

中山北路岚皋路住宅（大模板）高层（岚皋）

上海市岚皋南村高层住宅

3516 工厂同心路家属宿舍

中国福利会住宅

上海第二化学纤维厂浦东上川路住宅

解放日报社利西路住宅

上海市职工住宅崇明城桥镇北门路工房

革新塑料厂（仙霞路）职工住宅

华东医院住宅

上海市电器科学研究所职工住宅

上海市供销合作社大木桥路住宅

上海市房地局闸北区延长路住宅

上海染化十一厂职工住宅

闸北区教育局恒丰路住宅

市住宅川沙城厢南门工房

上海市职工住宅上海县莘庄莘西路工房

上海吴淞水泥厂泗塘新村住宅

中国人民解放军 4805 厂职工住宅

上海铁路分局客运段飞虹路住宅

南市区教育局徽宁路工房

长风二村职工住宅（高层）

桂巷新村职工住宅（高层）

宝山钢总厂单身宿舍

宝钢总厂街坊高层住宅

宝山生活区宝山中心广场高层住宅

宝钢工程生活区、商店

宝钢指挥部 350 户居民新村

宝钢总厂宝山生活区

延安饭店（安福路）干部宿舍

中国人民解放军 4805 厂海防新村

上海市住宅纺纬新村工房

上海石化总厂金山二期外国工程

人员家属宿舍主楼（结构）

包装装璜公司（安福路）职工住宅

第三制药厂（番禺路）职工住宅

虹口区粮食局甜爱路工房

江南造船厂军代表家属宿舍

海运局、外贸局、航道局铁地桥基地住宅

长宁区住宅办公室延安西路、定西路住宅

浦东、崂山东路乳山新村住宅

上海港口机械厂港机新村工房

上海织袜一厂沪太路 651 弄工房

市住宅、大洋村住宅

上海第三钢铁厂历程路工房

长江机械厂职工住宅

上海市住宅 闵行东风新村工房

上海市城建局松花江路动迁住宅

上棉十六厂江浦路住宅

上海市住宅办 川沙城厢南门工房

上海市职工住宅 娄塘镇住宅

上海石化总厂——征地办居民住宅

上海市木材供应公司新华路住宅

水轮修造厂网具厂城建局宁国北路住宅

东海毛巾厂职工住宅

中国人民解放军 4805 厂家属宿舍

上海电影制片厂摄影棚动迁住宅

轻工业木材工业公司青海路住宅

上海寄生虫病研究所职工住宅

曙光电料厂（后方）家属宿舍（底层商店）

红旗力车厂家居宿舍

上海缝纫机针二厂居民住宅

长白新村延吉路工房

上海港服务公司四平住宅地下室加通区

杨浦区粮食局内江路住宅

上海市幼儿园师范学校学生宿舍加层

人造板厂住宅（鞍山路、阜新路）住宅、水泵房

上棉二十七厂职工住宅

上海市建材供应公司飞虹路住宅

徐汇区武康路 40 号住宅

上港五区库房用住宅楼

上钢新村二期住宅

水产供销公司、耀华木器厂职工住宅

上海铁路分局车辆段洵阳路工房

二、四、五住宅工程住宅

虹口区粮食局（西江湾路）职工住宅

二军大长海医院翔殿路住宅

崇明县堡镇住宅向阳新村工房

崇明北门路工房号 5 房

机关事务管理局职工住宅

1980 年代

铁路分局何家湾站职工住宅

上海市计划生育科研所小木桥路动迁住宅

市半导体器件公司玉屏南路住宅

市住宅办公室黄浦区浦东南路康家宅工房

上海市新华香料厂新建胡家木桥路住宅

外贸包装公司职工住宅

虹工区财贸系统欧阳路工房

彭浦新村（共和新路）第四期工程

上海第七印染厂西康路职工住宅

上海内河航运局工房

第九化纤厂六层住宅

市住宅办、青浦县城厢庆华三村工房

市轻机公司长宁区利西路住宅

普陀区食品公司曹杨二村

上海石化总厂 47 号单身宿舍

上海市汽车服务公司服务及住宅

上海市新华书店住宅

钢铁研究所泰和路住宅

上海市城建机械厂职工住宅

上海无线电四厂中华路工房

市职工住宅 宝山县政通路工房

嘉定县房管所 真北镇住宅

上海日用品杂品公司广中路工房

上海市市建八公司家属宿舍

上海市手工业局家属宿舍

上海市 708 办公室家居宿舍

新光内衣厂 天镇路工房

市住宅办、上海县七莘路住宅

长海医院翔殷路工房

上海县房管所 田林路工房

市住宅、宝山县城厢烈士路住宅

虹中区教育局 岳州路公平路职工宿舍

中国纸版厂延吉路住宅

上南新村住宅

电力建设公司大木桥路住宅

杨浦区教育局阜新路教工宿舍

木材公司、上电运输队三村住宅

上海百货采购供应站住宅

机管局吴兴路住宅机关干部住宅

南汇惠南镇南门大街新建工房、商店

上海海运学院教工宿舍

上海供电局工房

上海旅游专科学校新建教工家属宿舍

中山路 464 弄高层住宅

印刷学校、海运局宿舍（内江路）

7315 厂家属宿舍

市建四公司 406 队生产生活基地

轻工业局食品工业公司职工住宅

长征医院工房

虹桥西村工房

上海市线带公司国货路工房

青浦县城厢华四村工房

3516 工厂东宝兴路工房

3516 工厂同心路家属宿舍

上海铁路分局客运段宝昌路住宅

青浦县朱家角胜利先进街住宅

电业职工医院职工住宅、门诊楼

海洋地质局、国家海洋局家属宿舍动迁户

市住宅办、吴淞同济路东朱家浜住宅

宝山大场南大路住宅

上棉二十九厂杭州路家属宿舍

801 厂市人行化工公司彭浦新村住宅

六机部七〇八研究所高雄路住宅

上海市水利局、水文总站污水监察站及宿舍工程

上海市起重运输机械厂职工住宅

电力建设公司等长桥住宅

华东电力设计院住宅

上海市食品一店长顺路住宅

复旦大学动迁住宅

上海救捞局真修路工房

上海市粮食贮运公司何家湾住宅

711 研究所万航渡路工房

普陀区粮食局职工住宅

控江新村续建住宅

杨思中学职工住宅

卢湾区教育局鲁班路住宅

控江路内江一村住宅、幼儿园

上海警备区巨鹿路住宅

上海航道局控江路打虎山路住宅

中国人民解放军 4805 厂海防新村

118 厂职工住宅

大华仪表厂职工住宅

上海汽车底盘厂、二底盘住宅及底层商店

上海市冶金专科学校漕宝路住宅

南市区住宅办上南新村

虹口区住宅办密云路工房

上海宝山县办公室兰花新村

上海第九棉纺厂平凉路住宅

上海五金交电公司工具批发部阜宁路住宅

江西省驻沪办事处职工住宅水泵房

市职工住宅扬思工房

上海杨浦发电厂控江四村加层

上海吴淞煤气厂住宅

上海市外贸运输公司住宅

上海市警备区招待所干部宿舍

市外贸仓储公司职工住宅

上海自行车工业公司控江路钱家宅住宅

宝山县五角场工房号 5 房九层、商店

轻工业部华东供销管理处产品展销室及住宅

漠轮厂、网具厂等蔡家宅住宅

上海江湾医院工房、泵房

川沙路厢环城西路住宅

上海第八车辆配件厂职工住宅

上港七区徐家弄工房

上海市体委广中路工房

高桥热电厂向东新村

6107 厂家属宿舍加层

洋泾永安街工房、商店

上钢二厂抚顺路住宅

城建局南市区群防指挥部微山新村

上海市商业学校住宅（柳营路）

上海县房地局哈密路工房

上海电影技术厂职工住宅

新中动力厂职工住宅

上海毛毯厂沙虹路住宅

铁道兵华东办事处 5703 厂职工住宅

中科院上海分院家属宿舍加层

第九人民医院浦东胡家木桥住宅

市建一公司沽源路住宅

上海市第一建筑工程公司办公宿舍食堂

高桥商业站职工住宅

上海内燃机厂江浦路 1428 号住宅

国棉九厂海州路住宅

车站前路高层住宅

上海第一棉纺织厂住宅及技校

上海电化厂吴泾二村住宅

上海自行车零件二厂家属宿舍

项目列表

1980 年代

上海市茶叶进出口公司中心路大统路口住宅

宝山县住宅办公室黑山路住宅

卢湾区住宅办上钢新村八、三、四街坊

大屯煤矿指挥部张双楼职工住宅

上海市消防水带厂马厂路住宅

上海市第五衬衫厂职工住宅及托儿所

上海市住宅、河塘新村住宅

杨浦区粮食局双阳路赵家宅住宅

上海县莘庄莘潭路工房

上海市建委住宅建设办公室永嘉385 号住宅

上海市纺织局职工住宅

广远新村

华东电子仪器厂住宅（中兴路）

上海求新造船厂住宅及底层商店

中科院植物生理所日晖二村宿舍加层

徐汇区教育局建国西路教工住宅

正泰橡胶厂打虎山路住宅

杨浦区凤城菜场菜场、工房

上海市木材工业公司普陀区白玉路住宅

复旦大学留学生宿舍

上海汽车发动机厂住宅

市职工住宅罗店花园弄住宅

长宁路 427 弄住宅、生活楼

上海玻璃机械厂工房

上海县房地局漕溪二、三村住宅

劳改局华阴路住宅劳改局华阴路住宅水泵房

中波轮船公司陆家浜路住宅

徐汇区运输公司斜土路姚屯湾住宅

上海市住宅办田林新村二期高层

住宅

上海市住宅办德州新村

宝山县住宅办公室场中路工房

崇明城桥镇人民政府集体宿舍

市住宅办自行车冷轧厂宝山大场南人路住宅

上海市自行车冷轧厂等三单位宝山大场南大路住宅

潍坊新村二期小区中心八街坊高层等

海运学院教工住宅

上海远洋运输公司浦东田度路住宅

卢湾区公百货公司丽园路菜场工房

中华企业公司侨汇住宅

川沙县高桥石家街商店住宅

延安东路隧道工程梅花新村三街坊

六机部七 0 四所衡山路住宅高层

市住宅基地开发公司第五分公司

龙华西路住宅东西区工程

华东电管局中山西路 789 弄住宅

雁荡公寓主楼

上海市新华书店凯旋路工房

电视一厂清真路住宅

辽源街道富丽服装厂车间宿舍

顺巷高层住宅高层住宅

上海电讯器材厂工房

上海市纺织工业局 4221 住宅

彭浦新村住宅

青浦县城厢庆华二村菜场、综合楼、托儿所

同济分校职工住宅

上海汽车电机厂东余杭路住宅

上海远洋公司国顺路、政修路住宅

上海市民用建筑设计院注销框架新体系实验住宅

吴泾化工厂有机氟研究所职工住宅

川沙县莘房管所永安街工房、商店等

铁道兵沪办干部住宅

上海市缝纫机公司小木桥路工房

陆家浜路高层工房

上海铁路分局上海站华阴路住宅

上海石化总厂生活区八街坊高层住宅

上海石化总厂生活区八街坊东南区住宅 Y 形，I 形

长宁区运输公司杨家宅住宅

海运局住宅办公室芷江西路高层住宅（框架）

纺织局一丝印染厂南丹路联合住宅

上海市气象局职工住宅

上海印染机械修配厂住宅

崇明县供销合作联社八一路菜场住宅

普陀区百货商场志丹路住宅及商场

上海市六开发公司上南路大道站高层住宅

电影局复兴路住宅高知住宅

卷烟厂三单位四平路国年路住宅商店

长宁区住宅办淮海西路高层住宅

上港一区住宅

上海市虹口区住宅办久耕里住宅幼儿园水泵房

彭浦新村六期东区

彭浦新村六期西区

上海市粮食储运公司杨浦区平凉路住宅

宝山县住宅办公室黑山路工房

上海电影院高层住宅

上海冶炼厂动迁住宅

上海市机关事务管理局幼托、机

关于部住宅

上海市建一公司机械队宿舍及生活用房

外贸镇江中转冷库宿舍、幼托

铁路局勘察设计所工房、菜场、幼托等

纺织管理局北新泾工房

上港二区其昌栈工房

公交公司张家木桥工房

上海自行车三厂敦化路住宅

闸北区发电厂工房

崇明城桥八一路工房商店

威海路高层

第二耐火材料厂等水电路住宅

石英玻璃厂吴泾二村住宅

上海市木材工业公司白玉路工房基地

公交九场密山西路住宅

建工局技校密山西路住宅

国家物资总局上海储运公司宝源路住宅

石化总厂征地办居民新村

上海合成树脂研究所家属宿舍

上海市轻工手工仪表粮食局宋家滩住宅及公建

城建局动迁住宅张家木桥第三期住宅

上海市园林管理局虹桥住宅

上海市外轮供应公司长江路工房

宝钢工程住宅

宝钢总厂生活区、IX 街坊

嘉定试验性住宅 A 型、C 型小学

南市区教育局陆家浜路住宅

上海市搪瓷工业公司江湾沽源路工房

南市区辟路指挥部高层住宅

1980 年代

上海市家具公司上海家具厂高层住宅

瑞福里住宅

武定路高层

建工局材料供应处嘉定房管所真水住宅

肿瘤医院住宅宿舍等

天山五村加层（第十一期工程）

虹口区财贸办公室广灵一路住宅

上海丰华园珠笔厂胡家木桥住宅

上海市汽车运输第十一场永兴路公兴路住宅

上海胶鞋二厂职工住宅

华山医院集体宿舍

化工部复兴岛仓库住宅

上海电表厂第二期控江路工房

川沙扬思供销社职工住宅

上海日历印刷厂职工住宅

石化总厂机安五处金山职工住宅

宝钢工程民用住宅

五角场国定路工房

640 所食堂办公宿舍

长风新村季家弄住宅金沙江路

上海动物园哈密路住宅

海运局等杨浦公园附近杨家浜工房幼托

南市区政府文化科住宅

上海市涂料工业公司季家库工房基地

上海混凝土制品一厂职工住宅

总参通讯部驻上海代表室西江湾路住宅泵房

第六开发公司耀华路高层上南新村高层

上海针织机械二厂福宁路住宅

广播电视公司泰安路职工住宅

远洋公司上海船员管理处武夷路住宅

黄浦区财办浦东住宅

中国农资公司上海采购供应站点状工房

渔机所山东沪办住宅渔机所山东沪办住宅

上海市搪保工业公司江湾公房

上海杂技团华山路住宅

中波轮船公司武宁二村加层

铁道部上海通信工厂宿舍上

上海微型电机厂扬思商店住宅

杨浦区运输公司本溪路工房

上海铁路局虹江路号 909 工房

大屯张双楼生活区职工住宅

上海动物园哈密路住宅

人民银行南市区办等单位胡家木桥住宅

中国人民解放军 4805 工厂海军 902 厂干部住宅

铁路局第三电务工程队住宅

汽修公司及铁路电务一段南昌路职工住宅

朝晖造纸厂同嘉路住宅

公交公司万航渡路工房

东风木材厂沈家宅工房

大连西路四平路高层住宅四平路高层住宅

上海铁路局恒通路号 274 住宅 20 层住宅

江湾化工机修厂新市南路住宅修改南翔镇红卫新村

卫生局上南新村十街坊八街坊地块

大屯煤矿（沪办事处）公用宿舍

第二人民医院南市区运输公司胡家木桥住宅

市建五公司枫林路住宅

57056 部队离休干部宿舍

复旦大学政修路住宅

市机床公司市机床公司奉贤县住宅

瑞金医院瑞金医院职工高层住宅

上海江明造纸厂泾惠路住宅

上海手帕一厂昆明路住宅

闸北区沪太路董家浜住宅

浦东煤气厂动迁职工住宅多层

上海起重运输机械厂职工住宅二期真如工房

上海市搪保工业公司江湾车站西路工房

市房地局共和新路芷江西路高层住宅

上海电缆厂军工路住宅

118 厂三期职工住宅

上海冶金研究所茅台路号 118 号 119 工房加层

海军 1039 工程家属宿舍

港机厂助剂厂浦东西路住宅

真如站电车一厂中百四店普陀区岚皋路蔡家浜住宅

上海县住宅办公室龙华西路职工住宅

邮电管理局市邮件转运处住宅

市水产供销公司济宁路住宅

杨浦区卫生局锦西路住宅

上海市搪保工业公司江湾工房

长征医院大八寺住宅

城建局基建处市政动迁宝云路住宅

上海对外贸易学院学生宿舍

上海铁路分局建筑段住宅

上海电影机械厂住宅

渔业所厂高层住宅

市公交江湾路工房

虹口区粮食局住宅

电力专科学校住宅

上海市建材供应公司飞虹路住宅

上海家用电器公司中山西路 380 住宅、高层

市生产资料服务公司职工住宅

3561 厂东宝兴路公房

上海搪瓷七厂康定路住宅

市金属材料公司江湾路高层住宅

上海玻璃机械厂控江路住宅

上海市农科院职工住宅

北朱巷住宅

长虹纸浆厂住宅

长宁区集体事业管理局六层住宅

长征医院大八寺工房

长宁区教育局番禺路工房

上海动物园哈密路住宅

立丰修船厂单身宿舍

松江粮食局住宅

蛇口工业区甲 A，B 型住宅商店

上海市城市建设局环卫处梅园新村

上海利华造纸厂职工住宅

程家桥住宅区高层住宅、商店、小学等

上棉十七厂住宅

市园林管理处中山公园住宅

708 研究所控江路隆昌路住宅及商店

中国福利会职工住宅

松江粮管所中山中路住宅

大华橡胶厂职工住宅

上海电影制片厂高层住宅

彭浦新村职工住宅

上海电机公司通州路工房

上海市公安局基建处点状高层淞兴路同济路住宅菜场商场住宅

项目列表

1980 年代

淞兴路同济路住宅菜场商场住宅

上海对外供应公司延安西路住宅

雪野新村总体规划幼托教学楼五街坊菜场

57056 部队高安路离休干部宿舍

总参五十七研究所（上海研究处）家属宿舍

石洞口发电厂农民新村

上海沪剧院商店住宅

上海市计算机公司光新路高层住宅

四平开发公司高层住宅

海洋局地质中心曹家堰路住宅

杨浦区幸福村联建住宅、职工住宅

上海市通盛航运公司胡家木桥职工住宅

彭浦新村五期西块二街坊

外马路工房

市水产供销公司第二批发部职工住宅

城建局动迁住宅虹桥路住宅

国棉卅一厂长阳路住宅

太山新村工房

上海第五棉纺厂职工住宅

彭浦新村五期工程西区

市交通运输学校杨家宅高层住宅

上棉十一厂澳门路住宅

彭浦七期彭浦七期统建住宅 1 号街坊

铁路分局上海站会文路住宅

武宁路二十二层住宅

上海市日用五金公司天目中路高层住宅

普陀区住宅办曹杨六村职工住宅

卢湾区北蒙三住宅改建指挥部住宅改建

上海钢窗厂职工住宅

回民中学沪太路宿舍

静安区高家宅基地筹建处 24 层点状高层多层住宅小学幼托

谈家宅高层住宅

上海外语学院教职工住宅

上海市杂品商店象山路住宅

市纺织器材工业公司定西路高层

市政设计院市财政局等单位高层住宅

上海益民啤酒厂职工住宅

德州新村二期

佘山儿童野营基地宿舍野

德州新村

上海杂技团云阳路住宅

徐汇区住宅办番禺路住宅

上海市职工住宅彭浦高层试点

上海铁路中学宿舍

上海机床厂白玉路职工住宅

工程机械厂江浦路住宅方案（作废）

新疆路西藏北路高层

上海耀华玻璃厂皮尔金顿玻璃厂动迁工房

杨浦区卫生局锦西路住宅

上海市日用杂品公司广中路住宅

闵行区住宅办兰平路一号街坊

金沙江路高层试点 24 层

上海市蔬菜公司广兴路商店住宅财经学院知识分子住宅

同太北路动迁住宅

上海市住宅基地开发公司新建长桥新村

南市区辟路指挥部车站前路高层住宅

泰东新村住宅基地联建办号 6，号 7 住宅

第六开发公司上南二期住宅 A，

B、C、D 型住宅

中国科学院生理研究所清真路 99 弄住宅

上海市政工程开发公司泾东新村住宅

崇明县人民政府集体宿舍招待所虹梅路职工住宅

上海海关专科学校职工住宅

金光灯具厂淮安路住宅

上海市纺织系统图门路住宅

临沂新村

华东师范大学研究生留学生宿舍研究生留学生宿舍

中科院等六所高层住宅裙房

康健新村一、二期工程

上海电力建筑公司吴淞区闸殷路住宅

宝山县住宅办新市南路住宅商店

上海钟表元件二厂职工住宅

中国民航 102 厂家属宿舍加层

上海海难救助打捞局宿舍楼加层

上海越剧院高层住宅

南码头内航局设计室西三街小区工房

住宅开发公司虹桥分公司虹南路住宅

上海市牛奶公司乳品培训中心中外籍教师学生宿舍

上海体育馆运动员宿舍

静安区住宅办万航渡路高层住宅

上海市外贸学院学生宿舍加层专家楼

邮电部 519 厂宿舍加层

上海毛麻纺织工业公司华山路住宅

中山北路曹家巷住宅

丁家弄住宅

上海市无线电七厂欧阳路住宅

仙霞村大金更住宅托儿所

闵行区住宅办吴泾剑川路龙吴路住宅

肿瘤医院研究所职工住宅

上海自行车三厂职工住宅

上海市建 105 工程队集体宿舍

上海港第十四装卸区宝山居住区规划

上海联合化工厂住宅

上海开发公司虹桥分公司环镇路住宅

静安区住宅办真北新村住宅

岳阳医院中波公司高层住宅

外轮公司鞋帽公司电影公司三单位职工住宅

上海玩具厂职工住宅

八七三七五部队高层住宅招待所等

上海市保险公司新南开发公司住宅生活用房地下室

徐汇区天平路 179 弄高层

住宅开发公司虹桥分公司虹南路住宅

外贸局工艺公司常熟路住宅

陆家浜路高层住宅 25 层

上海市虹桥乡政府电视一厂住宅

上海钟厂上海食品工业公司蒋家桥住宅

物资局规划局文化局重庆北路高层住宅

上海文艺出版社天钥桥路高层住宅

上海金属结构厂闵行华宁路住宅

市住宅六公司办公楼集体宿舍

上海交通大学分部学生宿舍

上海船舶工业公司保定路惠民路高层

1980 年代

上海市第八机床厂宜山路住宅

上海交通运输学校学生宿舍

上海市旅游局安西路住宅

杨浦区控江新村房管所优美新村

松江县张泽粮管所门市部及住宅

新光内衣染织厂天宝路工房加层

协昌新村高层住宅号 7，号 8 房

石洞口发电厂筹建处第二发电厂

盛桥住宅

工行上海分行房地产业务部江桥

住宅

中百站联合改建办公室 A，B，

C 动迁工房

中华企业公司公交公司四平路高

层住宅

上海市木材公司淡家桥路住宅

上海矽钢片厂赤峰路高层住宅

上海交响乐团淮海中路住宅

上海市建材局唐山路高层住宅

解放日报社龙华路职工住宅、仓库

市港务局张杨路住宅

上海市宝山住宅开发公司逸山路

住宅

上海橡胶公司住宅肇嘉浜路住宅

禽蛋二厂住宅

上海家用电器公司（精益）高层

住宅

淮海大厦办公楼住宅商场小学地

下车库

长宁区工商银行等八单位万航渡

路高层住宅

上海市五金机械公司江浦路高层

住宅

上海木材工业学校教学楼食堂单

身宿舍

上海医械模具厂马厂路住宅

上海市家用电器公司高层（14

大模）

上海先锋螺丝厂职工住宅

松江县天马粮管所门市部职工住宅

上海海运学院 18 层职工住宅

上海市卢湾区卫生局蒙自路联建

住宅

八三五五五部队宿舍办公楼车库等

轻工等五局宋家滩住宅及公建

延安饭店虹许路住宅

上海市政建设公司淞滨路动迁住宅

上海汽车运输服务公司通州路住宅

总参五十七研究所上海研究所团

职住宅

黄浦区教育局栖霞路住宅

上海市江湾体育场国和路住宅

上海市机床公司岳州路职工住宅

树脂所—陇南服务中心住宅

海洋局东海分局上海基地船员住

宅幼托活动室

上海市机床公司玉屏南路职工

住宅

上海无线电四厂上药五厂天钥桥

路高层住宅

松江县粮食局家属宿舍

上海港宝山装卸区港外生活区多

层住宅

上海自来水公司住宅

上海飞机设计研究所龙山新村单

身宿舍

徐汇区住宅北赵巷联建条状多层

虹桥乡住宅开发公司虹梅路住宅

宝钢九街坊住宅甲乙工房

上海航空电器厂 16 层高层住宅

上海动物园职工住宅

上海市贸易投资开发公司房产部

18 层高层住宅

上海石化总厂城建处 18 层住宅

闸北区教育局经营公司动迁用房

上海川沙县高桥房管站住宅

上海市第 4805 工厂住宅

锦明房业有限公司锦明公寓

闸北发电厂住宅

四平开发公司高层住宅号 2，号 3

静安区第一中心小学教学实验楼

虹桥乡住宅开发分公司吴中路北

住宅

复兴公寓有限公司

长宁区住宅办淮海西路高层

南市区教育局耀华高层住宅

法华镇路 311 号基地法华镇路住宅

虹桥乡住宅开发分公司住宅、泵

房、商店

漕河泾微电子开发公司住宅

南空上海招待所，海运局住宅

市设备安装公司住宅

黄浦区住宅办高层住宅 (福申里

改建)

上海县虹桥信用社营业厅宿舍

市沪南汽车运输公司职工住宅

卢湾区房产公司住宅幼儿园

普陀区园林管理所职工住宅

明城小区住宅公建

徐汇区城建开发公司汇益花园小

别墅

市粮食储运公司良友高层住宅

虹桥乡住宅开发公司，商店

市委党校住宅号 11，号 12，号 13，

幼儿园

虹桥乡住宅开发公司 钟厂住宅

住宅 I 型，II 型，泵房

上海海关新闸路住宅号 1~ 号 3

闵行住宅办鹤庆居住小区

新闵路改建新闵路住宅

黄浦区教育局浦东梅园住宅

上海第一毛条厂住宅（乙块）

石洞口电厂盛桥二期住宅甲、乙型

漕河泾微电子开发公司康健西块

住宅

文体建筑

崇明县总工会俱乐部文化活动楼

瑞金剧场舞台观众厅改建

上海市静安区少年宫科技楼

东海船厂杨浦区文化馆张庙分馆

泗塘电影院

长宁区体委衣室上加层乒乓房

四平电影院、机房、变电所

嘉兴电影院加建办公室

嘉兴地区湖州影剧院剧场空调

鹰潭市影剧院剧院

上海体育馆生活用房（食堂）

东湖电影院冷冻机房及变电所

长宁区图书馆图书馆

徐汇区科技馆活动楼、放映厅、

讲课厅

长征农场电影院

静安区文化馆小剧场、活动室

平安电影院改建雨蓬

群众剧场雨蓬与舞台门架改建观

众厅改建

燎原电影院电影院

上海市交通运输工人俱乐部加装

冷气及观众厅改建

徐汇剧场加装冷气及空调机房

东山影剧院改建观众厅

虹口区少年宫活动场地

南市区文化局上南新村文化馆

项目列表

1980 年代

宝钢中心广场科技文化馆
宝钢中心广场连接体（新华书店）
开封市大众剧院机房
新华书店沪太路仓库综合楼等
黄浦区体育馆冷冻机房、公共厕所
江苏省盛泽影剧院影剧场
虹口区第一工人俱乐部票房间
江苏省体委南京五台山运动场灯塔
黄浦剧场机房改建
上海国际海员俱乐部餐厅旅馆文
娱室影剧院等
徐汇区青少年科技站科技活动室
建国电影院加建冷气改建宽银
幕等
上海图书馆虎丘路仓库
上海市体委游泳馆动迁、工房等
上海市建一○五施工队宿舍、办
公楼
泰山电影院改建场内、门面等
上海民族乐团排练厅改建
南市工人体育场体育活动楼
南汇电影院电影机
解放剧场冷气设备更新
上海市跳水池加建办公楼工程
鲁迅纪念馆扩建工程
虹口区第一工人俱乐部文娱楼
东昌电影院观众厅、门面改建等
沪西电影院改建观众厅、新建冷
气设备等
金山县文化局金山电影院
虹口区体育场虹口区体育场司令
台改建
上海电影发行放映公司银河电影院
淀山湖划船俱乐部陆上建筑设施
沪东工人文化宫沿街部分改建
长宁区工人俱乐部文化活动楼

长白电影院电影院、冷气机房等
上海市电影发行放映公司卢湾区
电影院
虹桥人民公社影剧场
新泾人民公社影剧场
韬奋纪念馆修建
南市区少年宫剧场、活动房
静安区网球场灯光
沪北电影院观众厅、门厅等
吴淞少年宫文艺楼
山海工学团陶行知纪念馆
吴淞电影院观众厅
大光明电影院冷冻机房
杨思公社影剧院
松江县九亭影剧院文化娱乐
五角场文化馆剧场文娱楼等
松江榭镇影剧院
浦南电影院或兰馨电影院
上海柴油机厂电影院
南通市体育馆比赛练习房等
上海市电影放映公司北蔡电影院
泗泾电影院
上海电影发行公司亭林电影院
青泉电影院变电所售票房
宝钢体育馆滚球房、机房、游泳池
天蟾舞台剧场改建
上海文艺活动中心文艺活动大楼
吴淞少年宫门头
上海山海工学团陶行知纪念馆
厦门特区管委会会影剧院
上海市电影发行放映公司电影放
映间
锦江分馆油画雕塑大厅陈列展览
厅等
吴泾体育场游泳池
静安区体育馆冷冻机房

青岛市第一体育场灯光球场
上海展览中心宴会厅休息厅
上海杂技团西郊练功房变电所
上海舞剧院新建练功房
上海油雕室综合楼展品大型画室
常熟碧溪公社影剧院
上海市少年宫天象馆园顶改建
上海图书馆阅览书库
上海人民艺术剧院冷冻机房厨房
崇明堡镇电影院变电所机房
南汇惠南影剧院
杨浦区浦东科技图书馆
杨思公社影剧院冷冻机房变电所
无锡洛社镇人民政府洛社影剧院
大众剧场改建装修工程
中福会儿童艺术剧场大修
博物馆文物商店联建文物仓库生
活用房
上海人民艺术剧院排练房
吴淞区教育局宝钢少年宫
虹桥发展有限公司新虹桥俱乐部
（体育活动中心）
上海市妇联办公楼妇女文化宫
上海市工人文化宫加层改建更新
上海体育馆练习馆
烟台影剧院影剧场
奉贤电影院
上海图书馆 910113
吴淞区宝钢少年宫剧场活动楼
上海市影视公司上海市文艺沙龙
上海烈士陵园老干部骨灰室综合
楼史馆陈列室
上海县虹桥开发公司游泳池
上海杂技场象房
长白电影院娱乐厅
上海展览中心东二馆

上海京剧院新建综合楼浴室
上海图书馆新馆
上海市文化局宛平剧院招待所
闵行区少年宫剧场、文艺楼等

办公建筑

华东农机物质供应公司综合楼、
仓库甲乙
上海市农业植保站工作楼门卫厨
房厕所
上海市体委体工队办公楼、仓库、
工院宿舍等
《光明日报》上海记者站办公用
房兼宿舍
上海市川沙县气象站业务办公楼
东昌路邮政局教学楼、传达室及
配电间
宝钢公安局交通处综合楼、食堂
中国人民银行上海分行黄浦区办
事处保险库
人民广场办公楼电梯、空调
松江县建设银行办公用房
上海水产养殖总场淀山湖联营养
殖办公楼
上海市邮政局华路邮政局
市安装公司第二工程队办公、生
活楼、食堂
政协会场安装空调
大屯服务中心邮电局,新华书店、
住宅、综合楼
崇明县委机关办公楼
天山路邮电支局业务用房、住宅
上海海运局通讯导航站人楼加层
上海市南汇县气象站业务办公楼
海军装备技术部办公楼
石油勘探指挥部综合楼、办公楼

1980 年代

变电所等

市人防办公室、洪沪招待所配套用房

松江县气象站办公楼

交通局装卸公司加层加建四层

市建一〇七工程队宿舍办公楼

徐汇区文化馆办公楼、门房等

外轮供应公司供应大楼加层

市建一〇五施工队宿舍、办公楼

上港三区监测站综合楼 7 楼

上海工业设备安装公司工业设备安装公司办公楼

崇明县城桥镇办公楼

上海市外贸局谈判室

上海市人民政府冷气机房设备改装安装公司通风队生产大楼加层

上海市航道局街道办事处、法院等

上海计划生育宣教分中心综合楼

普陀区银行西康路银行办事处

上海市第一建筑工程公司办公宿舍食堂

农垦部驻沪办事处综合楼

上海市出版局办公楼加层

崇明县人民政府传达室大门

石化总厂驻沪办事处办公楼、招待所等

南京军区后勤部上海物资供应站办公楼

市联运服务公司市联运服务公司综合楼

上港七区上海煤炭装卸公司综合办公楼食堂及俱乐部

上海市档案局办公楼

海洋地质综合研究大队磁带资料库计算

上海市排水管理处监测大楼

市环卫处高层（河南北路）

民用建筑设计院吴兴路 264 号加层

崇明县人民政府吴淞中转站传达室围墙

长宁区卫生防疫站办公用房办公楼

中国人民银行上海分行电子计算机房

吴淞区街道（海滨街道）办公楼

上海市总工会礼堂加装冷气

上海邮电局灵石支局

上海锦江工艺品厂厂房办公楼

上海市外贸局电子计算机

人民政府行政一处空调改建

汽修公司及铁路电务一段陕西南路综合用房

上海市政协锅炉房改建

上海市基础工程公司综合楼

上海市工业设备安装公司库房办公用房

上海日化三厂仓库办公用房

上海市档案馆业务技术办公楼库房车库等

舒城县供销贸易综合大楼主楼副楼

虹桥乡政府劳动服务所及居委办公室

川沙县政府机关办公楼档案业务楼车库

国家海洋局东海分局上海预报站海洋预报楼

市粮油进出口公司吴泾中转站综合楼

国家海洋局东海分局等单位高层办公楼

仪表局上海电表厂三峰大厦

船舶检验局上海办事处科学综合楼等

上海市粮食储运公司住宅办公楼

文汇报社新闻业务大楼

椒江市物资局营业办公楼

椒江市燃料站商场办公楼

轻机公司贸易大楼

嘉兴市供销合作社供销大厦及裙房

虹桥乡虹三大队综合服务楼

济南市市中区人民政府办公大楼

华东供销处上海交通装卸机械厂江苏路综合楼

上海市民用设计院休息室加层

上海市人民检察院办公楼加层

黄浦区教育局高层

普陀区城建综合开发公司中联大厦

中国房屋建筑开发上海分公司双阳路大楼等

上海科技情报所主楼行政副楼等

崇明县航运管理所办公楼

松江县泖港粮管所

龙华殡仪馆经销服务部办公楼

华东电力建设局调试楼

解放日报社大楼

龙华火葬场恒温停尸间扩建办公楼

中国抽纱品出口联营上海分公司办公大楼

虹桥乡人民政府号 2 小红楼虹

宝山县蔬菜办公室办公楼

文圆大厦

市建行上海县农工商银海大楼

上海市出租汽车公司

上海市市政工程管理局

上海市牛奶公司奶研所业务用房

上海市政协办公楼

港务局物资储运科

中建总公司五局四公司

复兴公园综合办公楼

上海市安全局 8410 工程吴中路基地综合大楼门卫

上海卅万吨乙烯吴泾指挥部食堂兼礼堂综合办公楼

上棉十七厂黎平大楼高层

崇明县人民政府办公楼

静安区人民政府延安西路 356 弄办公楼

中国人民银行上海分行大楼加层（后部）

黄浦区帐夹厂车间办公 楼

上海铁路物资局信息大楼

上海市人民检察院变电所扩建办公楼

苏州外经贸委招待所客房楼综合楼

闸北工务所民德路办公楼延长路传达室

淮海大厦办公楼住宅商场小学地下车库

市人委机关事务管理局市人委大厦

虹桥开发公司新区环境设计 21~24，28 基地

邮电部华东物质管理处钢材仓库综合服务楼（扩初）

市人大常委会办公楼地下室锅炉房

上海县虹桥乡人民政府供销合作社

公交公司电车三厂综合办公楼

铜陵市体育运动委员会

市计委电子计算机站

上海市闵行虹桥开发公司领事馆综合楼服务中心等

上钢三厂办公楼泵房

上海寅丰毛纺厂综合办公楼

上海外经贸委外贸谈判楼、浴室

市建三公司综合楼

上海市市政设计院办公楼

上海市司法局办公楼改建

项目列表

1980 年代

新泾乡住宅开发公司办公楼

医药局等单位高层

上海汽配供应公司综合办公楼

松江县叶榭人民政府办公楼

物资局储运公司闵行仓库办公楼加层

虹桥开发公司虹桥管理楼

中国房屋开发合肥公司合肥皖中经贸大厦

南空上海房管处培训中心

建设银行上海二支行办公楼装修

浙江省开化供销联社综合楼等

南通市供销联社南通供销大厦

上海大江有限公司办公楼、餐厅、传达室等

上海市府驻西安办事处综合楼

金山县贸易洽谈中心办公楼（贸易洽谈中心）

中共上海市委办公厅行政处办公楼（能源和后勤服务中心）

农丰优质服务中心经销部

上海锦江食品联合公司综合楼

杭枫公路嘉兴过境段征费管理所

上海市医药工业研究所办公楼

南汇县汽车运输公司周浦车队综合楼

韬奋基金会业务楼

上海家交电集团公司交电商业大厦

闵行联合发展公司培训中心

徐汇区服装公司上海商厦

长宁区人民检察院业务用房

上海市政工程建设公司临平路高层

上海海监局航标区综合办公楼、浴室、道路

宋庆龄陵园办公服务楼

O5 单位综合楼，变电所

上海海事法院综合楼、浴室等

金桥大厦

医学院路高层

上海电影发行公司改建业务用房

医疗建筑

五里桥地段医院门诊楼（放射科部分）加层

虹口区唐山路地段医院门诊楼

上海第一医院药理楼

闸北区卫生防疫站车库、浴室、厨房

曙光医院锅炉房、动物房车库

卢湾区中心医院急诊楼加层

宛南新村街道医院门诊办公楼

中山医院教室（加层）

松江县卫生局公社卫生医院污水处理

上海江湾医院下水道污水处理

闸北区卫生局延长新村地段医院

徐汇区昆阳街道医院门诊、办公楼及厨房、食堂

上海市江湾医院扩建针灸室、翻建手术室

华山医院抗菌素研究室加层

闸北区中心医院扩建病房大楼等

上海第一医学院肿瘤医院 4T 锅炉房

中山医院肠道肝炎门诊部

华东医院翻建路室

海滨新村街道医院门诊楼附属用房等

纺织局第三医院门诊综合楼加层

国际和平妇幼保健院门诊实验室锅炉房及浴室

长征医院锅炉房食堂

金山县人民医院外科大楼

一医妇产科医院新建产科楼

上海市华山医院皮肤科门诊用房

宜川街道医院门诊楼

华山医院 CT 机房

甘泉街道医院门诊楼、病房

上海石化总厂门诊部

上海石化总厂卫生防疫站

中山医院肝癌研究所

上海铁路中心医院污水处理站

第一精神病疗养院病房大楼及工娱楼工程

肿瘤医院计算机房加层

长宁区中心医院扩建内科大楼食堂办公楼

卢湾区医院病房区

上海市第二人民医院外科大楼及附属用房

上海市第一人民医院污水处理传达室道路等

浦东中心医院病房大楼、接建等

上海县卫生局、田林新村地段医院

杨浦区辽源街道医院门诊及行政办公室等

杨浦区卫生结防所

上钢新村街道医院门诊、办公楼等

一医南市区城建办门诊部、住宅等

南市区塘桥地段医院门诊、行政楼等

曙光医院规划及病房大楼咨询

华山医院教学楼加层病史室

上海港职工疗养所病房、理疗、放射等

杨浦区中心医院污水处理站

长宁区中心医院污水处理

长征医院锅炉房内科大楼

长宁区中心医院门急诊接建

宝山精神病防治院工序室加层

中山医院教工宿舍食堂

曙光医院大门配套改建

嘉兴路地段医院门诊楼

上海市江湾医院门诊楼加层汽车库办公用房

南通市传染病防治院传染病房楼

普陀区精神防治院病房大楼锅炉房食堂大门

丽园街道医院病房门诊食堂等

普陀区长风新村街道医院门诊等

中国人民解放军八五医院

空军上海第一人民医院门诊大楼水泵房

人民银行无锡分行马山疗养院

工商银行上海分行疗养院干部职工疗养楼办公楼

上海第一医学院肿瘤医院直线加速器机房

上海市住宅开发公司潍坊新村街道医院门诊楼等

南通市第一人民医院病房楼

华山医院病房大楼

上海市二轻局职工医院康复治疗病房等

虹口区中心医院病房楼加层

岳阳医院大八寺新建医院食堂宿舍制剂药库楼

上海市长宁区卫生局长宁区地段医院

上海肿瘤医院深度放射治疗房加层

上海市武警总队医院临时锅炉房病房大楼

瑞金医院瑞金医院托儿所

国家气象局太湖疗养院餐厅文化中心医务楼等

上海铁道医学院 500 床附属医院

1980 年代

上海铁道医学院 500 床附属医院

青岛医学院附属医院病房大楼手术楼等

普陀区曹安街道医院业务用房辅助用房

黄浦区中心医院急诊室翻建

民航局上海民航医院病房门诊综合楼

纺二医院传达室

川沙县高南乡卫生院卫生院

新华路地段医院业务用房翻建

上海中山医院宿舍外科病房楼

上海县莘庄医院病房大楼

国际和平妇幼保健院 CO60 治疗室

南通市妇产科医院病房楼(妇产科)

上海市老人康复中心第三福利院门诊楼

空军上海第一医院护校楼改建

昆山市红十字医院病房门诊楼

国际和平妇幼保健院产儿科病房

其他建筑

卢湾区公安分局看守所加通风

上海县北新泾镇商店浴室附设旅馆部锅炉房

绿野饭店门面内部装修

杨浦服务公司、双阳路浴室

上海市地质处灵石路基地用房

市建七○二工程队宿舍办公厨房食堂机修等

川沙县火葬场扩建工程

六机部华东物资配套管理处门市部

海燕咖啡馆餐厅改建

美术设计公司音乐厅上广告牌

宝钢地区公安分局拘留所

新陆饭店旅馆加层

长航分局军工路仓库生活楼、食堂

松江饭店加层

达华宾馆九楼改建

港务局一区食堂、办公楼

人民银行普陀区办营业所

市住宅办公室漕溪点心店

上海县火葬场金山县火葬场烟囱、液氯消毒池机房

徐家汇大主教堂塔楼

崇明火葬场扩建火化、污水处理等

上海友谊商店商场、锅炉等(主楼)

上海港务监督信号台等

闸北区住宅办公室高层商店电影院洛川饭店

大屯张双楼百货店、幼托、变电所等

高桥商业站百货站

锦江饭店中楼厨房加层

中国人民银行上海分行营业大厅修建

文汇报社中后大楼加层废物堆放处公平路码头行李房接建

上海石化总厂金山二期外招主楼(结构)

上海石化总厂金山宾馆

金山外招客房大楼、餐厅等

上海和平饭店十层加建餐厅

北蔡公社外宾接待室

闸北区饮食服务公司新兴、新时代、建新果品店

上海港十地二区充电间

上海市职工住宅、宛南新村总变电站

二机部七○八所加层、接点

华山宾馆新西楼

上海市特种用房经理部变电所

上海电视台分米波工程

奉贤县火葬场火化间

上海市公交公司窨井、测量高层工程

上海市饮食服务公司东安浴室、住宅

上海延安饭店厨房扩建

嘉定县黄渡镇

上海市化轻供应公司橡塑门市部

上海警备区浴室楼

龙华火葬场骨灰寄存楼

劳动公园园林小品

西郊公园监测点

黄浦区财贸办铁路桥饭店、住房

徐汇区衣帽公司商业用房

金山宾馆职工食堂浴室

闵行五金交电百货公司综合楼

崇明县招待所招待用房

卫家角骨灰寄存处骨灰寄存处

上海建筑七公司七○一工程队生活用房

上海市长途汽车站候车室、车库等

上海供电局宝山供电所生活用房

南市区医药公司中药商店

宛南街道办事处派出所

上海市出租汽车公司溧阳路加油站

市住宅办 1 型变电所等

上海市革命残废军人休养院残废军人用房等

上海港监宝钢信号台

北仑港建设指挥部北仑山信号台

上海市第十货商店加建电梯

上海电视台大机房更新

上海电影制片厂对白录音棚

曹杨综合商店百货大楼

宁波港务局镇海港信号台

宝山宾馆滚球房、机房、游泳池

上海市轻工业局筹建组中山西路安顺路浴室

外运公司张华浜办事处集装箱货场仓库辅助房变电所

上海市黄山干休所

上海人民广播电台加建淋水浴池

解放日报社变电所

上海市长途汽车站出租汽车服务部站房、候车廊

民政局殡葬管理所宋墓扩建第一期工程

农业部兽医药品监察所焚火炉房烟囱

丽华百货商店装修

衡山宾馆号 1 电梯改建电梯改建

杏花楼改建五层厨房

上港十二区 11 号库

虹桥人民公社外宾接待室

虹口区清凉饮料供应站业务用房堆站

上海市百九店仓库加层

上海市机械施工公司综合楼食堂厨房等

38601 部队潜水训练队

杨思供销社杨思供销社饭店

南通电视台电视塔

上海电视台演播楼加层

上海市邮政局淮海路邮局

中国农垦上海公司食堂浴室车库传达室

内蒙沪办招待所

罗神宾馆前楼后楼餐厅锅炉房

黄山市平湖宾馆主楼锅炉房、变电所

上海市住宅六公司食堂、浴室、仓库等

南市区医药公司(童函春)中药商店

上海动物园

项目列表

1980 年代

锦江分馆

闸北区百货公司百货商场

和平饭店三一七楼空调改建

青年会大厦（锦江饭店）大楼改建

龙华火葬场操作室水处理间

上海市外贸局临时用房

松江红楼宾馆小红楼

天主教上海教区佘山修道院

饮食服务公司康健饭店地下室附
属用房

航空航天科普活动中心模拟候机
大楼 望塔

上海市工业设备安装公司科技楼食堂

上海烈士陵园外宾家属接待室

上海宾馆酒水库附属用房

延安饭店人防延安饭店人防礼堂
厨房

上海市测绘处仓库车棚

杨浦区控江四村绿地

上海青年会宾馆客房样板间

上海市宝兴殡仪馆危险品库

上海港客运站新开河仓库变电间

华东电管局招待所

杨浦公园大门及附属设施

上海市总工会宁波东钱湖休养院
客房俱乐部

海洋局东海分局南大洋南极洲考察团

上海市机关事务管理局锅炉房改建

上海宾馆对外小商店

浦江过江隧道通风井

商业二局仙霞饭店

崇明县政府招待所锅炉房

蔬菜公司高昌旅馆等

杨浦区住宅建设办公室招待所半
地下室锅炉房门卫

八七三七五部队高层住宅招待所等

民用院勘察队锅炉房

上海少儿出版社录音棚

新雅粤菜馆外立面及餐厅装修

上海市园林食堂等十项工程

崇明县招待所锅炉房

市船舶工业公司外商招待所

远洋公司香港海通有限公司上海
亚洲宾馆及远洋基地

崇明交运局归入 84—1—225 南
门候船室

宛南新村菜场加层

上海基督教沐恩堂钟楼修复

上海市团市委青年野营基地餐厅
功德林蔬食处室内外装修

市民用建筑设计院基建科四平街
道商店

上海港外虹桥国际客运站

上海三十万吨乙烯工程指挥部桃
园饭店改建

周浦沪南村饭店餐厅旅馆

主楼上海警备区第三招待所主楼

严桥乡人民政府由他饭店

长风公园餐厅厨房锅炉房等

上海市儿童福利院

民用院勘察队车浴室翻修

415 招待所（西郊宾馆）客房楼、
别墅

申江饭店大楼改建

上海友道汽车服务公司吴中路钢
架停车棚

上海警备区 83304 部队招待所

海军后勤部上海政立路干休所锅
炉房食堂

机关事务管理局田林宾馆上海广
播电视公司七重天宾馆变电所

上海市体委奥林匹克餐厅武术馆门房

上海旅游公司对讲塔

海洋地质局招待所车间

上海锦江分馆冷冻机房及室外工程

上海自行车公司停车场消防间等

上海海运局变电所

上海大江有限公司餐厅，活动室

吉林省老干部局疗养院

虹桥乡住宅开发公司旅馆

市出租汽车公司修理厂食堂加层

美术设计公司超大彩色屏幕

二轻局餐厅改建

华侨商店铺面改建

上海国际购物中心商场

南空上海招待所浦三分所招待
所、车间、餐厅、商场

宝兴殡仪馆炉子间屋面改造

市轮渡公司延安东路轮渡站

市饮食服务公司宜川路浴室

新城饭店大楼改建

市服装公司经营部加层改建

上海电影制片厂锅炉房改建

上海宾馆冷冻机房

上海音乐厅改建

上海铁路局勘测设计院南昌分院
宜春站房结构加固

华漕乡开发部改造用房

龙华古寺新建寮房

昆山市城建综合开发公司绣衣路
商业综合楼

工行静安区办自助银行

上海曹杨百货商店底层装修

市妇女联合会巾帼园商场、车库、
李申所

1990 年代

工业建筑

上海合金厂改建工程

上海电子管厂十一厂料房楼

上海粉末冶金厂

汽车配件供应公司岭南路仓库库棚

上海金山石化总厂第三生活区终
点站调度楼

叶大昌糕点工场车间生活用房等

上海东亚食品有限公司厂房及办
公车库传达总体等

中药二厂生产制剂楼总体

外贸粮油进出口公司二万吨贮油罐

上海松江油脂化工厂仓库

上海烟草工业印刷厂变电所

上海贝岭微电子制造有限公司封
装车间等

上海联华合纤公司传达室车间

上海第三衬衫厂车间加空调

上海古籍印刷厂车间等

江湾冷库江湾冷库

上煤液化所

上海钟表机械厂钳工车间装修

上海长宁轴承厂变电所

上海玻璃三厂料房加固

上海炼油厂三层礼堂改建

上海奉贤锻造厂锻造车间

上海雅乐妇女用品厂仓库及食堂

中国石化销售公司华东公司润滑
油车间

上海五和针织一厂食堂改建加层

宝丽来影像三层车间改建

外运公司张华浜办事处汽维车间

上海订书机械厂恒温车间

外贸仓储公司南码头仓库理货棚

元丰毛纺织厂警卫室

商务印书馆上海印刷厂 1 号楼改建

1990 年代

市航天局上海新江电器厂综合楼
危险品库

漕河泾 A5 块通用厂房

益民橡胶制品厂生产辅助用房

四达乳品食品厂冷饮车间

上海合成洗涤剂厂喷粉车间加固

农丰优质产品服务中心农副产品
综合性冷藏库

上海市立诚公司五金车间

远洋运输公司长阳临时变电所、
临时泵房、锅炉房

新昌进出口公司仓库加工工场

上海海星手表元件厂厂房加固

中储上海分公司大场区库仓库中
柱加固

一一八厂厂房加层（扩初）

上海劳动机械厂热处理车间

上海港民生装卸公司散粮简仓工
作楼及廊道

上海消防器材厂二分厂综合楼食堂

蚌埠化工机械厂金工车间

纺织轴承一厂计量科

上海第六制药厂氯霉素车间加固

上海电影制片厂锅炉房改建

第一丝绸印染厂准备车间加层

国防科工委后勤部华东办事处综
合仓库

上海港开平装卸公司金工机修综
合楼

苏州电讯电机厂冲剪车间梁加固

上海饲料厂特种动物颗料饲料车
间梁加固

上海染化八厂 301 工段

昆山协孚人造皮公司综合楼

上海电信设备一厂自动电话机车
间二层梁加固

上海秒表厂生产车间加固

上海绳网厂化纤车间

上海锻压机床三厂热处理车间

东方航空公司 D 检场所机库改造

上海钟表机械厂二车间仓库加固

苏州新区房产公司旅游鞋厂

上海第二衬衫厂改建装修

上海机械进出口公司浦东公司通
用厂房

前进进出口公司综合楼仓库辅助
用房

富立制衣厂生产车间

上海市化工进出口公司仓库

上海中南橡胶厂生活教育综合楼加层

东方航空食品公司配餐楼

上海市丝绸进出口公司白洋淀仓
库综合楼

亨生西服公司制衣厂号 1，号 2
车间

上海鲁汇丝织厂环星服装车间

上海联华合纤有限公司 1000 吨
年涤纶超细旦纤维工程

上海丸田服装公司工场栋附属栋

外高桥保税区开发公司 D 区污
水泵站变电所

计划生育药具供应站新建空调仓库

上海汽车制动器厂冲压分厂

上海高桥石油化工公司高桥化工
厂异丙苯车间

上海联农总公司粮油食品公司梅
陇冷库、加工厂

香港明基电脑股份有限公司苏州
厂区

复华科技工业园厂房、办公楼

新兴技术开发区联合发展公司第
七期通用厂房

上海农垦公司莘庄仓库门卫

长江口商城股份公司仓储中心

中联化工厂综合楼

新兴技术开发区联合发展公司八
期厂房

港口机械厂综合楼

轮胎橡胶公司轮胎大厦号 1 房

外高桥保税区外高桥变电站

上海弘大精密机械公司通用厂房

上海开利塑料公司原料仓库

上海建筑技术发展公司围巾五厂
1 号楼改建、加层

上海曙光手帕厂加隔层

上海华通开关厂 596 号基地

上海外高桥保税区联合发展公司
E1 地块自行车房停机设备库

上海印钞厂上钞大厦（初）

上海贝尔特企业公司贝尔特公司
张江综合厂房

上海粮油食品进出口公司粮食堆场

上海冠生园桂格麦片有限公司食
品厂

中国农资集团公司上海公司储运
经营部扩建单层仓库

王市红木家具厂综合楼

上海久隆电力（集团）公司静安
北里 35kV 变电所

上海朝阳锅炉厂综合楼

上海贝尔特企业公司上海张江高
科技园区综合厂房改建工程

华星集装箱公司新建仓库

诸暨织造总厂

诸暨造船厂

商业娱乐建筑

宝钢百货商店办公楼加层

工商银行静安区办南三储蓄所室
内装修

南市大世界改建工程

南汇县周浦商业站百货大楼

国际海员俱乐部厨房扩建

上海宾馆河久餐厅

上海港煤炭装卸公司商店及俱乐
部活动室

川沙县供销合作联社综合商场餐厅

上海家电器具公司门面装修

锦江宾馆冷冻机房

上海市第九百货商店商场装修

和平饭店车库自行车棚

万国证券公司徐汇营业部门面装修

茂名南路 30 号门面装修

友谊商店三层平顶改建

延安饭店职工餐厅改建

上海民利室内装修承包工程公司
中央商场改建工程

牛奶公司供销经理部餐厅酒吧

工行静安区办五角场储蓄所南三
分六一所

扬子江大酒店二层潮州餐厅粥面馆

黄浦区贸易投资开发总公司交通
银行营业厅装修工程

绿杨村饭店结构加固

中国工商银行上海浦东分行营业
部装修

上海国际海员部俱乐部经营部

普陀区商委（筹）曹杨商场（室
内外装修）

宝钢指挥部宝山宾馆

中国工商银行上海浦东分行办公
楼装修

延安饭店综合楼

肯德基家乡鸡南京路快餐店

项目列表

1990 年代

川沙县供销社侨汇商场大酒店等

昆山教育局丽泽实验饭店

宁波国际海员中心影剧院咖啡厅健身厅活动楼

中国工商银行上海分行静安区办石门一路储蓄所

沪东电影院冷气空调工程

上海钢球厂服务部店面装修

龙柏饭店灯光网球场

仙霞宾馆门厅客房装修

轻工局程家桥基地南块住宅商店连接体

邮电局住宅办邮电培训中心俱乐部

市百一店三楼商场装修

海鸥饭店酒吧加层

锦江饭店新南楼铝合金挡板

金山县枫泾招商市场号 1~ 号 9 房商场

上无四厂凯歌食品电器商店

上海宾馆冷冻机房

上海县虹桥信用社营业厅宿舍

农丰优质服务中心经销部

徐汇区服装公司上海商厦

昆山市城建综合开发公司绣衣路商业综合楼

工行静安区办自助银行

上海曹杨百货商店底层装修

中国银行昆山支行营业大楼

虹桥开发区音乐喷泉歌舞厅

上海消防工程技术服务部金山宾馆自动报警系统北楼

华侨饭店 701 客房改建

家交电公司电了音像部门面

宝钢宾馆北楼改建

普陀区中山北路街道办菜场

宝山区商业零售批发业务用房吴

淞商城

南浦大桥综合公司桥苑楼维也纳餐厅

上海新兴百货公司装修改建

市职工消费合作社沪西商厦

大世界游乐中心内庭食街

虹口区商建公司虹口商厦

浦东商业建设联合发展公司石化商厦

丽水餐厅

农行苏州吴县支行营业办公用房

长城鞋业公司商厦改建

友谊商店加层及装修（扩初）

静安宾馆大堂改建

川沙县政府招待所号 2 号楼客房改建

静安区果品公司立丰酒家

市烟糖公司食品总汇

新华书店延长路书库招待所加层

市百一店空调改建

昆山市城建办昆山商城

太仓县五金交电商场商场

静安区文化馆朝代文娱总汇

川沙县张桥乡人民政府张桥商厦

兴泰房产公司东海商业中心

长宁区城建综合开发办花园村菜场改建

气象局太湖疗养院餐厅

扬中县信用合作联社营业楼

普陀区商业建设公司西站商场

普陀区饮食公司曹杨大酒店西站市场

明泰房产公司世界广场

友谊商店加层及装修

杨浦商城

上海市服装鞋帽公司上海服饰中心

中汇超市联营公司襄阳百业超市

市果品公司真如交易市场综合楼

曹杨商场

昆仑商城筹建组昆仑商城

沪办大厦商住综合楼

明新房地产公司静安广场

市总工会退管会及新城房产公司

退休职工活动中心及商贸综合楼

百乐发展公司百乐广场及汇页商厦

嘉里公司四平路商住发展

显达乡村俱乐部北楼

上海协诚中心商办楼

第一八佰伴公司新世纪商厦

复兴文娱中心

上海永泰房地产开发有限公司永新广场

上海金信房地产有限公司阳光世界

上海静安协和房产公司协和广场

张扬路商业购物服务中心总体连接体

新亚汤臣大酒店

上海市卢湾区饮食公司老大昌门市部

瀚洋上海房产有限公司瀚洋进金门广场

北京缝纫机厂门市部

华侨商店 1~4 层商场装修扩建

上海新新公司华新分公司商场、综合楼改建

上海市曹杨商场一期扩建

法华镇房地产发展有限公司法华镇商住大厦

十海汇金房地产有限公司汇金广场

中房常州公司常州小河沿地段改建 3 号地块商业中心

上海信业房地产有限公司信业广场

东锦江大酒店商住楼

汉基房产公司汇页大厦百乐广场

长江口商城公司过街楼

长江口商城辅房

裕昌房地产公司万宝花园广场(初)

深房上海房产公司深房广场

美食娱乐城（梅陇镇广场）

外高桥联合发展有限公司外高桥宾馆

中百一店股份公司六合路商业大厦

侨福外高桥公司阳明山庄

南市区住宅总公司半淞园路商住楼(初)

豫园旅游商城苏州公司商业大楼

上海长江口商城股份公司吴淞口商城

上海鸿城房产开发公司国货路商住楼

上海东方广场发展公司上海东方国际广场

上海海鸥饭店综合楼加层

上海东京房地产有限公司综合商住楼

吉华房地产开发公司夏威夷大酒店

上海二纺机股份有限公司食堂装饰工程

陕西上证业务部黄浦路营业部

冠福国际贸易公司新华路展销厅

虹桥乡政府食堂

桃浦新村住宅办桃浦商厦

上海华康房地产有限公司上海兴亚广场基兴业广场

上海华康房地产有限公司兴亚广场二期

上海长宁区公房资产经营公司康宁广场

1990 年代

上海展中商业大厦有限公司大厦

路华房地产上海公司长乐房地产

公司延安西路 1160 号商办楼公寓楼

上海招商局广场置业有限公司招

商局广场

圣地亚哥酒店（初）

崇明供销社商住楼

崇明县供销社崇明商厦装修

上海国中房地产开发经营公司上

海海鸥太极广场

上海宾馆综合楼

上海法华房地产发展有限公司法

华镇商住大厦

上海众立房地产开发公司众立广场

上海市新民晚报报社夜光杯大酒店

上海港泰房地产开发有限公司港

泰广场

仁恒房地产公司仁恒广场

金溪乡俱乐部金溪乡俱乐部柱梁

加固

上海宾馆冷冻机房改造

新华书店图书批发处

上海万信市场投资有限公司现代

办公用品交易市场内装修（初）

上海华昌国际大酒店（初）

上海明天广场建设

仙乐斯房地产有限公司仙乐斯广场

北京西路 935 号工程（金龙广场）

海鸥饭店啤酒屋改建装修

海厦广场 C 楼

上海新锦江大酒店新空中花园啤

酒都

百腾大厦 / 上海市黄浦区 79A 地

块商业大楼

上海新苑宾馆扩建餐厅、浴室

大名百货公司

上海锦江饭店小礼堂

上海申新房地产有限公司瑞金广场

上海华美达广场有限公司华美达

广场

上海浦东绿波实业公司绿波俱乐部

静安地产（集团）公司万航招待所

东方海外置业（上海）有限公司

南昌路商住发展项目（东方巴黎）

上海浦东国际机场公司国际机场

宾馆

上海中嘉房地产有限公司上海中

皇广场 5 号楼

上海虹桥迎宾馆上海东湖集团

415 项目改扩建

虹桥迎宾馆

教育建筑

川沙县扬园中学

上海戏曲学校迁址工程（初）

合成树脂研究所（水中心）实验

楼主楼、裙房等

古田中学教育楼加层

复旦大学邵逸夫科技楼

上海第六师范学校实验楼

虹桥路三小综合楼

上海浦明师范学校学生食堂兼礼堂

建青实验小学教学楼加层

娄山中学教学楼加层

嘉定县封浜乡政府幼儿园

煤炭科学院上海分院科研实验楼

上海市淮中中学教学楼

徐汇区教育局中国中学实验楼

上海五十四中学教学实验楼

徐汇中学教学楼

上海工大风洞实验室

蒙古路小学加层

上海戏曲学校逸夫楼

彭浦新村第四小学教学楼加层

上海浦明师范学校附属小学

潍坊新村小学教学楼加层

山东省经济计划学校电教室

江苏化工学院图书馆

复旦大学美国研究中心

蒲西路小学教学楼

第二人民警官学校行政办公楼

第二师范学校教学楼

第六师范风雨操场

华东电力试验研究院电力计量楼

上海舞蹈学校练功房

徐汇区教育局黎明中学教学楼

上海市医药学校图书馆

零陵中学击剑房

飞虹中学扩建教学楼（扩初）

蔡场乡益民村张魁涛幼儿园张魁

涛幼儿园

闸北区第三职校教学楼加层

连云港市财政局干部培训学校

上南中学教学楼加层

上海第六师范学校宿舍楼地坪加固

闸北区中医学校锅炉房浴室加层

马桥乡建设组 24 班小学教学楼

上海中学食堂

卢湾区房产公司住宅幼儿院

龙山中学教学楼增建

上海幼儿师范专科学校教学办公

实验楼

崇明县堡镇中学教学楼

上海石化总厂华东师大三附中

海南中学门面改建

交大二部学术活动中心

徐汇区住宅办区党校教学楼

市体委运动技术学院运动员食堂

装置空调

体育运动技术学校食堂改建

浦明师范学校图书综合楼

上海体育师范学校球类馆

延安中学实验楼

上海外国语学院摄录音棚

浙江农业大学核农所钴照室扩建

体育运动技术学院艺术体操房

复旦大学应昌期科技楼

上海中学图书馆实研楼

上海交通大学号 4 教学楼

上海师范学校办公楼及综合楼加层

民立中学教学楼

上海古田中学古田冷饮厂车间冷

库机房

乌北路小学

零陵中学新建教学楼

上海七宝镇工业公司职工文化技

术培训学校

复旦大学附中综合楼

愚园路一小教学楼

（耀华国际）国际教育中心

凤阳路二小教学楼（不完整）

港湾学校教学实验楼（初）

邮电部第一研究所科研大楼

徐汇区城建公司金龙花苑托儿所

文体房产公司颜家洼 2 号基地 9

班幼托

三林中学教学综合楼

田园都市发展公司上海颛桥住宅

区一号地块 24 班小学

上海市静安区卫生学校综合楼

上海日本人工商俱乐部上海日本

人学校

信和房产公司平和国际实验学校

教学楼等

项目列表

1990 年代

浦东新区张桥乡幼儿园

华师大附属东昌中学教学楼加层改造

梅园小学教学辅助楼

上海市总工会幼儿园多功能活动楼

上海外高桥保税区联合发展有限公司外高桥中学

上海中学体育馆

上海财税职工大学财税大学图书办公综合楼

上海锦绣园文化发展有限公司上海锦绣园学校

民航上海中专第二实验楼

民航上海中专第二教育楼

上海交通大学教学楼

华东电力试验研究院电力计量大楼

中国科学院上海冶金研究所

上海市青浦高级中学教学楼餐厅宿舍等

中国福利会宋庆龄幼儿园专用教学活动楼

上海财经大学基建处财大证券期货教学楼

上海新世纪企业发展有限公司市西中学初中部

上海生物制品研究所科技综合楼

上海嘉定徐行中学教学楼、实验楼、行政图

中国美术学院校舍建设

南洋模范中学徐汇苑分校

上海会计学院工程指挥部中国注册会计师上海培训基地

南汇县教育局周浦中学

文化建筑

南市区图书馆

上海铁路局文化宫会场改建

旅游局小剧场改建

上海市少年宫小剧场冷冻机房

杨浦区图书馆大修

黄浦区教育局少年宫

宝钢体育馆抗震加固

燎原电影院环幕电影厅

上海展览中心西二馆

上海展览中心东西铁房加装空调工程

川沙影剧院空调系统改建

闵行联合发展公司外商服务中心体育健身设施

上海淮剧团综合楼修缮及装潢

昆山市教育局青少年宫游艺楼

上海音乐厅改建

上海展览中心东二馆

上海图书馆图书馆新馆

上海京剧院舞美排练综合楼

市文化局文化广场剧场改建

上海县新泾乡政府文化中心

水上运动场锅炉房（初）

上海动物园科普馆会议厅

市体育宫业务用房传达室商场

市青年文化活动中心主楼东西中楼

宋庆龄陵园儿童博物馆

上海市科委沪杏科技图书馆

上海博物馆人民广场新馆

闵行区文化馆

长宁城建开发公司仙霞文化中心

浦东新区浦东第一图书馆书库扩建

浦东新区社会发展局临沂体育中心游泳馆

上海植物园展览温室锅炉房

上海市青年文化活动中心中西楼底层装修

古美文化馆

南京市文化局南京文艺中心

虹口体育投资发展有限公司虹口体育中心

上海美术馆筹建处新馆改扩建工程

上海鲁迅纪念馆新馆

上海美术馆

陈云故居暨青浦革命历史纪念馆

昆山市建委昆山市文化科学博览中心

体育建筑

上海跳水池休息室

埃及开罗警察体育馆

上海国际网球中心

八万人体育场（上海体育场）

静安区体委体育中心综合楼游泳馆

上海外高桥保税区联合发展公司室内游泳池保龄球房

上海体育馆改建工程

黄山市体育馆

昆明红塔体育中心筹备组昆明红塔体育中心

上海市残疾人联合会体育训练中心

汕头市体育运动委员会汕头市跳水游泳馆

其他民用建筑

上海园明讲堂玉佛殿翻建

黄浦区政府外滩风景点建筑小品

江阴市物质局商场办公楼

上海港公安局第三拘留所改建

外滩风景区建筑小品

沉香阁修复

外滩建筑灯光工程

宋庆龄陵园陈列厅

上海铁路分局上海站吊装吊装厅雨篷

南洋电机厂静安区民兵预备役训练点

静安区公安局食堂

二四九部队（八三五三四部队）保养间加层

八三五零五部队 683 工程号 3 浴室改建

南汇县汽车运输公司周浦车队综合楼

宜春站房结构加固

龙华古寺新建寮房

长江口整治局市政局外滩防汛墙外移工程

上海市青浦监狱（第二监狱）新建监狱区（保密工程）

广电局电视播出部卫星单放站无线设备

市宗教事务局静安古寺东侧翻建

杨浦大桥

外滩综合改造二期工程改造工程

龙华烈士陵园新建陵园

五角场镇五一里委活动房及三产用房

陈毅塑像灯光装饰

宝杨路全垫升高速客轮码头码头

上海市长途电信局果园站天线铁塔防震加固

上海市政工程建设公司延安西路高架收费广场

上海下海庙扩建工程

黄浦区苏州河综合整治指挥部

上海轨道交通明珠线工程筹建处上海火车站

上海航交实业有限公司汇山客运楼改建

2000 年代

住宅建筑

上海青浦徐泾广虹苑

长峰汇峰花园

上海怡东花园（一期、二期）

上海枫树苑会所

上海联农凯泰置业有限公司圣陶沙花园（银星居住区）

上海联农股份有限公司银星居住区

上海东紫房地产有限公司东明花苑

上海虹业置业有限公司嘉苑新村B区住宅

张江高科技园区开发公司张江技术创新区创业公寓

上海瀛通房地产有限公司宝岛世纪园

上海新黄浦（集团）有限公司平江小区三期工程（智荟苑）

上海华能名仕实业有限公司华能时代花园

上海一方置业发展有限公司锦绣一方名苑

上海新鸿房地产开发有限公司文化花园二期

上海金丰房地产实业公司金丰一村六街坊南区住宅

上海罗事房产发展有限公司梅陇城世纪苑工程

上海世贸房地产有限公司世茂滨江

上海虹桥高尔夫俱乐部有限公司虹桥高尔夫别墅

上海玉兰房产公司白玉兰花园

上海建华房地产开发公司建华苑

上海建晟置业发展有限公司虹口玫瑰苑9号楼

上海万泰城市建设有限公司同大昌住宅

上海围城置业发展有限公司河滨围城

上海市工业系统房地产联合总公司兰花新村五街坊

武夷花园

上海西南明园实业有限公司明园世纪城二期

金航房地产公司万航渡路660号地块

上海万科徐汇置业有限公司万科华尔兹花园

上海友城房地产开发有限公司宏城公寓

上海神州实业有限公司海伦都市佳苑

上海丽苑房地产发展有限公司丽都苑

上海锦源房产公司三林苑

奉贤区住宅建设总公司普康苑

上海联洋土地发展公司联洋住宅区E、P地块

上海佳信房地产开发公司佳信花园二期

上海梅陇莲城发展有限公司阳城花园住宅小区

上海顾村房地产开发公司共富三村二街坊一、二期商品住宅

上海新闵房地产联合发展有限公司新申花城水仙苑二期工程

上海新梅房地产开发有限公司新梅共和城一期南块

上海裕联房地产有限公司九亭明珠苑二期

上海锦弘房地产发展有限公司阳光美景城

上海宝宁房地产发展有限公司兆

丰嘉园

瑞虹新城有限公司瑞虹二期

上海欣源置业有限公司上海欣苑二期

上海元益置业有限公司华元豪庭

上海淞南房地产有限公司淞南地区C、D地块

杭州千岛湖开元度假村开发公司杭州千岛湖开元度假村

上海长宁房地产经营有限公司虹桥沁园

上海鑫鸿置业有限公司欧阳名邸华阳苑

上海景洪房地产开发有限公司华唐苑四期

上海申地房地产公司申地公寓二期

上海中新房地产开发公司中新公寓1号房

中国人民解放军61587部队高层住宅

香山花苑

上海静源房地产有限公司静安丽舍二期

上海中星（集团）有限公司沪东西块四街坊

上海盛唐置业有限公司大唐盛世花园一期

合肥中兴房地产开发公司合肥中天雅苑

中海房产公司海悦花园

杭州开元房产公司萧山加州阳光

上海宝地长山房产有限公司天山路住宅

上海科怡房地产发展有限公司张杨滨江花苑

黄委会机关事务局黄河水利委员

会职工住宅

创联房产公司金海花苑

上海中祥（集团）有限公司世纪阳光园二期

宏泰房地产有限公司洋泾住宅小区二期

上海新中汇房地产有限公司名士苑二期

上海安恒房地产开发有限公司景洪四村商品住宅工程

上海快鹿房产开发公司习勤路55号地块

虹桥上海城二期住宅楼

上海富星房产公司丽舟苑2号楼

上海运高房地产发展有限公司和富公寓

嘉里曹家堰房地产（上海）有限公司嘉里华庭二期

嘉里华庭三期

上海信虹房地产有限公司上海外滩中信城初步设计第一期

上海盛唐置业有限公司大唐盛世花园二期

61398部队单身公寓

上海中豪置业有限公司新闸路1076弄地块

上海新航房地产经营有限公司昌平路640~690地块旧房成套改造

上海市达州建筑工程公司东方城市花园屋面钢构架

徐汇区住宅发展公司华新住宅小区（旧区）

上海宝地杨浦房地产开发有限公司宝地东花苑

经纬置地有限公司和泰苑小区

经纬城市绿洲阳光水岸家园

项目列表

2000 年代

上海中虹（集团）有限公司场中路北块商品住宅

南侨房地产（上海）开发有限公司延安西路 1160 号地块

上海银汇房地产发展有限公司北外滩 26E 地块（银泰花园）

奉贤住宅建设总公司临青阁高层商品住宅

上海安信复兴置地有限公司华府天地

上海世博土地控股有限公司世博会浦江镇定向安置基地

上海天星通房地产开发有限公司康桥 2 号地块

上海明捷置业有限公司郑家宅旧区改造

宁波远望华厦置业发展有限公司里仁花园三期

庙行共和居住区三街坊

上海刚泰置业有限公司艺泰安邦 1~7 期

上海航中房地产开发有限公司周航基地 NB 地块居住区

无锡旺嘉瑞有限公司无锡第一国际住宅小区一期

常州中房实业股份有限公司香江华庭住宅小区（二期）

上海市永达房地产发展有限公司永达城市花园

上海新发展金汇房地产有限公司金碧汇虹苑

上海华露置业发展有限公司周浦镇 I-3 街坊改造工程

上海申能房地产有限公司配套商品房浦江基地 1 号地块

宜宾丽雅置地有限责任公司宜都

莱茵河畔

宜兴市嘉华房地产开发有限公司嘉华广场、嘉华苑西区、东区

廊坊市华夏房地产开发有限公司固安工业区 76 公顷居住区一期样板组团

南通惠生工业园办公及生活区工程

迪臣置业发展（开封）有限公司河南开封御街西侧地块商业酒店住宅项目

常州天隽峰美居

上海银建置业有限公司政立路 711 弄西侧地块商品住宅（银建花苑）

南京金基房地产开发有限公司南京金基唐城四期

常州宏智房地产有限公司常州又一城（二期）

上海市配套商品房浦东曹路基地四号地块

上海明馨置业有限公司顾村一号基地（上海馨佳园）

世博土地控股有限公司世博村 D 地块项目

上海世博土地控股有限公司世博会世博园样板组团

宁波金盛置业有限公司宁波鄞州区商业 1-A 地块住宅

上海静安协和房地产有限公司上海协和城二期北地块工程

上海城投悦城置业有限公司新江湾城 C5 地块综合开发项目住宅部分

静安区市政工程和配套管理局蝴蝶湾二期景观

上海中海海昌房地产有限公司卢

湾区 65 街坊徐家汇路 258 弄地块（北区）项目

上海豪都房地产开发经营有限公司捷克住宅小区酒店式公寓

上海弘晔房地产发展有限公司恒盛家园一期

中冶置业（昆山）有限公司中冶昆庭

上海赢华房地产开发有限公司普陀长风地区 4 号东 - 南地块工程

上海罗店房地产有限责任公司宝山罗店镇 B7 地块

上海飘鹰房地产开发中心上海飘鹰房地产开发中心飘鹰花园围墙

中铁地产贵州中泓房地产开发有限公司贵阳山语城

上海春岸房地产开发有限公司陈家镇滨江生态休闲运动居住社区 3 号地块

上海富华房地产发展有限公司真如 A6 地块四期

宜兴丁蜀嘉华豪庭

辽宁立泰实业有限公司沈抚新城项目（A 地块）一期工程

上海临港新城主城区 WNW-C5-10 地块普通商品房项目

西太湖滨湖城建设投资有限公司常州西太湖滨湖新城

文昌市旅游投资控股有限公司汪洋新农村建设试验区（一期）

上海甬新置业有限公司宁兴上尚湾公寓上海江桥镇 E02-1 地块

吉安市城市建设投资开发公司吉安市城南新区地块

聊城经开置业有限公司聊城经开南苑新城

1951~1956 楼房住宅、剧院

上海汇峰房地产有限公司长峰新村

上海市湘府房地产开发有限公司湘府花园 2 楼

俄罗斯莫斯科州廖别尔尔茨区托米利诺居住区规划 / 建设设计

佛山云东海森林体育花园城

顾村镇一号基地（扩大）项目 (馨佳园)

上海市南汇周浦明天华城一 \ 二街坊住宅发展项目

丹阳市政府片区（住宅、商业）

波罗海明珠住宅

天津经济技术开发区政府公屋

苏州三阳高尔夫家园

"亿力未来城"项目一期

卢湾区第 65 街坊徐家汇路 258 弄地块（北区）项目

天隽峰美居

安徽省滁州市花园路和丰乐南路地块项目（浩然国际花园）

达安圣芭芭花园（二期）项目

陈家镇滨江生态休闲运动居住区 3 号地块

徐虹北路 156 号地块（汇贤雅居）二期

中铁京南一品

莆田市涵江区黄安小区 B 地块（武夷嘉园）

太仓市南郊新城 A 地块住宅小区

世博会世博园区样板组团

南海家缘

太原市府东街东延片区耙儿沟村工程

梧桐公寓住宅楼及公共绿地项目

塔坪商品房

2000 年代

上海协和高尔夫花园别墅

西安市东七、八路（城墙东北角）棚户区改造项目

恒盛家园一期

宝山罗店老镇区 B7、B8 地块住宅小区

四季雅苑重建

金碧汇虹苑配套商品房

新尚国际社区

锦溪镇 07-01 号地块项目

南京小行住宅项目

新江湾城 E3-1 居住小区

上实湖州项目 1 号地块

忆江南二期

恒美奥运康城

崇明中津桥路居住区

观景大厦

迈旺置业长安区项目

一泓（一鸿）蓝溪住宅小区

乌克兰基辅市植物园周边大街与彼切尔区巴斯金大街办公 / 住宅

曹路镇 4 号地块配套商品房

曲江茗筑

宁波文苑路住宅小区项目

高新.枫林华府

淮南军分区住宅楼

懿园 58 号工程

江南春晓住宅小区

西华大厦

永业公寓二期 1-2 号楼精装修工程

政立路 711 弄西侧地块住宅

兆丰嘉园二期

秦华小高层底商住宅工程设计

乌克兰基辅市彼切尔区住宅.商业办公及运动休闲中心

嘉华豪庭

锦华二期 A 地块住宅小区

上实朱家角特色居住区首期 A 地块工程

金桥出口加工区南区产业配套区项目

高新枫林华府 3 号、4 号住宅楼

固安工业区 76 公顷商业区

宝钢果园单身宿舍改造项目 3 号楼食堂装饰

万源新城设计

上海浦江森林半岛

尚贤坊项目

上海浦东花木四季雅苑住宅区改建

瑶溪经济适用房

云南红塔屋业发展公司丽水雅苑

杨浦二号地块规划方案

哈尔滨群力新区 02-020、02-021、02-025 地块概念规划

华为廊坊生产基地员工宿舍、华为南方工厂宿舍项目

宝山高境新城

高尔夫别墅山庄

新江湾城一期销售中心

群力新区 010 号宗地（漫步巴黎）

中冶国际城

江西铜业公司德兴铜矿大学生公寓

万泉河 - 椰林水城项目

盛世玫瑰园

五角场 3 号地块

常州天隽峰美居项目地下二层车库民防工程

成都锦和中心

新宝地城

宝山高境新城

近江单元 D-C2-04 地块

天津经济技术开发区西区蓝领公寓

鹭江名门

常州洛察纳房地产开发有限公司项目

宝山区庙街镇场北村共康北二块住宅区

海富城市花园二期

远景大厦建设工程

长春柏家屯项目

古北盛源花园

合肥海

上海警备区松江某营房

经济适用房 A、B 地块

佘山天安别墅

崇明新城三期

三湘装饰公司

丹阳市通泰房地产开发公司

太仓南郊新城项目 B-08 地块

仁达锦绣家园项目

临港新城 WNW-C4 街坊内配套商品房

赵巷住宅区

张杨滨江园工程

上海嘉里华庭（二期）南搂项目

东昇花园

漕溪路地块

漕溪路基地方案

飘鹰锦和花园建筑

夏桥动迁小区 1 号住宅楼

南汇周航基地一号地块

上海嘉里华庭二期南搂套内装饰工程

上海复隆物业管理公司

西安经发房地产公司

嘉实驿岛公寓

航天城

世茂滨江花园二期车库供电设备分包工程

上海市卢湾区第 105 街坊开平路 70 号地块

美岸栖庭商品住宅二期

晨林花苑三期

绿地国际家园

杨家庄旧城改造

温州市住宅

璟都花园

固安工业区 76 公顷居住区建筑设计

办公建筑

上海市测绘院生产办公综合楼

中原石油勘探局驻郑办事处综合楼消防改造

上海市信息投资股份有限公司医工院老大楼

上海农机技术服务中心泗泾农机服务基地办公楼

江南造船（集团）有限公司上海江南造船（集团）大厦

上海市虹口区人民法院虹口法院改建工程

上海市第一中级人民法院审判楼,裙房重建

南京江宁经济技术开发区管委会办公楼

山东省商业房地产开发公司济南银座科技城

上海市公安局闵行分局指挥中心

上海达安企业发展有限公司达安世纪大厦(现代设计大厦北楼)

光明乳业有限公司办公大楼改扩建

武警上海边防总队边境管理支队边境支队二期工程办公楼

项目列表

2000 年代

张江高科技园区开发公司张江园区 11、19、20 号地块

虹桥出入境边防检查站办公业务楼常熟市财会干部培训中心

上海工商局松江分局办公大楼

上海三爱富新材料股份有限公司三爱富办公楼

上海新延房地产开发有限公司文化花园商务中心

黑龙江省电力开发公司综合楼

虹桥出入境边防检查站业务办公楼

上海市外高桥新发展银行办公楼

上海自来水闵行有限公司水质调度服务中心

上海浦东发展银行股份公司信息中心

上海浦东新区文献中心

武警上海总队后勤部营房处武警总队机关办公指挥大楼

上海金福外滩置业有限公司 82 号地块办公楼、多层建筑

上海科学技术出版社上海科学技术出版社大楼

上海巴顶房地产发展有限公司 X1-7 地块金融大厦 (花旗银行)

上海白马投资经营有限公司白马大厦

金山电信公司信息大楼

西安亨泰房地产开发有限责任公司西港国际大厦

深圳市中兴通讯股份有限公司上海研发中心

上海联丰房地产有限公司晶采世纪大厦（永亨大厦）

上海金外滩 (集团) 发展有限公司中山南路 B5 地块

上海八六三软件孵化器有限公司技术中心楼

上海国际汽车城新安亭发展公司国际汽车城大厦

上海邮电通信设备股份公司研发楼

上海公共卫生中心科研中心

上海银都商城发展公司上海银峰大厦

中土尼日利亚有限公司尼日利亚 NCC 大楼

上海海泰房地产有限公司上海海泰 SOHO 大厦

上海三菱电梯有限公司培训中心三期工程

上海迪威行置业发展有限公司陆家嘴金融贸易区 B3-5 地块发展大厦（时代金融中心）

温州市龙湾区行政中心区开发建设指挥部行政管理中心大楼

静安地产实业有限公司富民路高级商业及办公楼

上海海事法院审判综合楼

上海大众私营经济城发展中心

闸北区彭浦街道社区中心老年活动区

镇江市广播电视局镇江广播电视中心

上海快克药业科技发展有限公司

上海国际商务花园 7 号地块北块

上海快克医药研发中心

华东师范大学华师大闵行校区办公大楼

静安区 787 号地块

南昌红谷置业投资有限公司南昌国际金融中心

中国电信信息园区上海电信网

管、传输及数据中心机房

长宁区公安分局长宁区公安分局教育训练馆和应急联动中心

上海华为技术有限公司华为技术公司上海基地建设项目

昆山信息港网络科技有限公司办公楼

上海永业企业（集团）有限公司局门路 268 号基地办公楼

上海群达置业有限公司碧海大厦

上海金桥出口加工区开发股份有限公司碧云国际社区培训中心改扩建工程

浙江特福隆房地产开发有限公司浙江财富金融中心

上海久事置业公司九江路 60 号大修装饰工程

上海同盛投资集团房地产有限公司上海深水港（一期）业务办公楼及生活用房

上海陆家嘴（集团）有限公司陆家嘴 D3-5 地块开发大厦修改设计

中房上海房地产有限公司 上海金外滩集团发展有限公司燕京大厦

上海明浦科技发展有限公司软件孵化大楼

上海邮电通信设备股份有限公司上海普天科技产业基地一、三号地块

上海星洲通讯技术研究所 820 工程

普陀区卫生局新长征社区服务中心

上海市黄浦国有资产总公司黄浦区人大、区政协等部门办公楼

上海华为技术有限公司上海基地建设项目

上海市电信公司呼叫中心

上海市电信有限公司信息园开发建设部上海电信总部行政管理中心土建工程

上海市民主党派大厦（服务中心）

杭州市萧山档案馆

临港国际物流发展有限公司临港国际物流技术中心

南通惠生工业园办公及生活区工程

二十一世纪房地产有限公司二十一世纪中心大厦

漕河泾现代服务集聚区二期一

上海陆家嘴金融贸易区联合发展有限公司世纪大都会项目 2-3 地块

南汇行政中心

上海市公安局静安分局静安看守所、交警办公楼

上海临港国际物流发展有限公司洋山保税港临港管理服务中心一期工程

招商银行上海大厦

西门子（中国）有限公司西门子上海中心

深圳市华为投资控股有限公司南京华为软件基地

浦发银行上海分行档案信息中心（临时传票仓库）

长宁区周家桥街道办事处社区综合楼

锦州宝地建设集团锦州宝地曼哈顿项目（A、C 区）

厦门建发集团有限公司厦门建发国际大厦

厦门七匹狼资产管理有限公司厦门汇金国际中心

天津滨海高新区开发建设有限公司天津滨海高新区研发孵化和综

2000 年代

合服务中心

华为坂田基地软件研发中心

上海人民解放军总参谋部第 56 研究所上海工作科吴中路 369 号综合业务楼

华为成都软件工厂

昆山市民广场访客中心

瑞安市政府投资建设工程管理中心瑞安市档案馆大楼

上海长昭置业有限公司长风 7A 地块项目

招商银行信用卡中心

宁波万华聚氨酯有限公司宁波万华办公楼科研楼

上海漕河泾开发区高科技园发展有限公司漕河泾现代服务业集聚区二期二

上海新长宁（集团）有限公司上海虹桥科技产业楼

太平置业（上海）有限公司太平金融大厦

江苏省盐城市人民检察院办案技术用房综合楼项目

长和达盛地产（上海）有限公司上海市静安区新闸路项目

如东县建设局、南通五建建设工程有限公司如东县建设交易信息中心

深圳市大铲港口投资有限公司深圳金港大厦

上海市徐汇区机关事务管理局徐汇公安分局机关大楼装修改造

上海市南汇区人民法院迁建工程

山西潞安矿业（集团）有限责任公司山西长治潞安能化集团写字楼

上海市公安局长宁分局长宁区北

新泾派出所

上海国际港务（集团）股份有限公司上港集团港运大厦改建工程

鹤壁金爵置业有限公司河南鹤壁金融大厦项目

上海市宝山区人民法院院审判业务用房迁建工程

上海浦东发展银行上海分行档案信息中心（临时传票仓库）二期

云南云锰房地产开发有限公司上海东盟商务大楼

唐山曹妃甸国际生态城投资有限公司曹妃甸新区市民服务中心

上海金外滩（集团）发展有限公司上海市黄浦区中山南路 B4 地块

上海普天科创电子有限公司普天科技产业基地二期工程

上海华屋经济发展有限公司上海万邦中心大厦停缓建项目复工工程

无锡蠡湖房地产开发有限公司方庙社区管理中心

上海浦东发展银行合肥综合中心

苏州新港建设集团有限公司苏州天都大厦

毛里塔尼亚伊斯兰共和国总统府办公楼、国际会议中心维修设计项目

中国科学院宁波材料技术与工程研究所二期工程

上海　泰房地产有限公司文通大厦

南通醋酸纤维有限公司行政区及物流中心项目

上海漕河泾开发区经济技术发展有限公司漕河泾 F 块三期 6 标

SOHO 中国虹桥 SOHO

英国通用电器香港有限公司中信

泰富大厦

芜湖市商业银行业务楼

曹妃甸新区市民服务中心

普天科技产业基地项目二期项目（普天科技产业基地项目二、三号地块）

浙江省温州市鹿城广场超高层项目

厦门建发国际大厦单体建筑设计

漕河泾现代服务集聚区二期（二）

上海东盟商务大楼

上海东方渔人码头项目

苏州尼盛综合大楼

中国人寿数据中心

上海警备区 9156 工程项目

上海市卢湾区 65 号地块（南区）

靖江市行政办公中心

陆家嘴开发大厦

宝山区人民法院审判业务用房迁建工程

上海洋山保税港区临港管理服务中心

西门子上海中心

嘉定工业区创意产业园一期

郑州市德化步行街升级改造一期工程——德化大厦

锦州"宝地曼哈顿"C 区

上港集团港运大厦改建工程（汇山）

三河市莲荷广场酒店及办公楼

众和营运中心

上海燕京大厦

宝山区人民检察院办公及专业技术用房迁建

上海虹桥科技产业楼（2 号楼）

潞安能化集团写字楼项目

长和达盛地产新闸路项目

莲鹤大厦

上海市南汇区人民法院迁建工程

众仁乐园改扩建工程

长宁区看守所、治安拘留所迁建项目

宁波海关洪塘文体中心

庆阳 CBD 商务中心二期

南安市电力调度中心

上海市人民政府驻西藏办事处

厦门五缘湾商务营运中心 D 地块

江苏花桥国际商务城天合国际大厦

中国人民解放军 61669 部队 4231 工程

临港新城综合服务楼

上海市海事法院审判综合楼

洋山深水港指挥部办公园区工程

宁波万华办公楼科研楼

盐城市人民检察院办案、技术用房综合楼

中山东一路 27 号大楼室内装修

吴中路 369 号综合业务楼

临港国际物流技术中心

长和达盛地产新闸路项目

徐汇公安分局机关大楼装修改造

中国海洋大学崂山校区行政办公楼

厦门市行政中心主楼＼东楼外墙改造维修

上海冷气机厂 1 号、10 号楼改建工程

万邦中心大厦停缓建项目

厦门软件园二期工程

东营新区农村信用社办公楼

温州市人民检察院侦查办案用房及专业技术用房

鹤壁市联盟大厦

项目列表

2000 年代

中华城项目

宁波镇海厂区办公楼（丈亭地块公共建筑）

万泰大厦室内改造及装饰工程

上海洛克外滩源 174 地块历史建筑结构加固

上海临空园区 6 号地块 1、2 号科技产业楼

上海长兴供电公司电力生产调度楼

外高桥青年服务中心室内改造设计

汇景新城中心三期

徐汇新村（漕北大楼）综合整修

如东县建设交易信息中心工程

太湖新城核心区办公楼综合大楼

金山信息大楼补充协议

苏丹国际会议厅和友谊厅外装饰工程项目

镇江市机关行政办公用房迁建工程

援中非政府办公楼项目

宝昌路 297 号装修工程

卢湾区医保中心

桂林临桂新区创业大厦

上海市电子口岸全国数据备份中心搬迁改造工程 - 中央控制室装修设计

光汇石油集团华东区总部办公楼项目

五缘湾商务营运中心

上海福伊特西门子水电设备有限公司新建辅助用房

慈溪市文化商务区核心文化公建群

香山国际游艇俱乐部销售训练中心

五缘湾商务营运中心设计总协调 \ 市政管网

北新泾派出所

上海海事法院

重庆人民大厦

申闻实业公司解放大厦

江苏路派出所

天山路派出所

航站楼配套工程

上海市电力公司旗忠培训基地

铁岭市行政中心

舟山光汇油库综合办公楼项目

太仓行政中心

常熟原印刷厂及东侧地块

佳兆集团江阴项目

太湖社区服务中心项目

厦门双喜大厦

上海东方金融广场智能化工程

东昌滨江园 5 号楼装修改造

如东县建设交易信息中心室内设计

静安区市政配套道板用房方案设计

共和国际商务广场

仙霞路派出所

外滩 12 号室内装饰

厦门观音山商务营运中心启动区

上海市静安区东西斯文地块商务办公项目

上海市公安局长宁分局办公楼改造工程

中国石化集团西北石油公司

沃尔沃客户中心演示厅

广丰市民中心

同安路项目

金元集团公司办公大楼

上海民主党派大厦服务中心会议中心装修工程

外高桥青年服务中心

哈尔滨哈药集团群力新区办公楼

中国纪检监察学院

上海申教投资有限公司

科技绿洲三期

崇明新城行政中心

漕河泾现代服务业集聚区三期工程

期货大厦用电改造

中国科学院宁波材料技术与工程研究所二期建设工程

泸州老窖

上海期货大厦变配电站新增柴油发电机设计

中国工商银行股份有限公司业务营运中心

长宁区公安分局出入境办公室

华府海景

社区综合楼（周家桥）

仙乐斯广场

抗体药物国家工程研究中心

江苏省农村信用社联合社

中国科学院宁波材料技术与工程研究所二期建设工程

萧山电力调度大楼

中国建设银行股份有限公司河南省分行新办公大楼

中国人民银行南京分行 710 工程

兴业银行上海业务营业中心

中国银联总部大厦办公楼二次装修设计

江西省交通监控指挥中心

湖南省国家税务局新建综合业务办公用房

盐城土盟房地产开发有限公司工程

上海长宁区政府 17 号楼 4、5 层办公及信访办改建

上海临港新城区土城区申港大道两侧、环湖西三路外侧办公楼

外高桥港区六期工程

上海洋山海关行政办公楼

上海洋山检验检疫行政办公楼

温州瓯海区行政管理中心

上海大众汽车特许经销商展厅

上海洋山海关行政办公楼

中国驻澳大利亚使馆

徐州市行政服务中心

辽宁电力勘测设计院综合办公楼

百汇医疗上海肇嘉浜路办公室室内工程项目

援非盟会议中心

渤海油田勘探开发研究院办公楼建设项目

金鹏国际广告总部基地和安徽省电视购物基地

南京新华日报

太仓行政中心

上海中银大厦 4F 演讲厅改造工程及 7F 电梯停层改造工程

四星级商务酒店及综合办公楼

温州龙湾农村合作银行

南汇行政中心室内装修、环境景观设计

沪太路 785 号 4 号楼大堂装修及配套自行车库设计

上海金山土地整理发展有限公司工程

中国人民支付系统上海中心项目

中国银行陕西省分行

上海洋山检验检疫行政办公楼

天津开发区科技发展中心二期项目

上海世博会国际红十字与新月馆办公楼（浦东发展公司）

河南郑东新区中国大唐河南分公司生产调度大楼

西安经开区文化中心

上海电信公司莘闵大楼

2000 年代

包头市殡仪馆搬迁工程

淞江公安局

盐城市中级人民法院

如东县公共卫生大厦

如东县公共服务中心

信息大楼改造工程

太平人寿后援中心

中船澄西研发中心大楼

上海华谊综合大厦

法院筹建处

静安区人民法院项目

海南省委办公楼

上海市人民检察院

航天城八0五所

厦门监管大楼

上海电信总部行政办公楼防空地下室工程

上海市松江区泗泾人民法庭办公审判用房迁建工程

百比赫广告（上海）有限公司办公楼改造工程

上海市徐汇区人民法院

报业大厦

慈溪农村合作银行大厦

万华上海闵北项目

上海市北工业园区 5 号地块

商业建筑

曹杨商城

黄岩北片旧城改造商住楼

台州国际饭店

无锡市汇金置业有限公司无锡市汇金广场

上海美美百货有限公司商场内部改造

温州市特福隆房产开发公司温州

世贸中心广场

上海长峰房地产有限公司长峰商城

上海鼎天房地产开发经营有限公司天山商业中心

上海赛达置业发展有限公司中金广场

上海科怡房地产开发有限公司东昌滨江园（上海财富广场）

上海金午置业有限公司绿洲河畔商务楼

锦江饭店锦楠楼环境整治工程

上海飘鹰置业有限公司新港路 223 号地块

上海又一城购物中心有限公司北大青鸟广场

上海金昌房地产开发有限公司雅居乐国际广场

上海飞洲房地产开发有限公司飞州国际广场

上海信业地产有限公司信业广场

上海日绅置业有限公司金桥 22-2 地块商办综合楼

威海国际商品交易中心

上海奥特莱斯品牌直销广场

上海浦东旧机动车交易市场扩建项目

上海深水港商务广场房地产有限公司上海深水港商务楼

上海福乐思特（闸北）房地产发展有限公司闸北区大宁商业中心

上海河畔商贸发展有限公司三林城 W5-5,W5-8,W5-11 地块公建工程

上海港国际客运中心开发有限公司上海港国际客运中心商业配套 B1~B6

上海和泰房地产开发有限公司玫瑰购物广场南区商办楼

宁波新江厦股份有限公司新江厦（鄞州）商业城

上海静安悦诚房产置业有限公司小莘庄 2 号地块（上海悦达信—时代广场）

宁波信富置业有限公司宁波中信泰富广场

上海爱梦敦置业有限公司上海金桥埃蒙顿国际购物中心

浙江中耀药业集团有限公司中华本草园

巴特奥博浴疗天堂有限公司中德浴疗天堂

中国建设银行股份有限公司上海第五支行九江路建行装饰工程

昆山网进投资发展有限公司网进国际现代广场

昆山时代房地产开发有限公司昆山时代广场

上海天鸿置业投资有限公司上海长风国际商业娱乐中心

上海吉祥房地产有限公司嘉里静安综合发展项目

天津泰达建设集团有限公司滨海分公司天津金融街三期

上海新飞虹实业有限公司金沙商务广场

上海翔顺置业有限公司曹安商贸城 B-4 地块

上海东方金融广场企业发展有限公司东方金融广场

交通银行上海分行江西中路营业大楼修缮工程

保利达地产无锡有限公司无锡保

利达广场项目一期

昆山市沪昆市场投资开发建设管理有限公司汇丰商业街

上海宝地杨浦房地产开发有限公司宝地广场

上海爱梦敦置业有限公司金桥埃蒙顿假日广场

余姚富达饭店

慈溪嘉丽置业有限公司慈溪嘉丽中心

上海港沪房地产有限公司闸北嘉里不夜城三期发展项目

浙江奥特莱斯品牌直销广场

上海丰柏置业有限公司华漕时尚生活中心

上海东方渔人码头

香港利福国际集团沈阳卓远置业有限公司沈阳利福百货店

南京东方实华置业有限公司南京凤凰港商贸城休闲区

无锡宇达置业有限公司无锡新东花园国际广场

宁波环球置业有限公司宁波环球航运广场

上海富华房地产发展有限公司上海真如城市副中心 A4/A6 地块

上海宝山绿色生态置业有限公司顾村公园北入口商业广场

上海世博土地控股有限公司中国 2010 年上海世博会餐饮中心工程

上海钢达房地产有限公司青浦夏阳街道百货商店

温州时代集团大地房地产开发有限公司苍南县火车站前区 B-06 和 B-07 地块项目

浙江汇盛置业有限公司世界名牌

项目列表

2000 年代

折扣店华东旗舰店中心奥特莱斯
一期

上海苏宁环球实业有限公司苏宁
天御国际广场（原长风 5B 项目）

福鼎建兴房地产开发有限公司建
都福鼎新天地广场

三鼎控股集团有限公司义乌三鼎
商业广场

奥特莱斯名牌折扣店工程项目二
期

无锡博大置业有限公司灏　国际
天地

上海市人民委员会虹桥路餐室工程

无锡保利达广场

招商银行信用卡中心

世界闽商大厦

基辅舍辅琴科区商业 / 办公 / 酒
店综合体项目

南京凤凰港商贸城

上海成城购物广场

上海深水港商务广场二期工程

上海世纪大都会 2-3 地块

长风生态商务区 7A 地块

宝地广场

上海东方金融广场项目（浦东国
际金融大厦）

鹤壁市金融大厦

招商银行上海大厦

金杨街道 25 坊 1/5 宗地块综合
商业配套项目（金桥埃蒙顿国际
广场）

悦达信一时代广场工程

太平金融大厦

杨浦区 2 号地块商业中心

华漕时尚生活中心

浙江南浔农村合作银行新建营业

大楼工程

乌克兰基辅市"二条街"商业娱
乐办公中心

徐州绿地城市广场

东港商城

杭州"奥特莱斯"

汇金国际中心

汇景新城中心

锦州"宝地曼哈顿"A 区

上海东方金融广场

中华城

沪太路 785 号仓储用房改扩建项
目储书库改扩建、批销大楼改建

厦门绿苑商城

曹安商贸城 B-4 地块

交通银行上海分行江西中路营业
大楼修缮工程

北入口商业广场与紫薇半岛

港谊广场工程

莫斯科中国贸易中心

青浦夏阳百货商场

协和城二期北地块工程

胶州商业中心项目

舟山大港国际广场项目

如东县城新城区商务中心地块

宝地广场景观工程

汇丰商业街

外滩源一期

天津中钢响螺湾新貌

无锡国联金融大厦

中信泰富（扬州）

招商银行卡中心

人明宫街道办事处社区服务中心

五缘湾商务营运中心 D 地块

正大广场排水系统

浦东发展银行上海分行档案信息

中心

慈溪商都（二期）

枫林华府西组团向街商铺

招商银行西安分行新办公大楼金
库工程

温州鹿城广场商业中心项目建筑

丹阳市中心商业街

百联浙江"奥特莱斯"项目

海沧梅赛德斯奔驰 4S 店

上海农村商业银行业务处理中心

无锡"奥特莱斯"项目

交通银行大厦屋顶改造

古北国际财富中心二期

上海期货大厦交易厅电子显示屏
改造工程

世纪大都会 2-3 地块

嘉兴丝绸纺织商贸中心

西堤临时餐饮区

上海证券大厦第二十七层装修改
造

城隍庙区域商业项目

福炼大厦

西安市唐延路地下商场

宁波市商会国贸中心

金汇豪庭二期 E 商铺地下车库基
坑围护

山东省东营市商业银行

上海仙乐斯广场十一层装饰

黄金时代广场项目

人民银行厦门支行办公楼

临港商业广场

华漕时尚生活中心

中金国际广场

中国 2010 年上海世博会 A09 街
坊配套设施

苏州新尚广场一期

时代国际广场建设工程

上海世茂国际广场"骨头王"餐
饮改造工程

教育建筑

北华大学新校区

复旦大学美国研究中心

上海交通大学交大电子信息楼群

上海西外外国语学院

湖南中医学院含浦新校区

上海市南汇区教育局上海南汇中学

上海第二医科大学附属卫生学校

上海应用技术学院基建处上海应
用技术学院

华东师范大学闵行校区第二食堂

上海复旦国际学术交流中心

方正集团苏州制造研发基地

江西经济管理干部学院红角州校区

复旦大学新闻学院干部培训中心

上海协和国际学校

上海海事大学一期

中科院上海应用物理研究所上海
光源

复旦大学经济学院楼

上海海事大学一期图文信息中心

舞蹈学校

上海日本人学校浦东校区

上海市城市建设投资开发有限公
司新江湾幼儿园

上海第二医科南汇校区（二期）

上海松江大学园区共享教育资源
区一期

上海美仕实业有限公司上海美仕
产学研基地

上海港城开发（集团）有限公司
临港新城主城区 WSW-C4-2 地

2000 年代

块幼儿园

中国南车集团戚墅堰机车车辆工艺研究所大型强度试验室

上海港城开发（集团）有限公司临港新城主城区 WSW-C4-2 地块小学

天津西青幼儿园

南京政治学院上海分院南京政治学院信息化综合大楼

上海临港开发（集团）有限公司临港新城 WSW-C4-2 初级中学

上海市第八中学北楼与操场修缮工程

上海包玉刚实验学校金山校区一期工程

乐清市乐成公立寄宿学校高中部

上海市嘉定区通园小学迎园小学教学楼加固工程

上海市外国语大学嘉定外国语实验高级中学加固

上海市闸北区塘沽中学结构加固

上海市闸北区科技学校结构加固

启良中学结构加固

上海市闸北区保德中学加固改造

广西民族大学东盟学院大楼

上海市崇明县教育局崇明县东门小学

崇明县教师进修学院教学楼

福建大学生体育场馆

上海海事大学体育中心

广西师范大学雁山校区体育组团、音乐组团项目

南京政治学院上海分院信息化综合大楼

乐清市乐成公立寄宿学校高中部新校

四川建筑职业技术学院灾后恢复

重建规划和建筑设计

中共厦门市委党校迁建工程

包玉刚实验学校金山校区一期工程

上海海事大学新校区

临港新城主城区 WSW-C4-2 地块初级中学（暂名）建设工程

临港新城主城区 WSW-C4-2 地块小学（暂名）建设工程

山东胶南职业教育中心 / 中共胶南市委党校

上海市第八中学北楼与操场修缮工程

浦东日本人学校二期

临港新城主城区 WSW-C4-2 地块幼儿园（暂名）建设工程

黄埔区音乐幼儿园校舍维修

银川教学培训楼建设工程

中国海洋大学崂山校区文科院系

天津市西青区王稳庄镇中心幼儿园

长宁支路第一小学

江西省新闻出版学校新校区

好小囡幼儿园教学楼维修

烟台农校

上海戏剧学院附属舞蹈学校业务教育楼

温州大学城市学院扩建工程

新江湾城 D2 地块公建配套中小学联体制学校

蒲田一中方案设计

淮安市供销学校地块

广西师范雁山校区

华东师范大学

华师大附属第四中学

上海中学临港分校建设工程

闵行区图书馆青少年活动中心和档案馆

江苏省太仓高级中学新校区

中欧国际工商学院校区扩建

西北工业大学长安校区图书馆

立新小学

广西师范大学

贵阳职业技术学院

交通大学研究生综合楼

江西铜业德兴铜矿大学公寓

松江大学城资源共享区二期

海沧北师大附中

二医大南汇校区二期

陕西恒隆房地产公司陆军学院

医疗建筑

青浦区卫生局青浦中心医院病房北楼

胜利石油管理局中心医院

青岛大学医学院附属医院肿瘤防治中心

中福会国际和平妇幼保健院妇产科综合大楼

华山医院门急诊综合楼

华东医院大门及综合楼

新疆医科大学第一附属医院新病房大楼

上海第二医科大学附属瑞金医院瑞金医院门诊、医技综合大楼

上海市第一人民医院松江分院配套设施

复旦大学附属华山医院（浦东）

华山医院（浦东）综合楼改扩建工程

齐齐哈尔市第一医院门急诊综合大楼

苏州工业园区九龙医院

上海儿童医学中心心脏治疗中心

复旦大学附属儿科医院迁建工程

厦门长庚医院

上海申康投资有限公司华东医院扩建市民门急诊病房大楼

新汶矿业中心医院直线加速器

福建省泉州市第一医院新院

卢湾区卫生局卢湾区医保事务中心

大庆油田总医院住院三部

上海市第六人民医院门诊医技综合楼

大庆市城建项目管理办公室大庆中医院

天津西青医院

山东大学第二医院外科病房楼

湖北省监利县人民医院易地重建项目

上海德达医院

上海市质子重离子医院

上海医科大学附属华山医院 DSA 室改扩建

上海市东方医院改扩建工程

上海市第六人民医院临港新城医院

奉贤卫生局奉贤中心医院迁建工程 2 号病房楼

中国人民解放军第 107 医院病房楼

华东医院门诊楼（西楼）修缮

上海交通大学医学院附属新华医院崇明分院扩建工程

无锡市人民医院二期建设项目

青岛城市建设投资（集团）有限责任公司青岛市妇女儿童医疗保健中心迁建工程

福建省福清市医院

定西市人民医院迁建工程

如东县民政局如东福利中心和残疾人康复中心

项目列表

2000 年代

上海市公共卫生临床中心上海公
共卫生中心应急防控项目
第二军医大学东方肝胆外科医院
第二军医大学第三附属医院安亭
院区工程
湖南中医药大学第一附属医院中
医临床科研大楼
中国人民解放军第九七医院外科病
房楼
上海市普陀区妇婴保健院迁建
工程
上海市儿童医院普陀新院
天津空港国际医院
静安区卫生局曹家渡社区卫生服
务中心
河南濮阳幼妇保健院河南濮阳幼
妇保健院
乌兹别克斯坦共和国国家安全局
乌兹别克斯坦外科治疗中心
无锡市人民医院二期
哈尔滨医科大学附属第二医院新
建综合病房楼、新建干部病房楼
和实验动物综合科
第六人民医院门诊医技干保综合
楼及地下车库
上海市第六人民医院临港新城医院
厦门长庚医院
大庆油田总医院集团油田总医院
住院三部
上海市静安老年健康中心
复旦大学附属华山医院（宝山）
新建项目
东方医院改扩建
泉州市第一医院新院
山东省莱州市人民医院新院
上海交通大学医学院附属新华医

院崇明分院扩建
上海德达医院
盛泽医院
定西市人民医院迁建一期工程
大庆中医院易地新建
天津空港国际医院项目
援乌兹别克斯坦外科医疗中心项目
天津西青医院
山东大学第二医院外科病房楼
嘉定区南翔医院
湖北省监利县人民医院异地重建
项目
福建省福清市医院
青岛市妇女儿童医疗保健中心迁
建项目
扬州友好医院建设工程设计合同
奉贤中心医院急诊科技楼
无锡市医疗中心
华东医院门诊大楼（西楼）修
缮工程
华东医院地下停车库
东方医院改扩建项目基坑围护
中国人民解放军第 107 医院病房楼
江苏省如东县人民医院门急诊楼
河南省濮阳市妇幼保健医院扩建
上海市公共卫生临床中心市区门
诊部大修工程
曹家渡社区卫生服务中心工程
台州医院
东方医院改扩建
上海瑞金宾馆新楼接待大楼及贵
宾楼工程
百汇成都医疗诊所
定西市人民医院住院部大楼灾后
恢复重建项目
华山医院病房楼综合楼术中核磁

改造工程
曲阳医院改扩建续建
青岛阜外医院心脏大楼
第六人民医院急诊大楼干部病房
大楼
石狮医院
山东省淄博市中心医院
山东省立医院
上海市公共卫生中心 120 洗消用房
复旦大学附属华山医院中药房、
急诊及地下室装修工程、门诊地
下室改建
都江堰市柳街镇公立卫生院迁建
项目
北大国际医院方案
无锡市中医医院项目
铜陵市人民医院
上海市儿童医院
都江堰市幸福社区卫生服务中心
迁建
华山医院放射科 DSA 室改扩建
都江堰市中兴镇公立卫生院重建
第六人民医院门急诊大楼干部病
房大楼
青浦心血管医院
编制新建大港油田总医院项目
复旦大学附属金山医院新院
上海长海医院
青岛市妇女儿童医疗保健中心
复旦大学附属华山医院病理科
北大国际医院
瑞金医院病房楼
福建省立医院心血管病房综合楼
解放军 174 医院
天津大港油田总医院
公共卫生中心二期

黄浦区医疗中心
鄞州第二医院二期
上海八五医院
新汶矿业集团有限责任公司中心
医院直线加速器项目
都江堰市石羊镇公立卫生院徐渡
分院重建项目
都江堰市大观镇公立卫生院两河
分院重建项目
仪电疗养院
华东医院
金山医院
宁波市第一医院东部院区
青岛市中心医院改扩建工程
中国人民解放军第 211 医院
上海南汇区医疗卫生中心
大港油田总医院迁建工程
福建医科大学附属第三医院
关于德兴铜矿红洲门诊楼
天津市武清区人民医院
昆明第一医院
新华医院科技楼
卢湾区精神卫生中心建国东路心
理咨询中心
上海交通大学医学院附属仁济医院
上海市闸北区市北医院
上海长征医院医教综合大楼

交通建筑

上海宝绿置业有限公司轨道交通
"佘山站 1 号地块"工程
沿海铁路浙江有限公司甬台温铁
路温州站站房及站台雨棚及站房
地下建筑（地方配套）项目
上海嘉亭荟房地产发展有限公司
轨道交通 11 号线安亭路地铁

2000 年代

济南西区建设投资有限公司济南西客站市政配套工程项目 (南北综合体部分)

湖北城际铁路有限责任公司新建武汉至孝感城际铁路后湖站、金银潭站等四站

甬台温铁路温州站站房及站台雨棚和站房地下建筑 (温州火车站)

上海国际航运服务中心项目

轨道交通 11 号线墨玉路站点地块

东航基地 (西区) 配套项目扩建工程 - 生产保障用房及车库等辅助设施

苍南火车站前区 B-06,B-07 地块汇山码头综合项目

东航基地 (西区) 配套项目扩建工程 - 特种车辆维修厂 (临时食品配送楼)

威海市国际邮轮码头

上海轨道交通 11 号线马陆站综合开发项目

威海市火车站站前地下空间

新建福厦铁路厦门西站项目

新建福厦铁路福州南站

宁德莆田站

泉州站

上海国际客运中心客运综合大楼

五家渠市客运站

深圳地铁 2 号线

轨道 7 号线新华南里地块综合开发项目

长宁区虹桥综合交通枢纽动迁基地南块

工业建筑

上海华星集装箱货运有限公司集

装箱理货库

上海大方药业股份有限公司方大药业生产基地

上海量具刃具厂上海飞环水平仪厂

上海卓多姿中信化妆品有限公司扩建厂房

汉阳光电（上海）有限公司新建工厂

上海市外高桥保税区新发展有限公司外高桥 42、43 号仓库

上海市外高桥保税区新发展有限公司外高桥新发展 45 号厂房

伟创力电子科技有限公司伟创力马陆一期厂房

上海印钞厂厂房易地迁建

江苏东航食品有限公司综合食品楼

中钞油墨有限公司中钞油墨有限公司生产基地

东航食品公司 1 号、2 号、3 号楼改建工程

上海经贸国际货运有限公司浦东机场仓储货运仓库

上海开能环保设备有限公司一期综合厂房

达能食品 (苏州) 有限公司一期厂房及附属用房

昆山钞票纸厂昆山钞票纸厂厂区改造项目

中国南车集团戚墅堰生产基地 / 轨道交通关键零部件生产基地

上海建筑材料（集团）总公司宜山路 407 号厂房改造

北京网联直流工程技术有限公司向家坝 - 上海 ±800kV 直流输电工程阀厅土建设计

上海浦东燃料有限责任公司上海

百联油库建设项目

上海新华传媒交流中心有限公司沪太路 785 号仓储用房改扩建项目

上海漕河泾开发区经济技术发展有限公司漕河泾开发区浦江高科技园 A1 地块工业厂房（一期）

上海金桥出口加工区南区开发建设有限公司金桥出口加工区南区产业配套区项目

雅泰实业集团有限公司雅泰技术中心大楼及生产车间

东方航空股份有限公司东航基地（西区）扩建项目——特种车辆维修厂（临时食品配送楼）

东方航空股份有限公司东航基地（西区）扩建项目——生产保障用房及车库等辅助设施

上海福伊特水电设备有限公司上海福伊特水电设备厂房扩建东航基地

华为成都软件工厂项目

通信产业园（华三）标准厂房工程（杭州高新区网络与通信设备基地）

向家坝－上海 ±800kV 直流输电工程

金桥出口加工区南区产业配套区项目

高陵石油产业园办公楼项目

宜山路 407 号厂房改扩建

雅泰实业集团技术中心大楼及生产车间

上海美住产学研基地

长庆西安天呈石油技术开发维修改造工程

中房三林城金谊河畔三期工程

百联油库项目

上海福伊特西门子水电设备厂房扩建

阿联酋中国工业园区项目

华为南方工厂一期项目

6909 工厂新厂区

神舟新能源公司新建厂房辅助用房

体育建筑

西藏日喀则体育场

温州国际网球中心

越南河内国家中央体育场

山东济宁体育场

卢湾体育场整体改造

上海国际赛车场

宁波经济技术开发区体育馆

上海财经大学体育馆

上海交通大学体育馆

昆山市体育中心体育馆

昆山体育中心体育场

上海市新江湾体育中心

上海海事大学体育中心

牙买加板球场

金山体育场

沈阳奥林匹克体育中心体育场

福建大学生体育场馆

越南广宁体育场

上海体育场大修改造工程

山东淄博体育中心

大庆体育中心

克拉玛依市体育馆

沈阳奥林匹克体育中心游泳馆及网球中心

潍坊学院体育馆、体育场

昆山市市民广场游泳馆

东方体育中心

项目列表

2000 年代

宁波海关文体训练设施

上海体育馆上海游泳馆功能性改建地下新建

文昌市汪洋新农村建设试验区（二期）——排球馆

静安体育中心游泳馆

潍坊市体育中心体育场、体育馆

沈阳奥林匹克体育中心（暂定名）体育场工程

沈阳奥林匹克体育中心游泳馆与网球中心

沈阳奥林匹克体育中心综合体育馆工程

大庆体育馆

无锡市体育中心北侧地块工程（XDG-2006-67 地块）

上海东方体育中心(水上竞技中心)

克拉玛依市体育馆

山东淄博体育场

上海游泳馆功能性改建

越南广宁省体育中心体育场

昆山市市民广场游泳馆改建

上海体育场大修改造工程

德州市体育馆项目

克拉玛依市文化体育中心

潍坊市体育中心

绍兴县体育中心

广州新城亚运体育馆区和媒体公共区建筑设计国际竞赛

广西体育中心

宣城市体育局

山西体育中心

乐清市体育中心

淄博市体育中心

广西体育中心二期

上海国际赛车场配套区综合服务区

绍兴市体育中心

南昌市体育中心

金华市体育中心

上海游泳馆

广州南沙体育馆

浦东华夏路体育休闲中心

自贡市体育中心

克拉玛依市体育馆

黄浦区工人体育馆

上海体育场 1 号地块建设项目

北仑体育公园规划及体育训练基地

川沙体育场征地改扩建工程

酒店建筑

浙江开元旅业集团有限公司萧山宾馆改建

新港湾大酒店

上海金罗店置业开发有限公司罗店新镇北欧风情街、国际会议中心、美兰湖高尔夫会所、高尔夫宾馆、电信楼

金茂三亚度假大酒店（一期）

苏州金鸡湖大酒店

上海七星房地产开发有限公司唐朝大酒店

宁波远望华厦置业发展有限公司宁波丽晶酒店

优胜美地咨询有限公司优胜美地酒店

宁波高科技园区酒店及商务中心

两淮建设公司两淮国际大酒店

东湖集团兴国宾馆

厦门花园国际大酒店

上海明悦酒店

上海东锦江大酒店有限公司东锦江大酒店二期

上海蓝溪房地产开发有限公司上海徐泾国际大酒店及竞衡广场

上海铁路轨道交通开发有限公司龙门宾馆改扩建工程

金茂（三亚）旅业有限公司金茂三亚丽思卡尔顿酒店

绍兴乔波冰雪世界体育发展有限公司乔波滑雪馆及酒店项目

上海夏阳湖投资管理有限公司青浦夏阳湖酒店

昆山城投公司昆山阳澄湖大酒店

上海锦江汤臣大酒店有限公司2F3F 宴会厅装修

西北有色地质勘察局七一七总队宝鸡市华夏五星大酒店

上海西郊庄园房地产开发有限公司西郊庄园大酒店

上海临港新城皇冠酒店

三亚小洲岛国际游艇俱乐部有限公司海南三亚小洲岛度假酒店

上海锦江汤臣大酒店有限公司上海锦江汤臣大酒店 6~18 层装修

三亚林海房地产开发有限公司三亚海居度假大酒店

上海浦东大酒店改造工程

雅居乐地产置业有限公司雅居乐清水湾 JW 万豪酒店

保利铜山置业发展有限公司徐州铜山 56 号地块迎宾馆项目

海南三亚小洲岛度假酒店

青岛海景（国际）大酒店

临港新城皇冠假日酒店工程

义乌凯悦酒店

二十一世纪大厦

天津锦绣香江休闲酒店

三亚林海度假酒店工程

金茂三亚丽嘉大酒店（丽斯卡尔顿）

上海和平饭店北楼修缮及环境整治工程

西郊庄园四期大酒店商务综合楼及景观工程

浦东大酒店改造

海南省万宁市神州半岛第一湾东侧酒店一期工程

海南省万宁市神州半岛第一湾西侧酒店、商业街一期工程

福建龙岩德兴大酒店

丹阳市政府片区（酒店）

宝鸡市华夏五星大酒店

绍兴滑雪馆及酒店

青浦夏阳湖酒店工程

昆山阳澄湖酒店

龙门宾馆大修改造项目（A\B\C\D）

乌兰察布国际酒店

冠龙酒店

钱龙大厦（暂定名）

海南省万宁市神州半岛第四湾度假酒店工程设计

上海锦江青年会宾馆修缮改造工程

厦门北海湾渡假酒店

上海和平饭店北楼修缮及环境整治工程项目

义乌凯悦酒店

捷克住宅小区"酒店式公寓"

宁波卓耀酒店项目

锦江汤臣洲际大酒店部分装修

南非 AP 酒店和办公项目

上海锦江青年会宾馆修缮改造工程

山东青都步行街及国际酒店

苏州太湖阳光酒店项目

2000 年代

刚果（金）加丹加省卢本巴希市
酒店项目

锦江饭店有限公司锅炉房改造项目

上海锦江汤臣大酒店 15-18 层装
修工程

金元集团金阳办公大楼五星级酒店

圣青荷莲大酒店项目

北京泰山饭店

徐汇区美奂酒店

泰兴市金龙大酒店改扩建项目

世贸绥汾河假日酒店

苏州工业园区 2 号地块项目

杏林湾酒店

宝鸡高新区五星级酒店

长宁贵都酒店式公寓

宁波皇冠假日酒店

平湖汉爵大酒店

长宁贵都酒店式公寓内部装饰工程
和平饭店辅楼

余姚富达酒店及其配套用房项目

文化建筑

上海浦东新区交通建设发展有限
公司浦东新区少年宫、图书馆

上海仁恒房地产有限公司仁恒滨
江园住户俱乐部改建

荣成市人民政府荣成博物馆

上海博物馆文物保护基地

上海野生动物园

中国福利会少年宫大理石大厦大
修工程

市政协文化俱乐部改扩建

上海市青少年素质教育基地

宝山区教育局陶行知纪念馆

绍兴市城建投资发展有限公司绍
兴大剧院

虹桥镇文化管理站虹桥多功能文
化中心

上海市虹口区建委文体中心

四川省广安市邓小平故居保护区

对外贸易经济合作部援苏丹共和
国新国际会议厅

上海亚洲房地产发展有限公司彭
浦体育中心二期工程

上海文化广播影视集团上海音乐
厅整体迁移

上海旗忠森林体育城有限公司旗
忠森林体育城网球中心

萧山区文体局萧山博物馆

上海城投总公司新江湾城指挥部
新江湾城文化中心

中国航海博物馆

七宝文化中心

上海辰山植物园四期

琴台文化艺术中心建筑泛光照明

山西省政府工程建设事务管理局
山西省图书馆

沈阳五里河建设发展有限公司沈
阳文化艺术中心

建工集团顾村公园民间艺术中心

长江河口科技馆

上海宝山绿色生态置业有限公司
顾村公园异国风情展示区

菏泽市规划局菏泽市图书馆

无锡大剧院

乌镇旅游开发有限公司乌镇大剧院

辽宁省科技馆

杨浦电影院加建冷气机房

沈阳文化艺术中心

无锡大剧院

长风主题公园商业娱乐中心

无锡科教园区 K-Park 服务中心

大厦

山西省图书馆

太仓市南郊新城中央湖公园景观
设计

上海静安雕塑公园

菏泽市图书馆

上海静安雕塑公园（二期）工程

中国 2010 年上海世博会餐饮中心

合肥外商俱乐部二期新建工程

淮安市妇女儿童活动中心

宝山区国际民间艺术中心

上海华宁职业有限公司宣化路
300 号工程（洛克双喜）

黄浦区青少年活动中心装修工程

琴台文化艺术中心一期工程

隆山公园拆迁安置 2 号西地块项目

园博温泉浴场主体工程

上海浦东新区唐镇新市镇民文化
体育休闲中心

上海辰山植物园项目

上海奥林匹克俱乐部装饰工程

浙江省杭州市萧山区档案馆

佛心寺一期

园博温泉浴场绿化景观工程

新江湾城文化中心

山西省大剧院

赣州自然博物馆

关于中福文化广场

宝山国际邮轮码头综合管理大楼

上海国际赛车场配套设施

中南大学新校区图书馆及综合教
学楼

郑东新区文化广场项目

上海科技馆二期展项工程

晋江市文化馆及室外广场、戏剧
中心

济宁市全民健身广场

云南省科技馆新馆

上海交响乐团

咸阳关中温泉有限公司工程

彭浦街道社区中心 - 老年活动区

珠海市文化馆

闵行区警示教育展示厅

绍兴县轻纺城大剧院

沪太路 785 号储书库改造项目

江苏省美术馆新馆

会展建筑

上海华星物资（集团）有限公司
一汽——大众汽车展示厅

上海新国际博览中心

中国浙江省余姚市贸易局中国塑
料城国际会展中心

上海新国际博览中心公司扩建 8、
9 号馆工程

上海绿地集团西安置业有限公司
西安绿地笔克国际会展中心

厦门建发房地产集团 厦门嘉诚
投资发展有限公司厦门海峡交流
中心国际会议中心

鄂尔多斯会展中心

甘肃省电力投资集团公司甘肃会
展中心建筑群项目

世博局世博中国馆

上海世博土地控股有限公司上海
世博会浦东临时场馆及配套设施

上海世博会中国人保企业馆

上海世博会事务协调局中国 2010
年上海世博会租赁馆、联合馆装
修布展工程设计复核咨询

中国人民财产保险股份有限公司
2010 年上海世博会中国人保企

项目列表

2000 年代

业馆装饰工程

牙买加蒙特高湾会展中心

甘肃国际会展中心

鄂尔多斯会展中心及酒店

长江河口科技馆

无锡市博物馆、革命陈列馆、科技

馆三馆合建技术服务

异国风情展示区

洋山深水港展示中心

世博村各地块、世博轴及地下综合

体、样板组团项目

宏力学校大会堂

上海科技馆二期展项

第六届中国国际园林花卉博览会大门

大连达沃斯国际会议中心

淮安会展中心

中国 2010 年上海世博会中国人保

企业馆

中国 2010 年上海世博会租赁馆\联

合馆装修布展工程

无锡会展中心

延安西路 549 号会所

上海世博会浦东临时场馆及配套设

施项目

郑州会展宾馆

上海新国际博览中心六期

上海世博会能源馆

中国甲午战争博物馆陈列新馆

郑东新区会展宾馆

中国美术馆

徐州市科技馆

厦门会展北片区监管大楼

世博会中部系列展馆

规划城市设计

江苏省启东经济开发区滨海工业

园区 801 地块总体规划及建筑设计

太仓南郊新城城市设计规划方案

宁波丈亭镇别墅区规划设计

毛里求斯天利经济贸易合作区控

制性详细规划

烟台市规划设计

宁夏吴忠市概念规划

新疆石河子经济开发区 52 号、

58 号、59 号地块项目规划设计

江苏省丹阳市 " 阿波罗 " 太阳城

控制性详细规划

威海市牟平区控制性详细规划方案

海南省海博园南区修建性详细规划

沈阳四季休闲度假生态园

上海市十六铺地区 8-1 号地块

中鲁现代物流园区规划设计

天津滨海官港湖国际社区概念规

划设计

鄂尔多斯市东胜康巴什新区经二

路西侧居住用地修建性详细规划

设计

池州市大九华国际养生产业园区

上海崇明陈家镇滨江生态休闲运

动居住区 3 号地块

滨海高尔夫酒店详细规划方案

东营市新区行政中心北侧商贸地

块城市设计

上海中金周康地块总体概念性规

划及控制性详细规划

重庆市涪陵中心医院项目规划方

案设计协议

龙坞家园修建性详规

黑龙江省黑河市创意小区概念

规划

威海港客运中心修建性规划编制

服务协议

九龙大市场概念规划方案

宁波体育中心南侧地块概念规划

方案设计协议

上海市黄浦区 163＃街坊地块规

划方案概念设计委托协议

慈溪市景观大道综合改造工程项

目概念设计

上海浦江森林半岛控制性详细规

划设计

定西市人民医院（扩建）项目修

建性详细规划和设计

盐城市城南新区西南片区核心区

规划设计

新泰市华夏鼎元城市广场规划设计

威海云顶国际商贸城规划设计

三林老街地区、龙华旅游城概念

规划

湖南长沙新河三角洲规划设计

北外滩汇山地块修建性详细规划

设计

上海东亚体育文化中心修建性详

规技术咨询与规划设计

乌鲁木齐天山明珠生态园概念规划

汇福国际抗衰老中心概念性规划

方案设计

上海市浦东新区企业家园采用

JD 模式概念规划设计

延安市黄蒿洼片区概念性规划

渔人码头项目详细规划及建筑单

体概念方案设计

江苏扬中市翠湖园小区

天津市西青经济开发区大寺镇地块

概念规划方案设计

泉州德诚医院项目修建性详细规

划和概念性规划

凤城九路文景路十字地段规划设计

无锡市太湖科技中心控制性详细

规划方案

启东经济开发区滨海工业园 801

地块修建性详细规划

保利家园项目规划设计

成都核动力开发基地规划概念设计

淄博中国科技陶瓷城住宅区项目

前期设计

定西市人民医院（扩建）项目修

建性详细规划

江苏吴江汾湖经济开发区三白

荡、洋沙荡湖区岸线灯光规划

设计

宜山路北地块、东方路地块概念

规划设计委托设计

中国核动力院成都新基地总体规

划方案设计

定西市人民医院（扩建）项目修

建性详细规划和设计

洛克外滩源项目规划设计

上海市南汇区航头镇交通网络中

心控制性详细规划

中国商品（荷兰）分拨中心项目

规划概念方案设计

银川产能建设配套工程二

金山化工园区办公区概念规划方案

安徽明光市浙玉花园规划方案

南京造币厂厂前区规划新增综合

办公楼项目规划方案设计

金乌集团义乌酒店项目概念性规

划设计

中国长江三峡水利枢纽工程管理

区保护与利用规划

河南南阳龙成社区规划方案

苏州相城项目前期规划方案设计

新江湾城 C 区地块调整规划方案

2000 年代

徐州珠山以东地块项目概念规划咨询

威海翠海明珠修建性详细规划东新新城方案

山西潞安能化集团总部项目总体规划方案设计

淀山湖中央广场概念性规划方案设计

义乌市国际商贸城医院规划方案设计

河南省许昌市职工活动中心项目概念规划方案设计

海门商业综合楼规划方案

上海南汇区周浦明天华城一、二街坊发展项目（暂名命）

晋江市市区灯光规划工程方案设计

丹阳市民政局规划设计方案

太仓市中医院扩建门急诊病房大楼及辅助设施项目规划建筑方案

其他建筑

上海信息投资股份有限公司上海超级计算中心

上海航空股份有限公司上航食堂扩建

中虹（集团）有限公司东余杭路221 号地块改造

上海杨浦科技投资发展有限公司四平科技公园二期配套用房

上海同盛投资集团房地产有限公司上海深水港（一期）武警营房及相关设施项目

上海市公安局闵行分局闵行区看守所（拘留所）迁建工程

上海警备区 9156 工程项目

上海市公安局徐汇分局徐汇区看

守所（含治安拘留所）

上海浦东滨江开发建设投资有限公司 E18 地块滨江绿地及公共环境工程

中国人民解放军 61669 部队管理处 4231 工程

2010 年代

酒店建筑

B06 地块世博酒店

三亚海棠湾亚特兰帝斯酒店

金山湖旅游商业配套设施工程一泉宾馆

张家口崇礼苑旅游度假区山地媒体中心（MMC）南区项目

天目湖悦榕 / 悦椿度假酒店项目

海航文昌迎宾馆项目

西安悦椿国宾温泉酒店

宁波象山希尔顿度假酒店

三亚崖州湾嘉悦海岸中心

新疆君豪中心

灏璟国际天地

汉中市竹园华府五星级大酒店

康桥绿洲康城一期项目（新建康城宾馆、公寓式酒店及商业配套）

（原名 - 浦东振龙大酒店综合体）

海花岛 1 号岛 C 区欧式城堡度假酒店

郑州海昌海洋公园项目

泉州新太子酒店会展项目工程

洋沙湖国际旅游度假区度假酒店项目

湖南娄底市仙女寨悠活五星级度假酒店

海口灯塔酒店之西区项目

沈阳富洋温泉项目

上海龙域天地项目

余姚富达饭店扩建工程

沈抚新城项目（A 地块）

三亚凯悦酒店（含公寓）

嘉兴世茂新里程 B1 地块酒店建筑

四川宜宾李庄荷花池酒店

海南省海口市海南迎宾馆二期

厦门宝嘉集团酒店项目

海南泰姬皇宫大酒店

韩城兴隆大厦五星级酒店

保辉锦江国际大酒店

上海由由东岛广场

亳州华邑酒店

临沂铂尔曼酒店

徐州云龙湖酒店

希尔顿度假酒店

长沙梅溪湖艾美度假酒店项目

徐州铜山 56 号地块

朔州福朋喜来登酒店

文瀛大酒店

苏州翠湖湾酒店

JW 万豪度假酒店

滁州君家酒店新建二期项目

海南琼珠海岸生态度假村二期暨全国政协海南会务中心

亿利资源七星湖酒店

张家口崇礼密苑旅游度假区酒店项目

宝达金陵国际大酒店 (宝达金陵大酒店)

无锡苏韵阁国际大酒店

开封建业铂尔曼酒店

名人酒店改造

亿隆海棠湾酒店

金华龙头殿国际旅游度假区大坪基度假酒店

安吉悠隐南山 WEI 酒店项目

同安大唐酒店

山东三圣喜来登酒店

复星丽江玉龙项目

皖北煤电恒馨地产五星级大酒店工程

东莞君澜酒店有限公司、杭州君玺酒店有限公司、杭州君豪投资

项目列表

2010 年代

管理有限公司智能化设计

江苏新楚雄光电科技产业园

昆山温德姆酒店

博鳌热带海洋精品度假酒店

海宏国际大酒店

红星乐园项目

安徽徐氏国际大酒店

清远市艺术中心项目

山东三圣喜来登酒店

博山泰和五星级度假酒店

厦门北海湾度假酒店二期

塘下星级宾馆

马站生态大酒店

苏州西京湾水宿项目

安徽昆山湖国际旅游度假村

三亚迈迪创建有限公司三亚项目

海鸥饭店入口平台改造项目

虹桥迎宾楼接待附楼改建

上海和平饭店北楼修缮及环境
整治

海口司马坡岛配套项目

徐州市 J3-1J4-1 地块

三峡公务接街区三峡大酒店改造
方案项目

三山岛宾馆项目

和平饭店局部修缮装饰设计

摩洛哥皇家度假村项目

太子城冰雪小镇大师工作室

上海和平饭店北楼夹层西区二次
精装修项目

中冶-新奥蓝城

上海佳兆城广可域酒店项目锅炉
系统及配套设施

上海和平饭店北楼一层出租区域
修缮装饰项目

大理实力希尔顿酒店蒸汽管道工程

上海嘉福悦（山东）国际大酒店
项目

盐官古城风情街延伸四期

虹桥虹迎宾馆公寓楼

上海和平饭店局部修缮装饰设计
咨询协议（kAris 旗舰店）

上海和平饭店局部修缮装饰设计
咨询协议（悦仙茶栈）

平乐昭州大饭店（二期）工程规划

教育建筑

海军潜艇学院迁建工程

晋江市少年体育学校

上海科技大学配套附属学校新建工程

长沙卫生职业学院湘江新区新校区
项目

上海交通大学新建闵行校区转化医
学大楼

张家界市第一中学新校区建设项目

湖南艺术职业学院搬迁扩建

福建省惠安亮亮中学

淮安中加枫华国际学校项目

唐镇新市镇 C 03D 01 地块配套小
学新建工程

唐镇新市镇 C-03D-01 地块配套初
中新建工程

中共张家界市委党校原址新建项目

泽普县文化教育中心项目

上海中医药大学中医药科技创新楼

新建崇明东滩思南路幼儿园

厦门外国语学校海仓附属学校改扩
建工程

青浦新城 站大型居住社区秀源路
初中

漳州一中龙文分校（碧湖中学）、
碧湖小学、碧湖幼儿园

广西民族大学西校区东盟学院大楼

天津市津南区咸水沽第三中学扩建
及津南区第四小学新建

镇江市高校园区共享区图书馆

崂山校区法政经济管理学院楼

天津八里台中学

厚博学院迁建一期

中新天津生态城中福、中加地块第
二幼儿园项目设计

上海市上海中学新建教学楼工程项目

诺华上海校园一期工程

青浦新城一站大型居住社区秀源路
幼儿园

福建省惠安县惠西新城亮亮中学周
边片区

无锡南长滨河新城小学

宝山区基督教三自爱国运动委员会

锦州市松山区菁华学校项目

新建建湖县委党校

华东理工大学徐汇校区团结 1-4
楼修缮工程

华东理工大学徐汇校区第七教室
修缮工程

厦门外国语学校海沧学校改扩建
工程

商城县第二高中地块项目

漳州一中龙文分校（碧湖中学）、
碧湖小学、碧湖幼儿园等项目

上海浦东科园生物医药与生物
技术创新综合研究中心

海军潜艇学院出让地块

上海日本人学校浦东校区三期

上海市嘉定区启良中学校舍

海科路 100 号 10 号楼一层二层
食堂装修及室外景观绿化工程

上海市外国语大学嘉定外国语实

验高级中学

华东理工大学徐汇校区学生 17
舍修缮工程

福州地区大学新校区城市综合体

天津市实验中学

上海市闸北区保德中学加固改造

上海中医药大学国际教育与教学
实训综合楼项目

援阿富汗国家职业技术学院项目

上海日本人学校（浦东）装修项目

华东理工大学徐汇校区大学生活
动中心修缮工程

上海溏沽学校校舍加固改造

双鸭山市高级中学

福建大学生体育中心商业中心综
合体

华东理工大学徐汇校区团结 7 楼装
修设计

华东理工大学徐汇校区团结 1-4、
7 楼配套景观设计

迎园小学教学楼加固

上海市闸北区科技小学校舍加固
改造

上海外国语大学附属外国语学校
改扩建项目

第一实验小学校园零星修缮

上海外国语大学西外国语学校体
育馆钢结构咨询项目

文博小学校舍加固工程

利比亚 TOBRUQ 大学

曹光彪小学底层退商还教局部装
修设计

中河小学校舍加固

办公建筑

上海国际航空服务中心

2010 年代

华鑫天地金桥研发产业园项目

硬 X 射线自由电子激光装置工程

中国联通移动互联网产业南方运营基地

银华国际金融大厦

华能上海大厦项目、上海世博会地区 B02、B03 地块地下空间项目

宝钢总部基地项目

上海 SK 大厦

卢湾区 65 号地块南区发展项目

苏州国际影视娱乐城

宁波东部新城 A2-22 号地块（中国银行）

越南 Alpha3 项目（289 地块办公楼）

金井湾商务营运中心 4 号、5 号、7 号楼

雷山县旅游服务中心及客运中心项目

福晟 - 钱隆广场

黑龙江省农业科技大厦（国际农业科技创新中心）

上海农村商业银行业务处理中心

长庆阳光大厦

厦门国际中心

上海国际财富中心

远东宏信广场

兰州文化大厦项目

南昌市人力资源和社会保障公共服务中心

乌鲁木齐宁德商会总部基地

上海世博会地区 B02、B03 地块

上海飞机设计研究院科技创新楼建设项目

援苏丹友谊厅维修项目

南昌市人力资源和社会保障公共服务中心项目

青岛市市南区绿城审计局项目

上海检测中心二期项目

前滩 29-03 地块

中国黄金大厦、上海世博会地区 B00、B03 地块地下空间

上海华信中心项目

低渗透油气田勘探开发国家工程试验室科研办公用房

上钢社区综合服务中心

张江集电港四期西块

上海世博会城市最佳实践区（E06-04A 地块）

海通大厦

博雅大厦

泉州地区电力调度大楼

徐汇滨江游族大厦

常德市民之家

英良·印象五号石材产业综合体项目

合肥滨湖区 BHB-02-01 地块

中新天津生态城公安大楼

厦门海峡国际时尚创意中心项目

海南高级公寓式写字楼

厦门银行泉州分行大厦

中国建材项目

十钢新华路街道 H1-18 地块

中信大厦、中信泰富大厦项目

长春高新区核心区 B-3 地块

福建福州农村商业银行股份有限公司办公大楼

上海软 X 射线自由电子激光用户装置项目

长春高新区核心区 A 地块酒店项目

徐汇区南宁路 969 号、999 号装修工程

A03C-02 地块项目

市仙逸园管理所迁建项目

中外运长航上海世博办公楼 \ 上海世博会地区 B02、B03 地块地下空间工程

苏州协鑫工业应用研究院

运城市民服务中心地下建筑项目

上海市政设计集团办公楼改扩建

上海市长宁区临空 11-3 地块 9 号楼

中科院宁波材料所二期工程

WS5 单元 188S-J-2 项目

昭山 76 亩地国际交流中心与办公楼项目

现代农业科学实验园区科研楼及专家楼（灵石）

中国电信海峡通信枢纽中心一期

宁波东部新城超高层建筑 C3-4 号地块项目

上汽大众汽车有限公司产业技术中心

上海航空器适航审定中心

上海国际汽车城研发科技港三期项目

杨浦区 2A、3C 地块

杭政储出 [2013]46 号地块商业商务用房

洛江区行政管理服务中心

龙泉科技大厦

雄安新区乾通瑞源雄安印象

上海超强超短激光实验装置

义乌三鼎总部大楼项目

外高桥保税区 F2-03 地块综合服务楼

黑龙江黑河市华泰大厦

上海天文馆（上海科技馆分馆）

周家嘴路 1106 号改建项目

招商局上海中心 (世博 B03C-03 地块)

华通金融大厦

总部经济和孵化基地检测中心装修工程

内蒙古民航机场集团新建综合信息服务保障中心

新南天·古汉国际广场

上海市边防总队综合指挥中心新建工程

山西中鲁现代物流城信息中心大楼

华鑫剑腾科技园一期新建项目

上海公安局指挥中心业务大楼

上海光源线站工程项目

联想上海研发中心扩建项目

上海百迈博制药有限公司研发中心综合大楼建设项目

巴楚县市民之家项目

东方明珠凯旋路数字电视发射研发中心项目

大丰港保税物流中心

海门复旦科技园

中化集团世博 B03C-02 地块商办楼项目

世博 D 地块项目改造项目

贵阳通信综合楼项目（一期）

湖南城陵矶临港产业新区科技服务大楼

X 射线自由电子激光试验装置项目

浦东新区文献中心室内装修

X 装置基础设施建设项目

南通综艺大厦

金豫阁商办楼

卓达山东集团香水海办公中心工程

项目列表

2010 年代

嘉定区农产品（食品药品）检验检测中心新建工程

运河遗韵

国电西北分公司总部及调度中心大楼

十钢新华地块项目

东航股份公司西区航食楼数据中心机房项目

安特大厦

新余市市民服务中心

大连极紫外相关光源实验室项目

兰州综合保税区卡口及办公楼项目

中国（上海）网络视听产业基地 B 区

富春通信厦门研究中心

海门复旦科技园 B2、B10、B11、B12 地块总部科研楼

二钢产业园 31 号楼改造及欧冶谷装饰工程

招商局广场改造项目

上海国际汽车城汽车研发科技港

西安市经济技术开发区服务外包产业园一期凯瑞 B 座

富阳市富春街道迎宾馆路商业办公项目

上海红双喜股份有限公司松江园区翻建项目

兰州综合保税区卡口及办公楼项目

徐汇区枫林街道 125a-23A 地块商办项目

上海国际贸易中心有限公司装修工程

方厅社区管理中心

华亭国际商务中心

苏州银行信息技术服务

世博发展集团大厦

西安服务外包产业园创新空间 1 号、2 号、3 号楼

西宁邮件处理中心工程

西安服务外包产业园区

宁波市东部新城 C1-5、C1-6、C1-7 地块工程

仙乐斯广场改造项目

上海漕泾现代服务集聚区二期（二）工程

徐汇区黄浦江南延伸段 WS5 单元 188S-H-2 地块发展项目

浦东国际人才港装修项目

1029 工程

211 工程

分宜县城投商务中心

南通江海大厦

西安油气科研办公基地

柒牌国际运营总部

上海船厂（浦东）区域 2E7-1 地块项目

马陆新天地工程

浦东新区新希望产业园区项目

无锡太湖新城文化广场

建行大厦装修改造工程

城投碧湖城市广场

宁波环球航运广场（国航二期）

包头市黄河湿地监测中心

北苏州路 1040 号文安路 29 号修缮

二十一世纪中心大厦

内蒙古飞行学院扎兰屯机场综合楼

山东鲁缆南厂项目规划、景观方案及施工图设计项目

长庆泾渭大厦 4 号办公楼

上海华能研发、设计、结算综合楼改扩建工程

上海松江漕河泾科技绿洲二期项目

安溪荣德大厦

阿里巴巴西溪四期项目结构顾问咨询服务

西太湖滨湖城建设投资有限公司商办综合楼

中泰桥梁技术中心研发楼

余姚四明国际机器人会议中心

由度工坊二期项目

盐城市串场河东街道级社区工程设计服务项目

上海市长宁区党校建筑装饰及环境设计

南通醋酸纤维有限公司生产辅助用房

中国人民解放军 73685 部队 605 工程

上海市虹口区北外滩项目《89 街坊建筑方案》

长庆泾渭大厦 5 号办公楼及裙楼

上海市静安区文化馆改建工程

前滩国际商务区

昆明东部生态城

北京东路 2 号房屋局部改造

上海龙湖虹桥商务区核心区 05 号地块

中国石油装备国际交流中心

甘肃省烟草公司卷烟物流和科研中心项目

中银大厦

上海财税大楼空气生态升级定制改造

中闵崇明天光项目

二角集团南海新区产业园生活配套项目

夏商大厦

浦东新区文献中心电梯扩建项目

盐城市公安局业务技术用房工程

威茨曼上海公司建设项目

青浦区机关办公楼改扩建

七宝生态商务区 18-03 地块商办项目

紫竹教育一期 A04 号及 A10 号楼报告厅及餐厅精装修

番禺路 381 号改造项目

世博村 J 地块商务办公项目

上海光机所嘉定实验室电能质量治理工程

中山东一路 27 号大楼七层室内装修工程

浦东综合楼机房装修项目

招商银行上海大厦二次精修机电设计

新浦江城 123-3 号地块商办项目

鹤壁金融大厦总体景观设计

大中里 T2 塔楼

办公总部装修设计

上海青庭新地置业有限公司 / 上海万通新地置业有限公司杭州项目

上海市杨浦区船厂 1 号地块光大金滩总部中心

长沙洋湖总部经济服务区中心大楼

长宁公安分局交通事故受理中心

上海天华信息发展公司 105 工程

广州金沙金融岛 IFF 永久会址建筑设计项目

中国资本市场学院建筑工程

沙伯基础新建办公楼项目

上海迅汇网络科技服务有限公司生产基地项目

复旦大学附属华山医院江苏路分部 1 号楼修缮项目

杭州市蒋村单元 D-05 地块建设

2010 年代

项目

鹃远基因总部室内设计

苍南县临港产业基地投资开发有限公司商务楼

毕节金海湖新区金融中心

上海机场建设指挥部办公楼局部改造

供电公司东地块项目

中国联通贵州贵阳通信综合楼项目

曹家渡地区开开大厦

萍乡 A1-05-01 地块

外滩历史风貌保护区综合改造项目

中国科学院上海高等研究院 8 号楼三层、五层室内工程

2017 年海峡通信枢纽高压引入二期

中国科学院上海光学精密机械研究所验证线厂房空调改造设计及测试项目

南安市电力调度中心

南徐路市政公司地块项目

中国科学院上海高等研究院 10 号楼三层会议中心室内工程

中国科学院上海高等研究院 10 号楼自助餐厅室内工程

舟山港航国际大厦

索菲亚商务大厦

科大智能总部产业基地

上海张江中区 C-2-4 地块

厦门中华城 A2 地块商业改造

七莘路元通研发中心屋顶花园装修工程

邮政大楼空调系统更新改造工程

齐鲁大厦消防系统重新设计及设备大修项目

中山东一路 27 号大楼一层 103

室内装修

中港汇大厦消防排烟改造及裙楼餐饮排油烟改造

东太湖大厦

宁波东部新城 A3-19 地块

梦中心 M 地块项目幕墙施工图设计

金桥南区 W15 地块

厦门中华城 A2 地块商业改造

光复路 127 号项目

北京西路 89 号外立面修缮工程

星桥腾飞上海办公室室内装修工程

应氏大厦大修空调改建工程

宜山路 711 号商办综合楼工程

盐官宣德水门工程

上海 65 米射电望远镜天线系统安装地基

集团大楼改造项目

华纺宿舍

临空派出所

普天科技产业园 C5 号楼改建项目

上海市虹口区杨树浦路 168 号办公楼项目装修工程

援毛里塔尼亚总统府办公楼和国际会议中心二期

重庆市北部新区高新园区人和组团地块联合办公楼

连云港海港城

中闵办公楼改造及室内精装修

河北省秦皇岛开发区投资服务中心方案设计项目

临港检测基地一期工程电磁兼容试验室

上海光源线站工程用户辅助实验楼项目

外滩 12 号大楼五六层装饰

上海真华路 48 号地块

大丰杭州总部办公楼项目

温州总部基地建设工程

华东师范大学印刷厂大楼改造项目

扬州广陵新城投资服务中心

新民财富大楼项目

长庆科技馆一层及地下一层展厅室内设计

中原环保股份有限公司技术研发中心项目

中奥集团金桥商务区研发中心项目

中钞油墨有限公司综合服务楼改造项目

低温二期设备地基设计与 6x100m³ 氢气扬罐地基复验

上海市公安局杨浦分局大桥派出所、开鲁四村 6 号派出所变电所

龙泉科技大厦

上海市工商行政管理局长宁分局新泾办公用房室内装饰设计

长宁区看守所、治安拘留所迁建项目二期空调建设

中奥新闻路综合楼改造项目

上视大院二号楼地块及青海路沿线改造

周桥办公用房室内装饰设计

商务营运中心配套酒店（幕墙改造）

双喜大厦

礼来上海办公室内部楼梯结构开洞及加固工程

中国人民银行征信中心建设项目（一期）

中山东一路 12 号浦发银行第一营业部装饰改造项目

上海市公安局杨浦分局五角场派出所机房改扩建工程

速波赛尔信息技术（上海）有限公司上海办公室钢平台项目

长风 4A 商务楼一＼二层改建

活细胞结构与功能成像等线站工程

西门子上海中心消防泵房改造项目

长宁公安分局离退休民警学习活动室

德国汉高研发中心项目

沪太路 751 号

上海医药工业研究院综合实验楼改造加固项目

花旗集团标识牌改建方案

内外联大厦裙楼屋面加固改造

211 项目方案

文汇新民联合报业集团文新传媒谷应氏大厦底层门面改建

工业建筑

上海临港核芯企业发展有限公司新建生产及辅助用房项目

国家北斗卫星导航应用浦江产业基地

中奥集团金桥机器人产业项目环保产业孵化基地

南昌市牛行水厂二期扩建工程

上海先进激光科创中心暨嘉定连盈暨螺丝厂房改造项目

沪苏大丰产业联动集聚区智造园项目（标准厂房一期）

上海船厂（浦东）区域 2E1-1 地块项目

南通醋酸纤维有限公司扩建工程五期厂前区及物流中心

上海申友生物技术有限责任公司

项目列表

2010 年代

工业厂房建设项目

北京光学仪器厂装修改造工程

深圳市路畅科技有限公司车载导
航郑州生产基地

象山石浦镇一冷冻厂改造项目工
程

高新区国际化（中韩）食品研发
加工物流配送中心

漕河泾开发浦江高科技园 F 地块
工业厂房三期 6 标

宁波桃源水厂及出厂管线工程

灵石路 709 号东北角厂房拆除重
建项目

阀安格水处理系统有限公司三期
厂房

南安市石材产业展示中心储备中
转仓库

中钞油墨公司主厂房中庭改造项目

中国印钞造币防伪工程技术研究
院总体规划设计

上海七莘路制衣厂厂房改建项目

冠生园集团酒精厂地块

南通韬奋印刷厂改造项目(暂定名)

华谊安庆厂前区项目

中奥三源路厂区改造项目

上海印钞有限公司改造

会展建筑

辽宁省科技馆

合肥滨湖国际会展中心

浦东城市规划和公共艺术中心新
建工程

合肥滨湖国际会展中心二期

中华艺术宫

新蔡县文化艺术中心 会展中心
项目

铜仁市五馆三中心项目

WCG 展览馆和自行车展览馆工程

湖南省美术馆及附楼(文艺家之家)

南方红军三年游击战争纪念馆设
计项目

国际乒乓球联合会博物馆和中国
乒乓球博物馆工程

上海亿联全球家居建材博览中心
（D 区、E 区）

济川药业集团有限公司展览馆

海花岛 1 号岛 E 区博物馆

龙池寒江雪博物馆

西安大剧院内装饰

咸阳市新兴纺织工业园博物馆

江西赣州大余县南方游击战争纪
念馆项目

中国水头石材产业展示运营中心
展馆工程

苏州广播电视总台临时展馆

珠峰开发开放试验区综合服务中
心及规划展示馆

运城市民中心及城市规划展示
馆、科技馆项目

考古遗址展示馆

《联合国防治沙漠化公约》第
十三次缔约方大会强电改造项目

厦门会展中心三期

瓷窑展示馆

物联网永久会址项目

中国科学院上海高等研究院报告
厅室内工程

2011 毕加索中国大展

中国军事博物馆改扩建工程

全球石材生活体验及交易中心
展览馆改造工程项目

上海市历史博物馆

中国 2010 年上海世博会中国人
保企业馆装修布展设计

世博园区样板组团项目

体育建筑

苏州工业园区体育中心项目

援乍得体育场

东阳市体育中心新建工程

淄博高新区体育中心

上海浦东足球场项目

援缅甸国家体育馆维修改造项目

上海体育、游泳馆及新建体育综
合体

加蓬奥耶姆体育场

南京乔波冰雪世界及附属项目

徐家汇体育公园上海体育场综合
改造项目一期工程（3 号区域改
造项目）

以色列特拉维夫夏普尔体育场项目

玉环新城体育中心工程

济宁市市中区文体中心

新蔡县体育中心

徐家汇体育公园东亚大厦大修工程

咸阳职业技术学院体育馆游泳馆

世界休闲体育大会体育场馆工程

天门体育中心

新疆农七师民兵训练基地项目

太原市水上运动中心

尼日利亚尼日尔州体育场

山东枣庄市民中心二期体育中心

文昌市汪洋新农村建设实验区
(一期)项目(青少年活动中心、
老年活动中心)

援柬埔寨体育场项目

虹口足球场 328 火灾抢险及修复
工程

重庆北碚足球小镇项目

黄山市体育馆设备更新及维修改造

虹口足球场改造工程（一期）项目

昆山体育中心游泳馆

海南文昌汪洋新农村建设示范区
排球馆

上海市康东网球馆二号楼及部分
区域改造

中国残疾人体育艺术培训基地工
程外装饰改造项目

海南省文昌市体育文化中心

西安奥体中心体育馆、游泳跳水馆

康东网球馆综合楼部分装修工程

荆州市奥体中心及商业配套综合
体项目

上海市田林体育俱乐部墙面修缮
项目

医疗建筑

成都京东方医院项目

上海长征医院浦东新院

中国福利会国际和平妇幼保健院
奉贤院区项目

上海嘉会国际医院

复旦大学附属华山医院临床医学
中心工程

上海市第六人民医院骨科临床诊
疗中心项目

复旦大学附属中山医院厦门医院

久泰医院（上海协华伽玛医院）

上海泰和诚肿瘤医院

复旦大学附属肿瘤医院医学中心

长沙市妇女儿童医院项目

上海市第六人民医院海口骨科和
糖尿病医院建设改造项目

HIMC 质子治疗系统和技术服务

2010 年代

（合肥离子）

山东省肿瘤防治研究院 "技术创新与临床转化平台"

厦门大学附属第一医院内科综合大楼暨院区综合改造

复旦大学附属肿瘤医院医学中心

宿迁市第一人民医院

爱晚国际健康医疗中心

长沙市第四医院滨水新城院区项目

第二军医大学第三附属医院安亭院区（肝胆外科医院）

奉贤区中心医院迁建 (800 床)

上海览海西南骨科医院

上海市儿童医院普陀新院

金华市人民医院迁建工程

泉州市中医联合医院

无锡新区长江北路凤凰医院改建项目

慈林国际医院

通州区新华医院建筑工程

兰州重离子肿瘤治疗中心

嘉兴凯宜医院项目

山东宏济堂中医医院项目

上海市疾病预防控制中心综合业务楼二期

北京华信医院改扩建工程

宿松县人民医院新院区

金锣医院

上海企华医院有限公司新建项目（莱佛士医院）

无锡凯宜医院

常德市第二人民医院住院综合大楼建设项目

中福会国际和平妇幼保健院美兰湖分院

长沙市第一医院新住院大楼建设

项目

天津保税区投资有限公司天津空港国际医院项目

宿迁市第一人民医院建设项目

临沂市兰山区人民医院新院区建设工程

义乌市中心医院一期改扩建工程

南通瑞慈医院病房综合楼、康复中心及仓储、员工活动中心

上海市嘉定区江桥医院新建工程

齐齐哈尔市第一医院南院

长宁区清池路养老院和市民中心项目

绍兴市立医院项目

上海万科儿童医院工程

同仁医院病房楼装修工程

中日友好医院质子中心项目

长宁区中心医院新建业务综合楼

中国人民武装警察部队后勤学院附属医院分院

龙岩市第一医院老院区医疗用房提升改造工程

玲珑英诚医院二期医技楼、门诊楼、外科中心

徐州市中医院分院工程

国家肝癌科学中心

上海市普陀区妇婴保健院迁建工程

外冈镇社区卫生服务中心建设工程项目

玲珑英诚医院二期项目

上海市宝山区罗店医院扩建

叶城县妇女儿童医院和妇幼保健计划生育服务中心

复旦大学附属金山医院迁建二期工程

扬州友好医院综合楼（二期）

广州泰和肿瘤医院

青岛阜外心血管病医院心脏中心大楼

桂林旅游综合医院 (一期) 建设工程

濮阳市人民医院病房大楼

福建医科大学附属第二医院东海院区二期核心项目精装修工程

中国人民解放军第九七医院外科病房楼工程

青岛市妇女儿童医疗保健中心迁建 (二期)

厦门长庚医院

无锡泰和诚肿瘤医院一期

瑞慈高境妇儿医院项目

上海和睦家金桥医院项目

山东大学第二医院新建医技综合楼工程

上海开元骨科医院改建翻新

上海市公共卫生临床中心应急防控用房

中国人民武装警察部队医学院第二附属医院 (东丽湖院区)

复旦大学附属华山医院综合楼大修工程

上海市嘉定区徐行镇社区卫生服务中心迁建

瑞金医院无锡分院 (一期)

湖南中医药大学第一附属医院国家中医临床科研大楼

长宁国际医学园区光华医院

枣阳市第一人民医院新院工程

复旦大学附属华山医院北院健康管理和体检中心项目

上海新虹桥国际医学中心保障中心等建设工程

常州瑞慈妇产医院

长春普仁国际医疗健康城项目（一期）

同仁医院病房楼室内装修改建工程

复旦大学附属中心医院厦门医院

沈阳积水潭医院

上海市第六人民医院东院零星工程

璧山区中医院项目

上海瑞慈妇产科医院

上海嘉会国际医院项目

平潭海峡医疗园区（一期）项目

温州和平国际医院

集美新城医院

胸科医院手术室装饰装修二期工程

上海市胸科医院三号楼主楼功能调整装饰装修项目

仙霞路 720 号虹桥医学园区装修工程项目

上海市同仁医院新建急诊大楼

瑞丽国际医院项目

同仁医院总平面改造工程

金山医院二期肿瘤治疗中心（直线加速器）、核医学科用房

树兰国际医学中心

复旦大学附属金山医院迁建二期工程

XM ENT 及口腔科整建委外设计工程

南通市口腔医院新院

上海伽玛医院新院

上海市胸科医院区空调改造项目

无锡市新锡山人民医院项目

濮阳市妇幼保健院妇女儿童综合楼、濮阳市儿童医院综合楼

复旦大学附属华山医院江苏路制剂室改造

项目列表

2010 年代

长沙名老中医馆增层改造

长沙市中医医院（长沙市第八医院）本部第三期工程

福建艾普强质子医院

无锡凯宜医院

复旦大学附属华山医院江苏路分部消防改造

上海长征医院配电房改造

复旦大学附属华山医院

美兰湖国际和平妇产科医院

长沙市第四医院拓址新建滨水新城院区建设项目

上海美中嘉和医学影像诊断中心装修工程

复地·钢领医养结合项目既有建筑改造

瑞慈嘉定妇儿医院项目

复旦大学附属眼耳鼻喉科医院浦江东院

福建医科大学附属第二医院东海院区一期大门围墙、负一层停车场门厅设计

泉州中医联合医院科室消防修改及血透室装修

连云港市连云新城商务中心区医院

上海市中医医院血液透析中心装饰装修

复旦大学附属金山医院迁建二期工程

湖南中医药大学第一附属医院中医临床科研大楼

上海纺织疗养院虹桥路 1488 号 21 幢大修项目

复旦大学干细胞 GMP 实验室改造工程

华山医院传染科改建

复旦大学附属华山医院消化科等改建

瑞金医院 9 号楼整体供电能源改造设计

胸科医院三号楼裙房功能装修

胸科医院后勤保障用房装饰

杭州康华医院项目

复旦大学附属肿瘤医院 B 超室大修改造

湘雅六医院项目

外冈社区卫生服务中心新建工程

华山医院视频会议室装修

上海市胸科医院 3 号楼手术室装修项目

上海市胸科医院一号楼地下一层候诊区装饰装修项目

上海市胸科医院静脉配置中心装饰装修

泉州中医联合医院医疗主楼裙楼空调修改设计

上海公共卫生临床中心外科大楼蒸汽管道工程设计

住宅建筑

贵阳市兰草坝项目

吉 安 市 城 南 新 区 E3 ～ E6、E9 ～ E13 地块

泰州 12-1 地块

上海市宝山区庙行镇康家村城中村改造工程

时丰姜溪花都

上海市普陀区真如 A4、A6 地块发展项目

临港新城主城区 WNW-C1 街坊限价房（一标段）

援苏里南保障房项目

牙买加经济住房项目

中冶 39 大街

上 海 市 金 山 区 枫 泾 特 色 镇 JSSA0101 单元动迁安置基地 B、C、D 地块

长城澜溪岸城项目四期（长城珑湾二期）

北关标牌市场及周边棚户区综合改造项目

圭塘河省直住宅小区

西安大明宫东区综合住宅小区

坪塘北片保障性住房小区项目

徐州铜山 55 号地块

龙泉家园

沣渭家园

连云港天顺国际广场

龙华街道 183 街坊 286B-3 地块商品房项目

莲湖区二府庄城中村改造项目"双府·新天地"

南昌满庭春

上海船厂 2E3-2 地块

春申君临天下

徐州铜山 57 号地块

天誉别墅

苍南县县城新区祥和安置小区

赣铁置业景德镇项目

溧阳 CX04-03 地块

经开南苑新城

御景新城

诸暨维罗纳庄园住宅项目

岱山竹屿新区 A2-9 地块

天隆海御

漳州高新区靖城园区　前棚户区改造项目

山西祁县生活城项目工程

启东新村沙 C-04-02 地块项目

泰馨苑小区

天宇国际度假公馆

虹口区 157 街坊改造项目

涵江武夷木兰都

御景新城五、六期

新湖玛宝项目

五象风景湾一期（地块一）

卓达香水海高尔夫别墅

临汾河西新城还迁房项目

海门复旦慧智佳园住宅小区

龙湖高尔夫山庄——第一期住宅工程

金水东路住宅项目

盐城 - 上海花园项目

春申景城三、四街坊住宅小区四期项目

高新沙文生态科技产业园园区企业职工公寓及便利中心

江阴老年公寓酒店

泉州世贸中心综合项目

上海核建科创园发展有限公司住宅项目

岱山竹屿新区 A2-9f 块

众仁乐园改扩建二期

上海古北 A3-03 地块（武警上海接待站）项目

河北省迁安市职工之家

朱家角 A3-1、A3-2 地块住宅及配套商业设施

嘉凯城新江湾中凯城市之光名苑安溪圆潭片区 A1 地块

上港滨江城 (06、07 地块住宅）项目方案设计

长宁区看守所（含拘留所）迁建工程

2010 年代

豪都碧水山庄（金华）

安溪圆潭片区 A2 地块

崇明县椽桥镇 04、05 单元 0508C-03 地块住宅项目

双福路住宅小区

大唐世家

宝达国际公寓项目 (宝达大厦)

陶家宅旧改

海润天城

上海市金山区枫泾镇 JSSA0101 单元动迁安置地块

上海张江地区研究生教育设施项目（"十三五"研究宿舍楼）

启航佳境（公租房）设计项目

西咸新区沣东新城 2012 年度保障房项目 B 区

海南琼珠海岸生态度假村二期别墅区

永安汽车厂 B 地块项目

万万树花园 AA-C103 型住宅

上海地产 (集团) 有限公司、上海地产馨逸置业有限公司、上海虹桥经济技术开发区联合发展有限公司住宅项目

昌源物业住宅综合楼项目

老西门新苑二期项目

西钓鱼台嘉园三期

兰州国投新区公共租赁住房一区

春申景城三、四街坊住宅小区四期项目

兰州晟地汽修第二家属区危房改造

金华湖海城市花园景面工程总体设计

南通华润中心弱电智能化设计项目

崇明城桥 2 号地块开发项目

经开和园（一期）建设项目

中核城二期精装修设计

华阳 28 街坊综合体项目

宁波北仑隆顺地块及 F 地块景观工程

御景新城启动区一期

青云路 650 弄房屋修建

松阳县椰树民宿综合体工程

河南省郑州市刘砦城中村改造项目

咸阳市新兴纺织工业园安置小区

临港新城主城区 WNW-C1 街坊

安溪圆潭半岛安置小区

嘉兴机场新型营房

启航佳境 (限价房) 方案及施工图设计项目

华宇·凤凰城

浙江省三门县大湖塘新区 C-32A 地块

天香花园(原扬中市龙凤天禧项目)

兴进豪园北区设计补充协议

银燕园四期住宅

中汇银丰阿勒泰南区 444 亩地块商住项目

诏安武夷名仕园 B 区

黄浦区五里桥街道 104 街坊 39/1 宗地块

中国铁建江南国际城项目

大唐世家 2016-B07 地块 (施工图)

鹤壁市飞鹤高层住宅区

国宅华府东院、西院、南院住宅小区

汇丰城市花园 A 地块

上海丰镇路公租赁房室内装修

捷城国际广场

福鼎商业住宅项目

龙成家园

武汉南德黄陂前川项目

蔚蓝海岸超高层住宅 8 号楼

陕西省西咸新区秦汉新城管委会

渭柳佳苑安居小区

静安区 73 号街坊改造项目概念方案设计

淄博高青丽湾名城小区

海军上海保障基地长兴岛新营区建设工程

大唐中心

中煤建工化勘院项目

福鼎江滨路商业住宅项目

西安大明宫东区综合住宅小区 DK1 地块

临空公寓式酒店、会议中心、公寓式办公室内装饰设计

西钢大厦及西钢嘉苑

杨镇公寓装修项目

兰州国投新区附属用房项目

上海捷克住宅小区公寓楼

上海大豪山林别墅装修

普陀区桃浦医养综合体项目

荣城花苑小区综合整新改造项目

西钓鱼台嘉园三期（8 号住宅、3 号地下车库）项目

静安区 73 号街坊南地块改造项目

芝山庭园项目

漳州高新区靖城园区　前棚户区改造项目

万里社区 W15-20 地块综合养老服务中心项目

徐汇长桥南街地块项目

东方市滨海片区旧城改造项目

上海市静安区蕃瓜弄

梧桐美地小区外立面改造项目

西郊庄园四期公寓综合楼项目

晋城市南石店村棚户区（城中村）改造项目

苏州上山村部用房改建项目

中国科学院上海高等研究院人才周转公寓项目

燕鸽湖物业处单身公寓及食堂

假日丽舍住宅小区

东西湖 P（2017）131 地块

普陀白玉路曹家村旧改地块综合开发项目文物保护建筑修缮设计

上海市浦东新区花木街道严民路 248 弄综合整新工程

金山漕泾镇阮巷住宅小区项目

临港新城主城区 WNW-C1 街坊夏涟河东 \ 西侧地块

恒大集团标准住宅

无锡蓝庭国际景观工程

海泰大震分析

延安新区北区 B4-06 地块项目方案设计

岳阳路 168 号三号楼改建工程

世博村二级安保中心系统专项设计

滨州御景苑

荣成路前期搬迁及荣城花苑设施改建整体设计

上海万科罗店 C3 二标项目

关于大唐世家（2013-B07 地块）

文化娱乐

毕节金海湖新区体育"一场两馆"和文化"三馆一中心"项目

上海迪士尼乐园配套项目

句容童世界主题乐园单体设计（璀璨中华区及神秘古国区）

安吉海游天地度假项目

上海迪士尼乐园项目探险岛园区

项目列表

2010 年代

句容恒大童世界主题乐园

上海图书馆东馆

欢乐海洋

徐汇区黄浦区南延伸段 WS5 单元 188E-B-1 地块

上海海昌极地海洋公园项目

上海市档案馆新馆建设项目一期

浙江宁海燕山温泉度假村水乐园项目

毕节市百乡文化广场

清远艺术中心项目

汉中蜀道乐园项目

华严禅境

宁海县文化中心工程

中新天津生态城中新友好景观温室工程

启东恒大水上乐园路入口城保

句容恒大童世界入口城堡

长沙市恒大童世界入口城堡

莎车县城南教学园区体育中心

上海少年儿童图书馆新馆建筑工程

宁波市城市展览馆

太原植物园一期工程

新余市文化中心

上海市民体育公园一期项目

武汉世茂龙湾主题乐园

遵义市播州区中国红灯项目

海盐山水文旅六旗主题乐园水乐园部分

云南弥勒市红河水乡水乐园项目

上海博物馆大修一期工程

亚特兰蒂斯项目水上乐园

枣庄文化中心项目

乌镇大剧院

无锡太湖生态博览园

兖州市文化艺术中心

迪士尼乐园项目主题乐园及停车场总平面

开封恒大童世界入口城堡

洛阳金元古城项目一期核心区

上海玉佛祥寺修缮工程

张江科学城未来公园

洛川东路 500 号沪北电影院内部装修工程

上海科技馆建筑体设施、设备改造前期评估咨询及初步改造方案项目

海花岛 1 号影视基地项目综合楼

中原商水邓城水镇道遥林公园

海花岛 1 号岛世界童话主题乐园项目

刘少奇同志纪念馆修缮提质工程可行性研究报告及设计

上海玛雅海滩水公园二期

广富林合掌村项目 (改名：广富林遗址公园配套区项目)

新密中华始祖 - 黄帝宫项目

河南新密黄帝宫概念设计

黑龙江五大连池火山博物馆

静安区图书馆（天目路馆）改建项目工程

郑州海昌海洋公园海洋主题酒店项目

台州植物园展览温室项目

上海市徐家汇体育公园

嘉峪关市图书馆

西本天目湖会所

博山文化中心项目设计

海花岛 1 号岛水上乐园项目

如东县社会福利中心和残疾人康复中心一期

刘少奇同志纪念馆修缮提质项目

静安区图书馆（天目路馆）改建项目工程

九江市博物馆

武城县文体中心项目

夜　古国旅游区

石门二路社区文化中心整修项目

南炮台体育公园

上海迪士尼度假区项目 - 零售餐馆娱乐区及公共交通走廊

上海博物馆周浦文保基地库房装修工程

新建宝山区档案馆项目

场馆总体改扩建

长庆阳光大厦＼长庆油田文体中心

沪北电影院改造改造装饰

博山淋漓湖会所

云南石林阿诗玛大剧院

NG13- 哈西 -C-11-03 地块及体育公园地块项目

上海中信泰富万达影城

苏州微电影基地项目展示厅

刘海粟美术馆改造项目

上海中国航海博物馆空调系统新风阀维修更新项目

常州大庙弄文化创意园

昆山科博馆西楼会议室装修工程项目

田林体育俱乐部保龄球馆修缮

商业金融

济南中弘广场

临江商业商务中心项目

上海嘉定印象城购物中心项目

金水东路商业项目

宁波东部新城银泰项目

无锡保利达广场（南区）

上海金融交易广场上交所项目

上海浦东发展银行合肥综合中心

东渡国际企业中心

常德市武陵阁步行城美化提质工程

泉州台商投资区城市广场

德阳中国西部国际商贸城

晋城市金融财富广场

新蔡县花园式商业街区项目

上海金融交易广场中金所项目

义乌三鼎广场项目

新疆昌吉 156、157 地块项目

营口银行金融大厦及培训中心

世界瓷都．德化国际陶瓷艺术城

上海御桥社区 09-01 地块

浦东新区森兰外高桥中块商业中心工程

上海金融交易广场中国结算项目

福州宜家

浙江温州瓯海农村合作银行总部大楼

开封迪臣世博广场项目

上海金融交易广场上交所项目

泉州银行总中大楼

北京银行南昌分行营业大楼

西本新干线（上海）中心

上海市浦东新区新场镇 20 街坊 1-12 丘地块电子商务城

空港光大静安财富中心

新疆阿克苏农村商业银行股份有限公司营业用房大楼及附属楼配套建筑

华韵时代广场

中国渝东国际商贸城

湖州赛格电子数码广场

庚村下沉式广场

长江国际西地块项目

2010 年代

万融时代广场二期(煤炭信息大厦)

灵石路笕尚商业及办公楼装修设计工程

昆山花桥国际商务城核心区

陕南亿丰国际商贸城

中润恒大国际商贸城

汇鸿国际集团泰州置业 6 号商住地块

世界名牌折扣店华东旗舰中心奥特莱斯一期

鄂尔多斯世界航空城项目奥特莱斯购物村

中原商水邓城水镇白沙温泉别苑

厦门华港地块"港中旅滨海中心"项目

锡北国际广场

世界名牌折扣店华东旗舰中心奥特莱斯二期

长风大悦城改造

中润时代广场

中国铁建京南一品集中商业及幼儿园

长风主题公园商业改造

南通通州区金融街

阆中国际商贸城

翡翠滨江二期（商用）滨江地块项目

欧洲·中国商品世博贸易中心

中信泰富广场

上海证券交易所交易大厅装饰装修工程设计

龙岩洞文化创意产业园项目

天津老城厢 15 号地块项目

上海市金山区枫泾镇 JSFJ0101 单元 07-01 地块项目

新建马桥镇 16A-02/04 地块商业

办公项目（养云安缦项目）

厦门中华城 A2 地块商业改造设计

七星大健康生态养生文化产业项目

保定中铁京南一品集中商业及幼儿园

嘉定新城 D9 地块商业项目

永新广场装饰及机电整改工程北蔡项目

凯德龙之梦虹口商场中央空调系统改造工程

芙蓉云计算数据中心

安徽省栖凤湖林东服务区项目

尼日利亚莱基自贸区

青岛云南路改造项目二期

天津老城厢 2 号地块项目

渣打银行改造

弘历文化民生路码头 75 号 \59 号 \58 号楼装饰装修

苏州 CBD 世纪广场项目

唐山国盛商贸城方案设计

上海免税新店装饰装修工程

海口外滩中心二期 15 号楼

南京聚宝山公园南大门区域商业

上海农商银行张江业务处理中心电气改造设计变更项目

中山东一路 27 号大楼八层室内装修工程

明天广场裙楼二楼、三楼的结构加固

上海农商银行业务处理中心 35kV 开关站

河南新密中原玉文化城概念规划设计

上海浦东发展银行总行信息中心生产机房三期扩建项目

华商购物公园

交通银行股份有限公司无锡分行新营业大楼工程项目

南通国际服装城一期工程

宝山国际时代广场

上海博柏利利店工程嘉里中心门店

上海市浦东新区金台路

上海证券大厦部分玻璃幕墙维修工程

上海中信泰富万达广场

虹桥机场航空配套业务用房项目

中国人民银行上海分行空调机组改造

剑川路商业项目

辽宁营口银行项目

温州市瓯北商业综合体项目

中山东一路 27 号大楼一层国药室内装修工程

上海华美达广场有限公司巴黎春天新世界酒店粤 1525 餐厅

临港新城上海国际食品农产品自由港

张园丰盛里改造项目设计

茂名南路 1 号修缮项目

外滩浦发银行一层机电改造项目

北京东路 2 号房屋局部改造

丹阳眼镜城大厦项目

上海乐高探索乐园

南京西路 1699 号商业改造项目

北京银行南昌分行新办公大楼

灵石路 709 号万荣路沿街装修改造

上海苏宁天御国际广场 1 号楼结构加固改造咨询项目

东方金融广场变电所低压配电系统改造设计

长江养老保险浦东世纪大都会装修项目

百联浙江奥特莱斯品牌折扣广场亮化工程

华宁国际广场商业裙房结构改造

西安迈科商业中心设计协议

上海博柏利尚嘉中心门店工程

百联科创中心 4-6 楼二次装修工程文物保护建筑报批咨询顾问项目

上海临港新城 FATBEST 进口食品超市楼板加固

中国建设银行浙江分行本部大楼外立面改造项目

大华银行有限公司上海外滩支行静安区 46 号地块兴业太古汇 N110 及 N201 商铺结构改建工程

金采广场民防装饰工程

大华银行（中国）有限公司上海外滩支行

金桥南区 W9 地块

交通建筑

海门路 55 号地块（新港国际中心、星港国际中心）

宝山新城 SB-A-4 上港十四区（上港集团宝山码头）产业转型项目

天龙财富中心

厦门市轨道交通 2 号线东孚站配套项目

西岸传媒港

西安市小烟庄项目

济南启德国际金融中心项目

徐汇滨江 188N-M-1、188N-L-2、188N-K-2、188N-0-1 地块

陆家嘴御桥 04B-03 地块项目

无锡高铁商务区 26 号地块

2014 青岛世界园艺博览会植物馆

毕节天河度假村项目

项目列表

2010 年代

虹桥 SOHO

台商会馆

新蔡县双大厦设计项目

宁波东部新城 A3-25 地块项目

庄河暖水生态城项目

昆山五丰广场

提篮桥街道 HK324-01 地块综合开发项目

郑州新田时代广场项目

中国潍坊文化产业总部基地项目

上海北郊未来产业园

陆家嘴御桥 10B-04 地块项目

济南西客站市政配套工程南北综合体项目

天龙财富中心

上港集团军工路地块开发建设项目

申亚亚龙湾 AC 地块项目

宁波东部新城超高层 C3-4 号地块

上海船厂区域 2E5-1 地块

草堂寺养老与教育示范基地项目

扬州国际公馆 D2 地块

长沙黄花国际机场综合配套服务项目一期

重庆 1862 洋炮局项目

新奇世界国际度假区济南鹊项目

上海轨道交通 11 号线嘉定新城站综合物业开发项目

墨西哥坎昆龙城

山西晋城圣拓景德桥项目

虹口区提篮桥街道 HK314-05 号地块综合开发项目

宝钢文化中心改扩建

瑞腾国际（黄浦江南延伸段 WS5 单元 188N-Q-1 地块

烟台东方夏威夷项目

东辰江湾壹号

上海虹桥商务区核心区一期 04 号地块

万力时代商业广场

上海虹桥商务区核心区一期 05 号地块

东岳殿片区瑞士小镇项目

长宁区 71 街坊 8/3 丘 A1-10 地块办公

普陀真如副中心 A3-A6

湖南新丰源投资有限公司地产项目

榆林高新技术开发区"中赢·银河之星"商业项目

建发汇成国际项目

扬州国际公馆 B 地块

河西 CBD 苏宁广场

百联崇明综合体

印孚瑟斯园区

桂林高铁站广场综合体

虹口区提篮桥街道 HK322-01 号地块综合开发项目

金山文广中心

中国国际非物质文化遗产博览园二期景观工程

援柬埔寨教育设施与环境改善项目

前滩企业天地二期

郑州天地湾酒店、商业综合体中信广场二期

苏宁环球上海长风 5B 项目

徐汇区黄浦江南延伸段 WS5 单元 188S-C-4、188S-D-1 地块

宁波中心大厦项目

滴水湖环湖 80 米景观带二阶段配套服务设施

天都大厦工程

无锡半岛华人康复中心

海峡国际时尚创意中心

春缇家园

运城市民中心、规划展览馆、科技馆

绿舟（非遗）文化产业园运营管理服

国际医学园区 A1-03-08

滴水湖环湖 80 米景观带工程桥工程

昆山市花桥集善路东侧地块项目

嘉禾县新城区两地块

中国（永联）农业论坛会址

昆明嘉盛万景园

苏州市工业园区金鸡湖滨编号"441 地块"项目（诚品书店文化商业综合体）

奥园（英德）文化旅游城英红小镇、希尔顿逸林酒店项目

济南市小清河综合治理一期工程景观配套

临港新城主城区 WNW-C5-10 地块商品房项目

汉中兴元汉城文化旅游项目汉街建筑设计咨询

上海虹桥商务区核心区北片区 07 号地块

新建武汉至孝感城际铁路后湖站、金银站、天河站街站、闵集站

吉富大楼

鄂尔多斯市恒利国际大厦

上海嘉定工业区广告和创意产业基地项目

新湖青蓝国际二期

合肥明悦广场

安徽蚌埠龙子湖及周边综合治理

和生态开发项目东公园工程

上海市普陀区 1 号地块之国浩长风城商业及办公综合体

兰州鸿运金茂项目

四行仓库修缮工程

海宁皮革时尚小镇创意核心区一期工程

上海长宁区临空 10-3 地块

虹桥商务区核心区一期 06 地块

西安浐灞半岛 A3 地块 A3-9 组团

黄浦江南延伸段 WS5 单元 188S-K-2 地块商办楼项目

南京金陵塑胶项目

湖南电信信息园工程

静安区 78 号地块项目

巴拿马国际城项目

海峡客家论坛中心

新建西安至宝鸡铁路客运专线宝鸡南、杨凌南、岐山站站房、雨棚及相关工程

宁波东部新城 C3-1、C3-2、C3-3 块项目

长株潭城际铁路湘潭段站场配套工程项目

华泰金融大厦

蚌埠市栖岩寺景观工程

上海市徐汇区黄埔江南延伸段 WS5 单元 188S-F-1 地块

高新六路项目

南平市成功公园建设工程

前滩 30-01

岳阳城陵矶综合保税区

重庆西南汽贸城城市设计

中国丽江悦榕低密度旅游房产项目

2010 年代

郑东新区魏河（107 辅道 - 京珠高速段）园林景观方案设计

历经铺 1101 号地块

合肥恒大中心 C、D 地块

前滩 22-01

西咸生态农庄建筑 \ 市政设计项目

上海自贸试验区（金桥）第五中心项目

扬中复旦科技园

迪臣珠玑巷二期项目

南通综艺设备制造产业园

空气净化和废气治理技术产业化项目

坪山大道街区设计

金义都市新区金港大道道路景观设计

前滩 28-01

前滩 57-01 地块项目

临港综合区 04DP-0107 单元 C07-02 地块项目（金桥临港先行区产业综合体项目）

宁波鄞奉片区东部启动区地块项目

文通大厦（杨浦区 31 街坊）

上海金桥临港综合区先行区新九四塘公园景观工程

上海市徐汇区黄浦区南延伸段 WS5 单元 188S-M-1 项目

锦州高新区大学科技园起步区

黑龙江省黑瞎子岛植物园

上海市徐汇区黄埔江南延伸段 WS5 单 188-L-1 地块项目

中国东方康养国际城规划设计

余姚滨海新城核心区城市设计

杭州国逸实业有限公司钱江世纪

城 G-02 地块项目

云南省保山市宁要县总体规划修编 \ 昌宁县生物资源加工特色工贸区总体规划及控制性详细规划

普陀区金沙江路真北路人行天桥工程

江帆路公共地下停车库

上海金桥临港综合区先行区洲德路景观工程

前滩 37-01

徐汇滨江传媒港

长沙市赤岗冲地块项目

迪拜国际城一期 09/10/11 地块

思明区莲前东路（云顶中路 - 会展路段）街区立面综合整治提升工程

上海江西中路 255 号大楼（原礼和洋行）修缮加固工程

闵行开发区 02 单元规划修编课题项目

新蔡县双子大厦设计项目

锥子山景区规划项目

静安区绿化和市容管理局天潼曲阜昌平路（全路段）景观灯光建设项目

越南西贡港 - 阮必成国际复合社区项目

湖南圣爵菲斯住宅小区二期

大连极紫外相干光源实验室项目

沧源科技园一期绿地及停车库项目

安徽徐氏大酒店全部机电设计及别墅 ABC 的室内装修

诸暨市枫桥镇枫源村美丽乡村规划及提升

重庆沙坪坝区火车西站周边地块

城市设计

济南滨河新区核心区城市设计

四国六方城二期项目

汉中兴元汉城文化旅游项目

南春华堂

武汉长江新城起步区城市设计方案国际征集

山东潍坊滨海经济开发区

上海市宝山区吴淞国际邮轮港区改扩建城市设计

武汉汉西项目 A 地块

海口港二期工程国际客运中心大楼

中国桐乡文化艺术小镇

温州高教园区 A12a 号项目

虹桥综合交通枢纽

世茂总部办公楼北外滩项目

上海市北京东路 2 号房屋修缮工程

中铁五号

柯北工业园一期工程

河北雄安新区容城

长沙市金融生态区亮化与景观设计

福建省安溪县南翼新城中部片区控制性详细规划

上海市金山区枫泾镇 JSFJ0101 单元 07-01 地块项目

卓达 . 香水海城市生活体验会所

禹洲广场结构设计（含地下室）

长影海南生态文化产业园荷兰区亮化工程

大唐世家 2016-B07 地块

日照市湖西头项目地块

中山大学附属第一（南沙）医院荷兰欧华城

张江中区东单元

上海乌北立体停车库项目

重庆冉家坝广场项目机电顾问工程

三亚海棠湾 A09-02-05\B1-f1 地块

珠海市卡都投资有限公司酒店办公商业综合体

铜鼓岭海石滩项目二个交通枢纽和二个景观收费大门方案策划及设计项目

沂南县柿子岭乡伴理想村一期建筑工程

蚌埠龙子湖南侧湖心岛

卓达香水海城市生活体验会所

余姚市智能光电小镇

恒兴君逸大厦

黄金湖岸旅游综合体

上海国际文化传媒大道及纺织创意园

思明区会展片区第十三标段 (前埔) 街区立面整治提升工程 （既有建筑改造）

上港滨江城总体规划方案与调节整设计

中国安泰小镇概念规划

世博文化公园温室

江苏卓茂智能科技有限公司智能车库

汀田物流中心

兴平市省级食品加工园

宁波城市之光 c3-4 号地块

嘉定中心城区

安庆市体育中心水（地）源热泵中央空调系统南区热泵机房

上海市北高新 13 号地

项目列表

2010 年代

郑州 1953 项目城市设计

上海浦东新区唐镇镇西社区
PDPO-0406 单元地块

思明区会展片区第十一标段（何
厝）街区立面整治提升工程（既
有建筑改造）

张江集团产业地产

海沧大桥拓展区城市设计

金沙江路真北路口地下空间开发
项目

瓯江路（香源路 - 浦州水闸段）
提防加固改造工程

思明区会展片区第十二标段（岭
兜 - 前埔）街区立面整治提升
工程

长安文化主题公园

新沂市大桥路以南地块项目

苏州佳和商厦结构改建加固项目

虹桥商务区核心区（一期）空中
廊道公共段人行天桥工程

淀东水利枢纽泵闸改扩建工程

中国人民银行征信中心上海同城
灾备中心装修

湖北省恩施市舞阳坝西北片区改
造项目

田小萌田园综合体项目

北京东路 270 号中一大楼修缮
工程

东航新呼叫中心集中运营场地改
造项目

上海 500kV 虹桥变电站项目

上海虹桥综合交通枢纽交通中心
交通广场延伸段（西延伸工程）

星湖湾佳园景观设计

前滩项目 24-01、30-01

南通滨海园区遥望景观新闸建筑

景观设计

南通航母世界旅游文化主题公园
项目

静安区 78 号地块项目

上海北郊未来产业园首期启动区
长深高速凌源市互通立交南侧
地块

三亚火车站站前区城市设计

苏州河两岸

海沧大桥桥头片区城市设计

温州动车南站高架平台雨棚改造
项目

锦州高新区大学科技园起步区项
目景观工程

灵石路 709 号区域总体改造

江桥镇 E02-1 地块工程

新生圩港口转型概念性城市设计

东盟（集美）文化艺术交流中心

中纺普湾北海城市综合体项目

那马国际物流商贸城启动区项目

长春普仁国际医疗健康城项目修
建性详细规划（二、三期）

泰州城市综合体项目

天智现代服务产业城项目

成都天府国际机场旅客过夜用房
项目

济南市华山北地区概念性城市设
计及规划

山东潍坊滨海经济开发区中央商
务区

上海前滩 22-01、28-01

徐泾虹桥企业总部园项目

青浦新城　站大型居住社区配套
工程

苏州河 50 米绿带（11-1 段、
11-3 段）

大桥街道 119-121 街坊项目

由由现代农业产业园

许昌角基生态健康城项目

嵩屿片区城市设计

新恒基商业新城

川杨河（三八河东　申江路）南
侧绿带工程 1 标

朝阳公园·国贸都市花园居住区

桂林火车客运北站站前综合性建
设项目

成蒲铁路大邑站点周边市政基础
设施配套站前广场景观

海花岛 1 号岛 E 区婚礼庄园方案
至施工图设计

奉贤庄行镇 2567 号地块

上海前滩 37-01 号地块

后世博浦东园区总体空调管道改
建项目

新疆阿勒泰布尔津县和谐新城

余姚规划局

上港十四区地块项目

上港军工路项目

上海浦东大道 1550 号地块规划
设计

石狮市洋内亭城市综合体项目

龙凤阁空调系统及消防系统设计

格普恰克火车站项目

诸城南湖生态经济发展区—湖东
片区项目

广富林郊野公园南门、西门、北
门工程

中国水头石材产业展示运营中心

余姚机器人小镇云山中路入口绿
化提升工程

上海美兰湖新镇国际风情街项目

茯茶小镇概念性规划项目

美兰湖诺贝尔公园景观设计及美
兰湖景观改造

春秋扬州航空旅游产业基地

亚都商务楼大厦改造项目

上海院喀什 " 不夜城 " 城市综合
体项目

毕节市综合交通枢纽配套地块开
发项目

蚌埠龙子湖环湖东路以东绿化带
及停车场

德普文化民生路码头 269 号、
270 号楼装饰装修工程

杨浦区二、三号地块

温州世贸中心大厦 7 层健身房装
修设计工程

凯德七宝空调机房节能改造项目

万航旅业户外拓展项目

上海市宝山区庙行镇康家村动迁
基地

虹口区 HK284-03 地块项目

灵石路 709 号 31 号房装修改造工程

漕河泾现代服务业聚集区二区锅
炉房改造

福建水岸丽都城售楼部工程项目

平湖龙湫湾悦居榕府

青岛即墨市北龙湾

上海金桥临港综合区先行区商业
地块博盈路等五条道路景观工程

金南家园安置保障房项目二期室
内景观绿化工程

温州世贸中心圆形汽车坡道基坑
围护

德清天马重工机械公司 12 米直
径碾环机基础基坑围护

三亚亚龙湾铂尔曼酒店地块改造
项目

2010 年代

格林·常青藤

东航基地（西区）配套项目扩建工程

梅溪湖度假酒店项目

上海不锈冷轧区域产业园

上交所增加电子显示屏结构咨询项目

重庆嘉发实业有限公司余姚高铁新城

公交云岭东路停车场改建工程

松北区万宝田园新村

杨行石牌坊保护项目

嘉兴火车站片区及戴梦得地块

星河国际营销中心外接钢结构部分施工图项目

海沧书院

上海市普陀工桃浦科技智慧城W061401 单元

贵阳市公安局特警训练场

成都大邑高铁车站商业综合体

上海上计信息技术有限公司分析仪器产业化基地外墙立面装饰工程

侵华日军淮南罪遗址保护与展示利用工程万人坑纪念馆改造

西藏拉萨纳木错国家公园一期项目

黄浦区申贝地块综合养老设施地块

上海松江车亭公路三号地块

人民大厦屋顶停机坪安全性评估咨询项目

董家渡聚居区 18 号地块 315-01 街坊新建社区配套用房

西安沣渭三角洲区域

上海中银大厦正门车库出入口维

修工程

浦江游览秦皇岛码头室内改造项目

上海金桥临港综合区先行区工业地块博艺路等四条道路景观工程

昆山宇业集团综合体项目

长宁区 445 弄地块

秦岭甘峪田园慢活项目

桂林火车北站站前交通枢纽工程

金陵东路轮渡站候船厅房调整、装修项目

厦门市瓶装液化石油气供应站

灵石路 709 号灵石路沿街门面装修改造

上海大中里 ZIZZI 修改设计咨询项目

蚌埠龙子湖环湖东路与东海大道下穿段景观装饰工程

虹桥商务区核心区一期 05 地块舟虹路空中连廊（天桥 1）

上海市大宁剧院门厅改造项目

北蔡镇 F2-1\F2-3 地块动迁商品房基坑围护

上海新虹桥国际医学中心园区街坊道路及附属工程

南方国际金融传媒大厦

东风西沙水库工程

真大路 450 弄 11 号项目

多媒体广场变电所和冷冻机房改造工程

上海中银大厦广场景观改造

上海市格致初级中学局部装修

罗兰斯宝（汉京中心）

淮海中路街道 45 街坊 17/2 宗地商业办公用房项目

诸暨市枫桥镇西畈、小天竺组团项目

安特木兰溪项目

海上文化中学大师工作室改造装饰项目

海沧区公共卫生综合楼消防改造工程

上海国际妇幼保健院冷却水系统大修

桂林火车客运北站站前综合性建设项目

万里社区 15-10 地块环卫设施复建项目

十钢地块项目

宁安城际铁路芜湖站

上海国际网球中心"赛场结构安全性复核"设计咨询

多媒体广场变电所和冷冻机房改造工程

徐汇滨江 188S-0-1 地块商办楼项目

浦东 15-1 地块

宝钢煤场 E、F 料条改建筒仓项目

上海火车站北广场以北地块

华亭人家一级旅游标示构筑物设计

上海浦东曹路基地四号地块机电改造

汇雅广场

共青森林公园花艺馆景区改造工程

厦门市东之星汽车销售有限公司车间改造

蚌埠栖岩寺寺前金水桥及放生池设计

长泰武德东路 04 地块

中科院上海应用物理研究所 X 射线自由电子激光试验装置节能评

估报告

无锡海岸新城 SOHO 塔楼项目

精品石材 O2O 连锁情景体验中心

上海期货大厦冷却水系统上的两组"补偿器"拆除的设计项目

华纺宿舍

中国证券博物馆外立面排查抢险工程

均瑶国际广场外墙修缮工程

紫金（浦口）科技创新综合体一期工程

翔安区 13-16 彭厝片区窗东路与下穿通道交叉口东南侧地块项目

南京西路环大中里地区景观灯光设计概念方案设计

线路工程大型格构式跨越架受力结构模型及分析

虹桥天街大 mall 动物园租户

辰山植物园竹塔

困瑶蔬菜集散中心（临时）

时代金融中心项目

南京下关滨江项目

海沧兴港消防部队营房及应急指挥中心项目

龙尖嘴泵闸工程

上海大中里 -T3 塔楼新增楼梯改造项目

海沧辖区入厦通道治安检查站点工程

上海航运中心西地块 17 号楼局部加固工程

威茨曼上海公司建设项目

温州市滨江商务区沿江风貌整合城市设计

明天广场消防报警系统改造设计

上海质子重离子医院电气高压部

项目列表

2010 年代

分改造

北京西路 1314、1320 号 1 栋改造加固

厦门市委党校停车场及水池围栏

厦门海底世界零星改造工程

关于大唐世家（2013-B07 地块）

常州武进西太湖生态休闲区规划设计

徐汇漕溪北路 33 号

浦东新区建设工程

九亭地块方案设计（211 工程）

兴业太古汇 S206 商铺楼板开洞加固项目

上海大中里－星巴克烘焙工坊屋顶烟囱项目

科技馆增设第三卫生间

纪念馆三楼空调系统改造

丰（上海）房地产发展有限公司太古汇框架

海棠湾林旺片区 F-1-1、F-2-1 地块

香山游艇会节点立面整治提升比选方案设计

海沧区属基层医疗单位消防安全改造工程

地铁广场电动开窗机

厦门市银湖大桥过桥管中压燃气管道工程

厦门市滨海东大道（澳头 - 大磐大桥）道路工程

林肯学院培训中心机电消防改造项目

英特尔亚太研发有限公司相关项目浦城梦笔地块

中国 2010 年上海世博园区 B03-G02 装修工程

工程设计技术咨询

上海市青浦区赵巷镇 17 号地块住宅项目

上海北郊未来产业园

前滩 24-01

徐汇滨江综合商务区

虹桥开发区城市更新研究（既有建筑改造）

九江路 686 号外立面改造和室内装修工程

浦东 A09B-02 地块办公大楼

上海市闵行区经济委员会

长白山天泉旅游度假村

新华医院建设设计咨询

世博 B02/03 地块

库尔勒综合保税区可行性研究编制

余姚中国国际文化博览城

青岛东方影都五星酒店项目

世茂金融城项目

世博酒店项目

贵旅国际省政府办公厅汽车修配厂搬迁项目

合肥离子医学中心项目

山东省肿瘤防治研究院技术创新与临床转化平台项目

上港十四区地块项目

上海松江漕河泾科技绿洲二期项目

世博后续开发项目

韶关市三江口地区城市设计

世博 B02/03 地块

国际医学园区 A1-03-08 地块

河北雄安新区管理委员会

援塞内加尔黑人文明博物馆项目

博山泰和五星级度假酒店

新静安 86 号地块新建老年健康中心

新疆和美家投资管理有限公司

徐州市西部新城

广西国土资源职业技术学院校区

山东大学第二医院医技综合楼

景德镇珠山区小区优化及背街小巷项目

松江区南站大型居住区 C19-35-02

松江国际生态商务区双子塔项目一号岛会议商务中心

上港十四区地块项目

世博 B02/03 地块

嘉定区南翔镇槎溪路以西、金通路以南住宅项目

平顶山和盛时代广场项目

广州南沙新区蕉门河中心区规划展览馆、城建档案馆、房地产档案馆

联想中国总部

上海美逸创意产业基地 - 建造厂房

南京栖霞区万寿村季家街 01 地块二期工程

上海船厂（浦东）区域 2E1-1 地块项目

华东光电上海基地

鄂尔多斯市康巴什北区国宾馆和五星级酒店

温州奥体中心主体育场工程及温州体育运动学校永中校区工程

辽宁艺术中心

杭州闲林商业地块项目

漳川奥林匹克体育公园

华城广场设计方案征集协议

青岛国际啤酒城

东方肝胆外科医院安亭新院

上海宝山上港十四区工程

长宁区中心医院综合业务楼

义乌市中心医院一期改造工程

海门路 55 号地块

濮阳市人民医院改扩建工程住院大楼

上海市检测中心二期建设项目

海盐县南北湖北木山工程项目

援毛里塔尼亚总统府办公楼、国际会议中心和体育场维修项目

山西长风项目

沈阳奥体中心五里河体育场 \ 浑南体育训练基地综合馆十二运开闭幕式临时拉索和吊挂改建主体结构复核项目

外环西河河道及泵闸工程

日照市中心医院

天津市津南区医疗中心

援南非职业培训中心

上海虹桥商务区核心区空中廊道

虹桥商务区核心区（一期）复合型空中廊道

光启城节能改造项目

上海紫竹酒店

不锈钢地块概念性城市设计

温州市杨府山老港区商贸中心

绍兴原纺机厂地块项目

东方明珠凯旋路数字发射研发中心项目

大同美中嘉和肿瘤医院

上海超强超短激光实验装置可研设计

广安中 装备产业园 期工程

中国湘潭九华湖项目

三亚崖州湾嘉悦海岸中心项目

宁波市鄞州中学

2010 年代

宁波市鄞州中学

峨山路 77 号项目

上海金外滩国际广场项目

上海巴黎春天大酒店整改翻新工程

上海市徐汇区龙华街道 N11-08、N15-01、N15-05 地块

中国建设银行陕西省分行综合办公大楼

上海烟草机械有限责任公司"新厂区扩建工程"

上海博物馆大修项目

上海光源线站工程

东方体育中心修缮工程

武夷山市工业路棚户区改造

静安区新闸路（西斯文里）项目

上海市检测中心二期项目

天津开发区科技发展中心二期工程

淮安市大剧院项目

辽宁广电中心及北方传媒文化产业园

南京汤山奥特莱斯商业综合体

上海交通大学医学院附属新华医院崇明分院门急诊，病房楼改建

温州市原工人文化宫\人民大会堂地块

昆山花桥经济开发区项目（南地块）

北京安贞医院通州院区建设项目

青岛蓝海新港城

中国铁建国城项目

中新知识城

嘉定农村住宅

津南新城新商圈

广州南沙国际贸易中心

内蒙古民航机场集团新建综合信息服务保障中心

岳阳市城陵矶管委会办公大楼

乌镇水剧院

金华龙头殿旅游度假区

瑞金医院质子中心配套住院楼项目

南湖华商国际广场

伊朗胡泽斯坦国际展览中心

毕节金海湖新区体育文化项目前期咨询协议（体育场）

上海市闸北区中心医院

宁波环球航运广场（国航二期）项目

新和平及 596 项目

虹桥 5 号地块龙湖天街 A 馆 2-3F 商铺改造咨询项目

毕节金海湖新区体育文化项目（体育馆）

上海交通大学张江科学园

沪苏大丰产业联动集聚区首发区域城市设计

长沙梅溪湖医院

毕节金海湖新区体育文化项目前期咨询协议（游泳馆）

万科城 8 号地一期地下车库—BIM 设计咨询

南桥新城

广西师范大学

中国科学院上海高等研究院研究生宿舍楼

耀莱新天地三亚丽思卡尔顿酒店局部改造项目

毕节金海湖新区体育文化项目（演艺中心）

辽宁省第十二届全运会接待场所基地办公室

十六铺二期

宁波港口博物馆及东海水下考古

基地工程

新建复旦大学附属华山医院临床医学中心

软 X 射线自由电子激光试验装置可行性研究报告

漳州市第二医院工程建设项目

上海鹏欣滨江陶家宅旧改项目

翔城国际（洋唐 B02、B04 地块）住宅项目

海西首座 E30 住宅项目

贵阳国际城及兰草坝项目

上海商城

市分行东部新城新大楼装修

铜陵四通防腐防水有限责任公司电解槽的优化设计及有限元分析

柯沃泰膜结构（上海）有限公司徐家汇中心虹桥路地块

基于可调极紫外相干光源的综合实验研究

置业大厦项目改建

中新天津生态城 12b 地块

亚通广场项目

福建省大学生文化艺术中心

一村一大师乡村振兴计划合作协议

蝶湖酒店

上海嘉定马陆地块及周边项目

柳州世界贸易中心

北京铁路枢纽丰台站站房

桐乡市高桥镇商业项目

云南路改造项目二期工程

上港十四区地块项目

东海广场二期项目

山东电力研究院新院区

中科福绿健康城项目

铜陵国际会展中心

华润置地虹桥商务地块 D17\D18D19 项目

包玉刚实验学校松江校区

中国太平洋保险"成都后援中心"

北京电力医院项目

上海农村商业银行业务处理中心

上海金桥轮胎厂改建项目

长沙市巨峰项目

西安新城区六谷街区"全省三农产业终端聚集区"更新改造

外冈社区卫生服务中心新建工程

桂林市投资发展商务大厦

桂林市金融大厦

洋沙湖国际旅游度假区度假酒店项目

中国博览会会展综合体项目

博雅磐安康养项目

南京政治学院上海分院综合服务保障楼

锦艺国际轻纺城

盐城环保科技城创投服务中心

红庙"城中村"改造项目

天津开发区微电子工业区综合办公楼改造工程

泉州正骨医院北峰院区

广州国际创新城展示厅

复旦大学附属华山医院病房综合楼改扩建项目

运城市民中心项目

上海华力 12 英寸生产线项目

毕节金海湖新区体育文化项目前期咨询协议（文化馆）

上海虹桥商务区核心区（一期）空中廊道公共段

上海市香港新世界大厦 k11 购物艺术馆下沉广场

项目列表

2010 年代

运城城市规划展示馆项目

无锡数字动漫创业服务中心

上海真如副中心 B3 地块

金山体育中心

交通大学张江校区

普陀区中环线 - 金沙江路人行天桥项目

贵阳市金桥饭店

柯桥商住项目

中国信达（合肥）灾备及后援基地

基于可调极紫外相干光源的综合实验研究装置可行性研究报告

瑞安市瑞祥新区五星级宾馆和商业服务地块建筑

泉州市第一医院妇产院区项目

兆丰世贸大厦节能改造

嘉兴银行股份有限公司营业办公楼

名仕苑 C 座改建项目

山东大学第二医院

泉港福安大酒店（暂定）

上海尼克国际旅游度假区项目

毕节金海湖新区体育文化项目（图书馆）

宁夏国际会议中心

青浦新城一站大型居住社区新建体育馆

西北会展中心

淮安市体育中心

乐清市文化中心

烽火科技研发中心建筑项目

湖南日报传媒大厦

首钢冬奥办公区停车楼项目

海南文昌火车站

山西煤炭交易中心

苏州市广播电视总台

南京国际服务外包产业园 B02、B03 地块项目

成都金控中心

湖州苏宁电器广场项目

海西商务大厦

火炬大厦

贵州省黔西县体育中心

研发中心工程（中国银联三期）

山东大学齐鲁医院

重庆市地产集团新办公大楼

福鼎市医院百胜新院区建设工程

宿迁市江苏运河文化城、体育会展中心

唐山总工会

上海东方肝胆外科医院安亭院区

石家庄新报业园区及传媒大厦

杭州市拱墅区杭汽发铸造车间项目

石家庄裕翔国际大酒店

上海健康职业技术学院（崇明校区）改扩建工程

上海国际汽车城同济小镇幼儿园项目

天岳科研楼

兰州综合保税区卡口及围网概念方案设计

如皋 100—（200)-004-02 宗地项目

夏邑县规划展示馆及综合执法大楼工程

天津中医药大学第二附属医院迁址新建项目

中国福利会国际和平妇幼保健院奉贤院区

毕节金海湖新区体育文化项目前

期咨询协议（博物馆）

温州一百购物广场地块

上海市文保护单位淮阴路姚氏住宅保护修缮工程项目

上海和平饭店一层八角中庭照明改造及光环境咨询项目

中国福利会国际和平妇幼保健院

奉贤院区规划指标调整技术研究

上海德州医院概念性方案设计

中国建设银行股份有限公司福建省分行综合业务楼建设项目

莱商银行济南分行营业办公楼

横琴新区国际住宅区及商务区东侧道路及配套设施（一期）工程

华鑫天地金桥研发产业园项目

开封迪臣世博住宅项目

诸城南湖生态经济发展区南湖明珠项目

浦东世纪大道 1249 号世纪大都会 3、4 号楼苹果上海 2 号园区办公室改造

世纪大都会 3 号楼 4 号楼

合肥浦发银行

上海市住房和城乡建设管理委员会科学技术委员会魏敦山专家工作室 2017 年咨询服务

大连长兴岛项目

上海南汇工业园项目

辽宁省残疾人中等职业技术学校新建工程

遇见夏木塘村落建筑场地改造

斯里兰卡科伦坡 / 康提 / 丹不勒板球场

上海交通大学闵行校区档案文博楼

中国人民武装警察部队医学院

六盘水市中心城区城市文化中心

石武铁路客运专线驻马店、信阳东站

半岛度假村

向莆铁路 抚州站 三明北站

向莆铁路南昌西站

杭甬铁路客运

南宁东站

义乌三鼎广场外建洗衣房

湖南长沙梅溪湖数字管理服务中心

上海金玉兰广场冷冻机房改造

张家港市港城大厦

张家港市金茂创业大厦新建工程

福建省妇幼保健院

上海泰和诚 MDACC 国际肿瘤中心项目

苏州会议中心客房改造

上海现代汽车服务产业集聚区规划

长沙市天心区广告创意园概念性规划

神华煤制油研究中心项目

虹桥文化艺术中心

杨浦滨江历史建筑保护修缮方案

福田银座 A\B 座项目

河南商会

青年南路规划设计

太仓新城大厦

南京市南部新城核心开发区重点地段

上海古北 A3-03 地块武警上海接待站项目

仙游县行政中心组团项目

泰州青年南路规划项目

上海张江神华煤制油研究中心项目

2010 年代

中国金融信息大厦

德化县电商物流园建设项目

绍兴县城市规划展览馆

四行天地 II 期

上海体育中心改造

铜仁路幼儿园项目

天津滨海高新区渤龙湖科技园综合服务中心改造加固咨询项目

徐汇区生态专项工程华泾公园

上海港国客中心 S-B3 局部改造 3 号病房楼屋面复核工程

中国人民银行（上海分行）屋面设备调整的结构专项咨询

长征医院地下污水处理机房改造

三亚申亚亚龙湾 AC 地块一期项目

河南省分行新办公大楼

兖州市富都宾馆项目

第十三届全国冬季运动会冰上项目

兰州市体育中心

荆州市体育中心

徐龙国际研发商务中心大云温泉生态旅游区温泉地块项目

长沙百联奥莱综合配套项目

新建铁路哈尔滨至齐齐哈尔客运专线齐齐哈尔南站

海军医学研究所 1108 工程

衡山路 8 号

武汉理工大学南湖校区图书馆和泰龙城大街项目

南京市新殡仪馆

杨思上南路 3120 号项目

哈尔滨投资大厦

松江荣御景苑置业广场

南宁经济技术开发区北部湾科技

园总部基地二期工程

建瓯市高铁西站站前广场绿地公园及雕塑方案设计

鹤壁市商业中心

中国科学院上海高等研究院碳排放观测与数据研究平台

靖江市文化艺术中心和体育健身中心

湖头邻里中心

惠南县东城区 A10-4 地块征收安置房绿色建筑咨询服务项目

南京乔波冰雪世界

五源河文化体育中心

崇明县城桥镇中津桥 7 号街坊

鄂尔多斯会展中心网架结构

东方渔人码头

泉州东海片区滨海总部区三号地块

500kV 虹杨地下变电站

上海市第一康复医院 1 号楼

上海光源线站工程项目

世博园区餐厅装修工程

海南国际交易广场工程

哈尔滨医科大学附属第一医院

巨人网络宜山路项目加固\改建工程

咸阳职业技术学院体育馆四层

南京造币有限公司厂前区

浦东新区文化广播电视中心

石榴镇农副产品物流中心

上海港国际客运中心商业配套项目 SB9 改造工程

上海期货大厦气体灭火储藏室改造

中桥学院金山校区

活细胞结构与功能成像等线站工

程激光棚屋结构设计

闵行区浦江镇 11-02 地块商业项目建设工程

汇鸿国际集团泰州置业 2 号住宅地块项目

上海天安阳光广场项目 (东地块)

长风地块体育用地策划

新石洞水闸改造工程

长征医院营养食堂改造工程

三万升规模抗体药物制备生产线项目

中山温泉地块

国家会展中心配套 5 号停车场

辽宁广播电视大厦

上海元博大酒店商业综合体（暂定名）改造

辽宁省人民检察院综合业务楼工程

静安大中里综合发展项目 T1 塔楼

刘海粟美术馆迁建工程

海源别墅

洞泾泵闸工程

远洲集团上海远洲酒店项目

安徽省铜陵市体育中心

铜陵广电中心\报业大楼

中化国际商办楼智能化项目

天任新东方城市广场项目

人民大厦底楼加固

轨交 14 号线蓝天路站地下连通道项目

天山路虹桥天都改造工程

苏州市广济医院迁址新建

上海港国际客运中心商业配套项目

美丽华商务中心改造工程

黄浦区 163 街坊地块

昆山市水球训练基地体育用房装修工程项目

蚌埠中联 IMAX 梦工厂地块

长沙公共资源交易中心

五浦汇项目

苍南县行政审批服务中心大楼及会议中心（人民大会堂）

虹杨变电工程

福建省仙游师范学校迁建项目总平面规划设计、工程施工图设计

西安电厂

淮南—南京—上海工程落地双摇臂抱杆组塔方案

邓小平故居陈列馆改造工程项目

虹桥丽宝广场

复旦大学附属眼耳鼻喉科医院异地扩建项目

10ml 规格注射剂 2000 万支规模制剂生产线项目

特高压浙福线组塔施工项目

东航运控中心扩建用房项目

上海城市名人酒店改造

独山子东部新区行政中心

盐城市亭湖交通投资有限公司盐城市亭湖城市资产投资实业有限公司联合建设商务中心

上海宝山大宗商品交易办公楼

西安航天国际广场

兰州大学第一医院

盐城市建军路全民健身中心工程

西咸新区空港新城商务中心

沪太路新华苑项目

上海市静安区新闻项目

上海体育宫区域改造

长沙砂轮厂公租房项目

项目列表

2010 年代

上海大中里 - 集合日料店楼梯项目

无锡槐古大桥东侧地块

张马泵站工程

静安雕塑公园艺术中心

上海大中里 - 螺旋梯项目

上海港国际客运中心商业配套项目

上海市淮海中路 3 号地块项目

太古汇二座 25/F 楼板加固项目

中国科学院上海硅酸盐研究所嘉定新园区

武警云南总队

闵行区莘朱路地块项目

嘉兴银行股份有限公司营业办公楼

上海博物馆东馆新建工程项目

海宁市第三人民医院整体迁建工程

郑州幼儿师范学校

中央歌剧院剧场工程

现代传媒中心 5 号楼太平洋保险公司档案室局部加固设计

汇民商厦改造工程

海鸥饭店入口平台改造项目

兴业太古汇一座 44 楼和 45 楼美国华平投资改造加固项目

赣州市市民中心

世博发展大厦

临港新城主城区 WNW-C1 街坊工程

上海大中里一期 29-32 楼 EA 项目

静安区 46 号地块兴业太古汇改造加固工程

上图新馆项目咨询服务协议

昆山花桥国际商务城核心区 B-29 地块项目

上海市龙华烈士陵园多媒体信息服务中心（含综合教育展示厅）

国泰君安项目

武警上海市总队会堂及招待所改建工程

温州市文化艺术大楼设计

高新区金鼎文化中心一期工程

中国 2010 年上海世博园区 C07G02 装修工程

上海兴业太古汇商场蔚来汽车用户体验中心项目

长风 2 号地块局部加建结构设计咨询

中国 2010 年上海世博园区肯德基装修工程

青浦夏阳湖酒店工程

徐家汇中心宜山路地块

上海市儿童医院普陀分院

金陵大厦屋面构架梁临时拆除和原位修复咨询

大麦体育文化中心

上海市肺科医院医疗保障中心楼

上海奉贤绿庭国际中心泛光照明项目

虹桥商务区 D17 街坊塔楼二结构加固改造咨询项目

上海嘉里中心裙房装饰及机电设备改造

长风地块 2 号地块 C2b 楼屋顶新增设备荷载结构咨询

上海世博园区 B06 芭里风情装修工程

世博园区 C10-G14-1*C10-G14-2 装修

中国 2010 年上海世博园区世嘉餐厅装修工程

上普天科技园 A4\A5 楼处墙改造工程

中国 2010 年上海世博园区档 4B06 装修工程

上海世博园区 B06- 档 3 装修

中国 2010 年上海世博园区 B06 地块（上海特色档 1）装修工程

世博园区 B06- 上海特色一层装修

新建单位租赁房项目

中国 2010 年上海世博园区 A10- 公建 15-02 装修工程

普天银通机房加固工程

上海交通大学致远游泳馆建设项目

中国 2010 年上海世博园区 A03-G02-2 北装修工程

中国 2010 年上海世博园区 A03-G02-2- 南标段装修工程

中国 2010 年上海世博园区 C10-G14-3-4 装修工程

上海世博园区必胜客餐厅

中国 2010 年上海世博园区 A03-G02-1- 北

世博园区 C07-G11- 南装修审核咨询

2010 年上海世博园区 C07-G11- 北装修工程

中国 2010 年上海世博园区 A10- 公建 15 装修工程设

中国 2010 年上海世博园区 B02-G05 装修工程

中国 2010 年上海世博园区 A02-G01- 南装修工程

上海世博园区 A-09 装修工程

上海 2010 年上海市世博园区 B06 档 7 装修工程

2010 年上海世博园区 B06-5 装修工程

世博园区 B06 八大菜系挡 1 装修

上海世博园区 B06 档 8 装修

上海市普陀区妇婴保健院

中国 2010 年上海世博园区 C05-G01-2 装修工程

世博园区 C10-G03-2 装修

中国 2010 年上海世博园区 A03-G01-2 装修工程

中国 2010 年上海世博园区 C05-G06-2 装修工程

中国 2010 年上海世博园区 B03-G07-2 装修工程

中国 2010 年上海世博园区 C06-G03-1 装修工程

2010 年上海世博园区 C09-G08-1 装修工程

中国 2010 年上海世博园区 C05-G06-1 装修工程

中国 2010 年上海世博园区 A03-G01-1 装修工程

溪园大门

世博园区 B03-G06 店

中国 2010 年上海世博园区店

世博园区 A03-G02-2- 北店

世博园区 A03-G02-2- 南店

世博园区 D09-E-1 店

世博园区 C09-G5 店

上海世博园区 D11-G-1 店

世博园区 C09-G08-1 店

世博园区 C04-G01 店

中国 2010 年上海世博园区

2010 年代

规划城市设计

济南市华山北片区城中村改造及公租房建设项目修建性详细规划及建筑单体方案设计

大连专用车产业科技创新基地项目总体概念性规划（工业园区设计）及控制性详细规划

怀化市四馆一中心规划建筑设计

海立方中国文化艺术创意城控规

昆明东部生态城规划

尉犁县城市总体规划（2017-2030）、南部片区概念规划与城市设计

巴林龙城项目总体规划和概念设计顾问

德州市高铁片区概念性城市设计

安康瀛湖生态旅游区村民安置规划和建筑风貌控制规划编制项目

巴拿马国际城二期建设工程规划设计

兴平市城市总体规划

醴陵市高铁片区控制性详细规划及重要节点城市设计项目（海绵城市）

贵安新区综合保税区建设项目修建性详细规划

圆陀角旅游度假区项目总体规划

保山工业园区总体规划和控制性详细规划

保山市猴桥边境经济合作区规划设计

凤凰湖示范基地旅游度假总体概念规划

武威新能源装备制造产业园核心区修建性详细与办公楼设计

兰州新区综合保税区修建性详细规划

卓达白水洋度假区项目概念规划和启动区修建性详细规划

青岛蓝海新港城（中岛）修建性详细规划项目

河南省郑州市刘砦城中村改造项目控制性详细规划

海立方中国文化艺术创意城控制性详细规划

龙岩中心城区主城区龙津湖周边区城市设计服务类采购项目

桂林市叠彩区城北滨江区控制性详细规划

邓州古镇生态文化教育产业基地规划设计

上海宝山上港十四区工程修建性详细规划及城市设计

兴义有机生态小镇场镇中心区开发实施方案

长松园片区中稷公司确权用地控制性详细规划项目

长兴岛圆沙社区动迁房项目地块规划\建筑方案设计咨询

望淮名城规划方案设计

桂林金世邦足球文化旅游产业园修建性详细规划

潍坊滨海月亮湾片区控制性详细规划

安阳国际大酒店及综合写字楼修建性详细规划及单体建筑方案

张家港市南丰镇总体规划修编（2013-2030）和东沙片区控制性详细规划

东方华府 G 区规划设计项目

云南省保山市龙陵县城控制性详细规划

平凉中心城市东环路片区城市设计

龙岩中心城区主城区龙岩大道南段（双龙路 - 厦蓉扩容线）沿线城市设计

安徽·和县·乌江镇——明发乌江新城

黄三角农商区现代农业孵化展示区规划编制项目

宝能芜湖国际物流基地项目概念规划设计

青岛蓝海新城城修建性详细规划补充协议

绍兴东城旅游文化新城概念规划方案

无锡 CBD 项目概念性规划设计

大连庄河项目概念规划方案设计与商业策划分析

北部湾国际健康智慧小镇项目产业策划咨询服务及概念规划设计（海绵城市）

武夷山下梅文旅综合体项目概念规划设计

海军工程大学前川校区规划

临沂市兰山区人民医院新院概念性规划方案

三明电力生产调度大楼规划方案

库尔勒综合保税区规划设计

保山市商贸物流发展专项规划

孝义市兑镇镇总体概念规划及重点区域详细性规划

济宁高新区 府河东片区控制性详细规划

开封高铁站南广场综合发展项目规划设计（迪臣世博广场）

义乌丝路金融小镇国际文化中心

地块项目概念性规划方案设计

山西体育职业学院概念规划设计

嵩屿码头核心区城市设计

长兴岛圆沙社区动迁房项目地块规划、建筑方案设计咨询

宁海县人民路、中山路及五街汇口街道综合整治夜景整体规划及建筑照明详细设计项目

海门复旦智慧佳园住宅区

海立方世界文化创意产业城概念规划设计

昆明周家社区 31 号地块修建性详细规划

东城医院（河东区妇幼保健院新院）概念性规划方案设计咨询

龙岩大道东片区 B、C 地块修建性详细规划及金鸡路南侧 1 号地块修建性详细规划

桂林市叠彩城北滨江控制性详细规划暨城市设计

周口市新东区文昌生态园概念规划设计

漳平西雾山公园规划及单项设计

缅甸进出口商品集散中心概念规划

云阳紫金沟、双洞子沟片区项目上港十四区总体方案设计

山东日照国际商贸城前期规划设计

中国小家电国际贸易中心设计

云南省保山市龙陵县发展战略规划

金丰广场城市综合体前期研究及规划设计

桂林市国际旅游综合体概念设计

百联崇明综合体项目修建性详细

项目列表

2010 年代

规划

南通瑞慈医院总体规划设计

桂林国奥城

上海闸北区中兴社区单元控制性
详细规划

广西玉林威壮体育园概念规划
设计

上海市闸北区中兴社区
（C070201、C070202 编制单元）
控制性详细规划 2/ 川宝地块规
划研究

海南棋子湾滨海旅游开发项目概
念规划方案设计协议

漳州一中龙文分校（碧湖中学）、
碧湖小学、碧湖幼儿园等项目修
建性详细规划、单体工程

安徽省全椒县十字镇新镇区控制
性详细规划

徐龙国际研发商务中心大云温泉
生态旅游区温泉地块项目规划方
案设计

首创置业南京淳化新市镇综合
项目

黄河三角洲农业高新技术开发区
现代农业展示孵化区规划编制
项目

泰州 12-1 地块

世界瓷都·德化国际陶瓷艺术城
规划设计

北京丰台区丽泽区域概念性规划

青岛高科技园装饰城一期改造

上海市卢湾区 65 号地块南区发
展项目补充协议·修建性详细
规划

秦皇岛港西港区一期工程策划
项目

余姚中国国际文化艺术城南部地
块控规研究项目

八滩镇特色小城市整体建设规划
设计

内蒙古民航机场集团新建综合信
息服务保障中心修建性详细规划
设计

青岛市市南区云南路改造二期规
划方案

甘肃省定西市人民医院儿科病区
概念方案设计

海南文昌汪洋新农村建设试验区
（二期）修建性规划

上海美兰湖资产包项目整体概念
规划设计

克拉玛依石油科技研发中心修建
性详细规划

上海御桥社区 09-01 地块规划方
案设计

诏安南高速互通口东侧物流园控
制性详细规划

天津市八里台中学规划及方案设
计协议

金华中美国际友好医院概念规划
方案

诏安县江滨新区控制性详细规划

长宁国际医学园区概念规划设计
咨询

崇明体育中心修建性详细规划
设计

虹桥商务区 04 组地块概念规划
设计方案

上海静安华达广场项目概念规划
设计

南通瑞慈医院总体规划设计补充
协议

无锡市锡山区医疗中心建筑形态
概念方案设计

张家港市南丰镇南丰湖一期周边
地块控制性详细规划及修建性
城市

黄浦江南延伸段 WS5 单元 188N-
N、188N-P 地块项目控制性详细
规划建筑验证

富海商务广场

大邑高铁站点区域概念规划方案
设计协议

甘肃省定西市人民医院新院调整
规划概念性方案设计协议

上海虹桥商务区核心区一期 06
地块项目 D19 街坊商场内局部
商业精装修平面业态高速配合项
目室内设计顾问

乌鲁木齐宁德商会总部基地

湖北省武汉市光谷剧场概念规划
设计咨询

云南省保山市龙陵县龙山湖公园
修建性详细规划

诸城港龙碧海云天花园修建性详
细规划设计

海沧医院扩建项目规划策划

地面通南通市永福路地块数据中
心规划咨询

厦大附中国内部建筑方案文本及
国际部修建性详细规划

濮阳市妇幼保健院前期概念规划
方案设计协议

海南文昌汪洋新农村建设试验区
（一期）修建性规划

豪都碧水山庄

射阳县现代文化传媒中心及工人
文化宫概念规划设计咨询

浙江东许村民宿项目概念规划
设计

国际院士谷项目总体规划设计

城市初步概念规划设计

潍坊滨海经济开发区特色生态小
镇总体规划

包头市钢铁大街城市设计

哈尔滨市三家湾避暑度假新城总
体规划

济信国际健康产业城概念规划顾
问咨询

海南省文昌市清澜大桥西延线城
市设计概念规划

水岸华庭规划方案设计

克拉玛依市石油科技研发中心工
程修建性详细规划

全椒新城概念规划

六安市六出 2013-1 地块（东方
蓝海）项目规划设计咨询顾问

桂林国奥城补充协议

宏元国际广场二期规划方案设计

后记
Afterword

沈立东

不忘初心，"上海设计"再出发。

《印迹——献给上海这座城市》一书，记载了上海建筑设计研究院与上海这座城市发展的足迹，融入了全体上海院人对上海院以及上海这座城市的情感。

作为一家与上海城市同名的建筑设计企业，华建集团上海院已然走过一个多甲子，伴随上海城市发展，与其共同成长。上海院一路奋斗的足迹深嵌在上海城市建设的美好蓝图中。一座座建筑是上海发展的重要缩影，也是上海院深耕厚植、不忘初心的有力见证。

岁月记录着历史，66 年，在与上海城市建设同行、国家经济发展同步的征途中，上海院走过了一条砥砺前行的改革之路、持之以恒的创新之路和人才辈出的奋进之路。一路走来，奉献于城市，也茁壮了自己。

时光不曾停歇。而今，上海这座城市已经走在了新时代改革开放、创新发展的前沿，正向建设全球卓越城市的目标迈进。国家将雄安新区、粤港澳大湾区、长三角一体化、"一带一路"等国家战略，不断推向纵深。作为与上海城市渊源深厚、与国家经济发展紧密相连的我们，未来，上海院将不忘初心，坚守己任，一如既往地服务于上海及国家发展大局。在追寻新时代高质量发展的同时，将企业发展与国家战略、社会责任、民众期待相结合，继续秉持精益求精的设计理念和"创新、卓越、合作"的企业精神，助力上海建设成为卓越的全球城市，助力国家战略的实施，肩负起彰显中国设计、弘扬中国设计的使命，不忘初心，再出发！

致谢
Acknowledgements

刘恩芳 徐洁

我们从 2010 年开始酝酿纪念上海院 60 周年的图书，希望以上海这座城市的发展为脉络，串联起近 60 多年的上海城市建设，并从以"上海"这座城市之名命名的设计机构（上海院）的工程与工作出发，记录上海城市发展轨迹，记录城市建设历程中的文化传承和人文精神；映射国家 60 多年的社会经济发展历程，为上海这座伟大城市的建设史印迹和背书。

我们选择别样视角、叙述和表现方式，记录上海城市空间的演变，描绘一代代设计师在平凡工作中为城市发展做出的不平凡的事迹、卓越的精神、不懈的努力和追求。

我们努力为中国的建筑设计企业留下一份丰富的历史素材，也为上海这座近现代大都市保留珍贵的建筑档案。在上海院深厚的历史文献中，我们翻阅查找图档、文字、影音等档案资料，找寻到了一批珍贵的文献与图纸，重新注释了那些年上海城市建筑的足迹。我们采访了亲历、参与、见证上海院发展的老一辈专家、学者，通过口述实录方式，记录下 60 多年发展历程中的人、事、项目以及项目背后的精神。在采访交流中，大家重温了当年的峥嵘岁月，还原了项目的历程，留下了大量珍贵文字、图纸、图片与影像。那些人、那些作品和那些事成为了最珍贵的财富和记忆，留在了上海院发展的历史上，成为弥足珍贵的上海院企业发展的文化史，也成为中国社会建设发展的缩影。

上海 60 多年的城市建设发展滋养了"上海院"，上海院也在上海乃至国家发展的各个阶段发挥了重要的作用，成果丰硕，参与塑造了上海这座城市的面貌与性格。在中国城市与建筑设计行业发展的轨迹中，上海城市与上海院是典型性的样本，为我们开启研究城市与设计机构的新方向。

同时，本书筹备了近八年的时间，两千多天，虽然中途由于某些原因一度暂停，但重启这项工作后，我们又补充了更为完整的资料。我们始终为了一个目标——为设计机构的研究找到一条途径，通过独特的立场与视角，能够让一座城市的建设发展真实生动地呈现，反映城市空间演变在社会发展中的意义，探索城市建设工程项目背后的设计者、机构的历史价值……进而能够让设计创造的社会价值得到更广泛的传播。

曾经有 3 800 多人在上海院工作过、奉献过，这是一个以社会责任为己任、追求技术创新进步、注重人文关怀、人文艺术气息浓厚的集体，是在与城市共同发展中不断创作作品、获得无数荣誉的集体。我们无法用语言穷尽这些丰硕的成果，更无法在一本书中一一列举。在此，向所有为城市发展做出贡献的上海院人致敬和致谢！

面对上海院 60 多年深厚的历史积淀，全面梳理工作所涉及内容的深度、广度、时度、跨度颇为负责，疏漏与差错在所难免，敬请谅解指正，我们也希望在未来的修订中不断完善和补充。值得欣慰的是，通过这次编研团队的共同努力，系统完整地梳理了留下的大量珍贵史料和素材，有的收录到本书，未被收录到本书的珍贵资料也会在未来逐渐向大家呈现，成为弥足珍贵的企业文化史料。

感谢所有为这本书做出贡献的人！

感谢所有参与此书编研工作的同济大学团队、上海院各职能主管部门和院所团队的辛勤付出。

特别感谢老一辈专家、学者给予的鼓励、支持、帮助。曹伯慰、施宜、钱学中、章明、洪碧荣、张皆正、邢同和、魏敦山、唐玉恩、姚念亮、盛昭俊、黄绍铭、严庆征、冯春安、许永斌、沈家水、鲁宏深、姜国渔、黄玉昌、陈华宁、张行健、顾嗣淳、娄成浩、周贵利、吉汉伟、姚佩雯等专家接受访谈，提供史料，寄语未来。无论是文字资料，还是口述历史，都成为宝贵文献，对本书的成稿做出了巨大的贡献。感谢魏敦山、邢同和、唐玉恩三位总师为本书作序。

感谢年轻一代为本书所作的贡献。施勇、刘勇接力承担了巨大艰苦的组织工作，协调院各部门和丁晓莉、林松、马立果、石圣松、周怡、徐婕、潘嘉凝、刘浩江、姚轶、于亮、刘芮含、邢澄等编研组成员攻坚克难。在编写过程中，年轻一代表现出坚韧踏实、不怕困难、勇于担当、勇于迎接挑战的进取精神。这也正是一代代上海院人所秉承的责任，以及进取、无私、奉献的精神体现，是走向未来的力量。

特别感谢郑时龄院士在编研过程中给予的指导和帮助，并为此书作序。

面向未来，上海院将继续秉承和发扬 66 年发展历程所追求的理想和精神，用上海设计助力上海建成卓越的全球城市，助力国家重大战略的推进和实施，助力城乡空间环境品质的提升，肩负创造更美好生活的职责，走向更美好的未来。

祝愿华建集团上海院未来更辉煌，祝愿上海未来更辉煌！

编委会

主编单位

上海建筑设计研究院有限公司

《时代建筑》杂志编辑部

编写顾问

曹伯慰、施宜、钱学中、章明、洪碧荣、张皆正、邢同和、魏敦山、唐玉恩、姚念亮、
阎基禄、盛昭俊、黄绍铭、严庆征、冯春安、许永斌、沈家水、鲁宏深、张行健、
陈华宁、姜国渔、黄玉昌、顾嗣淳、娄成浩

主编

徐洁、刘恩芳

编研团队（上海院团队）

冯春安、张伟国、刘恩芳、王平山、唐玉恩、陈国亮、李亚明、孟行南、潘琳、
吴海峰、邢国伟、翁晓翔、沈立东、姚军、陈文杰、林郁、徐晓明、王强、施勇、
刘勇、李定、关欣、赵晨、姜世峰、袁建平、林松、马立果、石圣松、周怡、徐
婕、潘嘉凝、刘浩江、邢澄、房林继、魏懿、徐婕、周怡、刘浩江、潘嘉凝、陈辉、
陈伯熔、刘芮含、姚轶、于亮、金峻、魏筝、程隽、胡世勇、蒋瑛璐

编研团队（T+a 团队）

丁晓莉、李凌燕、林军、王梦佳、董艺、顾金华、许萍、陈淳

顾问审核

支文军

美术编辑

完颖、杨勇、王小龙

摄影

陈伯熔、林松

档案支持

上海市档案馆、上海市城市建设档案馆、华建集团档案室

图书在版编目（ＣＩＰ）数据

印迹：献给上海这座城市 / 徐洁, 刘恩芳主编. --
上海：同济大学出版社, 2019.9
ISBN 978-7-5608-8733-3

Ⅰ. ①印... Ⅱ. ①徐... ②刘... Ⅲ. ①建筑设计－研
究－上海 Ⅳ. ①TU2

中国版本图书馆CIP数据核字(2019)第196184号

——

印迹——献给上海这座城市

徐洁　　刘恩芳　　主编

责任编辑　　　由爱华
责任校对　　　徐春莲
封面设计　　　完颖

出版发行　　同济大学出版社 www.tongjipress.com.cn

（地址：上海市四平路1239号 邮编：200092 电话：021-65985622）

经　　销　　全国各地新华书店
印　　刷　　上海当纳利印刷有限公司
开　　本　　210mm×260mm
印　　张　　25.5
字　　数　　816 000
版　　次　　2019 年 9 月第1版　2019 年 9 月第1次印刷
书　　号　　ISBN 978-7-5608-8733-3
定　　价　　198.00 元

本书若有印装质量问题，请向本社发行部调换